ELEKTROLYT-KONDENSATOREN

IHRE ENTWICKLUNG,
WISSENSCHAFTLICHE GRUNDLAGE,
HERSTELLUNG, MESSUNG UND VERWENDUNG

VON

PROF. DR.-ING.
A. GÜNTHERSCHULZE
UND
DR.-ING. HANS BETZ

ZWEITE, VERBESSERTE AUFLAGE

1952

TECHNISCHER VERLAG HERBERT CRAM / BERLIN W 35

Vorwort zur ersten Auflage

Der Elektrolytkondensator findet neuerdings sowohl in der Rundfunktechnik, als auch auf verschiedenen anderen Gebieten eine schnell zunehmende Anwendung. Nicht nur seine Herstellung, sondern auch seine Benutzung erfordern Sonderkenntnisse, die auf der modernen Elektrotechnik der Elektronen und Ionen aufgebaut sind. Eine zusammenfassende Darstellung dieser Kenntnisse fehlt bisher. Die Veröffentlichungen über den Elektrolytkondensator sind in zahlreichen deutschen, englischen, amerikanischen und japanischen Zeitschriften verstreut. Auch die so außerordentlich mannigfaltigen Erscheinungen der elektrolytischen Ventilwirkung, deren Beherrschung die Voraussetzung für sein Verständnis bilden, sind noch nie erschöpfend behandelt worden. Das alles bot uns die Veranlassung, das vorliegende Buch zu schreiben. Dabei sind wir so gründlich auf wissenschaftlich-technische Grundlagen des Elektrolytkondensators, die elektrische Ventilwirkung eingegangen, daß dieser wissenschaftliche Teil auch für Leser, die sich für die anderen Anwendungsgebiete dieser Erscheinungen, die elektrolytische Gleichrichtung, die Spritzentladung, deren technische Anwendung bevorsteht, die spannungsabhängigen Widerstände usw. interessieren, von Wert sein wird. Wir glaubten hierzu um so eher berechtigt zu sein, als der eine von uns seit 45 Jahren, der andere seit 19 Jahren auf diesem Gebiete forschend tätig ist.

In erster Linie soll das Buch dem Elektrolytkondensatoren verwendenden Elektroingenieur ein Urteil über ihre Leistungsfähigkeit und ihre Vorteile, sowie eine Anleitung zu ihrer richtigen Verwendung, dem Elektrolytkondensatoren bauenden Techniker alle Grundlagen für möglichst erfolgreiche Konstruktionen, dem Elektrolytkondensatoren entwickelnden Laboratoriumsingenieur Fingerzeige für die Weiterentwicklung der Kondensatoren geben.

Die Angabe des Inhaltes sämtlicher einschlägigen deutschen Patente sowie der wichtigsten der Vereinigten Staaten zeigt, in welcher Richtung sich die Entwicklung des Elektrolytkondensators vollzogen hat und wo sie heute steht.

Schließlich möchten wir der Verlagsfirma M. Krayn, Berlin, für das bei der Drucklegung des Buches gezeigte Entgegenkommen und für seine Ausstattung bestens danken.

Der Verfasser

Vorwort zur zweiten Auflage

Bei der vorliegenden zweiten Auflage haben wir uns bemüht, die seit dem Erscheinen der ersten Auflage erzielten Fortschritte vollständig aufzunehmen. Die wichtigste Neuerung waren wohl die verschiedenen Verfahren der Oberflächenvergrößerung. Ferner konnten verschiedene Kriegserfahrungen berücksichtigt werden und endlich wurde eine vollständige Theorie der Vorgänge in der Oxydschicht entwickelt und die Liste der Patente bis auf den heutigen Stand ergänzt.

Leider ist es uns nicht gelungen, neues Bildmaterial von den Kodensatoren bauenden Firmen zu erlangen. Sie erklärten übereinstimmend, daß ihr gesamtes Bildmaterial durch Kriegseinwirkung verloren gegangen sei.

Wiederum möchten wir dem Technischen Verlag Herbert Cram, Berlin, bestens dafür danken, daß er sich trotz der so schwierigen Zeiten zu der Herausgabe einer neuen Auflage entschlossen hat.

Die Verfasser

Inhaltsverzeichnis

I. Die physikalischen Grundlagen der Elektrolytventile und der Elektrolytkondensatoren.

A. Polarisationskondensatoren.

Wird ein Metall in einen Elektrolyten getaucht, so entsteht zwischen Metall und Elektrolyt eine Potentialdifferenz, deren Größe von der Art des Metalles abhängt. Wird dem Elektrolyten das Potential Null zugeschrieben, so braucht nur von dem Potential des Metalles gesprochen zu werden. Wird das Metall in eine normale Lösung seines Salzes getaucht, so heißt das Potential, das es annimmt, das absolute elektrochemische Potential.

Es bildet also das Metall zusammen mit dem Elektrolyten einen geladenen Kondensator. Die Ladungen sitzen in der Oberfläche des Metalles einerseits, im Elektrolyten andererseits, und zwar in erster Näherung ebenfalls in dessen Oberfläche. Das Dielektrikum ist der leere Raum zwischen den Oberflächen, die Dicke dieses Dielektrikums demnach gleich den Abständen der Mittelpunkte der die Oberflächenschicht bildenden Ionen, d. h. von der Größenordnung 10^{-8} cm. Infolgedessen ist die Kapazität ganz außerordentlich groß. Man nennt eine derartige Schicht eine elektrische Doppelschicht. Nun kann durch Anlegen einer äußeren Spannung die Spannung zwischen Metall und Elektrolyt bis zur Zersetzungsspannung geändert werden.

Werden zwei Metallelektroden, beispielsweise zwei Platinelektroden, in einen Elektrolyten gebracht, so entsteht an beiden eine derartige Polarisationskapazität. Die Zersetzungsspannung beträgt in diesem Fall etwas über 2 Volt. Wird also an eine derartige Anordnung eine Wechselspannung gelegt, deren Scheitelwert unter 2 Volt bleibt, so wirkt die Anordnung auf diese Wechselspannung wie eine außerordentlich große Kapazität. Da die dadurch hervorgerufenen Kapazitätsströme aber durch den Elektrolyten hindurch von der einen Elektrode zur anderen fließen müssen, ist außerdem noch ein Ohmscher Spannungsverlust $i \cdot r$ vorhanden, der zu einem Energieverlust $i^2 \cdot r$ und einem Fehlwinkel führt, ganz analog wie bei den Elektrolytkondensatoren mit Sperrschicht.

Bei genauerer Betrachtung erweisen sich die Erscheinungen als ziemlich verwickelt.

Ändert sich nämlich das Potential einer Elektrode gegen die Lösung, so ändert sich auch die Ladung der elektrischen Doppelschicht, und zwar aus zwei Gründen. Erstens weil eben ein elektrostatischer Kondensator vorliegt. Zweitens aber ruft diese Änderung der Ladung eine Konzentrationsänderung des Elektrolyten an der Grenze gegen das Metall hervor. Die elektrostatisch gebundenen Ionen liegen nämlich in Wirklichkeit nicht sämtlich der Elektrode unmittelbar an, sondern werden durch die störende Wirkung der Wärmestöße über eine gewisse Tiefe verteilt, derart, daß ihre Dichte kontinuierlich von der Elektrode in den Elektrolyten hinein auf den durchschnittlichen Wert im Elektrolyten abnimmt.

Die dadurch hervorgerufene Konzentrationsänderung aber ändert nach der Nernstschen Theorie das Potential der Elektrode gegen die Lösung. Auch das hat die Wirkung einer Kapazität. Es setzt sich also die Polarisationskapazität bei näherer Betrachtung aus einer elektrostatischen und einer elektrolytischen zusammen.

Wird die elektrostatische vernachlässigt, so ergibt sich die Polarisationskapazität der Quadratwurzel aus der Frequenz des Wechselstromes umgekehrt proportional.

Für niedrigere Frequenzen überwiegt die elektrolytische Kapazität nach den Versuchen in der Tat so sehr, daß diese Vernachlässigung gerechtfertigt ist. Mit steigender Frequenz nimmt die Kapazität bis auf den Wert der reinen elektrostatischen Polarisationskapazität ab.

Über die vorkommenden Größen der Kapazität geben die folgenden Zahlen Aufschluß:

Die rein elektrostatische Polarisationskapazität beträgt nach einer Untersuchung von Krüger an Pt-Elektroden 9 μF/cm², an Quecksilberelektroden 7 μF/cm². Im letzteren Fall ist sie wohl deshalb geringer, weil das flüssige Quecksilber eine vollkommen glatte Oberfläche hat, während die Oberfläche des Pt infolge von Rauheiten größer ist, als sie makroskopisch erscheint. Für Nickelstahl-Elektroden dürfte ebenfalls ein Wert von 9 μF/cm² einzuführen sein.

Über die elektrolytische Polarisationskapazität Zahlenwerte anzugeben, hat wenig Zweck, da sie von zu vielen Variablen abhängig ist. Das einfachste ist, sie überschlägig gleich der elektrostatischen zu setzen. Dann ergibt sich als überschlägiger Mittelwert für beide Kapazitäten zusammen rund 20 μF/cm². Da für jede der Elektroden eine Wechselspannung von 1 Volt einzuführen ist, so ergeben sich 20 μF/cm² pro Volt. Wird also durch Hintereinanderschalten von 10 Platten von je 2 qdm Oberfläche ein Kondensator für 10 Volt hergestellt, so ist seine Kapazität etwa $\frac{20 \cdot 200}{10} = 400\ \mu\text{F}$. Es lassen sich also auch auf diese Weise sehr große Kapazitäten für kleine Spannungen herstellen, wobei noch der Vorteil besteht, daß keinerlei Sperrschicht vorhanden ist, die aufgelöst oder angegriffen werden könnte. Nötig ist lediglich, daß die Elektroden aus elektrolytisch unlöslichem Material bestehen, was bei den modernen Nirosta- und ähnlichen Materialien ja hinreichend gewährleistet ist.

B. Oxydschichtkondensatoren.

a) Die elektrolytische Ventilwirkung.

1. Der Grundvorgang und die verschiedenen Vorgänge in den Ventilen.

Die umfangreiche Gruppe von Erscheinungen, die man unter dem Namen „Elektrolytische Ventilwirkung" zusammenzufassen pflegt, wurde zuerst am Aluminium entdeckt und führte zu zahlreichen Untersuchungen an diesem Metall. Später zeigte sich, daß die elektrolytische Ventilwirkung in reinster Form am Tantal auftritt, das in nahezu allen Elektrolyten völlig unlöslich ist, während die Reinheit der Erscheinungen bei Aluminium in den meisten Elektrolyten dadurch verwischt wird, daß das Metall nicht völlig unlöslich ist. Hieraus ergeben sich sogleich die beiden Begriffe:

1. vollständige Ventilwirkung und
2. unvollständige Ventilwirkung.

Vollständige Ventilwirkung liegt vor, wenn die Löslichkeit des Ventilmetalles im Elektrolyten so gering ist, daß sie die Erscheinungen nicht mehr beeinflußt. Unvollständige Ventilwirkung ist vorhanden, wenn die Erscheinungen durch die Löslichkeit des Ventilmetalles beeinflußt werden.

Wenn bei der Formierung eines Ventilmetalles Metallmengen in Lösung gehen, die nach Zehntel-Milligramm pro Quadratzentimeter Oberfläche rechnen, so bewirken sie bereits schwere Störungen.

Zur Einführung in das umfangreiche und schwierige Gebiet soll im folgenden zunächst eine Übersicht über die wichtigsten einzelnen Erscheinungsgruppen gegeben werden, die unter den Begriff elektrolytische Ventilwirkung fallen.

Wenn eine elektrolytische Zelle aus einem

3. Ventilmetall, z. B. Ta als Anode, einem geeigneten Elektrolyten, z. B. verdünnte H_2SO_4 und einem beliebigen indifferenten Metall, z. B. Blei als Kathode mit einer konstanten

4. Formierungsstromdichte belastet wird, so steigt die Spannung an der Zelle anfangs proportional der Einschaltdauer an, während die Oberfläche des Ventilmetalles in gleichmäßig bleichem Licht zu leuchten beginnt, das anfangs nur für das gut ausgeruhte Auge sichtbar ist, dessen Helligkeit jedoch mit der Spannung schnell ansteigt. Bei einer gut definierten Spannung entstehen plötzlich auf der Oberfläche des Ventilmetalles äußerst feine Fünkchen.

Von nun an steigt die Spannung an der Zelle langsamer, aber wiederum proportional der Zeit weiter, während die Fünkchen allmählich heller werden, bis bei einer zweiten, ebenfalls scharf markierten Spannung eine neue Art von Funken auftritt und die Spannung völlig oder fast völlig zu steigen aufhört. Die Formierung der Zelle ist zu Ende.

Während der Formierung durchläuft die Oberfläche mehrmals die gesamte Reihe der Interferenzfarben, die bei manchen Ventilmetallen sehr farbenprächtig auftreten.

Es sind demnach bei der Formierung folgende Erscheinungsgruppen zu unterscheiden:

5. Die Geschwindigkeit des Spannungsanstieges vom Beginn der Formierung bis zur Funkenspannung, abgekürzt „Gradient *a*“ in Volt/Min.

6. Die Geschwindigkeit des Spannungsanstieges zwischen der Funkenspannung und der Maximalspannung, „Gradient *b*“.

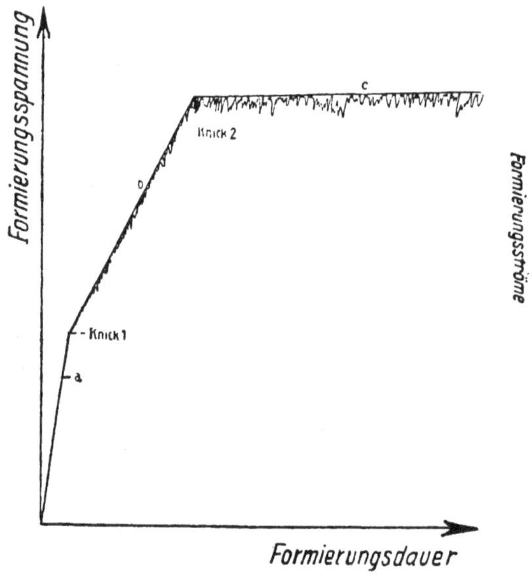

Abb. 1. Schematische Darstellung des Spannungsanstieges an einer Ventilanode während der Formierung.

7. Die Geschwindigkeit des Spannungsanstieges jenseits der Maximalspannung (meist nahezu Null), „Gradient *c*“.

8. Die Funken („Metallfunken“).

9. Die Funkenspannung.

10. Die Maximalspannungsfunken („Elektrolytfunken“).

11. Die Maximalspannung.

12. Das Phosphoreszenzleuchten.

13. Die Interferenzfarben.

Abb. 1 gibt ein typisches Beispiel für den Spannungsanstieg an einer Ventilanode während der Formierung.

Während der Formierung entsteht auf dem Ventilmetall eine sehr feste, nicht poröse, außerordentlich dünne Oxydschicht. Sie ist die Ursache der Interferenzfarben, da sie durchsichtig ist. Wird über den formierenden Gleichstrom ein Wechselstrom gelagert, so zeigt sich, daß auf der Oberfläche des Ventilmetalles eine sehr große elektrostatische Kapazität liegt, die der Formierungsspannung umgekehrt proportional ist. Die Oxydschicht ist das Dielektrikum dieser Kapazität, das Ventilmetall die eine, der Elektrolyt die andere Belegung.

Damit ergeben sich die Bestimmungsstücke:

14. Die Oxydschicht.

15. Die Dicke der Oxydschicht
16. Die Kapazität der Oxydschicht
} in Abhängigkeit von der Formierungsspannung.

17. Die Dielektrizitätskonstante der Oxydschicht.

Während der Formierung dient ein Teil des Formierungsstromes der Bildung dieser Oxydschicht, der Rest der Entwicklung entweichenden freien Sauerstoffes. So ergibt sich

18. Der Wirkungsgrad der Formierung.

Wird eine Ventilzelle an eine konstante Spannung gelegt, die unterhalb der Maximalspannung liegt, so nimmt der von ihr durchgelassene Strom schließlich äußerst geringe Beträge an. Er heißt jetzt

19. Reststrom.

Läßt man die Spannung an einer Oxydschicht alle Werte zwischen Null und der Formierungsspannung durchlaufen und mißt die zugehörigen Stromstärken, so ergibt sich, daß dieser Strom aus zwei Teilen besteht. Sie sind

20. Der Elektronenstrom in der Schicht.

21. Der Ionenstrom in der Schicht.

Beide befolgen verschiedene Gesetze.

Wird eine formierte Zelle mit Wechselspannung belastet, so ergeben sich zunächst zwei Gruppen von Ventilmetallen, nämlich

22. Gleichstromventile, die Gleichstrom der einen Richtung sperren, der anderen Richtung hindurchlassen, bei Wechselstrom jedoch keine Gleichrichterwirkung haben, sondern in beiden Richtungen durchlässig sind.

23. Wechselstromventile mit Gleichrichterwirkung.

Bei den Wechselstromventilen setzt in der durchlässigen Richtung der Strom erst ein, wenn eine ganz bestimmte Spannung, die

24. „Mindestspannung", erreicht ist.

In der Flußrichtung treten an den Ventilmetallen eigentümliche Formen von Metallabscheidungen auf, wenn die Kationen des Elektrolyten Schwermetallionen sind. Daher

25. Metallabscheidung in der Flußrichtung.

Wird die Zelle als Kapazität mit pulsierendem Gleichstrom oder mit Wechselstrom belastet, so treten in ihr auf

26. Dielektrische Verluste.

Hierzu kommen noch als Besonderheiten:

27. Die Ventilwirkung in geschmolzenen Salzen.

28. Die Ventilwirkung in nichtwäßrigen Lösungsmitteln.

29. Mit dem Momentanwert der Wechselspannung schwankende Kapazität bei Ta, W, Nb.

30. Durchschlag durch Berührung mit Metall und Trockendurchschlag.

Jede dieser 30 Erscheinungsgruppen der elektrolytischen Ventilwirkung hängt in oft verwickelter Weise von den verschiedenen Variablen, Temperatur, Art und Konzentration des Elektrolyten, Stromstärke, Spannung usw. ab.

Im folgenden werden die einzelnen Erscheinungen der Reihe nach besprochen. Dabei wird als selbstverständlich vorausgesetzt, daß sämtliche verwendeten Materialien so hochgradig rein sind, daß die restlichen Verunreinigungen keinen merklichen Einfluß mehr auf die Erscheinungen haben. Welche Rolle die Verunreinigungen spielen, wird im praktischen Teil näher erörtert werden.

2. Ventilmetalle.

Vollständige und unvollständige Ventilwirkung (Ziffer 1, 2 u. 3). Die folgende Tabelle 1 gibt eine Übersicht über die Kombinationen von Ventilmetall und Elektrolyt, in denen die Ventilwirkung vollständig ist.

Tabelle 1.
Elektrolyte, in denen vollständige Formierung erreicht wird.

Ventilmetall	Elektrolyt	Ventilmetall	Elektrolyt
Ta, Nb	in allen Elektrolyten bis auf die Halogene, bei denen Störungen auftreten		
Al	$Na_2B_4O_7$ KH_2AsO_4 $H_2SO_4 + SO_3$ (ca. 104%) H_2SO_4 (80%ig) Zitronensäure Na_2MoO_4 Na_2WO_4 $KMnO_4$ K_3CoCy_6 K_2NiCy_4 K_3FeCy_6 K_2CrO_4 K_2ZnCy_4	Bi	K_2CrO_4 $K_3Fe(C_2O_4)_3$ K_4FeCy_6 K_2PtCy_4 Na_2WO_4 $(NH_4)_2CO_3$
		Sb	Na_2SO_4 $(NH_4)_2CO_3$ KCl KH_2AsO_4 K_2NiCy_4 K_2PtCy_4

Sehr mannigfaltig sind die Kombinationen, in denen unvollständige Ventilwirkung vorliegt. Sie läßt sich an folgenden Anzeichen erkennen:

1. Bei lang dauernder Einschaltung fällt das Oxyd oder ein Salz des Ventilmetalles in der Regel kolloidal aus dem Elektrolyten aus.
2. Die Maximalspannung liegt niedriger als im gleichen Elektrolyten bei einer Kombination mit vollständiger Ventilwirkung.
3. Die (scheinbare) Maximalspannung liegt um so niedriger, je kleiner die Stromdichte und je höher die Temperatur ist. Bei stark unvollkommener Ventilwirkung wird die wahre Maximalspannung auch nicht annähernd erreicht.
4. Die Oxydschicht ist nicht homogen durchsichtig und äußerst dünn, sondern porös und viel dicker als unter gleichen Umständen bei vollständiger Ventilwirkung.
5. Nach dem Ausschalten der Spannung bricht die Sperrwirkung mehr oder weniger schnell zusammen und muß nach dem Wiedereinschalten immer erst durch kurze Neuformierung wieder hergestellt werden.

Der Mechanismus der Bildung der Oxydschicht ist in diesem Falle ein ganz anderer als bei vollständiger Ventilwirkung.

Es kommen alle Grade von unvollständiger Ventilwirkung vor, von einer so wenig verringerten, daß nur bei Siedetemperatur etwas zu merken ist, bis zu so geschwächter, daß nur bei schärfster Kühlung und großer Stromdichte gerade noch Ventilwirkung zu erreichen ist.

Die folgende Tabelle 2 gibt die bisher festgestellten Kombinationen mit unvollständiger Ventilwirkung.

Tabelle 2.

Kombinationen, bei denen keine vollständige Formierung möglich ist.
(Der Grad der Formierung wird durch die Indizes s. g. = sehr gut, g. = gut, m. = mittel, schl. = schlecht bezeichnet.)

Ventilmetall	Elektrolyte	
Ta Nb	Halogene schl.	
Al	K_2CO_3 g $KAlO_2$ g. Na_2SO_4 schl. H_3PO_4 schl.	
Mg	K_2CO_3 g. $Na_2HPO_4 + NH_3$ g. Na_2HPO_4 schl.	
Bi	K_3CoCy_6 g. $KAlO_2$ g. K_2MoO_4 m. $KMnO_4$ schl.	K_2CO_3 g. KOH m. KH_2AsO_4 m. $Na_2B_4O_7$ m. $K_2Cr_2O_7$ g.
Sb	Na_2CO_3 g. K_2ZnCy_4 g. $KAlO_2$ g. $KMnO_4$ m. K_2CrO_4 m.	K_3CoCy_6 m. $Na_2B_4O_7$ m. NaOH m. $(NH_4)_2HPO_4$ m. Na_2MoO_4 m.
Zn	K_2CO_3 (konz.) g.	

Ventilmetall	Elektrolyte
Cd	K_2CO_3 (konz.) g.
Zr	H_2SO_4 g. $Na_2B_4O_7$ g.
W	Zitronensäure g. KH_2PO_4 g. HNO_3 g.
Sn	rauchende H_2SO_4 m.
Fe	H_2SO_4 (50—75 %) m. H_2SO_4 (über 75%) g.
Ag	$KAg(CN)_2$ m. HBr m. HCl schl. HJ schl.
Si	H_2SO_4 m.

3. Das Verhalten des Aluminiums als Anode.

Folgende typischen Fälle sind zu unterscheiden:

a) OH-Ionen lösen die schützende Oxydschicht und darauf das Al selbst rein chemisch auf. Daran ändert auch eine anodische Strombelastung nichts.

b) Halogenionen lösen die Oxydschicht in der Kälte kaum. Infolgedessen greift auch HCl rein chemisch Al um so weniger an, je reiner das Al ist. Bei völlig reinem Al unterbleibt der Angriff. Bei anodischer Strombelastung wird Cl entladen, das die Oxydschicht zerstört. Das Al geht in Lösung.

c) HNO_3 greift rein chemisch Al nicht an. Bei anodischer Strombelastung verhält es sich im wesentlichen wie ein passives Metall.

d) H_2SO_4 $(COOH)_2$, CH_3 COOH u. ä., in denen Al mäßig löslich ist, bilden auf Al-Anoden poröse Oxydschichten.

e) In allen Elektrolyten, in denen Al hochgradig unlöslich ist, bilden sich anodisch homogene, nicht poröse Oxydschichten.

Die unter d) und e) genannten Vorgänge sind für die Elektrolytkondensatoren wichtig. Ihre Erörterung bildet einen wesentlichen Teil dieses Buches.

4. Die Formierung in Schwefelsäure und Oxalsäure.

In diesen Elektrolyten verläuft die Formierung in zwei Stufen. In der ersten steigt die Spannung auf Werte zwischen 6 und 60 Volt je nach Elektrolyt, Temperatur und Stromdichte an. In der darauf folgenden zweiten Stufe fällt die Spannung gelegentlich wieder ein wenig ab, um dann ganz langsam weiter zu steigen. Eine poröse Oxydschicht wächst proportional der Ein-

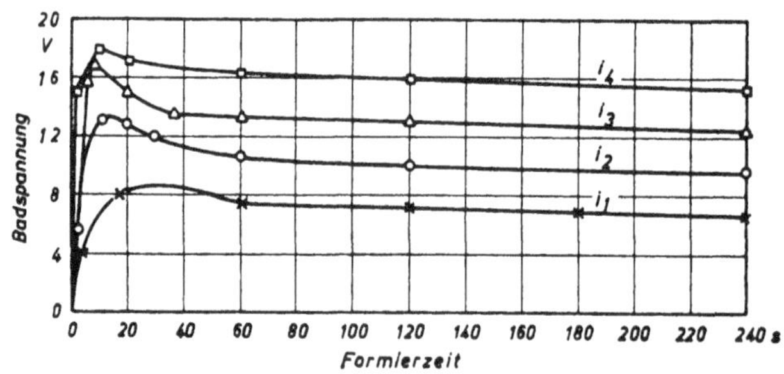

Abb. 2. Spannungsverlauf bei der Formierung von Al in verdünnter Schwefelsäure bei verschiedenen Stromdichten.

schaltungsdauer. Bei scharfer Kühlung, und vorsichtiger, sehr langdauernder Formierung lassen sich Schichtdicken bis fast 1 mm und Spannungen bis 1000 V erreichen, die im Elektrolyten der Poren der Schicht verbraucht werden.

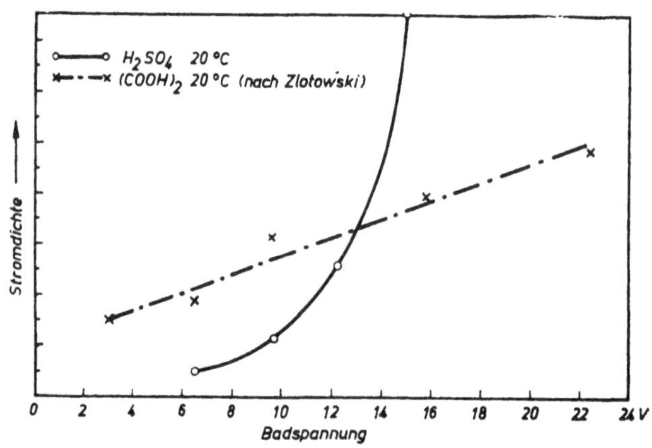

Abb. 3. Stromdichte Spannungskurve der Endwerte der Abb. 2 sowie für Oxalsäure.

Als Beispiel ist in Abb. 2 der Spannungsverlauf für die Formierung von Aluminium in verdünnter Schwefelsäure mit verschiedenen Stromdichten aufgezeichnet. Nach starkem Spannungsanstieg verläuft die weitere Formierung mit praktisch konstanter Badspannung. In Abb. 3 ist aus den Werten für die Endspannung eine Stromdichte-Spannungskurve aufgezeichnet (ausgezogene Kurve). Eine genauere Auswertung zeigt Tabelle 3. Der auf die Flächeneinheit bezogene Wert der Wechselstromkapazität bei 50 Hz, gemessen am Ende der Formierung, ergibt die Werte von Spalte 3. Bei Zugrundelegung einer Dielektrizitätskonstante von $\varepsilon = 8$, wie bei der Luftoxydschicht, ergibt sich eine Schichtdicke für die dielektrische Schicht wie in Spalte 4 und Abb. 4 aufgeführt.

Werner Hermann erwähnt noch, daß streng genommen bei der Berechnung die Kapazität der Aluminiumkathode mit berücksichtigt werden müßte. Bei Vorhandensein einer Oxydschicht entsprechend der Luftoxydschicht an der

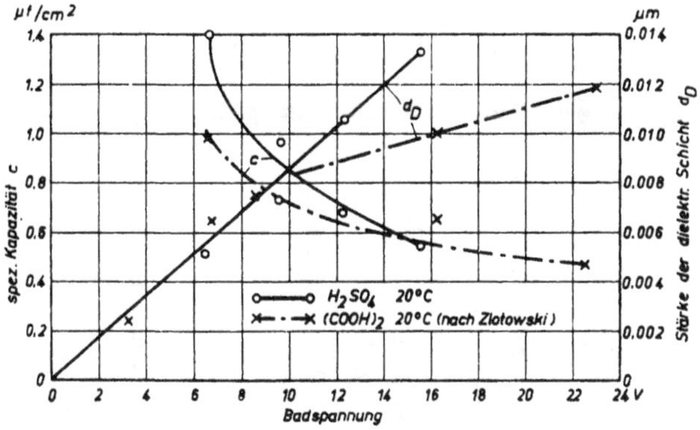

Abb. 4. Kapazität und Schichtdicke bei den Versuchen der Abb. 2 und 3.

Kathode würde die Korrektur eine beträchtliche Veränderung (Verkleinerung) der Schichtdicke bedeuten. Da über die kathodischen Vorgänge am Aluminium zu wenig bekannt ist, wurde jedoch von einer Korrektur abgesehen.

Durch die Schichtablösung wird die Stärke der Gesamtschicht erhalten (s. Spalte 5 der Tabelle 3). Die dielektrische, durch die Kapazitätsmessung festgestellte Schicht stellt somit nur einen geringen Prozentsatz der Gesamtschicht dar. Die Gesamtschicht besteht in der Hauptsache aus einer stromdurchlässigen Schicht (in vorliegendem Fall 98 ... 99%) und einer sehr dünnen dielektrischen Schicht. Dieser Befund wurde schon für Oxalsäure von Th. Rummel und J. Zlotowski, für Schwefelsäure von W. Baumann, in allerneuester Zeit für alle 3 Elektrolyte: Schwefelsäure, Oxalsäure und Chromsäure von J. W. Cuthbertson festgestellt. J. W. Cuthbertson hat aus seinen Messungen gefolgert, daß die in Schwefelsäure gebildete Schicht am stärksten und die in Chromsäure gebildete Schicht am schwächsten ist und daß Oxalsäure eine Mittelstellung einnimmt.

Die dünne dielektrisch wirksame Schicht bildet sich vermutlich in gleicher Weise, wie in den Elektrolyten, in denen Al unlöslich ist und wird dort besprochen. Über den Bildungsmechanismus der darüber liegenden, so sehr viel dickeren porösen Schicht schreibt Werner Hermann folgendes:

Tabelle 3[1].

Formierung von Reinaluminium in verdünnter Schwefelsäure.

ϑ: etwa 20°.

Der Berechnung sind folgende Konstanten von Al_2O_3 zugrunde gelegt; $\varepsilon = 8{,}0$; spez. Gewicht $\gamma = 3{,}4$.

Strommenge	Endspannung	Kapazität	Dielektrische Schicht	Gesamtschicht	Anteil der dielektrischen Schicht	Theoretische Schichtdicke	Stromausbeute	Feldstärke	Spezifischer Widerstand
As/cm²	V	μF/cm²	μ	μ	%	μ	%	MV/cm	MΩ cm
0,48	6,6	1,4	0,0051	0,23	2,2	0,25	92	13	65000
1,20	9,7	0,74	0,0096	0,64	1,5	0,625	102	10,1	2000
2,40	12,3	0,68	0,0104	1,02	1,0	1,25	81,5	11,8	1180
7,20	15,3	0,54	0,0131	2,48	0,53	3,75	66	11,7	390
Luftoxydschicht	—	etwa 2,0	0,0035	0,04	8,8	—	—	—	

[1] Aus W. Hermann, Werkstoffsonderheft d. wissenschaftl. Veröffentl. aus den Siemens-Werken 1940.

Tabelle 4[1].

Aufbauschema der Al_2O_3-Schicht.

Al	γ-Al_2O_3	$\longrightarrow$ Bildung von γ-Al_2O_3 $\longrightarrow$	$\longrightarrow$ Bildung der durchlässigen Schicht $\longrightarrow$	$\longrightarrow$ Entstehung von Aluminiumionen im Elektrolyten $\longrightarrow$	$\longleftarrow$ Chemisches Inlösunggehen der durchlässigen Schicht im Elektrolyten $\longleftarrow$
		a) Schichtaufbau in verdünnter Schwefelsäure:			
Ionisation von Al: $\swarrow Al \searrow Al^{\cdot\cdot\cdot}$	Wanderung von $Al^{\cdot\cdot\cdot}$ durch γ-Al_2O_3 Über die Leerstellen des Kristallgitters: $\rightarrow Al^{\cdot\cdot\cdot} \rightarrow$	Reaktion 1: Bildung von γ-Al_2O_3: $2\,Al^{\cdot\cdot\cdot} + 3\,H_2O + 3\,SO''_4$ $\boxed{Al_2O_3} + 3\,H_2SO_4$	Reaktion 2: Bildung der durchlässigen Schicht: $Al^{\cdot\cdot\cdot} + x\,H_2O + y\,SO''_4$ $\boxed{Al(OH)_x(SO_4)_y} + x\,H^{\cdot}$	Reaktion 3: Übergang von $Al^{\cdot\cdot\cdot}$ in H_2SO_4: Hydratisierung der Al-Ionen: $Al^{\cdot\cdot\cdot} \rightarrow Al^{\cdot\cdot\cdot} \cdot x\,H_2O$	Reaktion 4: Chemische Lösung der durchlässigen Schicht: Abtragung der Schicht bzw. Entstehung von Poren: $2\,Al(OH)_x(SO_4)_y + x\,H^{\cdot} + (3-y)\,SO''_4$ $\downarrow$ $2\,Al^{\cdot\cdot\cdot} \cdot x\,H_2O + 3\,SO''_4$
		b) Schichtaufbau in verdünnter Borsäure:			
$\swarrow Al \searrow Al^{\cdot\cdot\cdot}$	$\rightarrow Al^{\cdot\cdot\cdot} \longrightarrow$	$2\,Al^{\cdot\cdot\cdot} + 6\,H_4BO'_4$ $\downarrow$ $\boxed{Al_2O_3} + 6\,H_3BO_3 + 3\,H_2O$	—	—	—

Die Pfeile ($\rightarrow$) bedeuten die Wachstum- bzw. Wanderungsrichtung.

[1] Aus W. Hermann, Werkstoffsonderheft d. wissenschaftl. Veröffentl. aus den Siemens-Werken 1940.

Mit den Sulfatanionen der Schwefelsäure wäre zunächst die Bildung von leicht löslichem Aluminiumsulfat zu erwarten. Dieser Vorgang tritt auch stets ein, wie die Anwesenheit von gelöstem Aluminium im Elektrolyten beweist (s. Reaktion 3 der Tabelle 4). Daß sich außerdem andere Vorgänge abspielen und eine Schichtbildung möglich wird, kann darauf zurückgeführt werden, daß durch das Auftreten großer Mengen von Aluminiumionen das Löslichkeitsprodukt von bestimmten Aluminiumverbindungen überschritten wird und diese eine mehr oder weniger feste, zusammenhängende Schicht bilden. Es kann auf Grund des uns vorliegenden Materials nicht entschieden werden, wie die chemische Zusammensetzung dieser Schicht ist. In Tabelle 4, Reaktion 2, ist ein basisches Aluminiumsulfat angenommen. Vermutlich ist oder wird dieses weitgehend hydrolisiert eventuell auch dehydratisiert. Ein gewisser SO_4-Gehalt ist wahrscheinlich, einerseits wegen der spezifischen Wirkung der Schwefelsäure, andererseits um dem stets nachweisbaren Sulfatgehalt der in Schwefelsäure gebildeten Oxydschichten Rechnung zu tragen. Die Entstehung solcher festen Schichten wird um so leichter möglich sein, als durch den amorphen (porösen) Teil der Luftoxydschicht ein Gerüst vorhanden ist, das die Diffusion der Aluminiumionen erschwert und für die abgeschiedenen Verbindungen als Stütze wirkt.

Während die eben beschriebenen beiden Vorgänge (Reaktion 2 und 3 der Tabelle 4) im Laufe der ganzen Formierung stattfinden, kommt im ersten Teil der Formierung — verbunden mit dem starken Spannungsanstieg — eine Bildung bzw. ein Wachstum der γ-Al_2O_3-Schicht hinzu. Diese wächst zwischen Aluminium und durchlässiger Schicht und ist in Tabelle 4 als Reaktion 1 aufgeführt. Hierbei werden den Anionen des Elektrolyten Sauerstoffatome entrissen und treten mit den Aluminiumionen zu Al_2O_3-Molekülen zusammen. Dieser Vorgang findet nur bei hoher Feldstärke statt und ist vermutlich an das Vorhandensein einer genügend großen Menge von Anionen an der Oberfläche der Al_2O_3-Schicht gebunden. Wie die in Tabelle 3 Spalte 9 berechneten Werte zeigen, hört die γ-Al_2O_3-Bildung bei Feldstärken $\leqq$ 10 MV/cm im wesentlichen auf. Daß bei sämtlichen Stromdichten und Badspannungen der Feldstärkewert etwa gleich groß ist — und außerdem mit der später zu besprechenden Feldstärke in Borsäurelösungen übereinstimmt — spricht für die gegebene Deutung.

Außer den eben geschilderten Reaktionen muß wohl noch die in Reaktion 4 der Tabelle 4 angeführte, rein chemische Lösungswirkung des Elektrolyten auf die Oxydschicht berücksichtigt werden.

Sie bedingt die vielfach beobachtete Porosität der durchlässigen Schicht (s. W. Baumann sowie J. Mühlenpfordt) und auch die Tatsache, daß sich ohne Spannung eine Abtragung der Schicht ergibt.

Während somit eine Abhängigkeit der Feldstärke an der dielektrischen Schicht von der Formierungsspannung resp. Stromdichte nicht zu erwarten ist und experimentell auch nicht gefunden wird (s. Abb. 5), nimmt dagegen der spezifische Widerstand deutlich mit zunehmender Spannung ab. Aus der Arbeit von J. Zlotowski sind die Werte für *n*-Oxalsäure bei 20° entnommen und als gestrichelte Kurven in Abb. 4 und 5 mit den von uns für Schwefelsäure ermittelten Werten eingezeichnet. Die Analogie der Formierbedingungen in Schwefelsäure und in Oxalsäure ist hieraus sehr gut ersichtlich. Beachtlich ist, daß bei Zugrundelegung der Zlotowskischen Werte die Formierungsströme für Oxalsäure um eine Zehnerpotenz kleiner sind als die Schwefelsäurewerte und dementsprechend der Isolationswiderstand für Oxalsäure nach J. Zlotowski um eine Zehnerpotenz höher wird als für Schwefelsäure. Da die Feldstärke in beiden Fällen etwa gleich groß ist — was wieder für das oben gegebene Bild spricht —, könnte dies bedeuten, daß bei der Schwefelsäureschicht ein besser leitfähiges Oxyd vorliegt. Andererseits ist es aber auch möglich, daß der gemessene Widerstandswert nicht durch den Widerstand der dielektrischen

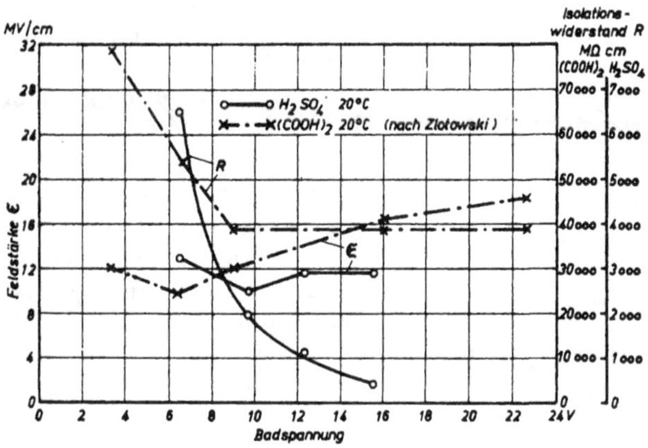

Abb. 5. Feldstärke und spez. Widerstand der Versuche Abb. 2 und 3.

Oxydschicht bedingt wird, sondern daß in die dielektrische Oxydschicht mehr oder weniger große Teile der stromdurchlässigen Schicht eingebaut sind. Der entstehende Widerstand ist dann abhängig von dem Anteil der durchlässigen Schicht und damit von der lösenden bzw. quellenden Kraft des Elektrolyten. Es ist durchaus verständlich, daß Schwefelsäure eine stärker lösende Wirkung ausübt als Oxalsäure und daß somit in Schwefelsäurelösungen eine Schicht geringeren Widerstandes entsteht.

Die Gesamtschichtstärke während länger dauernder Formierung sowie die Dickenänderung der Aluminiumanode wurde von S. Wernick untersucht und das in Abb. 6 dargestellte Ergebnis erhalten. Aus den Meßwerten für die Schichtstärke ergibt sich ein linearer Anstieg während der Formierung. Wird die Formierung an einer Stelle unterbrochen, so verringert sich die Schichtstärke entsprechend dem Inlösunggehen von Aluminiumoxyd in Schwefelsäure (gestrichelte Kurve der Abb. 6 für „unterbrochener Film"). Aber auch bei normaler Formierung ergibt sich ein Maximum der Schichtstärke, da schließlich die angreifende Wirkung des Elektrolyten den Schichtaufbau überwiegt, — bedingt wahrscheinlich durch die mit wachsender Schichtstärke größer werdende Angriffsoberfläche. Die Dickenänderung der Aluminiumanode bestätigt, daß in der ersten Zeit der Formierung die Schicht nach außen wächst. Das kann als Beweis für die Wanderung von Aluminiumionen durch die Oxydschicht und gegen die Wanderung von Sauerstoff angesehen werden. Da aber nach einer gewissen Formierungszeit eine Dickenabnahme der Aluminiumanode eintritt, an diesem Zeitpunkt aber noch das Vorhandensein einer Oxydschicht durch Ablöseverfahren festgestellt werden kann, muß neben der Wanderung von Aluminiumionen in geringerem Ausmaße doch noch eine Wanderung von Sauerstoffionen, also ein Wachstum nach innen stattfinden. Th. Rummel schließt aus seinen Untersuchungen über das Weiterwachsen von Oxydschichten von 25 μ Dicke aufwärts, daß hier nur ein Wachsen nach innen stattfindet. Durch genauere Untersuchungen in dieser Richtung kann versucht werden, eine Bestätigung und Ergänzung der Berechnungen von C. Wagner und von T. P. Hoar und L. E. Price über die Wanderungsvorgänge in Halbleitern zu erhalten.

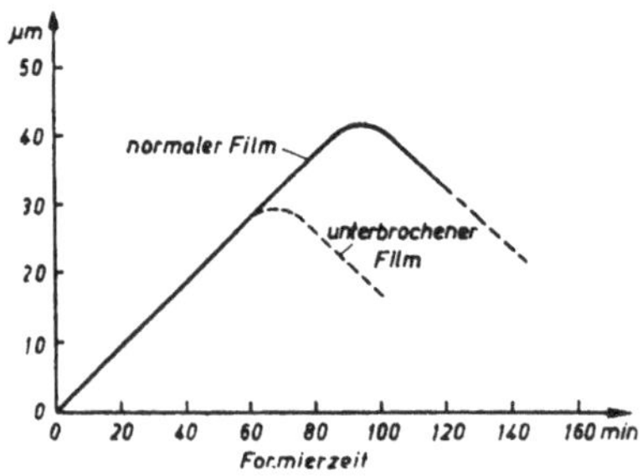

Abb. 6. Schichtdicke bei länger-dauernder Formierung in H_2SO_4.

Auch in Oxalsäure bilden sich bei der Formierung inhomogene, stark poröse Schichten, die größtenteils aus Aluminiumhydroxyd bestehen. Anscheinend geht das Aluminium primär in Lösung, fällt dann als Hydroxyd wieder aus und wird nun kataphoretisch unter hohem Druck an die Anode gepreßt und teilweise entwässert. Auch hier lassen sich sehr dicke Schichten erzeugen.

Bei konstantem Gleichstrom ergeben sich glasartige, in dünner Schicht nahezu farblose Oxydüberzüge, die mit zunehmender Dicke dunkler werden.

Werden sie mit Wechselstrom oder Wellenstrom erzeugt, so haben sie eine messinggelbe bis goldbraune Farbe, die von der Schichtdicke ziemlich unabhängig ist.

Infolge der verschiedenen Ausdehnungskoeffizienten von Oxyd und Metall haben die Schichten in der Regel Risse. Im Metallmikroskop zeigen die Gleichstromschichten zahlreiche Poren von unregelmäßiger zackiger Umrißform aber geringerer Tiefe. Wechselstromschichten dagegen weisen tiefe kreisförmige Poren auf, die bei dünnen Oxydüberzügen bis zum Grundmetall hindurchgehen und offenbar von den während der kathodischen Phase abgeschiedenen Wasserstoffbläschen herrühren.

An einer 7,8 μ dicken Wechselstromschicht wurde ein mittlerer Porendurchmesser von 15 μ festgestellt und eine Porenzahl von 200 Poren/mm^2. Das gibt ein Porenvolumen von 3,5% des Schichtvolumens. Die dielektrischen Messungen ergaben eine viel größere Porosität, so daß außer den gut sichtbaren noch zahlreiche kleinere Poren vorhanden sein müssen, die an der Grenze des mikroskopischen Auflösungsvermögens liegen und für das Verständnis des Schichtwachstums und die dielektrischen Eigenschaften in erster Linie maßgebend sind. In 100% Feuchtigkeit nehmen die Schichten etwa 1,5% Wasser auf. Mit Leinöl und Wachs imprägnierte Schichten sind völlig unhygroskopisch.

Die dielektrische Festigkeit derartiger Schichten ist in trockenem Zustande nicht größer als die Festigkeit einer Luftschicht gleicher Dicke. Werden die Schichten mit Lack imprägniert, so steigt ihre Durchschlagsfestigkeit. Infolge ihrer Porosität ziehen diese Schichten sehr leicht Wasser an. Sind sie feucht, so wird die scheinbare Dielektrizitätskonstante und der Verlustwinkel sehr groß. Auch dieses Verhalten spricht gegen ihre Verwendung zu elektrolytischen Trockenkondensatoren.

Bei der Oxydation mit Wechselstrom in einem Bad aus einer wäßrigen Lösung von Oxalsäure mit Zusätzen von Chromsäure treten durchaus andere Vorgänge auf wie bei der Oxydation mit Gleichstrom in demselben Bade, und das mit Wechselstrom erzeugte Produkt liegt offenbar in einer elastischeren Modifikation und mit grobkörnigerer Struktur vor als das mit Gleichstrom erzeugte. Es hat sich weiterhin die überraschende Tatsache herausgestellt, daß man durch aufeinanderfolgende Anwendung von Gleichstrom und Wechselstrom oder umgekehrt die mechanischen Eigenschaften der Oxydschicht in dem Sinne variieren kann, daß jeder gewünschte Härtegrad zwischen den möglichen Extremen erreicht werden kann. So lassen sich bei den Verfahren der Vereinigten Aluminium-Werke A.-G., Lautawerk, auch die Eigenschaften der Oxydschicht willkürlich beeinflussen durch die Höhe der Spannung, die Temperatur des Bades, die Konzentration, die Stromdichte usw. Es sind weiterhin chemische Nachbehandlungsverfahren entwickelt worden, durch die es möglich wird, eine vorher harte Schicht elastisch zu machen und ihr eine außerordentlich hohe Adsorptionsfähigkeit auch gegenüber viskoseren Imprägnierstoffen zu erteilen. Schließlich hat man auch die Modifikation des Aluminiumoxydes herausgefunden, die die optimale Färbefähigkeit besitzt. Es ist überraschend, in wie starkem Maße die Oxydschicht modifiziert werden kann. Man kann außerordentlich harte Schichten erzeugen, die mit stählernen Werkzeugen kaum mehr entfernt werden können, man kann verhältnismäßig biegsame Schichten erzeugen, man kann die Schicht so porös machen, daß sie imstande ist, außerordentlich große Mengen von flüssigen Imprägnierstoffen zu adsorbieren, man kann sie andererseits so dicht machen, daß sie kein Wasser mehr aufnimmt und sich zum Beispiel nicht mehr auffärben läßt. Es ist möglich, unmeßbar dünne Filme zu erzeugen, es ist jedoch auch möglich, Aluminiumbleche bis zu 0,8 mm Dicke durchzuoxydieren. Diese dicken Oxydschichten haben jedoch den Nachteil, daß sie bei einer Erwärmung über 200° C Temperaturrisse erhalten und bei starken Biegungen einreißen. Die praktische Ausnutzung dieser Erkenntnisse bildet die Grundlage der Oxydationsverfahren der Vereinigten Aluminium-Werke A.-G., Lautawerk.

Die Temperatur kann bis zum Schmelzen des Al gesteigert werden, ohne daß sich die Oxydschicht verändert. Mit Bakelit imprägniertes Al_2O_3 kann bis 200° C erhitzt werden, je weicher die Oxydschicht, um so niedriger liegt auch die Durchschlagsfestigkeit. Gleichstrom erzeugt γAl_2O_3, Wechselstrom ein wasserarmes Hydroxyd (Böhmit).

Die Durchschlagsspannung einer (Oxalsäure-) Schicht nimmt mit steigender Frequenz des Formierungsstromes bis zu einem Maximum bei 10^3 Hertz zu und fällt nach Überschreiten dieses Maximums stark ab.

b) Die Ventilwirkung.

1. Die Gradienten *a*, *b* und *c* (Ziffern 5, 6, 7).

Im folgenden sollen nur über den Gradienten *a*, die Formierungsgeschwindigkeit bis zum Einsetzen der Funken, Werte gegeben werden. Über die Gradienten *b* und *c* liegen erst so wenige Messungen vor, daß sich ihre Wiedergabe nicht lohnt. Es muß die Bemerkung genügen, daß Gradient *b* wesentlich kleiner ist als Gradient *a* und Gradient *c* wieder viel kleiner als Gradient *b* und sich dem Werte Null nähert.

Im Abschnitt a 1 war angegeben, daß bei der Formierung die Spannung proportional der Zeit ansteigt. Das gilt nur annähernd. Es sind infolgedessen in den folgenden Tabellen 5 bis 7 die Gradienten für die Spannung 20, 40, 80 und 120 Volt mitgeteilt, und zwar sämtlich in V/min.

Wenn sich also in Tabelle 5 für Al in Zitronensäure bei 80 Volt der Wert 36,4 findet, so bedeutet das: wenn Al in Zitronensäure bei 0° C mit einer konstanten Stromdichte von 2 mA/cm² formiert wird, so steigt in der Gegend von 80 Volt erreichter Zellenspannung die Spannung mit einer Geschwindigkeit von 36,4 Volt/min weiter.

Aus den Tabellen 5 und 6 ist zu ersehen, daß der Gradient von 20—120 Volt bei Al etwas ab-, bei Tantal dagegen zunimmt.

Ferner zeigt die Tabelle 5, daß der Gradient vom Elektrolyten praktisch unabhängig ist, solange vollständige Ventilwirkung vorliegt. Es ist nämlich in den Elektrolyten, deren Zahlenwerte zu Mitteln zusammengefaßt sind, vollständige, in den darunter angeführten nicht gemittelten unvollständige Ventilwirkung vorhanden. Auf welche Weise der Wirkungsgrad der Formierung berechnet wird, ist auf Seite 91 im Abschnitt 20 b auseinandergesetzt. Dort finden sich auch Angaben über den Zusammenhang zwischen Formierungsgeschwindigkeit und Stromdichte.

2. Das Phosphoreszenzleuchten (Ziffer 12).

Wie erwähnt, leuchten die Ventilmetalle während der Formierung in vollkommen gleichmäßig bleichem Lichte, am stärksten bei Al. Wird mit der üblichen Stromdichte von 2 mA/cm² formiert, so wird das Leuchten vom gut ausgeruhten Auge bereits wahrgenommen, wenn die Formierungsspannung den Betrag von 9 Volt erreicht. Bei großer Stromdichte kann bis hinab zu nahezu 2,5 Volt Leuchten beobachtet werden. Die folgende Tabelle 9 zeigt, wie die Helligkeit des Leuchtens mit der Formierungsspannung bei möglichst reinem Al ansteigt. Sie nimmt anfangs nach einer *e*-Funktion der Formierungsspannung, später immer langsamer

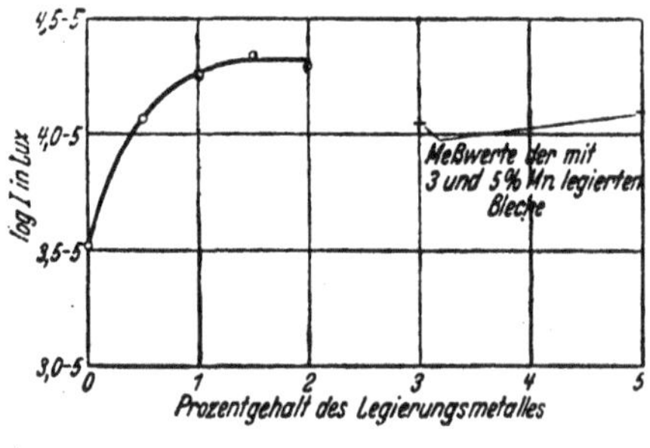

Abb. 7. Flächenhelle I von verschieden stark mit Mn legierten Al-Ventilanoden bei einer Formierungsspannung von 61 Volt.

Tabelle 5.

Al; 2 mA/cm²; 0° C. — Formierungsgeschwindigkeit bei verschiedenen Spannungen.

Elektrolyt	Grad bei 20 Volt	% der maximalen Formierungs-geschwindigkeit	Grad bei 40 Volt	% der maximalen Formierungs-geschwindigkeit	Grad bei 80 Volt	% der maximalen Formierungs-geschwindigkeit	Grad bei 120 Volt	% der maximalen Formierungs-geschwindigkeit
K_2HPO_4	54,0	85,0	54,0	85,0	42,0	66,2	39,0	61,4
KH_2PO_4	54,0	85,0	54,0	85,0	40,2	63,4	33,0	52,0
Na_3AsO_4	53,0	83,4	53,0	83,4	53,0	83,6	48,2	75,9
$(NH_4)_2CO_3$	55,2	86,9	55,2	86,9	55,2	86,9	52,2	82,2
KH_2AsO_4	52,8	83,3	41,4	65,3	34,2	53,9	27,4	43,2
$Na_2B_4O_7$	52,2	82,2	52,2	82,2	40,2	63,4	40,2	63,4
$NaPO_3$	52,0	82,0	52,0	82,0	45,0	70,9	25,0	39,4
Mittel:		83,9		81,4		69,7		61,2
Zitronensäure	44,0	69,2	44,0	69,2	36,4	57,3	33,6	52,9
$(NH_4)_2MoO_4$	44,0	69,2	44,0	69,2	37,8	59,5	37,4	58,9
Na_2SO_4	41,0	64,6	40,4	63,0	—	—	—	—
K_3FeCy_6	35,4	55,7	30,0	47,2	—	—	—	—
K_4FeCy_6	35,4	55,7	30,0	47,2	—	—	—	—
$K_2Cr_2O_7$	30,4	47,8	14,0	22,1	22,6	35,6	22,6	35,6

Tabelle 6.

Ta; 2 mA/cm²; 0° C. — Formierungsgeschwindigkeit bei verschiedenen Spannungen.

Elektrolyt	Grad bei 20 Volt	% der maximalen Formierungs-geschwindigkeit	Grad bei 60 Volt	% der maximalen Formierungs-geschwindigkeit	Grad bei 100 Volt	% der maximalen Formierungs-geschwindigkeit	Grad bei 140 Volt	% der maximalen Formierungs-geschwindigkeit
$(NH_4)_2CO_3$	33,0	32,0	42,3	41,1	43,5	42,2	50,5	49,0
Heptyls. Na	—	—	37,4	36,4	43,0	41,8	48,0	46,6
Zimts. Na	—	—	46,0	44,7	46,0	44,7	46,0	44,7
H_2SO_4	38,4	37,3	40,0	38,8	42,0	40,8	42,0	40,8
$KMnO_4$	33,6	32,6	—	—	—	—	—	—
$Na_2B_4O_7$	42,0	40,8	45,0	43,7	48,0	46,6	51,5	50,0
$K_2Cr_2O_7$	39,6	38,4	42,0	40,8	—	—	—	—
Mittel:		36,2		40,9		43,2		46,2
KF	51,0	49,5	54,0	52,4	55,0	53,4	60,0	58,2
KCl	44,5	43,2	67,3	65,4	95,0	92,2	50,9	49,5
KJ	37,3	36,2	42,2	41,0	45,6	44,3	53,5	52,0
K_2SiF_6	32,0	31,1	38,4	37,3	44,0	42,7	52,0	50,5

Tabelle 7.

Stromdichte: 2 mA/cm². 0° C. — Formierungsgeschwindigkeit bei verschiedenen Spannungen.

Elektrolyt	Grad bei 10 Volt	% der maximalen Formierungs-geschwindigkeit	Grad bei 40 Volt	% der maximalen Formierungs-geschwindigkeit	Grad bei 80 Volt	% der maximalen Formierungs-geschwindigkeit	Grad bei 120 Volt	% der maximalen Formierungs-geschwindigkeit
Bi								
K_2CO_3	20,4	65,8	18,9	61,0	—	—	—	—
$(NH_4)_2CO_3$	19,8	63,8	20,2	65,1	20,6	66,4	17,9	57,7
$K_2Cr_2O_7$	19,5	62,9	19,5	62,9	—	—	—	—
Mittel:		64,2		63,0				
$Na_2B_4O_7$	18,0	58,0	17,2	55,5	15,0	48,4	—	
$KMnO_4$	15,5	50,0	1,4	4,5	—	—	—	
KH_2AsO_4	15,0	48,4	16,0	51,6	15,0	48,4	—	Löslichkeit
Na_2SO_4	14,2	45,8	10,9	35,2	10,8	34,8	—	
KOH	15,8	51,0	14,6	47,1	—	—	—	
Sb								
	20 Volt		40 Volt		100 Volt			
$(NH_4)_2CO_3$	34,2	65,7	34,2	65,8	33,0	63,4		
Na_2SO_4	31,0	59,6	31,0	59,6	—	—		
KH_2AsO_4	32,4	62,3	32,4	62,3	—	—		
$Na_2B_4O_7$	31,2	60,0	31,0	59,6	—	—		
KCl	32,0	61,5	—	—	—	—		
Mittel:		61,8		61,8				
Zr								
	20 Volt		40 Volt		80 Volt			
H_2SO_4	31,8	46,5	37,8	55,3	24,0	35,1		
$Na_2B_4O_7$	33,6	49,2	34,8	50,9	27,0	39,5		
Mittel:		47,8		53,1				
W								
	20 Volt		40 Volt		60 Volt			
Zitronensäure	42,0	45,3	72,0	77,8	—	—		
KH_2PO_4	44,4	47,9	69,6	75,2	110,3	119,2		
HNO_3	46,2	49,9	98,0	105,8	77,0	83,1		
Mittel:		47,7		86,3				

zu. Werden dem Al Fremdmetalle in geringer Menge zugesetzt, so steigt die Helligkeit bei 18 Volt Formierungsspannung bis auf das 21fache an. Die Abb. 7 zeigt die Abhängigkeit der Flächenhelle vom Manganzusatz bei einer Formierungsspannung von 61 Volt und stets gleicher Stromdichte. Am wirksamsten ist hiernach ein Manganzusatz von 1,5%. Soweit bisher beobachtet, beginnt das Leuchten unter gleichen Umständen bei den verschiedenen Ventilmetallen bei den in Tabelle 6 angegebenen Spannungen. Es erreicht bei den anderen Ventilmetallen nirgends auch nur entfernt die Helligkeit des Al.

Tabelle 8.

Beginn des sichtbaren Leuchtens bei der Formierung der einzelnen Ventilmetalle.

Ventilmetall	Elektrolyt	Beginn des sichtbaren Leuchtens bei Formierung mit 2 mA/cm². Volt
Al	$Na_2B_4O_7$	9,2
Bi	K_2CO_3	20,5
Sb	K_2CO_3	23,5
Ta	Na_2WO_4	31,5
W	HNO_3	55,5

Offenbar liegt hier ein Leuchten vor, das dem der Leuchtphosphore sehr ähnlich ist. Es unterscheidet sich von ihm im wesentlichen dadurch, daß bei den Phosphoren das Leuchten durch Licht angeregt wird, während hier die die Sperrschichten durchströmenden Elektronen die Anregung des Leuchtens unmittelbar übernehmen. Daher auch die starke Wirkung schon sehr geringfügiger Zusätze zum Al.

3. Die Funkenspannung und die Metallfunken (Ziffer 8 u. 9).

Die Funkenspannung. Die Funkenspannung, das heißt diejenige Spannung, bei der während der Formierung die ersten Funken auftreten und die Formierungsgeschwindigkeit plötzlich abnimmt, ist von der Stromdichte völlig unabhängig. Mit der Temperatur des Elektrolyten steigt sie ein wenig an

Wird vor den Versuchen das Ventilmetall längere Zeit bei geringerer Spannung vorformiert, so liegt die Funkenspannung etwas höher als ohne Vorformierung.

Dagegen ist die Funkenspannung von der Konzentration und Beschaffenheit des Elektrolyten abhängig.

Abb. 8 gibt die Funkenspannung des Ta in Abhängigkeit von der Konzentration der Schwefelsäure an.

Tabelle 9.

Al in Zitronensäure bei 0° C und einer Formierungsstromdichte von 2 mA/cm².

Helligkeit I in Lux	Formierungsspannung U in Volt
$3{,}6 \cdot 10^{-5}$	18
$10{,}5 \cdot 10^{-5}$	30
$129 \cdot 10^{-5}$	50
$380 \cdot 10^{-5}$	70
$490 \cdot 10^{-5}$	80
$692 \cdot 10^{-5}$	100
$850 \cdot 10^{-5}$	120
$1320 \cdot 10^{-5}$	200

Tabelle 10 gibt die Versuchsergebnisse in Zahlen wieder.

Tabelle 10[1].
Funkenspannung des Ta in Abhängigkeit von der Konzentration von H_2SO_4 bei 20° C und 1 mA/cm².

Konzentration in %	Funkenspannung in Volt	Konzentration in %	Funkenspannung in Volt
0,0001	242	13	94
0,001	256	16	90
0,01	240	20	90
0,1	228	40	87
1	173	58	76
5	114	75	62
9	99	96	48
11	96		

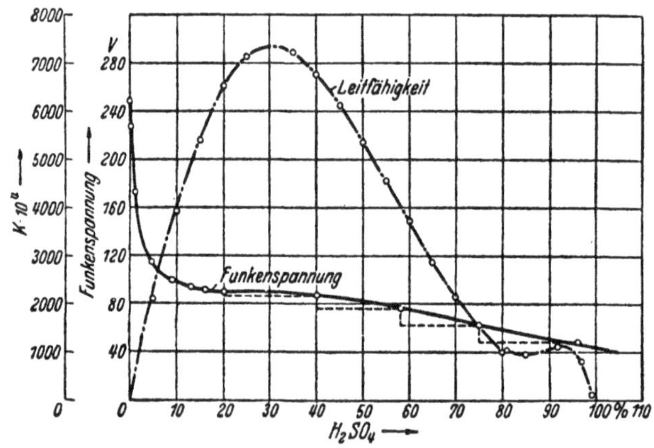

Abb. 8[1]. Funkenspannung von Ta in Abhängigkeit von der Konzentration von H_2SO_4. Temperatur: 20°C. j = 1 mA/cm².

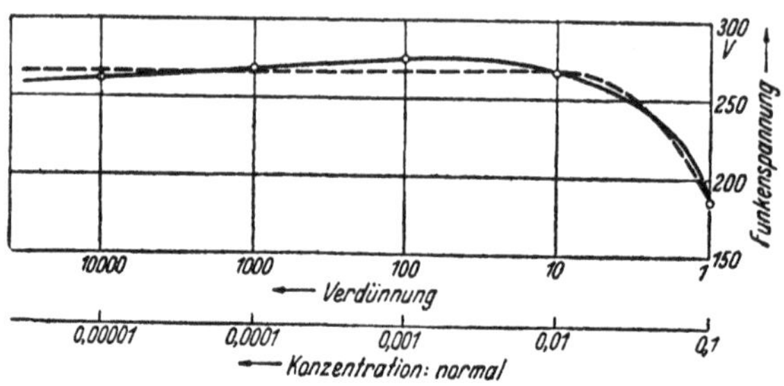

Abb. 9[1]. Die Funkenspannung des Ta in bei etwa 0° C gesättigter und dann stufenweiser verdünnter Boraxlösung.

Bei den größten Verdünnungen nähert sich die Funkenspannung einem Grenzwert von 250 Volt. Zwischen 15 und 40% der Schwefelsäure ist die

[1] Aus: Bär, Z. S. f. Phys. **98**, 267, 1935.

Funkenspannung nahezu die gleiche und fast unabhängig von der Konzentration. Nach großen Konzentrationen fällt die Funkenspannung wieder ab, um in der Nähe der absoluten Schwefelsäure etwa 40 Volt zu erreichen.

Abb. 9 zeigt die Funkenspannung des Ta in einer Boraxlösung, die bei 0° C gesättigt und dann stufenweise verdünnt war.

Tabelle 11 zeigt die dazugehörigen Daten.

Vom Ventilmetall ist die Funkenspannung stark abhängig, wie Tab. 12 zeigt. Hiernach hat Sb die niedrigste Funkenspannung, die höchste Al resp. die geringste Schichtdicke bei der Funkenspannung Ta, die größte Bi.

Tabelle 11[1].

Die Funkenspannung von Ta in Boraxlösung in Abhängigkeit von der Konzentration bei 0° C und 1 mA/cm².

Konzentration	Funkenspannung in Volt
0,1 normal	185
0,01 ,,	267
0,001 ,,	275
0,0001 ,,	269
0,00001 ,,	262

Hiernach ist die Funkenspannung vom Ventilmetall bedingt, während die Maximalspannung vom Ventilmetall unabhängig und nur vom Elektrolyten bedingt ist. Es lassen sich deshalb die beim Erreichen der Funkenspannung einsetzenden Funken als Metallfunken im Gegensatz zu denen der Maximalspannung, den Elektrolytfunken, kennzeichnen.

Tabelle 12[1].

Die Funkenspannung in Abhängigkeit vom Ventilmetall.

Elektrolyt: Borax-Borsäurelösung, Temperatur 20° C, Stromdichte 2 mA/cm².

Ventilmetall	Funkenspannung in Volt	Schichtdicke δ in mμ bei der Funkenspannung
Ta	188	154
Bi	119	500
Sb	83	170
Al	259	264

Beim ersten Auftreten sind die Metallfunken außerordentlich fein, lautlos und noch sehr lichtschwach. Sie rufen in der Regel kaum merkliche Spannungsschwankungen hervor. Mit weitersteigender Spannung werden sie immer heller und weniger zahlreich, und die Spannungsschwankungen nehmen zu.

Die offenbar sehr hohe Temperatur, die in ihnen momentan auftritt, verändert das Gefüge der Oxydhaut, so daß sie aus einem vollkommen homogenen durchsichtigen Zustand in eine trübe, nicht mehr homogene und keine Interferenzfarben mehr zeigende Modifikation übergeht. Gleichzeitig findet eine weitere Härtung der Schicht statt.

Bei Tantal in $KAg(CN)_2$-Lösung sind die Metallfunken gelblichweiß, die Maximalspannungs- oder Elektrolytfunken leuchtend smaragdgrün. Bei Ta in $K_2Zn(CN)_4$-Lösung sind die Metallfunken ebenfalls gelblichweiß, die Maximalspannungsfunken rötlichviolett. Hier sind also die Metallfunken und Elektrolytfunken schon äußerlich sehr verschieden, und die Elek-

[1] Aus: Bär, Z. S. f. Phys. **98**, 267, 1935.

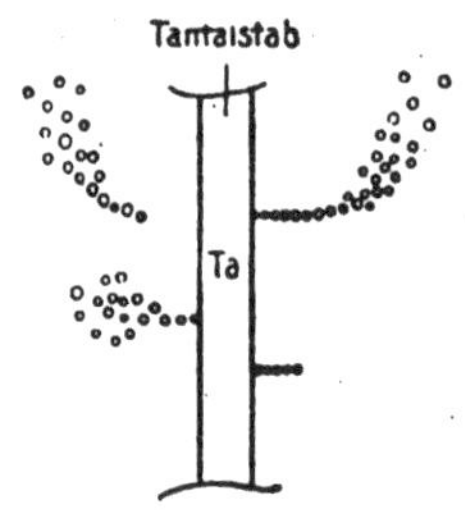

Abb. 10. Schematische Darstellung der durch Funkenentladungen an Ventilmetallen verursachten Gasstrahlen.

trolytfunken zeigen das dem Metall des Anions entsprechende Spektrum, eine Erscheinung, die sich in zahlreichen anderen Fällen wiederfindet. In manchen Elektrolyten haften die Funken längere Zeit an der gleichen Stelle. Von ihr werden dann schnell aufeinanderfolgende, sehr feine Gasblasen, wie in Abb. 10 dargestellt mit großer Gewalt senkrecht zur Ventilmetalloberfläche weggeschleudert, so daß der Eindruck eines Gasblasenstrahles entsteht.

In Na_2SnO_3 gehen die Funken, nachdem sie einmal eingesetzt haben, lange von derselben Stelle aus, von der aus nicht die feinen Gasstrahlen der Abb. 10, sondern einzelne, dickere Gasblasen in regelmäßiger Folge in die Höhe steigen. Ähnliches beobachtet man bei Cr- und Fe-haltigen Anionen.

Größe, Dauer und Elektrizitätsmenge der Funken sind besonders auf Seite 42 zusammen mit den Eigenschaften der Maximalspannungsfunken besprochen.

4. Die Maximalspannung und die Maximalspannungsfunken (Ziffer 10 u. 11).

a) Der Einfluß des Anions.

Da die Maximalspannung bei einer gegebenen Kombination die unübersteigbare Spannungsgrenze bildet, ist ihre genaue Kenntnis bei der Entwicklung von Elektrolytkondensatoren für möglichst hohe Spannung von größter Wichtigkeit.

Von der Stromdichte und der Temperatur des Elektrolyten ist die Maximalspannung unabhängig, solange nicht durch die Temperatur sekundäre Störungen hervorgerufen werden. Diese bestehen z. B. bei Al in manchen Elektrolyten darin, daß eine bei 0° C kaum merkliche Löslichkeit in der Nähe des Siedepunktes so groß wird, daß sich die eigentliche Maximalspannung nicht mehr erreichen läßt und infolgedessen eine zu niedrige Spannung als Maximalspannung vorgetäuscht wird.

Für die Maximalspannung ist zunächst die Konzentration des Anions, nicht etwa die gesamte Konzentration des gelösten Salzes maßgebend, wie folgender Versuch mit den in Tabelle 13 angeführten Lösungen zeigt.

Tabelle 13.

Nr.	Elektrolyt	Gesamtnormalität	Ionennormalität
1	$NH_4^{\cdot}OH'$	5,4	0,0111
a 2	$Na^{\cdot}OH'$	5,4	1,5[1]
3	$Na^{\cdot}OH'$	0,0118	0,0111
1	$CH_3COO'H^{\cdot}$	3,5	0,0079
b 2	$CH_3COO'Na^{\cdot}$	3,5	0,8[1]
3	$CH_3COO'Na^{\cdot}$	0,0084	0,0079
1	$HCOO'H^{\cdot}$	14,0	0,055
c 2	$HCOO'Na^{\cdot}$	—	—
3	$HCOO'Na^{\cdot}$	0,063	0,055

[1] Aus Leitfähigkeitsmessungen. Nur der Größenordnung nach richtig.

Die Lösungen 1 und 2 haben gleiche Gesamtkonzentration, aber sehr verschiedene Ionenkonzentration, die Lösungen 1 und 3 gleiche Ionenkonzentration, aber sehr verschiedene Gesamtkonzentration.

Für Lösungen gleicher Gesamtkonzentration ergeben sich die in Tabelle 14 angegebenen Maximalspannungen.

Tabelle 14.

OH'	5,4 normal	CH_3COO'	3,5 normal
$NH_4{}^{\cdot}OH'$	540 Volt	$CH_3COO'H^{\cdot}$	620 Volt
$Na^{\cdot}OH'$	37 Volt	$CH_3COO'Na^{\cdot}$	266 Volt

Lösungen gleicher Gesamtkonzentration, aber sehr verschiedener Ionenkonzentration geben sehr verschiedene Maximalspannungen.

Für Lösungen gleicher Ionenkonzentration ergeben sich die in Tabelle 15 angegebenen Werte.

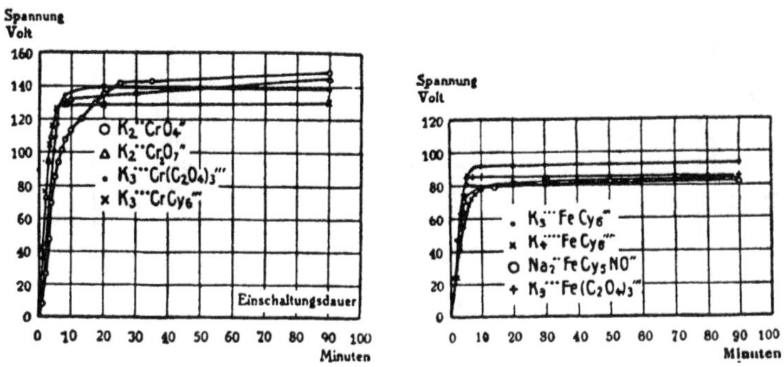

Abb. 11. Formierung von Tantal in den angegebenen eisen- und chromhaltigen Elektrolyten in 0,05 elektronennormaler Lösung bei 2 mA/cm².

Tabelle 15.

OH' 0,0111 Ionennormal		CH_3COO' 0,00793 Ionennormal		$HCOO'$ 0,055 Ionennormal	
$NH_4{}^{\cdot}OH'$	540 Volt	$CH_3COO'H^{\cdot}$	620 Volt	$HCOO'H^{\cdot}$	500 Volt
$Na^{\cdot}OH'$	590 Volt	$CH_3COO'Na^{\cdot}$	710 Volt	$HCOO'Na^{\cdot}$	480 Volt

Lösungen gleicher Ionenkonzentration, aber sehr verschiedener Gesamtkonzentration geben nahezu gleiche Maximalspannungen.

Die Versuche ergeben also: Die Maximalspannung hängt in einwertigen Elektrolyten von der Ionenkonzentration, nicht von der Gesamtkonzentration ab.

Ferner ist die Maximalspannung von der Art des benutzten Anions in sehr eigentümlicher Weise abhängig.

Werden stets 0,05 n-Lösungen zugrunde gelegt, so zeigt sich, daß die Maximalspannung in allen Lösungen, deren Anionen keine Metalle enthalten, bei etwa 450 Volt liegt. Wird jedoch ein Metall in das Anion eingeführt, so wird dadurch die Maximalspannung um einen für das Metall charakteristischen Betrag verringert, und zwar annähernd um den gleichen Betrag, einerlei, in welches Anion das Metall eingeführt ist. Die Abb. 11 und die Tabellen 16 und 17

Tabelle 16.

Tantal in 0,05 elektronennormalen Lösungen. Stromdichte 2 mA/cm².

Metall	Kation	Anion	Maximalspannung bei Knick 2 Volt	Maximalspannung nach 90 Min. Volt
Cr	K˙	Cr_2O_7''	131	145
	K˙	CrO_4''	141	148
	K˙	$Cr(C_2O_4)_3'''$	134	138
	K˙	$CrCy_6'''$	126	130
Mittel:			133	140
Fe	Na˙	$FeCy_5NO''$	76	82
	K˙	$Fe(C_2O_4)_3''$	85	85
	K˙	$FeCy_6'''$	82	83
	K˙	$FeCy_6''''$	91	92
Mittel:			84	86
Pt	Na˙	$PtCl_6''$	20	27
	K˙	$PtCl_4''$	35	38
Mittel:			28	33
	K˙	Cy'	—	465[1]
	K˙	C_2O_4''	—	480[1]
	K˙	Cl'	—	290[2]

Tabelle 17.

0,05 ionennormale Lösungen. Stromdichte bei Ta 6 mA/cm²; bei Al 12 mA/cm².

Benutztes Ventilmetall	Kation	Anion	Maximalspannung bei Knick 2 Volt	Maximalspannung nach 30 Min. Volt
Ta	Na˙	$FeCy_5NO''$	52	59,5
	K˙	$Fe(C_2O_4)_3'''$	53	67
	K˙	$FeCy_6'''$	53	56
	K˙	$FeCy_6''''$	54	66
Al	Na˙	$FeCy_5NO''$	55	80
	K˙	$Fe(C_2O_4)_3'''$	65	66
	K˙	$FeCy_6'''$	54	64
	K˙	$FeCy_6''''$	55	57

zeigen dies deutlich. Und zwar liegen die Maximalspannungen für Al und Ta gleich hoch.

Die folgende Tabelle 18 gibt Aufschluß über die Maximalspannung sämtlicher benutzten, metallhaltigen Anionen. Im einzelnen ist folgendes zu ihr zu bemerken: Die Metalle sind nach dem natürlichen System der Elemente ge-

[1] nach 180 Minuten. [2] Keine richtige Maximalspannung.

ordnet. Bei K˙$AgCy_2'$ scheint die Formierung im Dunkeln schneller vor sich zu gehen als im Tageslicht. Der Tantalstab überzieht sich im Dunkeln mit einer weißlichen Schicht, die sich im Lichte schwarz färbt. Im allgemeinen ist die Helligkeit der Funken durchaus nicht der Spannung proportional. So zeigen sich in konzentrierter Na˙OH′-Lösung bei der Maximalspannung von 34 Volt helle Funken, während in 0,05 n. Na˙OH′-Lösung die Funken bei 200 Volt kaum zu sehen sind (sie beginnen bei 182 Volt).

Tabelle 18.

Funkenspannungen und Maximalspannungen des Tantals in 0,05 elektronennormalen Lösungen bei 2 mA/cm².

Kation	Anion	Metall	Funkenspannung	Maximalspannung bei Knick 2	Maximalspannung nach 180 Min.	Bemerkungen
			Volt	Volt	Volt	
Na	OH′	H	182	—	448	
K	$CuCy_2'$	Cu	212	—	355	starke Schwankungen
K	$AgCy_2'$	Ag	193	—	422	,, ,,
K	$AuCl_4'$	Au	—	24	27	
K	$^1/_2\ ZnCy_4''$	Zn	270	425	425	,, ,,
K	$^1/_2\ CdCy_4''$	Cd ?	220	478	478	geringe ,,
K	$^1/_2\ HgCy_4''$	Hg	208	453	453	,, ,,
K	AlO_2'	Al	280	660	660	nach 300 Min. geringe Schwankungen
Na	$^1/_2\ SnO_3''$	Sn	170	190	190	
K	$H_2Sb_2O_8'$	Sb	250	—	435	
K	$^1/_2\ BiJ_5''$	Bi	—	—	450	
		Cr	—	133	140	
Na	$^1/_2\ MoO_4''$	Mo	160	457	457	
Na	$^1/_2\ WO_4''$	W	188	363	363	
K	MnO_4'	Mn	—	46	75	
		Fe	—	84	86	
K	$^1/_3\ CoCy_6'''$	Co	199	243	243	starke Schwankungen
K	$^1/_2\ NiCy_4''$	Ni	—	181	200	
Na	$^1/_2\ RhCl_5''$	Rh	—	23	27	
Na	$^1/_2\ PdCl_4''$	Pd	—	19,5	50	
Na	$^1/_2\ IrCl_6''$	Ir	—	32	37	
Na	$^1/_2\ PtCl_6''$	Pt	—	20	27	
K	$^1/_2\ PtCy_4''$	Pt	—	35	38	

Besonders bei den niedrigen Maximalspannungen wirkt bei Wiederholung der Versuche die Konstanz der Maximalspannung überraschend. Man beobachtet zunächst einen ganz ruhigen Anstieg der Spannung proportional der Einschaltungsdauer. Plötzlich setzen ohne irgendwelche vorherige Anzeichen Funken ein, und mit dem Spannungsanstieg ist es vorbei. Man gewinnt den Eindruck, daß diese Funken eine der Erscheinung fremde Störung bilden, die ebensogut bei der halben wie bei der doppelten Spannung eintreten könnte. Wiederholt man aber die Versuche, so stellt sich heraus, daß die Funken bis auf wenige Volt genau stets bei derselben Spannung auftreten. Bei den hohen Maximalspannungen, bei denen das Steigen der Spannung allmählich aufhört, wobei die Funken langsam stärker werden, hat man beim Eintreten der Maximalspannung viel eher den Eindruck einer in der Natur des Vorganges begründeten Erscheinung, von der man Konstanz erwarten darf.

Die Tabelle 18 zeigt, daß die spezifische Maximalspannung, bezogen auf 0,05 n. Lösungen, von 27 Volt bei Pt bis auf 660 Volt bei Al ansteigt. Werden die Metalle nach steigender Maximalspannung geordnet, wobei für die Platinmetalle die chlorhaltigen Anionen zugrunde gelegt wurden, so ergeben sich, wie in Tabelle 19 angegeben ist, zwei Reihen, je nachdem die Maximalspannung bei Knick 2 oder nach 180 Min. gewählt wird.

Tabelle 19.

Reihe 1 Maximalspannung bei Knick 2		Reihe 2 Maximalspannung nach 180 Min.		
Metall	Volt	Metall	Funkenspannung Volt	180 Min. Volt
Pd	19,5	Pt	—	—
Pt	20	Rh	—	27
Rh	23	Au	—	—
Au	24	Ir	—	37
Ir	32	Pd	—	50
Mn	46	Mn	—	75
Fe	84	Fe	—	86
Cr	133	Cr	—	140
Ni	181	Sn	170	190
Sn	190	Ni	—	200
Co	243	Co	199	243
Cu	(355)	Cu	212	355
W	363	W	188	363
Ag	422	Ag	193	422
Zn	425	Zn	270	425
Sb	(435)	Sb	—	435
H	448	H	182	448
Bi	(450)	Bi	—	450 (?)
Hg	453	Hg	208	453
Cd	478	Cd	220	478
Al	660	Al	280	660

Die Reihenfolge der Metalle ist bis auf die ersten Glieder in den beiden Reihen identisch.

Die Tabelle 18 zeigt, daß die Funkenspannung durch den Elektrolyten nur wenig beeinflußt wird. Sie liegt, von zwei Ausnahmen abgesehen, bei etwa 170—220 Volt.

Wird die Maximalspannung durch das Anion des Elektrolyten auf weniger als 170 Volt erniedrigt, so ist keine besondere Funkenspannung mehr vorhanden. Die ersten auftretenden Funken sind sogleich die Maximalspannungsfunken, von denen aus nur noch ein geringer schleichender Anstieg der Maximalspannung bei lang dauernder Einschaltung stattfindet.

Die vorstehende Tabelle 20 gibt eine Übersicht über das Verhalten einander ähnlicher metallfreier Anionen. Sie zeigt: in der Ameisensäurereihe steigt sowohl die Funkenspannung als auch die Maximalspannung mit der Größe des Anions. Auch das ziemlich große Anion der Zimtsäure hat eine hohe Maximalspannung. Weiter haben die aus gleichen Atomen bestehenden Anionen nahezu gleiche Maximalspannung und auch typisch gleichen Verlauf der Formierung. So die Anionen der vier zusammengestellten organischen Säuren, die S-haltigen und N-haltigen Anionen unter sich.

Tabelle 20.

Funkenspannungen und Maximalspannungen des Tantals in 0,05 elektronennormalen Lösungen bei 2 mA/cm².

Kation	Anion	Maßgebendes Atom	Funkenspannung Volt	Maximalspannung Knick 2 Volt	Maximalspannung 180 Min. Volt
$Na^{\cdot}$	OH'	H	182	—	446
$Na^{\cdot}$	$HCOO'$		232	483	488
$Na^{\cdot}$	CH_3COO'		233	485	485
$Na^{\cdot}$	C_2H_5COO'	?	245	495	495
$Na^{\cdot}$	C_3H_7COO'		246	505	508
$Na^{\cdot}$	C_9H_9COO'		247	510	520
Mittel:			241	496	499
$Na^{\cdot}$	$C_6H_{13}COO'$		252	554	560
$Na^{\cdot}$	$C_6H_5CHCHCOO'$		220	545	545
$K^{\cdot}Na^{\cdot}$	½ Weinsäure''		243	472	472
$Na^{\cdot}$	⅓ Zitronensäure'''	C?	240	473	478
$K^{\cdot}$	½ CO_3''		267	475	480
$K^{\cdot}$	½ C_2O_4''		235	—	480
Mittel:			246	473	478
$K^{\cdot}$	SH'		221	449	463
$Na^{\cdot}$	½ SO_3''	S	223	—	445
$Na^{\cdot}$	½ S_2O_3''		215	—	448
$Na^{\cdot}$	½ SO_4''		221	442	449
Mittel:			220	—	451
$K^{\cdot}$	CNS'		165	480	480
$K^{\cdot}$	CN'		238	—	465
$Na^{\cdot}$	NO_3'	N	165	470	475
$Na^{\cdot}$	NO_2'		175	—	470
$Na^{\cdot}$	N_3'		194	470	470
Mittel:			178	470	472
$Na^{\cdot}$	PO_3'		170	—	455
$K^{\cdot}$	½ HPO_4''	P	150	—	462
$K^{\cdot}$	H_2PO_4'		170	—	555
$H^{\cdot}$	H_2PO_4'		170	—	435
$Na^{\cdot}$	AsO_2'	As	250	483	495
$K^{\cdot}$	½ AsO_4''		216	447	447
$Na^{\cdot}$	BO_2'(½ B_4O_7'')	B	270	474	487
$Mg^{\cdot\cdot}$	½ SiF_6''	Si	174	490	495
$K^{\cdot}$	½ TiF_6''	Ti	167	442	442
$K^{\cdot}$	F'	F	179	505	531

Die Halogene Cl, Br, J sind in eine besondere Tabelle 21 gebracht, weil bei ihnen Störungen auftreten. In $K^{\cdot}Cl'$ verläuft die Formierung ganz normal, bis bei 287 Volt der Tantalstab durch die Funken angefressen wird, so daß nach einiger Zeit tiefe Löcher entstehen, die von einer weißen, aufliegenden, sehr harten Kruste bedeckt sind, und kein weiterer Anstieg der Spannung stattfindet. In $K^{\cdot}ClO_3'$ tritt die Erscheinung erst bei 325 Volt ein und in $CCl_3COO'Na^{\cdot}$ bleibt sie ganz aus. Deshalb dürften 485 Volt als die richtige Maximalspannung des Cl anzusehen sein. Die Untersuchung der Maximalspannung bei höheren Konzentrationen wird diese Auffassung stützen.

Tabelle 21.
Funkenspannungen und Maximalspannungen des Tantals in 0,05 elektronennormalen Lösungen bei 2 mA/cm².

Kation	Anion	Maß-gebendes Atom	Funken-spannung Volt	Maximalspannung Knick 2 Volt	Maximalspannung 180 Min. Volt
K˙	Cl′	Cl	165	287	287
K˙	ClO_3'	Cl	169	325	325
Na˙	CCl_3COO'	Cl	166	485	485
K˙	Br′	Br	—	60	60[1]
Na˙	BrO_3'	Br	181	480	480
K˙	J′	J	164	488	488
K˙	JO_3'	J	175	428	430

In K˙Br′ kommt keine rechte Formierung zustande. Kurz nach dem Einschalten beginnt eine schwere ölige Flüssigkeit vom Tantalstabe zu Boden zu sinken, während sich auf dem Tantalstabe weiße Fetzen bilden und ebenfalls zu Boden fallen. In BrO_3' verläuft die Formierung normal.

In K˙JO_3' zeigen sich bei 430 Volt Anfressungen, ähnlich denen in H˙NO_3', und die Funken bleiben lautlos, so daß hier die volle Maximalspannung nicht erreicht zu sein scheint. In K˙J′ verläuft die Formierung normal.

In Tabelle 22 sind die den verschiedenen nichtmetallischen Elementen eigentümlichen Maximalspannungen nach steigenden Werten zusammengestellt. Auch diese Reihe hat einen provisorischen Charakter. Die Werte für As und P sind besonders unsicher. Das Wesentliche an der Reihe ist, daß die Maximalspannung bei den Nichtmetallen nur wenig schwankt. Zwischen 442 Volt und 505 Volt liegen alle Maximalspannungen bei Knick 2 eingeschlossen.

Tabelle 22.
Zusammenstellung der Formierungsspannungen und der Maximalspannungen der Nichtmetallanionen an einer Ta-Anode in 0,05 elektronennormalen Lösungen.

Element	Funken-spannung Volt	Maximalspannung Knick 2 Volt	Maximalspannung 180 Min. Volt
Ti	167	442	442
S	220	—	451
P	160	—	460?
As	233	465	471?
N	178	470	472
C	246	473	478
Cl	165	—	485
Br	181	480	480
J	164	488	488
B	270	474	487
Si	174	490	495
F	179	505	531

Beide Reihen, die der Metalle und die der Nichtmetalle, haben nur dann allgemeineres Interesse, wenn sie auch bei anderen Konzentrationen als 0,05n. bestehen bleiben, mit anderen Worten, wenn sich die Maximalspannung mit der Konzentration in allen Elektrolyten in ungefähr gleichem Verhältnisse ändert. Um dieses festzustellen, wurden zunächst eine Anzahl Versuche in Lösungen angestellt, die nach Leitfähigkeitsmessungen die zehnfache Elektronenkonzentration (0,5 n.) hatten, wobei jedoch nicht zu vergessen ist, daß

[1] Starke Schwankungen.

Tabelle 23.

Funkenspannungen und Maximalspannungen von Tantal in 0,5 elektronennormalen Lösungen der nachstehenden Elektrolyte bei 2 mA/cm².

Kation	Anion	Verhältnis 0,5 n./0,05 n. für die Funkenspannung	Maximalspannung bei Knick 2 Volt	Maximalspannung nach 60 Min. Volt	Verhältnis 0,5 n./0,05 n. für Maximalspannung nach 60 Min.
K˙	$\frac{1}{3}$ $FeCy_6'''$	—	35	38	0,458
Na˙	$\frac{1}{2}$ SnO_3''	—	94	94	0,495
K˙	$\frac{1}{2}$ $NiCy_4''$	—	89	97	0,485
K˙	$\frac{1}{3}$ $CoCy_6'''$	—	95	102	0,420
Na˙	$\frac{1}{2}$ WO_4''	0,532	184	186	0,513
Na˙	OH′	0,659	195	195	0,436
Na˙	$\frac{1}{2}$ SO_4''	0,642	203	205	0,458
K˙	$\frac{1}{2}$ $HAsO_4''$	0,537	—	210	0,470
K˙	CNS′	0,648	221	222	0,463
K˙	$\frac{1}{2}$ CO_3''	0,448	225	225	0,469
K˙	NO'_3	0,818	220	228	0,480
K˙	$\frac{1}{2}$ $HgCy_4''$	0,577	238	238	0,526
K˙	F′	0,698	—	250	0,472
K˙	CH_3COO'	0,537	—	265	0,547
K˙	HCOO′	0,538	250	267	0,547
K˙	C_4H_9COO'	0,507	283	305	0,587
K˙	AlO'_2	0,463	—	328	0,497
Mittel		0,585	—	—	0,490
K˙	$\frac{1}{2}$ $PtCl''_6$	—	16	18	0,670
K˙	$\frac{1}{2}$ Cr_2O_7''	—	80	87	0,600
K˙	Cl′	—	198	213	0,742
K˙	HPO''_4	—	—	290	0,628

die Ermittlung einer solchen Konzentration durch Leitfähigkeitsmessungen schon nicht mehr einwandfrei ist. Die gewonnenen Werte sind in der folgenden Tabelle 23 zusammengestellt und auf die in 0,05 elektronennormalen Lösungen erhaltenen Werte bezogen.

Die Tabelle zeigt, daß das Verhältnis der Maximalspannung in 0,5 n. Lösungen zu der in 0,05 n. Lösungen, wenn man die an das Ende der Tabelle gestellten Werte beiseite läßt, im Mittel etwa 0,49 beträgt. Die Schwankungen um dieses Mittel betragen im Mittel 6,6%. Ein Gang in diesen Abweichungen, der etwa mit dem absoluten Betrage der spezifischen Maximalspannung zusammenhinge, ist nicht zu erkennen. Daß Schwankungen vorliegen, erscheint durchaus erklärlich, wenn man bedenkt, daß die Leitfähigkeitsmessung nicht mehr ganz zuverlässig ist und daß die Verschiedenheit der Funken in den verschiedenen Elektrolyten verschieden früh das Wachsen der Spannung unterdrückt, ein Einfluß, der schon bei der Metallreihe erwähnt wurde. Ferner sinkt die Maximalspannung in den Lösungen, in denen sie sehr gering ist, wie bei $PtCy_4''$, nicht so weit, wie sie sollte, vermutlich, weil eine untere Grenze für den Funkenübergang besteht. Endlich ist die starke Abweichung bei Cl′ ein Beweis dafür, daß in 0,05 n. Lösung die Maximalspannung höher liegen muß als 278 Volt. Setzt man sie zu dem in CCl_3COO' gefundenen Werte von 485 Volt an, so ergibt sich das Verhältnis 0,5 n./0,05 n. zu 0,44, ein Wert, der zu den anderen Werten der Tabelle 23 gut paßt.

Für drei der untersuchten Elektrolyte, nämlich Na˙OH', Na˙NO_3', CH_3COO'K˙ wurden die Formierungskurven bei einer ganzen Reihe verschiedener Konzentrationen aufgenommen. Von diesen Elektrolyten hat

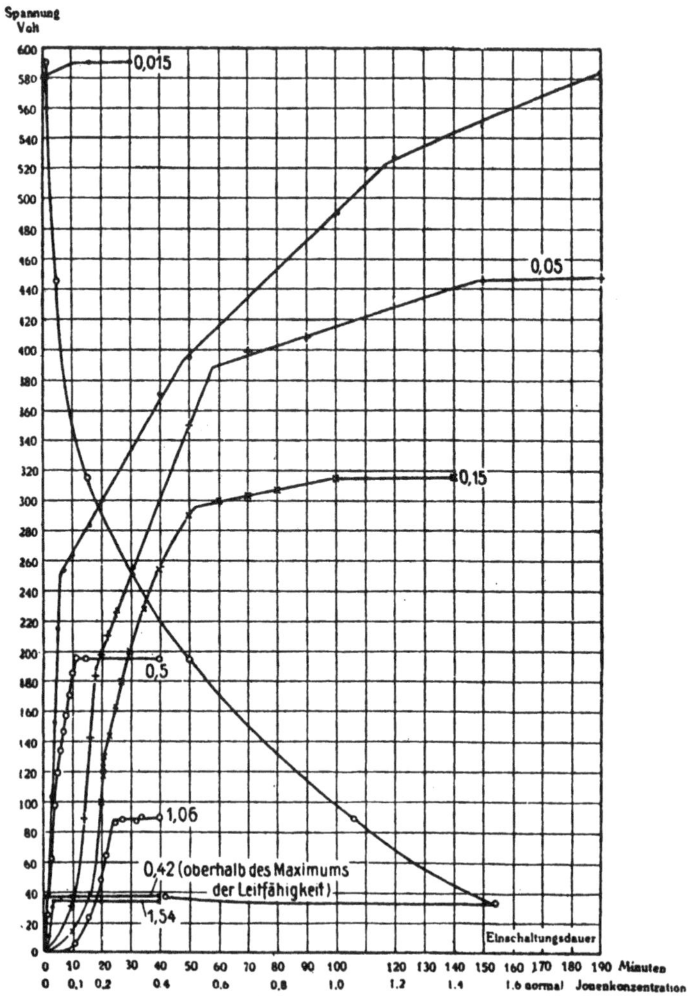

Abb. 12. Formierungskurven des Tantals in Lösungen von Na˙OH' der angegebenen Elektronenkonzentration bei 2 mA/cm².

Na˙OH ein sehr niedriges Verhältnis (0,436), Na˙NO_3' ein mittleres (0,480) und CH_3COO'K˙ ein sehr hohes (0,547), so daß sie die wichtigsten Fälle repräsentieren. Die Formierungskurven finden sich in den Abb. 12—14.

Na˙OH′ zeigt die Eigentümlichkeit, daß die Maximalspannung bis zu abnorm niedrigen Werten sinkt, wobei stets helles Funkenspiel zu beobachten ist, und daß bei mittleren Konzentrationen die Formierung nur sehr zögernd einsetzt und dann stark beschleunigt zunimmt.

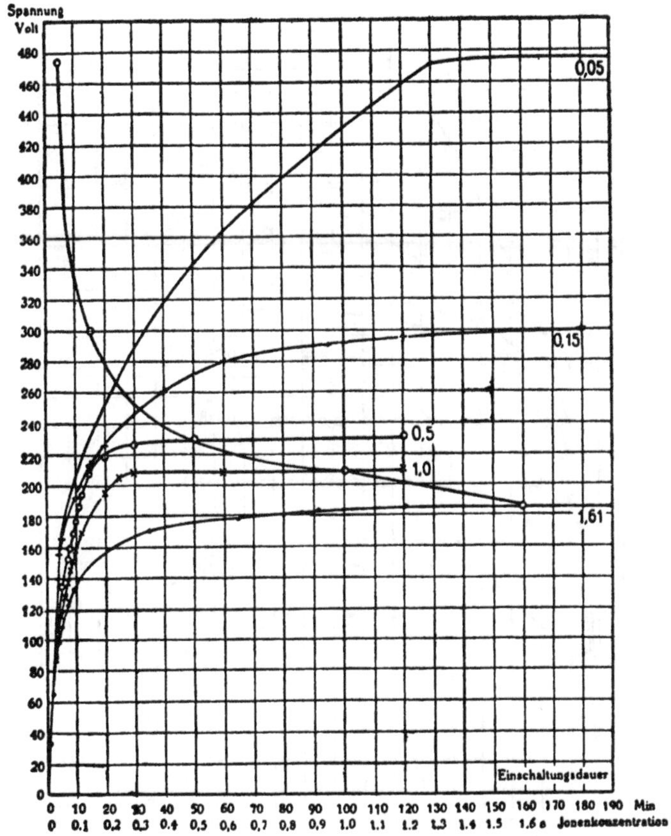

Abb. 13. Formierungskurven des Tantals in Lösungen von $Na^{\cdot}NO_3'$ der angegebenen Elektronenkonzentration bei 2 mA/cm².

$CH_3COO'K^{\cdot}$ ist ein gutes Beispiel für Störungen durch verschiedenartige Funken. In den ganz konzentrierten Lösungen sind nur dicke, fast geräuschlose Funken vorhanden. In 0,933 n. Lösungen treten daneben, besonders bei etwas verringerter Stromdichte, sehr helle, kleinere, laut knirschende Funken auf, wobei die Maximalspannung um 30 Volt in die Höhe schnellt, so daß sich hier geradezu zwei Maximalspannungen beobachten lassen. In 0,728 n. Lösungen überwiegen die lauten Funken, in höheren Verdünnungen verschwinden sie wieder.

Für $Na^{\cdot}OH'$ und $Na^{\cdot}NO_3'$ sind die Kurven, welche die Beziehung zwischen Maximalspannung und Elektronenkonzentration (Leitfähigkeitsmessung!) darstellen, in die Abb. 12 und 13 eingetragen. Daß die Kurven unten zurücklaufen, liegt daran, daß bei hoher Konzentration die Leitfähigkeit und damit die darauf bezogene Elektronenkonzentration wieder abnimmt.

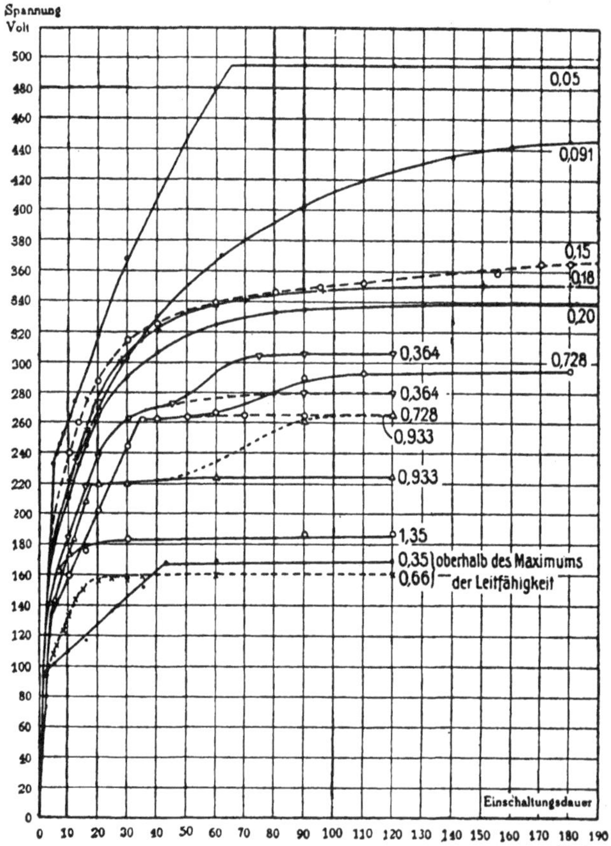

Abb. 14. Formierungskurven des Tantals in Lösungen von $CH_3COO'K^{\cdot}$ der angegebenen Elektronenkonzentration bei 2 mA/cm².

In Abb. 15 sind die Kurven zum besseren Vergleich noch einmal zusammengestellt. Bis zur Konzentration 0,3 verlaufen sie ziemlich ähnlich.

In der folgenden Tabelle 24 ist noch für jeden der drei Elektrolyte das Verhältnis der verschiedenen Maximalspannungen zu der in 0,05 n. Lösung ausgerechnet. Es ergibt sich, daß im Mittel in dem ganzen Konzentrationsbereich von 0,05 bis 0,5 n. eine Änderung der Elektronenkonzentration um 1% eine Änderung der Maximalspannung um 0,24% bewirkt.

Tabelle 24.
Änderung der Maximalspannung mit der Konzentration.

Elektronen-konzentration	Maximalspannung in Volt			Maximalspannung in Bruchteilen der Maximalspannung in 0,05 n. Lösung			Mittel	Änderung der Maximalspannung in % bei 1%iger Änderung der Konzentration
	CH_3COO'	NO_3'	OH'	CH_3COO'	NO_3'	OH'		
0,05	495	475	445	1,00	1,00	1,00	1,00	0,22
0,10	428	340	345	0,86	0,72	0,78	0,79	0,24
0,15	365	300	315	0,74	0,63	0,71	0,69	0,27
0,20	338	277	287	0,68	0,58	0,65	0,63	0,22
0,30	294	250	250	0,59	0,53	0,56	0,56	0,24
0,40	275	236	221	0,56	0,50	0,50	0,52	0,25
0,50	266	228	195	0,55	0,48	0,44	0,49	Mittel: 0,24
0,60	255	225	169	0,52	0,47	0,38	0,46	
0,80	237	218	129	0,49	0,46	0,29	—	
1,00	217	210	98	0,44	0,44	0,23	—	

b) Der Einfluß des Kations und des Moleküls.

Hiermit sind die hauptsächlichsten Einflüsse der Anionen auf die Maximalspannung erschöpft. Es bleibt der Einfluß des Kations und des Moleküls. Vom Kation ist die Maximalspannung unabhängig, wenn auch die folgenden Versuche bei ungenügender Analyse den Anschein erwecken, als ob eine starke Abhängigkeit vom Kation vorhanden wäre. Tatsächlich wird die Maximalspannung jedoch durch die Beschaffenheit des nicht dissoziierten Salzmoleküls unter Umständen stark beeinflußt. Diese Beeinflussung läßt sich erwarten, wenn man die drei in Abb. 16 dargestellten Atomkomplexe ins Auge faßt.

Die bisherigen Messungen haben ergeben, daß die Maximalspannung bei dem Anion Fe $(C_2O_4)_3'''$ durch die Anwesenheit des Eisens sehr erniedrigt wird.

Nun sind die Moleküle 2 und 3 dem Anion 1 ganz ähnlich zusammengesetzt. Sie unterscheiden sich von ihm im wesentlichen nur durch den Mangel an überschüssigen Ladungselektronen. Nimmt man an, daß derartige überschüssige Ladungselektronen das Eintreten der Maximalspannung erleichtern, so wird man bezüglich des Einflusses metallhaltiger Moleküle auf die Maximalspannung die Vermutung aussprechen können, daß 1. diejenigen Metalle, die durch ihren Eintritt in das Anion dessen Maximalspannung erniedrigen, dieses auch tun, wenn sie in das neutrale Molekül eintreten, daß aber 2. die hierdurch bewirkte Spannungserniedrigung nicht so weit geht wie die ersterwähnte. Da in diesem Falle die Maximalspannung durch das Molekül bedingt wird, muß sie auch von der Konzentration der Moleküle und nicht von der der Ionen abhängig sein, sich also bei Änderung des Dissoziationsgrades gerade umgekehrt verhalten wie die Spannungserniedrigung durch das Anion.

Nun ist das unter 2 wiedergegebene Molekül stets zugleich mit dem Anion 1 vorhanden. Da nach Voraussetzung das Anion bei gleicher Konzentration die Maximalspannung wesentlich stärker erniedrigt als das Molekül, so kann das letztere seinen Einfluß erst geltend machen, wenn der Dissoziationsgrad wesentlich geringer ist als 50%, d. h. in sehr konzentrierten Lösungen. Da in

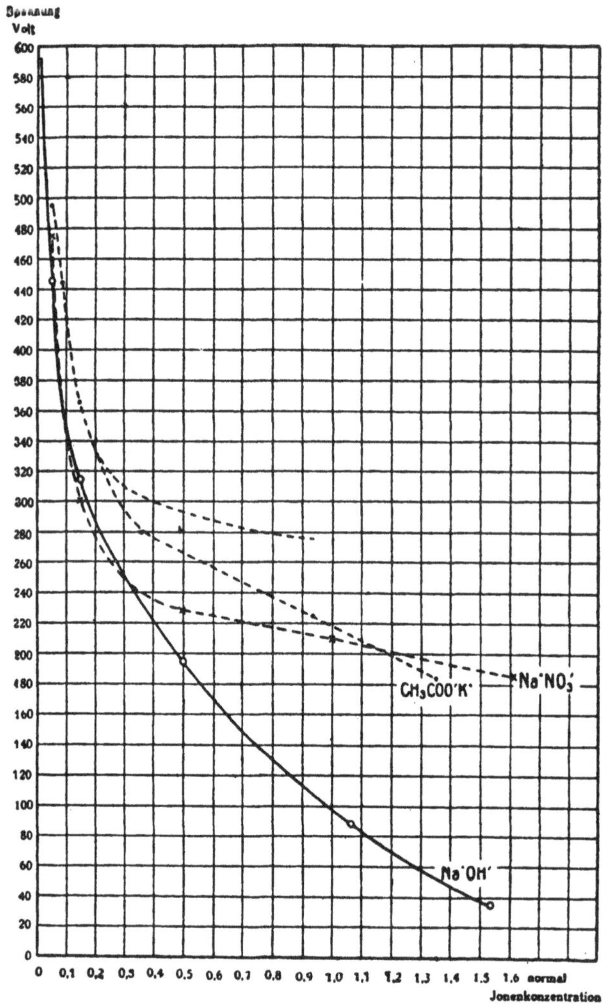

Abb. 15. Maximalspannung des Tantals in den angegebenen Elektrolyten in Abhängigkeit von der Elektronenkonzentration aus Leitfähigkeitsmessungen.

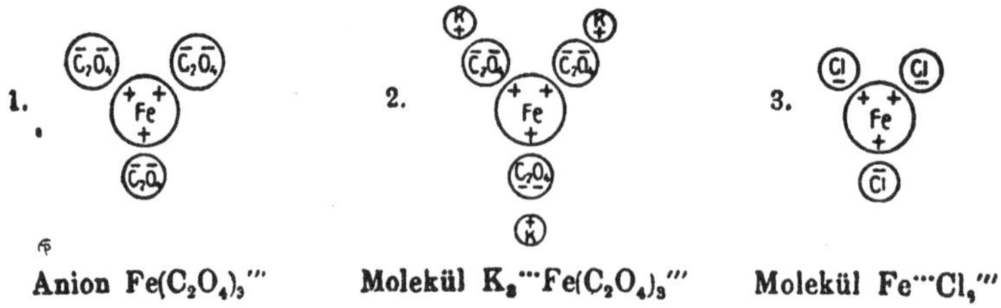

Abb. 16.

diesen aber zu vieles unbekannt ist, soll diese Seite des Problems hier nicht untersucht werden. Bei dem Molekül $Fe^{\cdots}Cl_3'''$ und allen anderen Molekülen, in denen das spannungserniedrigende Metall nur als kationischer Bestandteil vorhanden ist, liegen solche störenden Einflüsse nicht vor. Bei ihnen muß sich also die gesuchte Spannungserniedrigung beobachten lassen, und zwar am besten in den am wenigsten dissoziierten Salzen.

Einen Teil der daraufhin angestellten Messungen der Maximalspannung enthält die folgende Tabelle 25 bei Benutzung der vier Anionen NO_3', Cl', SO_4'', CH_3COO'.

Tabelle 25.
Maximalspannungen des Tantals in 0,05 elektronennormalen Lösungen bei 2 mA/cm².

Kation	Anion			
	CH_3COO' Volt	½ SO_4'' Volt	Cl' Volt	NO_3' Volt
Rh	—	—	29	—
Ir	—	—	33	—
Pd	—	—	49	71
Mn	220	167	116	135
Fe	—	223	175	280
Cr	274	385	—	475
Ni	358	315	—	340
Co	485	400	—	308
Cu	500	—	—	480
Ag	—	—	—	470
Al	—	—	—	530[1]
Hg	—	—	—	470
Sr	—	—	—	475
Ca	500	—	—	470
Na	485	449	287	470
K	485	—	287	480
H	—	—	—	440
NH_4	—	—	—	470

Diese Tabelle bestätigt die erste Vermutung. Alle Metalle, die m Anion die Maximalspannung stark erniedrigen, bewirken auch eine Erniedrigung, wenn sie als kationischer Bestandteil anwesend sind. Nach der Maximalspannung geordnet, ergeben sie annähernd dieselbe Reihe wie im Anion. Alle Metalle, die die Maximalspannung im Anion nur wenig erniedrigen, ergeben als kationische Bestandteile die gleiche durch das Anion bedingte Maximalspannung. Eigentümlicherweise zeigt Aluminium, das im Anion eine abnorm hohe Maximalspannung besitzt, auch als „Kation" eine Erhöhung der Maximalspannung über den normalen Wert hinaus.

Ein abnormes Verhalten zeigen ferner $AgNO_3$ und $Pb(NO_3)_2$. In $AgNO_3$ tritt weder Ventilwirkung noch Gasentwicklung noch etwa Lösung des Tantals ein. Das Tantal bleibt zunächst völlig blank und unverändert. Erst bei längerer Einschaltung tritt die Ursache zutage. Auf dem Tantal bilden sich dunkle glänzende Kristalle eines niederen Silberoxydes, die als Anode wirken und,

[1] Nach 300 Minuten.

da sie gut leiten, keinen Spannungsanstieg zulassen. Nach dem Ausschalten des Stromes lösen sie sich im Elektrolyten unter Gasentwicklung langsam auf. Formiert man jedoch das Tantal zunächst in einem anderen Elektrolyten bis etwa 300 Volt und taucht es darauf in $AgNO_3$, so entstehen die Kristalle nicht und die Formierung geht normal weiter bis zu 470 Volt.

In $Pb(NO_3)_2$ tritt aus denselben Gründen auch keine Ventilwirkung ein und hier ist es auch bei Vorformierung in anderen Elektrolyten nicht möglich eine Weiterformierung zu erreichen.

Die zweite Vermutung, daß die Spannungserniedrigung durch die Metalle als kationische Bestandteile von der Konzentration der nicht dissoziierten Moleküle abhängig sei, wird in der Hauptsache durch die folgende Tabelle 26 bestätigt. Alle in dieser Tabelle aufgeführten Salze waren auf gleiche Elektronenkonzentration eingestellt. Die Tabelle zeigt, daß mit wenigen Ausnahmen die Maximalspannung bei Fe, Mn, Cr, Ni der Konzentration der

Tabelle 26.

Maximalspannungen des Tantals in 0,05 elektronennormalen Lösungen.

Kation	Anion	Dissoziationsgrad %	Konzentration der nicht dissoziierten Moleküle normal	Maximalspannung Knick 2 Volt	Maximalspannung 180 Min. Volt
Fe··	½ SO_4'''	18	0,23	140	170
Fe··	HCOO′	23	0,17	132	155
Fe··	½ SO_4''	34	0,10	215	223
Fe··	CNS′	50	0,050	191	200
Fe···	NO_3'	71	0,020	280	280
	½ SO_4''	38	0,082	167	167
Mn··	CH_3COO'	57	0,037	221	221
	CNS′	60	0,033	480	480
	CH_3COO'	18	0,23	272	272
Cr···	½ SO_4''	54	0,043	385	400
	NO_3'	70	0,021	495	495
	½ SO_4''	35	0,078	310	315
Ni···	CH_3COO'	53	0,044	358	358
	NO_3'	70	0,021	340	340
Mn··	NO_3'	74	0,018	135	135
Mn··	Cl′	74	0,018	111	116
Fe···	Cl′	72	0,020	160	175

nicht dissoziierten Moleküle umgekehrt proportional verläuft. Die Ausnahmen sind am Fuße der Tabelle zusammengestellt.

Bei $Mn(NO_3)_2$ und $MnCl_2$ dürften sie dadurch verursacht sein, daß in ihnen bei der Formierung statt der sonst stets vorhandenen sichtbaren Gasentwicklung auf dem Tantal eine blanke, feste, tiefschwarze Schicht eines Manganoxyds entsteht. Dadurch wird die Mangankonzentration auf dem Tantal so groß, daß die Maximalspannung sehr früh eintritt. In den anderen manganhaltigen Elektrolyten findet keine derartige Schichtbildung statt.

Weshalb die Maximalspannung in $Fe^{\cdots}Cl_3'''$ so niedrig liegt, konnte nicht festgestellt werden.

Interpoliert man, so gut es geht, auf die Konzentration 0,05 und vergleicht die erhaltenen Werte mit den entsprechenden für das Anion erhaltenen Werten, so ergibt sich:

Tabelle 27.

Metall	Maximalspannung bei Gegenwart des Metalles in der Konzentration 0,05 als		
	kationischer Bestandteil des Moleküls Volt	Bestandteil des Anions Volt	Quotient
Mn	190	75	0,38
Fe	230	86	0,37
Cr	390	140	0,36
Ni	340	200	0,59

Bis auf den des Nickels liegen die Quotienten der Maximalspannungen recht nahe beieinander. Ferner zeigt sich, daß die Metalle bei gleicher Konzentration als kationische Bestandteile die Maximalspannung sehr viel weniger erniedrigen wie im Anion. Dieses kann außer der oben angegebenen Ursache noch andere haben, z. B. die, daß die als gleich zugrunde gelegten Konzentrationen zwar im Innern des Elektrolyten gleich waren, nicht aber an der Stelle, auf die es gerade ankommt, nämlich an der Grenze des Elektrolyten gegen die wirksame Schicht der Anode.

Die Unsicherheit, die dadurch entsteht, daß die verschiedenen Dissoziationsgrade und Molekülkonzentrationen bei demselben Metalle verschiedenen Salzen angehören, läßt sich vermeiden, wenn man Salzmischungen anwendet.

Tabelle 28.

Benutztes Salz	Metall im Anion		Metall im Molekül			
	$K^{\cdot}MnO_4'$ Volt	$\frac{1}{3}\ K_3^{\cdots}\ FeCy_6'''$ Volt	$\frac{1}{2}\ Mn^{\cdot\cdot}\ (NO_3)_2''$ Volt	$\frac{1}{3}\ Cr_3^{\cdots}\ (SO_4)_3'''$ Volt	$\frac{1}{3}\ Fe_2^{\cdots}\ (CNS)_6'''$ Volt	$\frac{1}{2}\ Fe^{\cdot\cdot}\ (HCOO)_2''$ Volt
Maximalspannung in 0,05 n. Lösung	75	83	135	400	200	155
Maximalspannung in der gleichen Lösung, nachdem sie 0,5 n. gemacht worden ist durch Zusatz von	120 $K^{\cdot}NO_3'$	97 $K^{\cdot}NO_3'$	91 $K^{\cdot}NO_3'$	150 $(NH)_2^{\cdot\cdot}SO_4''$	90 $K^{\cdot}(CNS)'$	70 $Na^{\cdot}(HCOO)'$
Maximalspannung einer 0,5 n. Lösung des zugesetzten Salzes	228	228	228	205	222	267

Setzt man z. B. zu $K^{\cdot}MnO_4'$ oder zu $Mn^{\cdot\cdot}(NO_3)_2''$ in 0,05 elektronennormalen Lösungen so lange $K^{\cdot}NO_3'$, bis die Lösungen 0,5 elektronennormal geworden sind, so geht in $K^{\cdot}MnO_4'$ die Konzentration des Anions MnO_4' stark zurück, und in $Mn^{\cdot\cdot}(NO_3)_2''$ nimmt die Konzentration des nicht dissoziierten Moleküls $Mn^{\cdot\cdot}(NO_3)_2''$ stark zu. Infolgedessen muß die Maximalspannung im ersten Falle (MnO_4) steigen und im zweiten Falle $Mn^{\cdot\cdot}(NO_3)_2''$ sinken. Bei Mn scheint dieses Verfahren einwandfrei zu sein. Bei Fe und Cr tritt dagegen ein Umstand ein, der völlig andere Maximalspannungen bedingt: Das zugefügte Salz bildet mit dem Fe- oder Cr-Salz ein Komplexsalz. Das Metall geht in das Anion über und ruft die sehr viel niedrigere anionische Maximalspannung hervor. Ferner ist das Verfahren überall nur so lange anwendbar, als die Maximalspannung einer 0,5 n. Lösung des zugesetzten Salzes höher liegt als die zu untersuchende Maximalspannung. Die vorstehende Tabelle 28 dürfte die ganzen Verhältnisse zur Genüge kennzeichnen.

Die Erhöhung der vom Anion abhängigen Maximalspannung durch Zurückdrängung der Anionenkonzentration findet in beiden untersuchten Fällen deutlich statt. Die Erniedrigung der vom Molekül abhängigen Maximalspannung durch Erhöhung der Konzentration der Moleküle tritt nur in $Mn^{\cdot\cdot}(NO_3)_2''$ zutage. In den drei anderen Salzen findet Komplexbildung statt, das Metall geht in das Anion über und bedingt die entsprechende Maximalspannung, die etwas von der in 0,05 n. Lösungen erhaltenen abweicht, weil sich durch die Komplexbildung der Dissoziationsgrad und damit die Anionenkonzentration ändert. Die Unterschiede sind gering. Bei:

Cr 150 Volt gegenüber 140 in 0,05 n. Lösung
Fe 90 u. 70 Volt gegenüber 84 in 0,05 n. Lösung.

5. Maximalspannung bei unvollständiger Ventilwirkung
(Ziffer 11).

Die Gleichheit der Maximalspannungen des Al und Ta ist durchaus nicht in allen Elektrolyten vorhanden, wie Tabelle 29 zeigt. Hier ist beinahe jedes beliebige Verhältnis der Maximalspannungen von Ta und Al in gleichen Elektrolyten vertreten. Zugleich läßt sich aber auch die Ursache erkennen: es ist die Löslichkeit des Al im Elektrolyten. Da Aluminium durch OH' gelöst wird, so wird es in jedem Elektrolyten gelöst, der infolge hydrolytischer Spaltung OH'-Ionen enthält. Die Hydrolyse der Salze der Tabelle 27 nimmt von $Na_2B_4O_7$ bis $KAlO_2$ zu, die Maximalspannung in gleicher Weise ab. Ferner ist Aluminium im H_3PO_4 einigermaßen, in $CH_3COO^{\cdot}H'$ und $H_2^{\cdot\cdot}SO_4''$ besser, in HJ leicht löslich, und dementsprechend verhält sich die Maximalspannung. In $K^{\cdot}J'$ ist die anodische Löslichkeit so groß, daß sich kein Oxyd als Zwischenprodukt mehr bilden kann und keine Ventilwirkung eintritt.

Überall nimmt die Löslichkeit des Aluminiums sehr schnell mit der Temperatur zu. Nun wächst bei der Formierung die Temperatur in der wirksamen Schicht mit der Formierungsspannung auch bei der besten Kühlung stark an, und außerdem wird mit dem Beginn des Funkenspiels der Teil des Formierungsstromes, der die wirksame Schicht verstärkt, dauernd geringer. Die Folge ist, daß in jedem Elektrolyten, in dem Aluminium eine merkliche Löslichkeit besitzt, schon vor dem Erreichen der wahren Maximalspannung der Moment eintritt, in dem von der wirksamen Schicht sekundär chemisch ebensoviel gelöst, wie durch den Strom primär gebildet wird. Dann kann die Spannung nicht weiter steigen, die scheinbare Maximalspannung ist erreicht.

Ereignet sich dieses bei geringer Löslichkeit des Aluminiums erst in der Nähe der wahren Maximalspannung, wenn schon ein lebhaftes Funkenspiel vorhanden ist, so läßt sich ohne weiteres gar nicht entscheiden, ob die wahre oder die scheinbare Maximalspannung vorhanden ist. Dieser Fall liegt in den ersten vier Elektrolyten der Tabelle 29 vor.

Tabelle 29.

Maximalspannungen von Tantal bei 2 mA/cm² und Aluminium bei 4 mA/cm² in 0,05 elektronennormalen Lösungen.

Kation	Anion	Ventilmetall	Maximalspannung Knick 2 Volt	Maximalspannung 180 Min. Volt	Verhältnis der Maximalspannungen Knick 2	Verhältnis der Maximalspannungen 180 Min.
$Na^{\cdot}$	BO_2' ($\frac{1}{2}$ B_4O_7'')	Ta	474	487	0,91	0,96
		Al	430	468		
$Na^{\cdot}$	$\frac{1}{3}$ Zitronensäure'''	Ta	473	478	0,91	0,96
		Al	432	460		
$Na^{\cdot}$	$\frac{1}{2}$ CO_3''	Ta	475	480	0,81	0,73
		Al	382	348		
$K^{\cdot}$	AlO_2'	Ta	660	660	0,67	0,74
		Al	440	485		
$H^{\cdot}$	H_2PO_4'	Ta	—	435	—	0,38
		Al	—	166		
$Na^{\cdot}$	CH_3COO'	Ta	485	485	0,16	0,10
		Al	79	50		
$Na^{\cdot}$	$\frac{1}{2}$ SO_4''	Ta	442	449	0,10	0,07
		Al	44,5	33		
$K^{\cdot}$	J'	Ta	488	488	0,006	0,006
		Al	3	3		

Das eine Kriterium dafür, ob die wahre Maximalspannung erreicht ist, bietet der Vergleich der Maximalspannung mit der betreffenden des Tantals; das andere der Umstand, daß die scheinbare Maximalspannung, da sie von dem Betrage der Löslichkeit abhängt, auch von der Temperatur des Aluminiums und des Elektrolyten sowie von der Formierungsstromdichte und dem Formierungsverfahren abhängen muß, während die wahre Maximalspannung davon unabhängig ist.

Die Maximalspannung des Aluminiums in $Na_2B_4O_7$ liegt der wahren noch so nahe, daß man den Elektrolyten während der Formierung kochen kann, ohne daß die Maximalspannung sinkt. Stellt man den Versuch dagegen mit $H^{\cdot}H_2PO_4$ an, so verschwindet die Ventilwirkung vollkommen. Andererseits kann man die Maximalspannung in $H^{\cdot}H_2PO_4$ durch eine leichte Änderung des Formierungsverfahrens sehr viel höher treiben. Wird die Zelle nämlich statt mit der konstanten Formierungsstromdichte von 2 mA/cm² abwechselnd 10 Sek. lang mit 6 und 20 Sek. lang mit 0,6 mA/cm² belastet, so daß sich die wirksame Schicht zwischen den stärkeren Belastungen immer wieder abkühlen kann, so formiert sich das Al bis zu glänzendem Funkenspiel bei 430 Volt (Ta 435 Volt).

Über die Maximalspannungen des Bi und Sb geben die folgenden beiden Tabellen 30 und 31 Auskunft.

Tabelle 30.

Funken- und Maximalspannungen des Wismuts in 0,05 elektronennormalen Lösungen bei 4 mA./cm².

Kation	Anion	Funkenspannung Volt	Maximalspannung nach 180 Min. Volt	Verhältnis der Maximalspannungen von Bi/Ta
K˙	½ $PtCy_4''$	30,5	36	0,95
K˙	⅓ $Fe(C_2O_4)_3'''$	63	78	0,92
K˙	¼ $FeCy_6''''$	51	86	0,94
K˙	½ CrO_4''	61	136	0,92
Na˙	½ WO_4''	35	380	1,05[1]
Mittel:				0,96
K˙	MnO_4'	—	28	0,38
K˙	⅓ $CoCy_6'''$	—	190	0,78
Na˙	½ MoO_4''	130	205	0,45
Na˙	½ CO_3''	173	330	0,96
K˙	AlO_2'	—	490	0,74

Tabelle 31.

Funken- und Maximalspannungen des Antimons in 0,05 elektronennormalen Lösungen bei 4 mA./cm².

Kation	Anion	Funkenspannung Volt	Maximalspannung nach 90 Min. Volt	Verhältnis der Maximalspannungen von Sb/Ta.
K˙	½ $PtCy_4''$	30	37	0,97
K˙	½ $NiCy_4''$	65	186	0,93
Mittel:				0,95
K˙	MnO_4'	—	31	0,41
K˙	½ CrO_4''	61	97	0,66
K˙	⅓ $CoCy_6'''$	63	148	0,61
Na˙	½ MoO_4''	87	150	0,32
Na˙	BO_2' (½ B_4O_7)	133	200	0,41
Na˙	OH′	142	220	0,49
H˙	H_2PO_4'	200	250	0,58
Na˙	½ CO_3''	148	338	0,71
K˙	½ $ZnCy_4''$	103	350	0,85
K˙	AlO_2'	228	430	0,65

Aus ihnen folgt: In einigen Elektrolyten mit niedriger Maximalspannung wird die Maximalspannung des Tantals nahezu erreicht, in einem Falle, bei Wismut in Na_2WO_4, sogar ein wenig überschritten. Na_2WO_4 ist auch der einzige Elektrolyt, der sich nicht bei längerer Formierungsdauer weißlich trübt, in dem also das Wismut nicht merklich löst.

[1] Nach 220 Minuten.

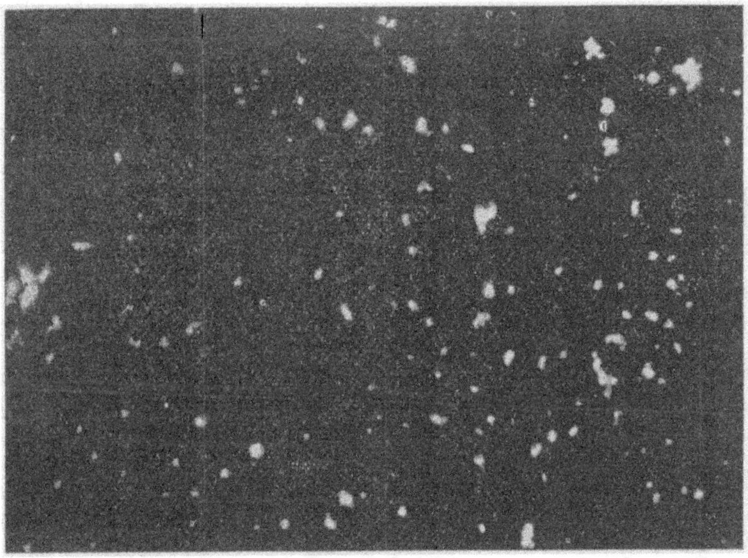

Abb. 17. Maximalspannungsfunken von Al in Boraxlösung (25 fache lineare Vergrößerung).

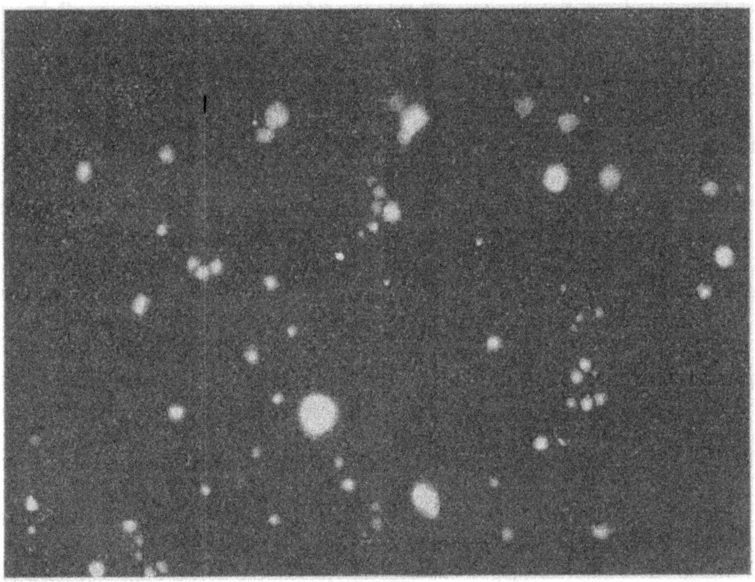

Abb. 18. Maximalspannungsfunken von Ta in Boraxlösung (25 fache lineare Vergrößerung).

In den anderen Elektrolyten, in denen die Maximalspannung infolge von Löslichkeit hinter der wahren Maximalspannung zurückbleibt, verläuft sie doch im großen und ganzen der des Tantals parallel. Wo Tantal hohe Maximalspannung besitzt, ist sie auch bei Wismut und Antimon hoch und umgekehrt (z. B. AlO_2, MnO_4).

Hieraus folgt, daß die wahre, nicht durch die Löslichkeit gestörte Maximalspannung vom Ventilmetall unabhängig ist. Sie ist lediglich durch den Elektrolyten bedingt. Sie tritt dadurch in scharfen Gegensatz zu der Funkenspannung, die vom Ventilmetall bestimmt ist.

6. Die Größe der Maximalspannungsfunken (Ziffer 10).

Um die Größe der Maximalspannungsfunken ermitteln zu können, wurden sowohl die Tantal- wie die Al-Funken in Boraxlösung bei 25facher linearer Vergrößerung photographiert. Abb. 17 zeigt eine derartige Aufnahme der Al-Funken. Sie läßt erkennen, daß die Funken die Neigung haben, in unmittelbarer Nähe der Stelle ihres ersten Entstehens sich neu zu bilden, so daß eine Art Funkennest entsteht. Gelegentlich finden sich aber auf den Aufnahmen gut abgegrenzte, kreisförmige Gebilde, die als einzelne Funken anzusprechen sind. Eine Anzahl dieser Einzelfunken wurde in der Weise ausgemessen, daß die photographische Platte mit Hilfe eines Hörsaalprojektionsapparates in etwa 30facher linearer Vergrößerung projiziert wurde, so daß die gesamte lineare Vergrößerung 750fach war. Bei dieser Vergrößerung wurde bei den verschiedenen Funken mit geringen Schwankungen bei Al ein Durchmesser von 0,45 cm gemessen. Der wahre Funkendurchmesser betrug also $4{,}5/750 = 6 \cdot 10^{-4}$ cm. Ihr Querschnitt demnach $2{,}8 \cdot 10^{-7}$ cm². Die Stromdichte 8000 A/cm².

Bei Ta verhalten sich die Funken wesentlich anders. Zwar kamen hier ebenfalls Funken von $6 \cdot 10^{-4}$ cm Durchmesser vor. Die meisten Funken sind jedoch viel größer. Abb. 18 zeigt eine Aufnahme bei 25facher linearer Vergrößerung. Der Unterschied gegen Abb. 17 ist deutlich. Funkennester kommen auch vor, aber weniger ausgeprägt. Abb. 19 zeigt zum Vergleich nebeneinander einen großen Ta-Funken von 0,01 cm Durchmesser und ein Al-Funkennest, das sich aus lauter kleinen, offenbar zeitlich aufeinanderfolgenden Funken zusammensetzt. Die Formierungsfunken in gleicher Weise zu photographieren, gelang nicht, weil sie zu lichtschwach sind und sich von dem gleichmäßig leuchtenden Grunde auf der Platte nicht genügend abheben.

7. Die Dauer und die Elektrizitätsmenge der Funken (Ziffer 10).

Dauer und Elektrizitätsmenge der Funken wurden durch Oszillographenaufnahmen bestimmt. Wenn eine Ventilzelle mit einer höheren Betriebsspannung und Vorwiderstand betrieben wird, so wird im Augenblick des Funkeneinsatzes infolge der Stromzunahme die Spannung an der Ventilzelle abfallen. Dieser Spannungsabfall führt dann zu einer Entladung der sehr großen elektrostatischen Kapazität der Ventilanode, worauf nach Erlöschen des

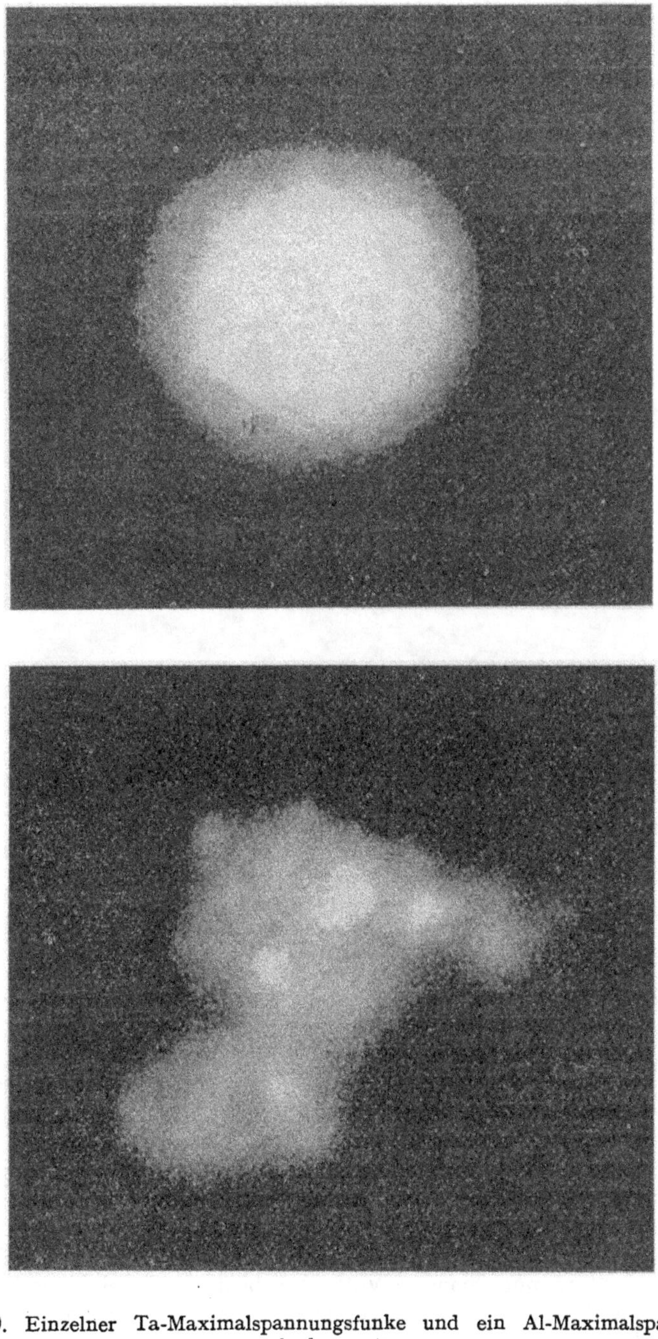

Abb. 19. Einzelner Ta-Maximalspannungsfunke und ein Al-Maximalspannungsfunkennest.

Funkens diese wieder auf volle Spannung geladen wird. Infolgedessen gibt das Oszillogramm in diesem Falle nicht den Funkenstrom, sondern eine verwickelte Kombination aus ihm und einem Ladestrom.

Deshalb wurde bei den Aufnahmen grundsätzlich ohne irgendeinen Vorwiderstand gearbeitet, indem mit Hilfe eines von 2 zu 2 Volt einstellbaren Zellenschalters gerade diejenige Spannung eingestellt wurde, bei der das Funkenspiel in der gewünschten Stärke vorhanden war. Bei einem gewöhnlichen Funken hätte dieses Verfahren zu einem Batteriekurzschluß geführt.

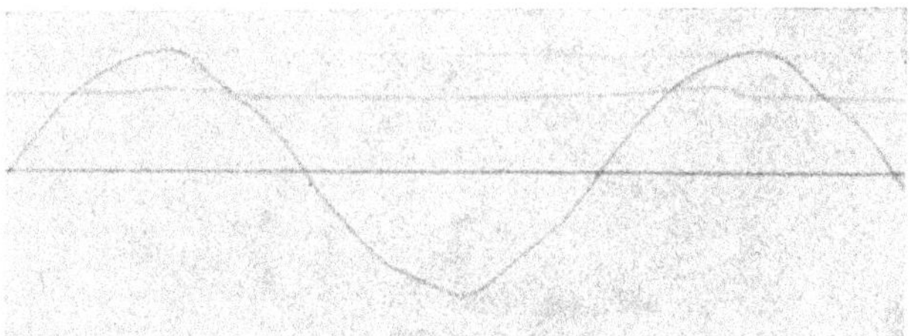

Abb. 20. Al bei 323 Volt Formierungsspannung in wäßriger Boraxlösung (j = 0,4 mA/cm²).

Abb. 21. Al bei 363 Volt Formierungsspannung in wäßriger Boraxlösung (j = 0,4 mA/cm²).

Bei den hier untersuchten Funken ist jedoch die Löschwirkung so außerordentlich groß, daß die Funken mit konstanter Spannung an der Funkenstrecke untersucht werden können.

A. Aluminium in Boraxlösung. Abb. 20 zeigt ein Oszillogramm von Al in Boraxlösung bei 323 Volt. Es lag hier bereits ausgesprochenes Formierungsfunkenspiel vor. Die Abbildung zeigt, daß die Formierungsfunken Schwankungen des Stromes hervorrufen, die gegenüber dem mittleren, die Schicht verstärkenden Formierungsstrom von 0,4 mA/cm² nur geringfügig sind. Die darüber geschriebene Kurve 50periodigen Wechselstromes dient als Zeitmarke.

Abb. 21 zeigt das gleiche bei etwas weiter fortgeschrittener Formierung und zwar bei einer Spannung von 363 Volt. Hier beginnen bereits einzelne Funkenkomplexe deutlicher hervorzutreten. Die Stromdichte ist die gleiche wie bei der Aufnahme von Abb. 20.

Bei Abb. 22 ist die Spannung auf 401 Volt gestiegen. Wir befinden uns im Bereich der Maximalspannungsfunken. Die Stromdichte des konstanten Formierungsstromes beträgt nur noch 0,13 mA/cm². Auf dieser Aufnahme sind bereits die einzelnen Funkenkomplexe sehr gut zu erkennen. Das mit *a* be-

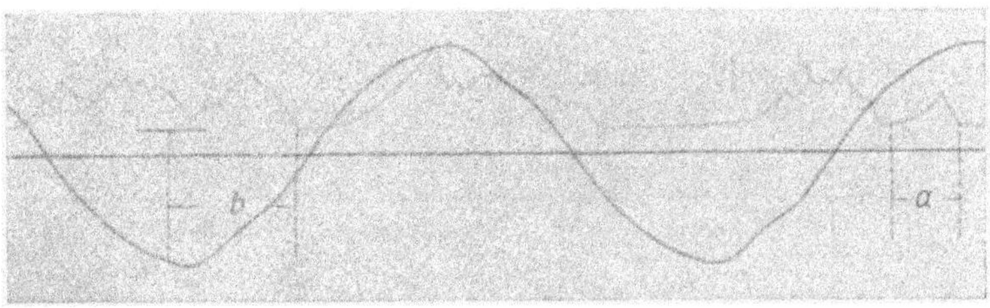

Abb. 22. Al bei 401 Volt Formierungsspannung in wäßriger Boraxlösung (j = 0,13 mA/cm²).

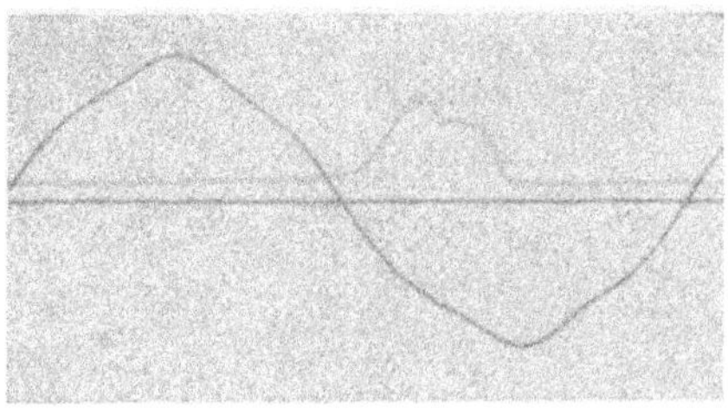

Abb. 23. Al bei 401 Volt Formierungsspannung in wäßriger Boraxlösung. (Aufnahme, nachdem die Stromdichte von 0,13 mA/cm² auf 0,084 mA/cm² zurückgegangen war.)

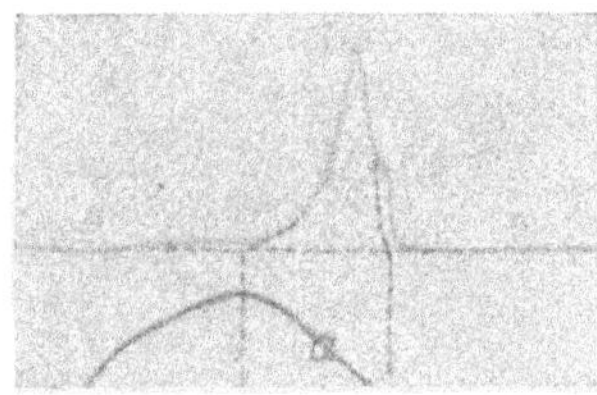

Abb. 25. Al bei 422 Volt Formierungsspannung in wäßriger Boraxlösung.

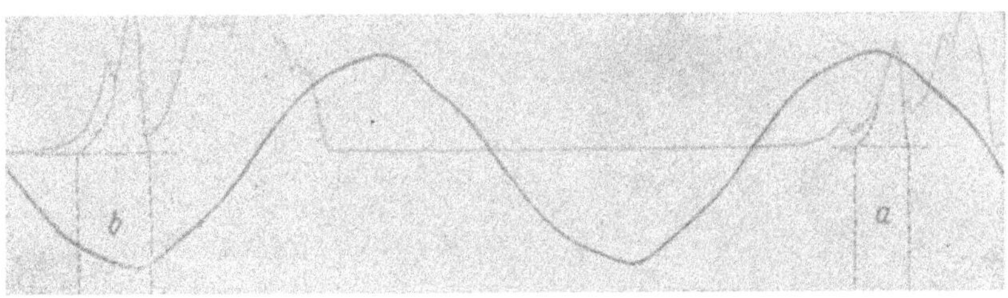

Abb. 24. Al bei 422 Volt Formierungsspannung in wäßriger Boraxlösung.

zeichnete Gebilde ist als ein schwächerer, das mit *b* bezeichnete als ein nicht völlig ausgeklungener stärkerer Funke anzusehen. Es ergibt sich bei *a* eine Anstiegdauer des Stromes von $0,76 \cdot 10^{-3}$ sec, ein Abklingen von $1,86 \cdot 10^{-3}$ sec, eine gesamte Elektrizitätsmenge von $0,95 \cdot 10^{-6}$ Coulomb. Bei *b* sind die entsprechenden Werte $1,62 \cdot 10^{-3}$ sec; $3,24 \cdot 10^{-3}$ sec; $3,75 \cdot 10^{-6}$ Coulomb.

Die Zelle blieb weiter an der Spannung von 401 Volt liegen. Ihre Weiterformierung an dieser Spannung ist aus der Abnahme des konstanten Stromes und dem Seltenerwerden der Funken zu erkennen.

Abb. 23 zeigt nur noch einen einzelnen größeren Funken bei einer konstanten Stromdichte von 0,084 mA/cm².

Hierauf wurde die Spannung auf 422 Volt erhöht. Abb. 24 zeigt zwei ausgeprägte Funkengruppen, Abb. 25 einen einzigen Funken. Die Daten der Funken sind in Tabelle 32 angegeben.

Tabelle 32.

Fig.	Anstieg sec	Abklingen sec	Elektrizitätsmenge Coulomb
19a	$0{,}52 \cdot 10^{-3}$	$1{,}66 \cdot 10^{-3}$	$2{,}8 \cdot 10^{-6}$
19b	$0{,}74 \cdot 10^{-3}$	$2{,}22 \cdot 10^{-3}$	$5{,}2 \cdot 10^{-6}$
20a	$0{,}82 \cdot 10^{-3}$	$2{,}82 \cdot 10^{-3}$	$4{,}1 \cdot 10^{-6}$

B. Aluminium in Zitronensäure. Während in Boraxlösung die Funken die Neigung haben, sich zu Gruppen zusammenzuschließen, d. h. wiederholt

Abb. 27. Al bei 509 Volt Formierungsspannung in mit NaOH versetzter Zitronensäure.

Abb. 28. Al bei 511 Volt Formierungsspannung in mit NaOH versetzter Zitronensäure

an der gleichen Stelle zu zünden, treten in Zitronensäure die Funken vielfach einzeln auf. Abb. 26 zeigt ein derartiges Verhalten bei 540 Volt Maximalspannung. Die Werte sind in Tabelle 33 angegeben.

Abb. 26. Al bei 540 Volt Formierungsspannung in wäßriger Zitronensäure.

Abb. 29. Ta in schwach verdünnter Boraxlösung bei 475 Volt Formierungsspannung.

Tabelle 33.

Gebilde	Anstieg sec	Abklingen sec	Elektrizitätsmenge Coulomb
a	$0{,}25 \cdot 10^{-3}$	$1{,}76 \cdot 10^{-3}$	$0{,}75 \cdot 10^{-6}$
b	$0{,}26 \cdot 10^{-3}$	$1{,}54 \cdot 10^{-3}$	$0{,}69 \cdot 10^{-6}$
c	$0{,}22 \cdot 10^{-3}$	$1{,}56 \cdot 10^{-3}$	$0{,}65 \cdot 10^{-6}$
d	$0{,}34 \cdot 10^{-3}$	$1{,}6 \cdot 10^{-3}$	$0{,}78 \cdot 10^{-6}$

Wurde der Zitronensäure ein wenig NaOH zugesetzt, so mußte die Spannung etwas verringert werden, da die Maximalspannung jetzt niedriger ist. Bei 509 Volt treten sogleich wesentlich kräftigere und gruppenweise angeordnete Funken auf, wie Abb. 27 zeigt. In Tabelle 34 sind die Werte des Gebildes a angegeben.

Tabelle 34.

Anstieg sec	Abklingen sec	Elektrizitätsmenge Coulomb
$0{,}68 \cdot 10^{-3}$	$2{,}6 \cdot 10^{-3}$	$3{,}86 \cdot 10^{-6}$

Abb. 28 zeigt die gleiche Erscheinung bei 511 Volt. Hier lassen sich einzelne Individuen herausgreifen, z. B. bei a, b und c. Die Werte hierfür sind in Tabelle 35 angegeben.

Tabelle 35.

Gebilde	Anstieg sec	Abklingen sec	Elektrizitätsmenge Coulomb
a	$0{,}34 \cdot 10^{-3}$	$1{,}54 \cdot 10^{-3}$	$1{,}04 \cdot 10^{-6}$
b	$1{,}04 \cdot 10^{-3}$	$1{,}92 \cdot 10^{-3}$	$4{,}77 \cdot 10^{-6}$
c	$0{,}93 \cdot 10^{-3}$	$2{,}0 \cdot 10^{-3}$	$2{,}35 \cdot 10^{-6}$

C. Tantal. Wie bereits die viel größeren Funken in den Abbildungen erwarten lassen, verläuft der Durchbruch bei Ta ohne Vorwiderstand viel stürmischer als bei Al. Nur mit größter Vorsicht gelingt es, Beschädigungen der Oszillographenschleifen durch plötzliche Überlastung zu vermeiden. Dazu muß die mittlere Stromstärke so gering gewählt werden, daß nur noch selten Funken auftreten. Es ist dann Glückssache, einen solchen Funken bei einer Momentaufnahme einzufangen. Infolgedessen wurde während mehrerer Umdrehungen belichtet, so daß die Nullinie und der kontinuierliche Grundstrom sehr verdickt erscheinen. Abb. 29 zeigt eine Aufnahme der Funken von Ta in schwach verdünnter Boraxlösung bei 475 Volt. Drei Durchschläge sind deutlich zu unterscheiden. Ein kleiner, denen das Al ähnlich, bei a, ein mittlerer bei b und ein großer bei c. Sie zeigen, daß sowohl die Dauer wie die Elektrizitätsmengen weit über das hinausgehen, was beim Al vorkommt. Die Daten sind in Tabelle 35 angegeben. Oberhalb von 340 Volt wird der größte Teil der Funkenenergie an die auf dem Funkenkanal sitzende Gasblase abgegeben, die der Funke durchschlägt, so daß in ihr eine Gasentladung besteht.

Tabelle 36.

Gebilde	Anstieg sec	Abklingen sec	Gesamtdauer sec	Elektrizitätsmenge Coulomb
a	$0{,}36 \cdot 10^{-3}$	$1{,}36 \cdot 10^{-3}$	$1{,}72 \cdot 10^{-3}$	$2{,}06 \cdot 10^{-6}$
b	—	—	$9{,}6 \cdot 10^{-3}$	$95 \cdot 10^{-6}$
c	—	—	$29{,}2 \cdot 10^{-3}$	$290 \cdot 10^{-6}$

8. Die Spektren der Maximalspannungsfunken (Ziffer 10).

Al in verdünnter Boraxlösung; $U_{max} = 620$ Volt. Mit Hilfe eines Prismenspektrographen und panchromatischer Platten wurde das Spektrum der Maximalspannungsfunken photographiert. Die Belichtungsdauer betrug 24 Stunden. Abb. 30 zeigt ein derartiges Spektrogramm mit einem Quecksilbervergleichsspektrum. Die Aufnahme zeigt ein kräftiges Kontinuum im ganzen Empfindlichkeitsgebiet der Platte. (Die Lücke im Grün ist nicht reell, sondern durch Unempfindlichkeit der Platte an dieser Stelle hervorgerufen.)

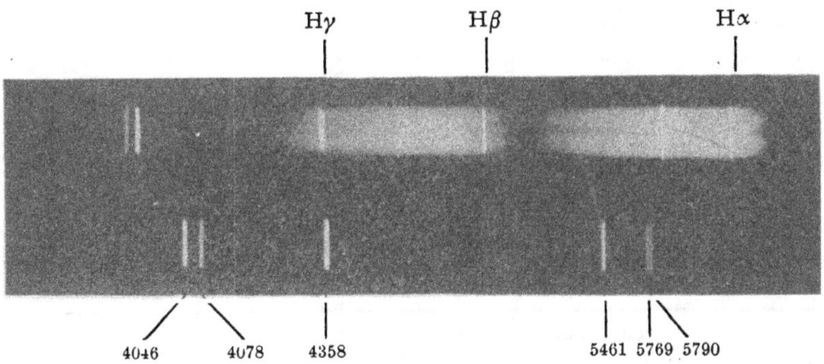

Abb. 30. Spektrum der Maximalspannungsfunken von Al in verdünnter Boraxlösung. ($U_{max} = 620$ Volt.)

Über dieses Kontinuum lagert sich ein Funkenspektrum, dessen Ausmessung die in Tabelle 37 aufgeführten Linien ergab. Hiernach kommen im Spektrum neben der Balmerserie des Wasserstoffs eine Anzahl Funkenlinien des Sauerstoffs, ferner die gelbe Natriumlinie und endlich zwei sehr stark ausgeprägte ultraviolette Linien des Al vor.

Die Deutung des Spektrums liegt nahe. Das Kontinuum wird durch das auf hohe Temperatur erhitzte Aluminiumoxyd hervorgerufen. Darüber lagert sich in der durch den Funken hervorgerufenen und sogleich von ihm durchschlagenen Gasblase das Linienspektrum. Daß in diesem Spektrum die ultravioletten Al-Linien so stark vertreten sind, beweist, daß die Glühtemperatur des Aluminiumoxyds an der Funkendurchbruchstelle so hoch wird, daß es zur merklichen Verdampfung des Al kommt.

Die waagerechte Streifung der Aufnahme ist nicht durch einen schlechten Spalt, sondern durch eine ungleichmäßige Verteilung der leuchtenden Funken verursacht.

Tabelle 37.
Spektrum der Maximalspannungsfunken von Al in Boraxlösung.
U_{max} = 620 Volt.

Nr.	Ausgemessene Wellenlänge Å	Entsprechende absolute Wellenlänge nach Kayser Å	Element
1	6563	6563	H
2	5889	5889	Na
3	5700	5696, 5688	Al, Na
4	4861	4861	H
5	4842	4849	H
6	4662	4663, 4665	Al, Na
7	4650	4650	O_{II}
8	4411	4414	O_{II}
9	4366	4366	O_{II}
10	4350	4351, 4349	O_{II}, O
11	4340	4340	H
12	4196	4189	O_{II}
13	4190	4185	O_{II}
14	4177	4169	O_{II}
15	4127	4120	O_{II}
16	4101	4101	H
17	4080	4079	O_{II}
18	4078	4076	O_{II}
19	3978	3973	O_{II}
20	3963	3961	Al
21	3942	3944	Al

Tabelle 38.
Spektrum der Maximalspannungsfunken von Tantal in sehr stark verdünnter Zinkkaliumcyanidlösung. U_{max} = 550 Volt.

Nr.	Ausgemessene Wellenlänge Å	Entsprechende absolute Wellenlänge nach Kayser Å	Element
1	6563	6563	H
2	6355	6362	Zn
3	4861	4861	H
4	4810	4810	Zn
5	4720	4722	Zn
6	4679	4680	Zn
7	4645	4650	O_{II}
8	4412	4414	O_{II}
9	4382	4388	K
10	4350	4351, 4349	O_{II}, O
11	4340	4340	H
12	3871	3864	O_{II}

Belichtungsdauer 48 Stunden unter häufiger Erneuerung des Elektrolyten. Quecksilberspektrum stark überlichtet. Die Ausmessung von Abb. 31 ergab die Werte der Tabelle 38.

Außer der Balmerserie und einigen Sauerstoffunkenlinien treten hier verschiedene Zinklinien stark hervor, während die Na-Linie fehlt und dafür vielleicht die violette K-Linie vorhanden ist.

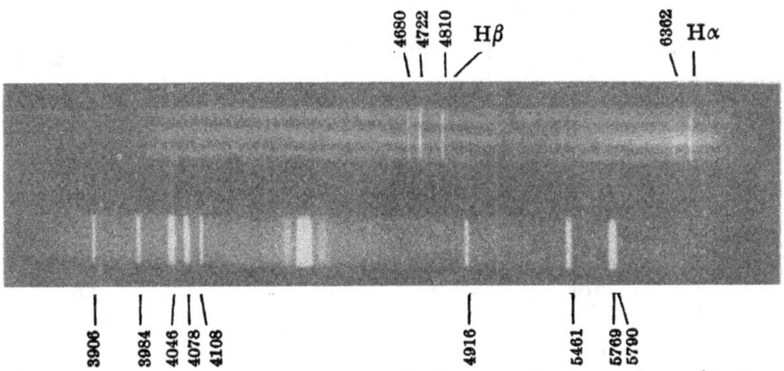

Abb. 31. Spektrum der Maximalspannungsfunken von Ta in stark verdünnter Zinkkaliumzyanidlösung. (U_{max} = 550 Volt).

9. Die Funken bei verringertem Druck (Ziffer 10).

Wird eine Ventilanode in einem abgeschlossenen Gefäß formiert, während der Raum über dem Elektrolyten bis auf den Dampfdruck des Wasserdampfes bei 0° C evakuiert ist, so bilden die Maximalspannungsfunken bei einer Maximalspannung von etwa 550 Volt im Elektrolyten sehr farbenprächtige, purpurne, rasch wechselnde, blumenartige Fackeln, die mit einem weißleuchtenden Fußpunkt auf dem Ventilmetall aufsitzen. Abb. 32 zeigt eine solche Fackel. Das Spektrum dieser Fackeln bei Ta in NaOH und 550 Volt Maximalspannung ist in Tabelle 39 enthalten. Es zeigt außer der Balmerserie eine größere Anzahl O_{II}-Linien, eine Na-Linie und einige nicht ganz sichere Ta- und Na-Linien. Die gelbe Na-Linie fehlt. Die purpurne Farbe der Fackeln rührt von der überwiegenden Intensität der Hα-Linie her.

Tabelle 39.
Spektrum der Fackeln bei Tantal in NaOH-Lösung.

Nr.	Ausgemessene Wellenlänge Å	Entsprechende absolute Wellenlänge nach Kayser Å	Element
1	6563	6563	H
2	4861	4861	H
3	4700	4699, 4706, 4693	O_{II}, O_{II}, Ta
4	4673	4676, 4669, 4681	O_{II}, Ta, Ta
5	4660	4665	Na
6	4649	4650	O_{II}
7	4640	4638	O_{II}
8	4598	4596	O_{II}
9	4590	4590	O_{II}
10	4460	4465	O_{II}
11	4448	4443	O_{II}
12	4412	4414	O_{II}
13	4375	4378, 4369	Ta, O_{II}
14	4352	4351, 4349	O_{II}, O
15	4340	4340	H
16	4320	4320, 4317	O_{II}, O
17	4304	4303	O_{II}

Nr.	Ausgemessene Wellenlänge Ä	Entsprechende absolute Wellenlänge nach Kayser Ä	Element
18	4278	4279	Ta
19	4255	4254	O_I
20	4194	4189	O_{II}
21	4189	4185	O_{II}
22	4122	4120	O_{II}
23	4107	4101	H
24	4080	4079	O_{II}
25	4076	4076	O_{II}
26	3985	3983	O_{II}
27	3978	3973, 3970	O_{II}, Ta
28	3955	3954	O_{II}
29	3907	3907, 3918	O_{II}, Ta

Diese Fackeln sind ein evidenter Beweis dafür, daß die Funken zum Teil im Gas verlaufen.

Infolgedessen kann diese Fackelbildung als scharfes Kriterium dafür verwandt werden, bei welcher Maximalspannung das Hinausstoßen der Funken in die Gasblase beginnt. Es ist zu diesem Zwecke nur nötig, durch allmähliches Verdünnen des Elektrolyten die Maximalspannung immer weiter zu erhöhen und im evakuierten Gefäß zu beobachten, wann die Purpurfackelbildung einsetzt. Ein derartiger Versuch mit Ta in NaOH ergab einen gut ausgeprägten Einsatz der Fackelbildung bei einer Maximalspannung von 340 Volt. Unterhalb dieser Spannung war keine Spur von Fackelbildung vorhanden. Es ist sehr bemerkenswert, daß diese Spannung von 340 Volt gerade die Mindestspannung ist, bis zu der hinab eine selbständige Funken- oder Glimmentladung in einem sauerstoffhaltigen Gas möglich ist.

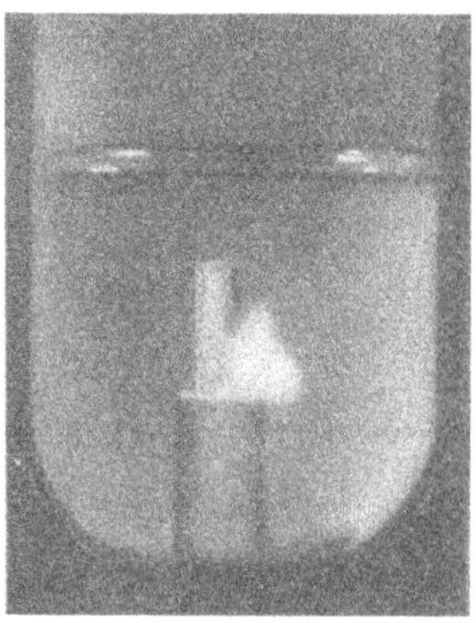

Abb. 32. Maximalspannungsfunke von Ta in verdünnter NaOH-Lösung bei 550 Volt. (Raum über dem Elektrolyten bis auf den Dampfdruck des Wassers evakuiert.)

Somit ergibt sich: Unterhalb von 340 Volt besteht der Funke lediglich in einer plötzlichen Erhitzung eines außerordentlich dünnen Kanals der Oxydschicht mit darauffolgender Unterbrechung durch eine teils thermische, teils elektrolytische Bildung einer Gasblase.

Oberhalb von 340 Volt durchschlägt der Funke die entstandene Gasblase und kommt erst durch starke Expansion der Gasblase infolge der gewaltigen Temperaturerhöhung zum Erlöschen, worauf die Gasblase durch Abkühlung wieder zusammensinkt. Beides führt zu dem eigentümlich knisternden Geräusch, das für die Maximalspannungsfunken oberhalb von 340 Volt charakteristisch ist.

10. Die zersetzende Wirkung der Maximalspannungsfunken (Ziffer 10).

Bei der Formierung wird die nach dem Faradayschen Gesetz entwickelte Sauerstoffmenge teils zur Bildung der Oxydschicht verbraucht, teils entweicht sie. Bei Formierungen zu hohen Spannungen ändert sich das Bild. Die folgende Abb. 33 enthält die Spannung an einer Zelle bei der Maximalspannung von etwa 1400 Volt, und die entwickelte Gasmenge in ccm/min in Abhängigkeit von der Einschaltdauer bei einem konstanten Strome von 50 mA, einer stabförmigen Aluminiumanode von 10 cm² wirksamer Oberfläche und einer

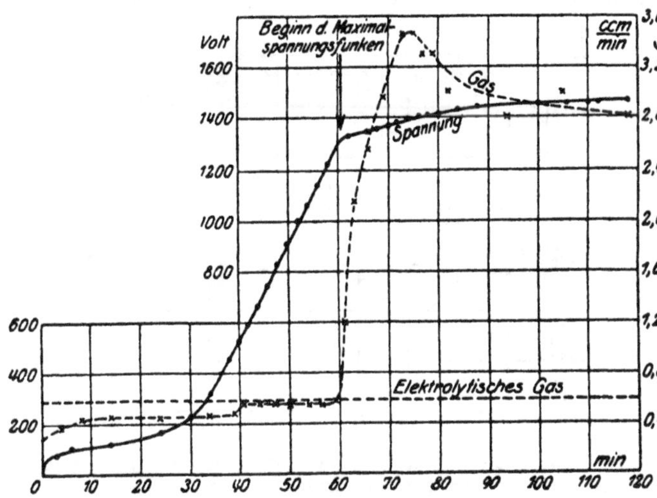

Abb. 33. Schaubild der Formierungskurve einer Al-Anode und der Kurve des bei der Formierung entwickelten Gases. (Elektrolyt: sehr stark verdünnte Borax-Borsäurelösung.)

großen, die Anode zylinderförmig umschließenden Aluminiumkathode. Der Elektrolyt war dadurch hergestellt, daß eine sowohl an Na_2B_4O-$_7$ als auch an H_3BO_3 gesättigte Lösung so lange verdünnt wurde, bis ihre spezifische Leitfähigkeit bei 18° C auf $197 \cdot 10^{-5}$ rez. Ohm, cm gesunken war.

Abb. 33 zeigt, daß die erwartete elektrolytische Gasentwicklung bis zu einer Spannung von 500 Volt in der Tat vorhanden ist, bei dieser Spannung aber bereits etwas ansteigt, um alsbald wieder konstant zu werden, dann aber in dem Augenblick, in dem die Maximalspannung bei 1320 Volt erreicht wird, sehr schnell und stark in die Höhe schnellt und den 6fachen Betrag der elektrolytisch zu erwartenden Menge erreicht, um bei weiterer Formierungsdauer wieder etwas abzunehmen.

Ein Blick auf die Zelle zeigt, daß die Ursache dieser Erscheinung die Maximalspannungsfunken an der Ventilanode sind. Aus jedem der zahlreichen feinen, schnell wechselnden Funken sprüht nämlich ein mit explosionsartiger Heftigkeit von der Anode weggeschleuderter, feiner Gasstrahl hervor, der mehrere Zentimeter weit horizontal durch den Elektrolyten hindurchgeschleudert wird, ehe er in die Höhe zu steigen beginnt. Man gewinnt sofort den Eindruck, daß hier im Vergleich zur Kleinheit der Funken starke Stoßkräfte vorhanden sein müssen, um so kleine Gasblasen mit solcher Wucht durch die Flüssigkeit zu treiben.

Es dürfte sich empfehlen, hier noch einmal auf einen wichtigen Unterschied zwischen den Maximalspannungsfunken und gewöhnlichen Funken, etwa zwischen Metallelektroden in Luft hinzuweisen: Der gewöhnliche Funke in Luft führt zu einem völligen Zusammenbruch des Potentials zwischen den Elektroden, das von seinem hohen Werte unmittelbar vor dem Funkenübergang auf einen ganz geringen Wert während des Funkenüberganges abfällt. Die Maximalspannungsfunken dagegen gehen ohne wesentliche Strom-

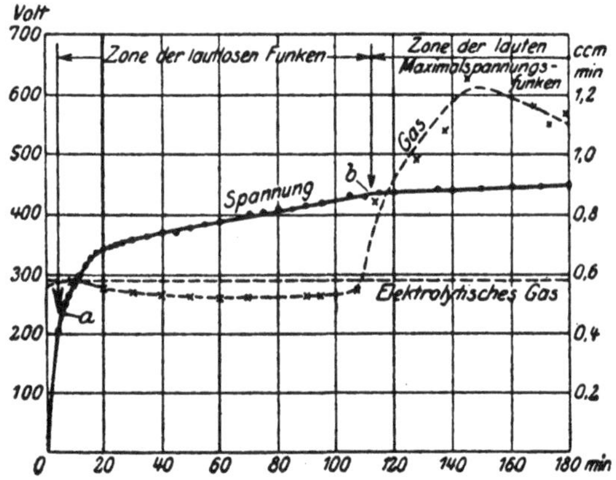

Abb. 34. Schaubild der Formierungskurve einer Ta-Anode und der Kurve des bei der Formierung entwickelten Gases. (Elektrolyt: gesättigte Boraxlösung.)

und Spannungsschwankungen über. Man kann eine zum Beispiel bis zur Maximalspannung von 1900 Volt formierte Zelle ohne Vorschaltwiderstand an eine Akkumulatorenbatterie dieser Spannung legen, ohne daß bei lebhaftem Funkenspiel der Strom mehr als etwa 20% schwankt. Im Gegensatz zum gewöhnlichen Funken ist also der Maximalspannungsfunken während seiner ganzen Dauer dem hohen Potential ausgesetzt.

Abb. 34 zeigt die Formierung eines Tantalstabes in gesättigter Boraxlösung. Diese Abbildung läßt deutlich erkennen, daß die lautlosen Funken keinerlei vermehrte Gasabscheidung bewirken, daß aber die Gasentwicklung auch hier in die Höhe schnellt, sobald die Maximalspannung erreicht ist.

Der Betrag der Gasmenge ist hier viel geringer als beim Aluminium in Abb. 34.

Um eine größere Gasmenge zu bekommen, wurde eine möglichst hohe Maximalspannung und eine so große Stromstärke benutzt, daß die Zelle eben noch hinreichend gekühlt werden konnte. Die Ventilanode war ein Stab von 6 mm Durchmesser aus reinstem Al, der von unten her gemäß Abb. 35 5,2 cm tief in die Zelle eingeführt war, so daß die freie Oberfläche des Aluminiums 10 cm² betrug. Die Kathode war ein größeres Blech, ebenfalls aus Aluminium, das die Anode zylindrisch eng umgab, um trotz der sehr geringen Leitfähigkeit des Elektrolyten den Spannungsverlust in ihm möglichst klein zu halten. Der Elektrolyt war verdünnte Borsäure der spezifischen Leitfähigkeit $\varkappa = 3{,}70 \cdot 10^{-6}$ rez. Ohm, cm, die Stromstärke betrug 100 mA, die Maximalspannung gegen Ende des Versuches 1890 Volt, der Spannungsverlust im Elektrolyten 100 Volt, die Zellenspannung also rund 2000 Volt. Es wurden demnach 200 Watt in der Zelle verbraucht, so daß sehr scharf gekühlt werden mußte. Die Zelle befand sich dazu in einem Becherglas. Kältemischung (Eis und Kochsalz) wurde dauernd oben eingefüllt und unten abgesogen.

In vier Stunden wurden insgesamt 2600 ccm Gas entwickelt. Dieses Gas wurde so lange durch eine glühende Platinkapillare hin und her geleitet („geglüht"), bis keine Volumenverminderung mehr eintrat. Es blieben 705 ccm Gas übrig. Durch Hinzufügen von elektrolytisch entwickeltem Sauerstoff zu diesem Gasrest und erneutes Durchleiten der Mischung durch die glühende Platinkapillare wurde festgestellt, daß der Gasrest aus reinem H bestand.

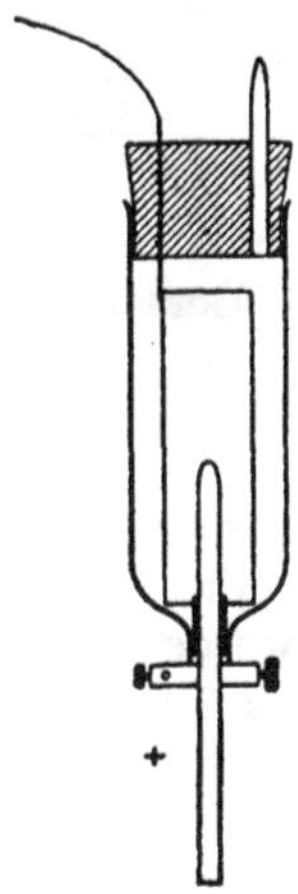

Abb. 35.
Ventilzelle.

Dieser Wasserstoffmenge entspricht nahezu eine im Elektrolyten enthaltene Menge von 1 g H_2O_2 entsprechend einer 0,83%igen Lösung von H_2O_2. Der gesamte Rest war Knallgas.

Von den 1895 ccm Knallgas, die durch die glühende Platinkapillare festgestellt wurden, ist die elektrolytisch entwickelte Knallgasmenge abzuziehen. 100 Milliampere geben in vier Stunden 250,4 ccm Knallgas, diese sind zu vermindern um die durch die Oxydation des Aluminiums verbrauchte Sauerstoffmenge und die äquivalente Wasserstoffmenge, zusammen 52,1 ccm; also sind 198,3 ccm elektrolytisch entstandenes Knallgas von der gesamten gefundenen Menge abzurechnen, so daß 1697 ccm durch die zersetzende Wirkung der Funken entstandenes Knallgas übrigbleiben. Es ergibt sich also: Bei einer Maximalspannung von 1890 Volt werden in verdünnter Borsäurelösung in vier Stunden bei 100 Milliampere durch die Maximalspannungsfunken gebildet:

1. Knallgas 1697 ccm, 2. H_2O_2 1000 mg, 3. H_2 653 ccm.

Zweifellos sind diese Stoffe aus dem Wasser entstanden; dazu mußte dieses vorher in seine Bestandteile zerlegt, die Wassermoleküle also zertrümmert werden. Die Trümmer H, O und OH fanden sich dann nach dem Gesetz der Wahrscheinlichkeit zu H_2, H_2O_2, O_2 und H_2O zusammen. Der letzte Vorgang entzieht sich der Wahrnehmung. Zur Feststellung des Umfanges der Molekülzertrümmerung empfiehlt es sich, die Bildung von H_2 und H_2O_2 auf Knallgas umzurechnen, was einfach durch Multiplikation der gefundenen überschüssigen Wasserstoffmenge mit 1,5 geschieht. So ergibt sich

1. unmittelbar gefundenes Knallgas	1697 ccm,
2. aus H_2O_2 und H_2 berechnetes Knallgas . . .	980 ccm,
	2677 ccm.

Diese so erhaltene Zahl bildet eine untere Grenze für die Molekülzertrümmerung, da in ihr diejenigen Molekülmengen nicht enthalten sind, die sich nach der Zertrümmerung wieder zu Wasser vereinigt haben.

Es liegt hier also die erstaunliche Tatsache vor, daß elektrische Funken, die ganz allgemein in der Gasanalyse verwandt werden, um Knallgas durch Explosion zu Wasser zu verbrennen, hier umgekehrt große Mengen Knallgas und daneben Wasserstoffperoxyd und Wasserstoff bilden.

Da Maximalspannung und Ionenkonzentration des Elektrolyten in gesetzmäßiger Beziehung zueinander stehen, kann man beide nicht unabhängig voneinander variieren. Ferner hat in konzentrierten Lösungen die Art des Anions auf die Gasausbeute einen wesentlichen Einfluß. Deshalb wurde zunächst nur mit verdünnten Lösungen gearbeitet. Um bei den für hohe Maximalspannungen erforderlichen außerordentlichen geringen Ionenkonzentrationen Störungen durch Verarmung an Ionen im Elektrolyten zu vermeiden, muß ein Elektrolyt gewählt werden, der sehr schwach dissoziiert ist, so daß bei äußerst geringer Ionenkonzentration immer noch eine mäßige Gesamtkonzentration vorhanden ist, die für konstante Ionenkonzentration sorgt.

Borsäure erwies sich hierfür besonders geeignet, und die Versuche wurden deshalb mit Elektrolyten angestellt, die bis auf den letzten stets an Borsäure gesättigt waren, während ihr gleichzeitiger Gehalt an Borax von der Sättigung bis zur Konzentration 0 verdünnt wurde. Die Stromdichte betrug 100 mA, die Anoden waren 6 mm dicke Stäbe aus Al von 10 cm^2 wirksamer Oberfläche. Während der je vier Stunden dauernden Versuche wurde die Zelle möglichst scharf gekühlt. Die folgende Tabelle 40 enthält die Ergebnisse.

Tabelle 40.

	Versuch Nr.				
	1	2	3	4	5
$\varkappa \cdot 10^5$, rez. Ohm, cm	1233	54,7	16,7	7,05	3,83
Ionenkonzentration, 10^{-5} normal	15500	687	209	30,0	10,82
Spannung an der Anode, Volt .	472	707	1027	1496	1890
Knallgasüberschuß in 4 h, ccm .	134	225	272	973	1697
H-Überschuß in 4 h, ccm . . .	145	105	114	342	653
Gesamter Knallgasüberschuß . .	352	383	443	1486	2677

Ferner sind der überschüssige Wasserstoff und die gesamte errechnete Knallgasmenge in Abb. 36 als Funktion der Maximalspannung aufgetragen.

In Lösungen von Borsäure und Borax nimmt der gesamte Knallgasüberschuß mit zunehmender Verdünnung und Maximalspannung bis zur Spannung von 1150 Volt nur langsam, von da an sehr schnell mit der Spannung zu. Der zweite Teil der diese Beziehung darstellende Kurve schneidet, nach unten verlängert, die Abszissenachse bei etwa 1000 Volt.

Bei Ta wird durch die Maximalspannungsfunken, unabhängig von der Höhe der Maximalspannung, ebensoviel Knallgas gebildet wie durch Elektrolyse.

Bei schneller Änderung der Stromstärke ist die Gasvermehrung dem Quadrat der Stromstärke proportional. Beispielsweise gilt für Al bei 900 Volt

$$q = 171\, i^2, \text{ wenn } q \text{ in cm}^3/\text{min}, \; i \text{ in Amp. gerechnet wird.}$$

Bei lang dauernder Einschaltung nimmt der Gasüberschuß mit zunehmender Dauer der Einschaltung stark ab. Er ist ferner nicht dem Quadrat der Stromstärke proportional, sondern von der Stärke der Kühlung abhängig, bei 100 mA/cm² und schwacher Kühlung wird kein Gasüberschuß mehr gebildet, obwohl die Spannung nicht niedriger ist als bei Gasüberschuß. Während der Versuche trübte sich der Elektrolyt durch äußerst feinverteiltes Aluminiumhydroxyd, sobald die Maximalspannung hoch war. In konzentrierten, schlechtleitenden Lösungen, wie z. B. Ammoniak, Ameisensäure und Essigsäure, ist $q = b\,(i - i_0)$, wobei i_0 der die wirksame Schicht nicht in Funken, sondern als gleichmäßige Strömung durchsetzende Reststrom ist.

In konzentrierten Ammoniaklösungen wird das Ammoniak durch die Maximalspannungsfunken sehr

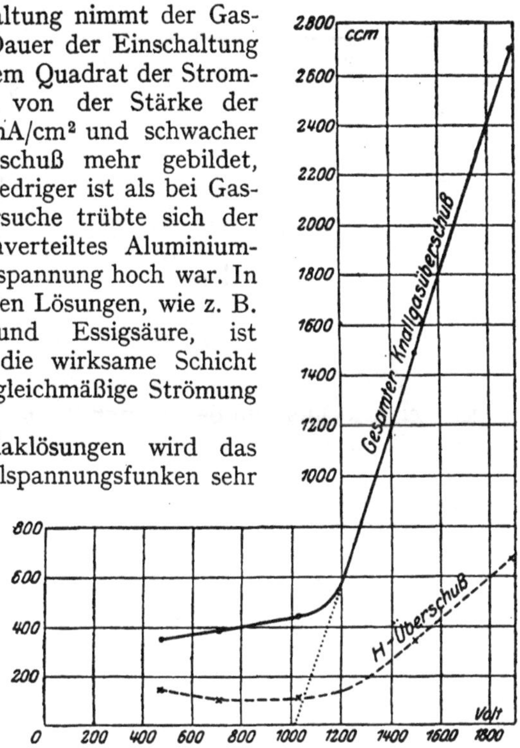

Abb. 36. Der bei der Formierung einer Ventilanode entstandene Wasserstoffüberschuß bzw. Knallgasüberschuß in Abhängigkeit von der Maximalspannung.

stark zersetzt. Und zwar steigt q mit der Konzentration nach der Formel

$$q = 19{,}1\sqrt[3]{n - 0{,}4}, \tag{1}$$

wenn n der Gehalt der Lösung an Ammoniak in mg/Liter ist. Ähnlich gilt bei Ta in Ameisensäure

$$q = 1{,}305\, n\sqrt[3]{n}. \tag{2}$$

11. Die Interferenzfarben (Ziffer 13).

Bei der Formierung setzen beim Erreichen einer bestimmten, für jedes Ventilmetall charakteristischen Spannung Interferenzfarben ein, die vielfach sehr farbenprächtig sind. Mit zunehmender Dicke der Oxydschicht durchlaufen sie drei- bis viermal das Spektrum, um dann trübe zu werden und zu verblassen. Sie entstehen durch Interferenz des an der Vorderseite der durchscheinenden Oxydschicht reflektierten Lichts mit dem an der Rückseite, am Ventilmetall selbst reflektierten.

Beständen die Schichten aus Luft, so würde der in Tabelle 41 angegebene Zusammenhang zwischen Schichtdicke und Interferenzfarbe gelten:

Tabelle 41.

I. Ordnung		II. Ordnung		III. Ordnung	
Farbe	Dicke D mμ	Farbe	Dicke D mμ	Farbe	Dicke D mμ
Blau	77	Rotviolett. . .	280	Blauviolett . .	570
Weißlich . . .	110	Blauviolett . .	290	Stahlblau . . .	580
Gelbgrün . . .	140	Stahlblau . . .	320	Blaugrün . . .	650
Gelb	185	Blaugrün . . .	360	Gelbgrün . . .	710
Orange	250	Gelbgrün . . .	430	Gelb	740
Rot	270	Gelb	455	Orange	760
		Orange	470	Rot	770
		Rot	530	Grauviolett . .	830
		Rotviolett. . .	550		

Ist der Brechungsindex der Oxydschicht $n = \sqrt{\varepsilon} > 1$, so sind die Wellenlängen der Schichten um den Faktor $\sqrt{\varepsilon}$ in ihr kleiner. Die Tabelle 41 gibt also in diesem Falle $D = \delta\sqrt{\varepsilon}$.

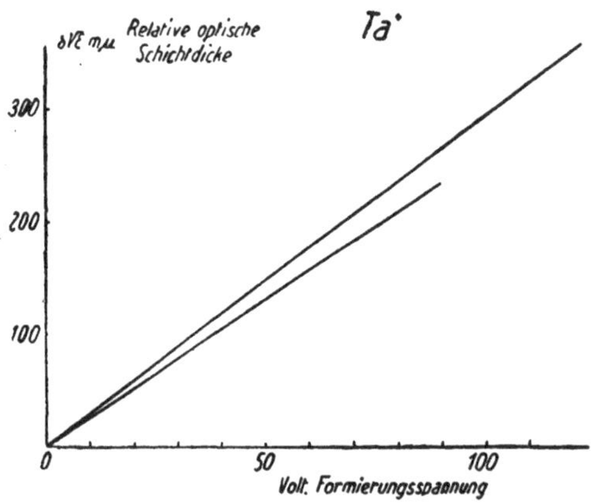

Abb. 37. Abhängigkeit der relativen optischen Schichtdicke von der Formierungsspannung bei Ta.

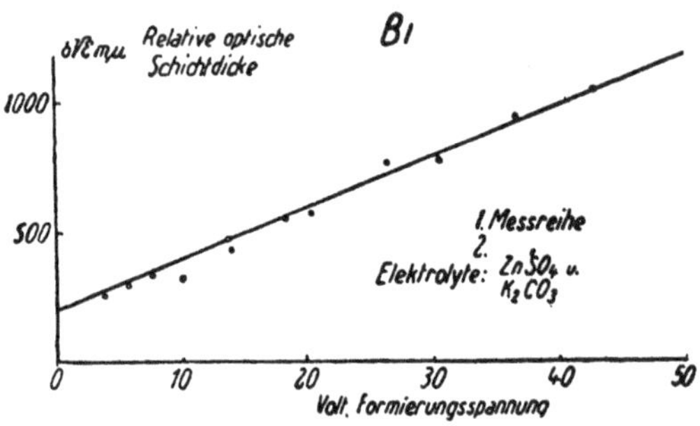

Abb. 38. Abhängigkeit der relativen optischen Schichtdicke von der Formierungsspannung bei Bi.

Wird die sich aus den Interferenzfarben ergebende Schichtdicke über der Formierungsspannung aufgetragen, so ergibt sich eine Gerade, die jedoch vielfach nicht durch den Nullpunkt geht. Die Ursache ist der sogenannte Phasensprung.

Die Interferenzfarben sind besonders prächtig bei Ta, Nb und Bi ausgebildet, auch bei Zr und W sind sie sehr hell, bei Sb leicht etwas trübe und bei Al so blaß, daß sie nur bei hochgradig polierter Al-Oberfläche wahrgenommen werden können.

Doch lassen sich auch bei Al die Farben prächtig hervorheben, wenn die Al_2O_3-Oberfläche mit einer äußerst dünnen Goldschicht bestäubt wird.

Offenbar sind die Interferenzfarben am hellsten, wenn gerade die eine Hälfte des auffallenden Lichtes an der Vorderseite der Oxydschicht, die andere an der Metalloberfläche reflektiert wird. Bei Al wird nun fast nichts an der Vorderseite, fast alles an der Rückseite reflektiert. Durch die Goldbestäubung läßt sich die Reflektion an der Vorderseite vergrößern, die an der Rückseite schwächen und dadurch die Interferenzfarben viel heller machen.

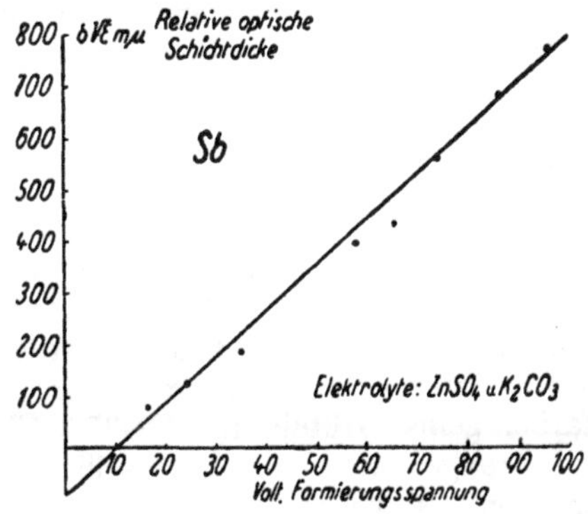

Abb. 39. Abhängigkeit der relativen optischen Schichtdicke von der Formierungsspannung bei Sb.

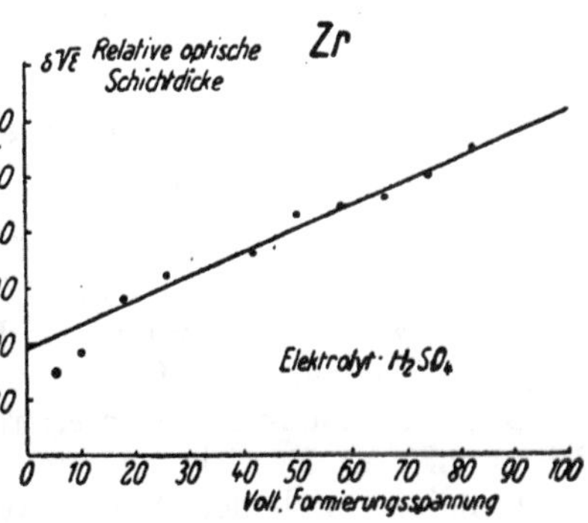

Abb. 40. Abhängigkeit der relativen optischen Schichtdicke von der Formierungsspannung bei Zr.

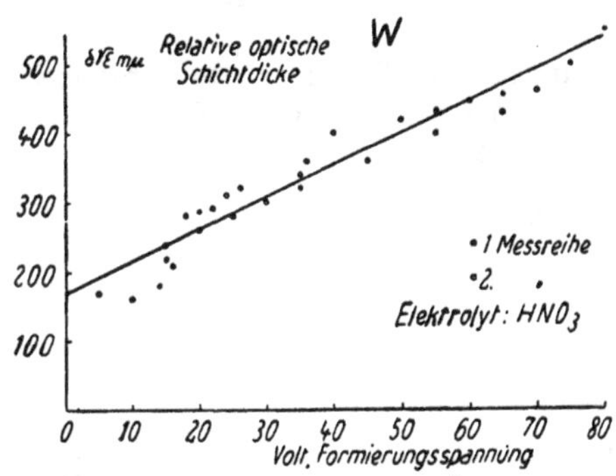

Abb. 41. Abhängigkeit der relativen optischen Schichtdicke von der Formierungsspannung bei W.

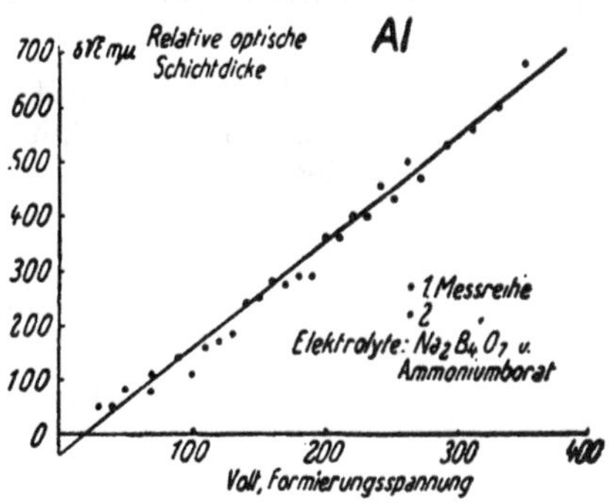

Abb. 42. Abhängigkeit der relativen optischen Schichtdicke von der Formierungsspannung bei Al.

Ein hübsches Verfahren, aus den Interferenzfarben ein kontinuierliches Spektrum herzustellen, besteht in folgendem:

Tabelle 42.

Ventilmetall	Phasensprung
Ta	0
Bi	200 mμ
Sb	— 93 „
Zr	190 „
W	170 „
Al	— 40 „

Das mit dem Spektrum zu überziehende Ventilmetallblech wird möglichst bis an den oberen Rand in den Elektrolyten getaucht und mit einer solchen Stromdichte belastet, daß etwa in 10 Minuten die Formierungsspannung bis zum Beginn der Funkenspannung steigt. Gleichzeitig wird mit einem Heber der Elektrolyt aus der Zelle mit solcher Geschwindigkeit abgehebert, daß die Zelle in 10 Minuten gerade leerläuft, wobei die Stromstärke im gleichen Maße verringert wird. Da sich die nicht mehr vom Elektrolyten bedeckten Teile des Bleches nicht weiter formieren können, ergibt sich auf diese Weise eine von oben nach unten keilförmig dicker werdende und damit das vollständige Interferenzspektrum zeigende Schicht. Die vorstehenden Abb. 37—42 zeigen die relative optische Schichtdecke $\delta\sqrt{\varepsilon}$, wie sie aus den Interferenzfarben sich ergibt, nebst dem Phasensprung, und Tabelle 42 die einzelnen Phasensprünge.

12. Die Eigenschaften der Oxydschicht (Ziffer 14—17).

a) Die Dielektrizitätskonstante (Ziffer 17).

Die Oxydschichten sind so dünn, daß eine unmittelbare mechanische Messung ihrer Dicke kaum durchführbar ist. Es muß deshalb ein anderes Verfahren zur Bestimmung der Dielektrizitätskonstante benutzt werden. Folgendes Verfahren ist für die meisten Sperrschichtmetalle brauchbar:

Aus den Aufnahmen der Interferenzfarben gemäß Abbildung 32—37 ergibt sich, wenn zur Beseitigung des Phasensprunges eine Parallelverschiebung der Geraden durch den Nullpunkt vorgenommen wird:

$$\delta\sqrt{\varepsilon_{opt}} = C_{opt}\, u. \tag{3}$$

Aus Kapazitätsmessungen ergibt sich weiter $\dfrac{\delta}{\varepsilon_{el}} = C_{el} \cdot u.$ (4)

Dabei ist ε_{opt} die Dielektrizitätskonstante bei der Frequenz des sichtbaren Lichtes, ε_{el} die Dielektrizitätskonstante bei der Meßfrequenz 800. Wird in beiden Fällen das ε nur durch gebundene Elektronen bedingt, so ist

$$e_{opt} = \varepsilon_{el} = \varepsilon. \tag{5}$$

In diesem Falle ergibt die Division beider Gleichungen

$$\varepsilon \cdot \sqrt{\varepsilon} = \frac{C_{opt}}{C_{el}} \tag{6}$$

$$\varepsilon = \left(\frac{C_{opt}}{C_{el}}\right)^{\frac{2}{3}}. \tag{7}$$

Zur Kontrolle, ob Gleichung 5 erfüllt ist, dient eine unmittelbare Bestimmung der Dielektrizitätskonstante der Oxyde nach der Mischungsmethode.

Dazu wird ein Kondensator hergestellt, dessen Dielektrikum aus einem Gemisch der beiden Flüssigkeiten, Azeton $\varepsilon_{el} = 21{,}5$ und Toluol $\varepsilon_{el} = 2{,}33$, besteht. Dieses Gemisch wird so lange geändert, bis sich die Kapazität des Kondensators beim Hineinschütten des betreffenden Oxydes in Pulverform nicht mehr ändert. Dann ist die Dielektrizitätskonstante des Gemisches gleich der des Oxydes.

Es muß jedoch nachdrücklich darauf hingewiesen werden, daß die so ermittelte Dielektrizitätskonstante nur dann als die des auf dem Ventilmetall gebildeten Oxydes angesehen werden darf, wenn feststeht, daß das zu der Messung benutzte Oxydpulver mit dem durch die Formierung gebildeten Oxyd identisch ist. Das ist in der Regel nicht der Fall. Beispielsweise schwankt die Dielektrizitätskonstante von Al_2O_3 je nach der Art seiner Herstellung und dem Grad seiner Sinterung in weiten Grenzen.

Bei Al ergibt sich nach diesem Verfahren $\varepsilon_{opt} = 3{,}1$ und $\varepsilon_{el} = 12{,}3$. Das Verfahren ist also gerade bei Al nicht anwendbar. Hier wurde folgendes Verfahren eingeschlagen:

Da die Oxydschicht die Härte von Korund und Korund die Dichte 4,00 hat, wurde auch diese Dichte für das bei der Formierung gebildete Al_2O_3 angenommen. Weiter wurde die Gewichtszunahme einer sehr dünnen, unter allen Vorsichtsmaßregeln formierten Al-Folie durch Messung bestimmt und gleich der gebundenen Sauerstoffmenge gesetzt. Aus Kapazitätsmessungen wurde ermittelt $\frac{\delta}{\varepsilon} = 0{,}142\, U\, m\mu$, wobei U die Formierungsspannung nach einstündiger Formierung ist.

Auf diese Weise ergab sich aus einer Anzahl von Messungen $\varepsilon = 7{,}04$.

Dieser Wert ist in dem Maß zu niedrig, wie sich Al bei der Formierung löst. Eine zweite Methode bestand darin, die Dickenabnahme sehr dünner Al-Folien bei der Formierung aus ihrer Widerstandszunahme zu berechnen und daraus die Dicke der Oxydschicht zu bestimmen. Als Mittelwert ergab sich $\varepsilon = 7{,}85$. Die so ermittelte Schichtdicke ist in dem Maße zu groß, als sich Al bei der Formierung löst.

Das Mittel aus beiden Werten ist $\varepsilon = 7{,}45$.

Dieser Wert stimmt befriedigend mit den von anderen Verfassern bestimmten überein.

In der folgenden Tabelle 43 sind die bisher gemessenen Dielektrizitätskonstanten der verschiedenen Oxydschichten zusammengestellt.

Tabelle 43.

Metall	Al	Ta	Bi	Sb	Zr	W
Oxydschicht	Al_2O_3	Ta_2O_5	Bi_2O_3	Sb_2O_4	ZrO_2	WO_3
ε	7,45	11,6	18,1	9,7	12,3	17,8
ε_m		11,6	18,2	10,1	12,5	

(ε_m ist die nach der Mischmethode bestimmte Dielektrizitätskonstante.)

b) Die Struktur der Oxydschichten (Ziffer 14).

α) Aluminiumoxydschichten.

Über die verschiedenen bei den Elektrolytkondensatoren vorkommenden Oxydschichten macht Werner Hermann folgende Angaben:

Die Luftoxydschicht.

Die Luftoxydschicht bildet sich durch Reaktion des Aluminiums mit dem Sauerstoff der Luft und kann bei höheren Temperaturen beträchtliche Stärken annehmen. In Tabelle 44 wird eine Zusammenstellung der Schichtstärken aus verschiedenen Messungen gegeben. Es zeigt sich ein im allgemeinen einheitliches Bild. Bei normaler Temperatur liegen nach 3 Messungen Schichten der ungefähren Stärke von 0,02 bis 0,04 μ vor. Eine Größenordnung geringer ist der aus den Kapazitätsmessungen gewonnene Wert. Bei höheren Bildungstemperaturen und längeren Bildungszeiten steigt die Schichtstärke auf 0,13 bzw. 0,4 μ. Der Wert Nr. 5 liegt wahrscheinlich infolge der geringen Bildungszeit wesentlich tiefer.

Tabelle 44.
Schichtstärke der Luftoxydschicht.

Nr.	Verfasser	Oxydation		Bestimmungsmethode	Umrechnung		Schichtstärke
		Temp.	Zeit		Hilfsgröße	Wert	μ
1	Steinheil	ca. 20°	30 Tage	Lichtdurchlässigkeit einer aufgedampften Al-Schicht	Dichte	3,1	0,04
2	Vernon	20°	90 Tage	Gewichtszunahme der Al-Probe	Dichte	3,9	0,02
3	eigene Messung	20°	normale Al-Folie	Oxydschichtablösung im trockenen HCl-Strom	Dichte	3,4	0,04
4	eigene Messung	20°	normale Al-Folie	Kapazitätsmessung in Borsäure-Elektrolyten 50 Hz, 20°	Dielektrizitätskonstante	8	0,004
5	Preston und Bircumshaw	450°	1,5 h	Oxydschichtablösung im trockenen HCl-Strom	Dichte	3,6	0,015
6	Pilling und Bedworth	600°	80 h	Gewichtszunahme der Al-Probe: 0,045 mg/cm²	Dichte	3,4	0,13
7	Steinheil	?	?	Ablösung in wäßriger HCl-Lösung	?	?	0,4

In Tabelle 45 sind die wichtigsten Verfahren der Oxydschichtuntersuchung und ihre Anwendung bzw. Anwendungsmöglichkeit angegeben. (Eine Beschreibung siehe auch bei U. R. Evans sowie bei H. Fischer.)

Die meisten Verfahren arbeiten so, daß Al_2O_3 von Al getrennt wird und Al_2O_3 allein zurückbleibt. Die einfachste Arbeitsweise besteht darin, die oxydierte Al-Folie entsprechend R. Seligman und P. Williams in die Flamme eines Bunsenbrenners zu halten. Dadurch wird das Al geschmolzen und sammelt sich in einem Sack von ungeschmolzenem Al_2O_3.

Für genauere Untersuchungen ist diese Methode ungeeignet und es wurden hierfür Trennungsverfahren auf chemischer Grundlage ausgearbeitet. Derartige Trennungsmethoden beruhen auf der leichteren Angreifbarkeit von Aluminium gegenüber Aluminiumoxyd in Lösungen, die vorzugsweise chlorhaltig sind. In derartigen Lösungen löst sich Aluminium und Aluminiumoxyd bleibt zurück. Die ersten Versuche wurden mit verdünnter wäßriger Salzsäure durchgeführt (A. Steinheil, E. Belwe, W. G. Burgers und A. Güntherschulze) und dabei unter Lösen des Aluminiums mehr oder weniger zusammenhängende Teile von Aluminiumoxyd erhalten. Die Verwendung von wäßriger Salzsäure hat jedoch den Nachteil, daß die Angriffswirkung auf Aluminium und Aluminiumoxyd nicht sehr verschieden ist, so daß eine quantitative Trennung sehr schwer möglich ist. Daher wurde zu der für analytische Zwecke bekannten Methode der Behandlung im trockenen Chlorwasserstoffstrom bei 220 ··· 250° übergegangen, bei der das aus Aluminium und Salzsäure gebildete Aluminiumchlorid sublimiert, dagegen Al_2O_3 nicht angegriffen wird und zurückbleibt.

[1] Aus W. Hermann, Werkstoffsonderheft d. wissenschaftl. Veröffentl. aus den Siemens-Werken 1940.

Das Verfahren wurde ursprünglich von G. Jander angegeben und außerdem von W. H. Withey und H. E. Millar sowie von G. B. Brook und A. G. Waddington beschrieben und verbessert und schließlich von G. D. Preston und L. L. Bircumshaw zur Isolierung der Luftoxydschicht und von H. Sutton und J. W. W. Willstrop zur Untersuchung von anodischen Schichten, vermutlich von Chromsäureschichten (Bengough-Stuart-Prozeß) verwendet. Es zeigte sich, daß dieses Verfahren bei Einhaltung bestimmter Vorsichtsmaßregeln, insbesondere dem Ausschluß von Feuchtigkeit, gut reproduzierbare Werte für anodische Oxydschichten gibt. Nach der Behandlung bleiben klare zusammenhängende Oxydschichten zurück. Die Schichtstärke kann unter Zugrundelegung eines bestimmten spezifischen Gewichtes entweder aus der ermittelten Oxydschichtmenge errechnet werden oder durch direkte Dickenmessungen mit dem Zeißschen Optimeter bestimmt werden. Bei der Berechnung der Schichtstärke aus dem Oxydgewicht kann allerdings nur in erster Annäherung angenommen werden, daß eine homogene planparallele Schicht von reinem Oxyd vorliegt. Wie sich später zeigen wird, liegen ziemlich verwickelte und vom Entstehungsverfahren der Oxydschicht abhängige Verhältnisse vor. An den abgelösten Schichten lassen sich außerdem Bestimmungen des spezifischen Gewichtes und der Dielektrizitätskonstante, ebenso Strukturbestimmungen mittels Röntgen- oder Elektronenstrahlen durchführen.

Bei der Behandlung in trockenem HCl-Strom erleiden weder α-Aluminiumoxyd (Korund) noch γ-Aluminiumoxyd chemische oder strukturelle Umwandlungen, wie von uns an Versuchen mit den entsprechenden auf chemischem Wege hergestellten Präparaten gezeigt werden konnte. Daher kann angenommen werden, daß auch die Schichten auf Aluminium, soweit dieselben Stoffe vorliegen, unverändert bleiben und nach der Ablösung die wahre Struktur festgestellt wird. Bei Vorliegen stark wasserhaltiger Aluminiumoxyde ist es nach G. B. Brook und A. G. Waddington erforderlich, die Reaktionstemperatur auf 450° zu erhöhen, da bei niederen Temperaturen durch den Wassergehalt der Oxyde $AlCl_3$ unter Bildung von Al_2O_3 zersetzt und somit zuviel Al_2O_3 gefunden wird. Bei diesen hohen Reaktionstemperaturen wäre die Frage der Strukturumwandlung noch zu klären.

Es wurde weiter von F. L. Hahn vorgeschlagen, statt im HCl-Strom die Ablösung im Chlorstrom vorzunehmen. Doch scheint dieses Verfahren empfindlicher zu sein, vor allem gegenüber Feuchtigkeit sowie Einflüssen des Materials des Schiffchens, wie H. Löwenstein zeigte. Dieses Verfahren wurde ebenfalls (siehe H. Fischer) zur Isolierung von Oxydschichten verwendet. Ein weiteres von E. Liebreich und W. Wiederholt stammendes Verfahren beruht darauf, durch Umpolen während der Formierung bzw. Anwendung überlagerter Wechselströme ein Abblättern der Al_2O_3-Schicht zu erreichen.

Um lediglich die Stärke von Al_2O_3-Schichten zu bestimmen, ohne diese Schicht selbst zu isolieren, kann man auch Lösungsmittel verwenden, welche nur die Al_2O_3-Schicht, nicht aber das Aluminium lösen, wie z. B. Antimon-Schwefelsäure (siehe H. Fischer).

Viele Mühe wurde auch aufgewendet, um eine eventuelle Porigkeit der Al_2O_3-Schicht festzustellen. Es sei hier das Verfahren von H. Klarmann und

Tabelle 45[1].

Verfahren zur Untersuchung der Oxydschicht auf Aluminium.

(Es bedeutet: + Bestimmung durchgeführt und in der Literatur beschrieben; ⊙ Bestimmung durchführbar; — Bestimmung nicht durchführbar; ⊕ Bestimmung von uns durchgeführt.)

Arbeitsweise	Ergebnis	Anwendung auf	Schichteigenschaften			Verfasser
			Stärke	Struktur	Sonstiges	
Ausschmelzen des Al; Al_2O_3 bleibt zurück	Saubere Trennung schwer möglich, Arbeitstemperatur 658_0	Sämtliche Al_2O_3-Schichten	—	—		Seligman u. Williams
Behandlung in verdünnter wäßriger HCl, Al_2O_3 bleibt zurück	Quantitative Trennung schwer möglich	Luftoxydschicht	+	+		Steinheil
		Anodische Schicht Klasse 2[2]	?	+		Belwe
		Anodische Schicht Klasse 3[2]	+	+		Burgers, Güntherschulze
Behandlung im trockenen HCl-Strom bei 250°, Al_2O_3 bleibt zurück	Quantitative Trennung möglich	Luftoxydschicht	+	+		Preston u. Bircumshaw
Methode von: Jander u. Baur, Withey u. Millar, Brook u. Waddington	Herstellung zusammenhängender Al_2O_3-Schichten	Anodische Schicht Klasse 2	+	⊕		Sutton u. Willstrop
		Anodische Schicht Klasse 3	⊕	⊕		
Behandlung im trockenen Cl_2-Strom bei 250°; Methode von: Withey u. Millar, Hahn, Löwenstein	Quantitative Trennung möglich. Herstellung zusammenhängender Al_2O_3-Schichten	Luftoxydschicht; Anodische Schicht Klasse 2; Anodische Schicht Klasse 3	⊙	⊙		H. Fischer
Lösen der Al_2O_3-Schicht in Antimon-Schwefelsäure. Al bleibt zurück	Durch Feststellung des Endes der Reaktion läßt sich die Schichtstärke ermitteln	Nur dicke Schichten (Klasse 2)	+	—		H. Fischer

Arbeitsweise	Ergebnis	Anwendung auf	Schichteigenschaften			Verfasser
			Stärke	Struktur	Sonstiges	
Umpolen während der Formierung bzw. Anwendung überlagerter Wechselströme	Abblättern der Al_2O_3-Schicht	Anwendbar f. dicke anodische Schichten (Klasse 2)	⊙	⊙		Liebreich u. Wiederholt
Kathodische Schaltung in $CuSO_4$-Lösungen	Feststellen der Porigkeit durch Entstehung von Cu-Pilzen	Luftoxydschicht	—	—	Poren feststellbar	Mühlenpfordt
		Anodische Schicht Klasse 2	—	—	Zahlreiche Poren feststellbar	
		Anodische Schicht Klasse 3	—	—	Einzelne Poren feststellbar	
Feststellung der Interferenzfarbe der Oxyd-Schicht	Berechnung der Schichtstärke durch Kombination der optischen Messung mit Kapazitätsmessungen	Schichtstärke von 0,04 bis 0,3 μ	+	—		Evans, Güntherschulze
		Anodische Schicht Klasse 3				
Amalgamierung des Al-Grundmetalls, Al_2O_3 bleibt zurück		Anodische Schicht Klasse 2	+	⊙		Wernick
Behandeln der Schicht in konz. $CuCl_2$-Lösung Al_2O_3 bleibt zurück			⊙	⊙		Ehrenberg

[1] Aus W. Hermann, Werkstoffsonderheft d. wissenschaftl. Veröffentl. aus den Siemens-Werken 1940.
[2] Bezieht sich auf die Klasseneinteilung der Elektrolyte in Zahlentafel 5.

J. Mühlenpfordt angeführt, welche die formierte Al-Anode in einer Kupfersalzlösung kathodisch schalteten und aus einer eventuellen Entstehung von Kupferpilzen auf das Vorhandensein von Poren in der Schicht schließen.

Dieser Schluß erscheint uns nicht zwingend, denn irgendwo muß sich ja der Strom seinen Weg durch die Oxydschicht bahnen und da die Widerstände der parallelen Stromfäden in der Flußrichtung labil sind, wird das an einzelnen Punkten geschehen, ohne daß das zur Annahme von Poren an diesen Punkten berechtigt.

Aufbau der Luftoxydschicht.

Auf Grund der Bestimmungsverfahren ergibt sich somit für die Schichtstärke der Luftoxydschicht nach Tabelle 44, daß bei sämtlichen Messungen, ausgenommen Nr. 4, die Gesamtschicht bzw. Gesamtmenge Al_2O_3 erfaßt wurde. Die durch Kapazitätsmessung ermittelte dielektrische Schichtstärke entsprechend Nr. 4 ist wesentlich geringer. Jedenfalls steht fest, daß von der gesamten Luftoxydschicht nur ein Teil dielektrisch wirksam ist. Es ist wahrscheinlich, daß über einer homogenen, dielektrisch wirksamen eine inhomogene dielektrisch nicht wirksame Schicht liegt. Sie ist vermutlich die Folge von Verunreinigungen im Al, Unregelmäßigkeiten in seiner Oberfläche und bevorzugter Wanderung von Aluminiumionen an bestimmten Kristallgrenzen. Man darf nicht vergessen, daß die auf jeder festen Oberfläche auch in trockener Luft vorhandene Wasserhaut größere Dicken annimmt und dann auch elektrolytisch wirksam wird, sobald die relative Feuchtigkeit der Luft wesentlich steigt. Dann können sich mit Hilfe der Verunreinigungen lokale, kurzgeschlossene Primärelemente bilden.

Modifikationen von Al_2O_3.

Über die möglichen Strukturen des Al_2O_3 unterrichtet Tabelle 46 (siehe hierzu auch die entsprechenden Abschnitte bei R. Fricke). Es kommen sowohl kubische (linke Spalte der Tabelle 46) als auch hexagonale (rechte Spalte der Tabelle 46) Strukturen vor, die nach wachsender Dichte geordnet sind. Die dichteste und bekannteste Modifikation ist das α-Oxyd, der Korund, der in hexagonal dichtester Kugelpackung vorliegt. Korund ist die einzige stabile Modifikation, und sämtliche andere Modifikationen gehen bei bestimmten Temperaturen in Korund über. Mit wachsender Temperatur besteht eine einheitliche Linie in der Umwandlung von amorphen Hydroxyden über definierte Hydroxyde bzw. Oxydhydrate ($Al_2O_3 \cdot 1\,H_2O$: Böhmit und Diaspor, $Al_2O_3 \cdot 3\,H_2O$: Hydrargillit und Bayerit) und über verschiedene Al_2O_3-Modifikationen in das α-Al_2O_3. Einzelne Modifikationen werden durch geringe Mengen fremder Bestandteile stabilisiert.

So besteht das β-Al_2O_3, eine weitere hexagonale Modifikation nach Arbeiten von R. R. Ridgway, A. A. Klein und W. M. J. O'Leary und C. A. Beevers und S. Brohult aus Alkalialuminat: $12\,Al_2O_3 \cdot 1\,Na_2O$ bzw. $11\,Al_2O_3 \cdot 1\,Na_2O$. β-Aluminiumoxyd bildet sich unter bestimmten Abkühlungsbedingungen aus dem Schmelzfluß. Es ist entsprechend seiner Zusammensetzung nur bei Anwesenheit geringer Mengen von Alkali stabil und kann als ein durch Alkali stabilisiertes Al_2O_3 aufgefaßt werden. A. Steinheil nimmt auf Grund seiner

Strukturuntersuchungen an, daß das β-Al_2O_3 in der Luftoxydschicht enthalten ist. Neuere Untersuchungen von E. Belwe haben ergeben, daß diese Annahme nicht haltbar ist.

Tabelle 46[1]
Al_2O_3-Modifikationen.

Kubisch	Dichte	Molvolumen	Hexagonal
	2,39	42,6	δ-Al_2O_3: Blanc-Tonerde
ε-Al_2O_3: Steinheil	3,1?	32,9	β—Al_2O_3: 11 $Al_2O_3 \cdot Na_2O$ / 12 $Al_2O_3 \cdot Na_2O$
γ'-Al_2O_3: Verwey	3,31	32,9	
900°			Übergang nicht näher untersucht
γ—Al_2O_3(85 $Al_2O_3 \cdot H_2O$)	3,29 … 3,62	30,8 / 31,0 / 28,2	
ζ-Al_2O_3 (85 $Al_2O_3 \cdot Li_2O$)	3,6	28,3	450 … 1000°
1600° ; 900 … 1000°	3,96	25,7	α-Al_2O_3: Korund

Nach W. Biltz wird als δ-Aluminiumoxyd eine weitere hexagonale Modifikation, die sog. Blanc-Tonerde, bezeichnet, die von N. Parravano und V. Montoro beim Entwässern von Aluminium-Chlorid aufgefunden wurde. Zu unterscheiden von diesem hexagonalen δ-Aluminiumoxyd ist eine von H. B. Weiser und W. O. Milligan als δ-Aluminiumoxyd bezeichnete Modifikation, die jedoch nach der Annahme von R. Fricke mit Böhmit: $Al_2O_3 \cdot 1\,H_2O$ identisch ist.

Eine größere Rolle als die hexagonalen Modifikationen spielen für die Oxydschichten auf Aluminium die kubischen Strukturen (Tabelle 44, linke Spalte). In ihrer Dichte nehmen sie eine Zwischenstellung zwischen der dichtesten Modifikation, dem Korund, und der lockersten Modifikation, der Blanc-Tonerde, ein. Als wichtigste Modifikation ist das von F. Ulrich zuerst beschriebene γ-Aluminiumoxyd zu bezeichnen. Es entsteht durch thermische Umwandlung von Hydroxyden bezw. Oxydhydraten sowie von anderen Aluminiumsalzen, wie beispielsweise W. Biltz sowie T. Nakai und J. Fukami in größeren Untersuchungen gezeigt haben. Sämtliche definierten Hydroxyde gehen beim Entwässern zunächst in γ-Aluminiumoxyd über, außer Diaspor, der in Korund übergeht. Die Eigenschaften von γ-Aluminiumoxyd sind sehr stark von der Darstellungsart und insbesondere von der Bildungstemperatur abhängig. So wurden Werte für die Dichte von 3,29 bis 3,62 gefunden. Diese Tatsache ist für die späteren Berechnungen der Stärke von Oxydschichten wichtig. W. Biltz hält auf Grund einer sehr exakten Untersuchung den Wert von 3,42 für endgültig. Dieser Wert wurde daher später von uns verwendet. Von R. Fricke wurde bewiesen, daß ebenso andere Eigenschaften wie Wärmeinhalt, Teilchengröße, Hygroskopizität von der Darstellungsart abhängig sind.

[1] Aus W. Hermann, Werkstoffsonderheft d. wissenschaftl. Veröffentl. aus den Siemens-Werken 1940.

Tabelle 47[1].
Gitterstruktur von γ-Aluminiumoxyd.

		Spinell	γ-Aluminiumoxyd	γ-Aluminiumoxyd	γ-Aluminiumoxyd
		$MgO \cdot Al_2O_3$	(1) Al_2O_3	(2) Al_2O_3	(3) Al_2O_3
			nach Rinne	nach Hägg Verwey	nach Kordes
			Sauerstoff im Überschuß auf Zwischengitterplätzen	Kationenleerstellen bei normaler Sauerstoffbesetzung	wie (2) mit Alkali- bzw. Wasserstoffionen
Kationen	normale Gitterplätze . . .	24	24	24	24
	Aluminium . .	16 (8 Al_2O_3)	24 (12 Al_2O_3)	21 $^1/_3$ (10 Al_2O_3)	21 (10 ½ Al_2O_3)
	Magnesium . .	8 (8 MgO)	—	—	—
	Wasserstoff . .	—	—	—	1 (½ H_2O)
	Leerstellen . .	—	—	2 $^2/_3$	2
Sauer-stoff-Antiopen	Normale Gitterplätze	32 (8 Al_2O_3 + 8 MgO)	32 } 12 Al_2O_3	32 (10 $^2/_3$ Al_2O_3)	32 (10 ½ Al_2O_3 + ½ H_2O)
	Überschußplätze	—	4 (} 12 Al_2O_3)	—	—

Aufbau von γ-Aluminiumoxyd.

Da γ-Aluminiumoxyd für die Oxydschichten auf Aluminium eine große Bedeutung hat, soll auf seinen Aufbau näher eingegangen werden: γ-Al_2O_3 besitzt ein Spinellgitter. Während in den normalen Spinellen Oxyde von 2- und 3-wertigen Metallen gemischt vorliegen, kommt im γ-Aluminiumoxyd nur ein 3-wertiges Metall vor. Daher muß im γ-Aluminiumoxyd eine andere Besetzung der Gitterpunkte als im normalen Spinellgitter vorliegen (s. hierzu Tabelle 47). Es bestehen offenbar zwei Möglichkeiten:

1. Alle Kationenplätze des Spinells sind besetzt, und Sauerstoff befindet sich im Überschuß auf Zwischengitterplätzen. Dadurch ergibt sich eine Anordnung entsprechend Spalte 4 der Tabelle 47 (1).

2. Es liegt eine normale Sauerstoffbesetzung vor, und eine Reihe von Kationenplätzen bleiben frei. Dadurch ergibt sich eine Anordnung entsprechend Spalte 5 der Tabelle 47 (2).

G. Hägg hat durch Dichtemessungen nachgewiesen, daß der Fall 2 vorliegt. Zum selben Ergebnis kommt E. J. W. Verwey im Gegensatz zu F. Rinne, der Sauerstoffüberschuß annimmt. Somit besitzt nach G. Hägg und E. J. W. Verwey γ-Aluminiumoxyd ein aus weiträumigen Sauerstoffanionen aufgebautes Spinellgitter, in das die kleinen Aluminiumkationen eingebettet sind. In einem Elementarkubus von 32 Sauerstoffplätzen und 24 Kationenplätzen bleiben $2^2/_3$ freie Kationenplätze, demnach sind $21^1/_3$ Aluminiumionen auf 32 Sauerstoffionen vorhanden.

E. Kordes macht nun die weitere Annahme (s. Tabelle 47, Spalte 6), daß nicht $21^1/_3$ Aluminiumionen, sondern nur 21 Aluminiumionen vorhanden sind, und daß an Stelle der restlichen $^1/_3$ Aluminiumionen Alkali- bzw. Wasserstoff-

[1] Aus W. Hermann, Werkstoffsonderheft d. wissenschaftl. Veröffentl. aus den Siemens-Werken 1940.

ionen vorhanden sind. Zu dieser Annahme gelangt E. Kordes durch die Feststellung, daß geringe Mengen Alkalioxyd bzw. geringe Mengen Wasser vom γ-Aluminiumoxyd sehr intensiv festgehalten werden. Werden diese geringen stabilisierenden Zusätze entfernt, so ist die Struktur des γ-Aluminiumoxydes nach E. Kordes nicht mehr beständig, und es geht in Korund über. Eine Stütze dieser Auffassung kann darin erblickt werden, daß das Stabilitätsgebiet des γ-Aluminiumoxyds mit Wassergehalt nur bis etwa 1000°, mit Li_2O-Gehalt dagegen bis zu wesentlich höheren Temperaturen reicht.

Dieses mit Li_2O stabilisierte γ-Aluminiumoxyd wurde von H. B. Barlett entdeckt und als ζ-Aluminiumoxyd bezeichnet (s. Tabelle 46). H. B. Barlett glaubte eine neue Aluminiumoxydmodifikation gefunden zu haben. Nach E. Kordes und anderen Autoren handelt es sich hierbei jedoch nicht um eine neue Modifikation, sondern um eine γ-Tonerde, die infolge der Stabilisierung durch Li_2O in besonders gut kristalliner Form auftritt.

Die im Barlettschen ζ-Aluminiumoxyd vorhandene Menge von Li_2O ist aus Analysen bekannt und beträgt etwa 0,35%. Auf Grund der oben angeführten Zusammensetzung würde sich entsprechend der Formel: $10{,}5\ Al_2O_3 \cdot 0{,}5\ Li_2O$ ein Gehalt von 1,38% Lithiumoxyd ergeben. E. Kordes legt nun die doppelte Gitterkonstante für die Elementarzelle zugrunde und kommt damit zu einem theoretischen Gehalt an Lithiumoxyd von 0,34%, ein Wert, der sehr gut mit der praktisch festgestellten Zahl übereinstimmt.

Nach dieser Betrachtungsweise wäre dem γ-Aluminiumoxyd die Formel: $85\ Al_2O_3 \cdot 1\ H_2O$ zuzuschreiben. Hieraus ergibt sich ein stöchiometrischer Wassergehalt von 0,21%.

Bezüglich der Art der Verteilung der Leerstellen im γ-Aluminiumoxyd sind wiederum zwei Modifikationen zu unterscheiden:

1. das eigentliche γ-Aluminiumoxyd, das, wie oben beschrieben, bei der Entwässerung von Hydraten auftritt und in dem eine gewisse Regelmäßigkeit bezüglich der Verteilung der Leerstellen vorhanden ist,
2. eine weitere γ'-Aluminiumoxyd genannte Modifikation nach E. J. W. Verwey, die bisher nur bei der anodischen Oxydation festgestellt wurde und in der die Leerstellen rein statistisch verteilt sind.

Bei 900° geht γ'-Aluminiumoxyd in γ-Aluminiumoxyd über.

β) Die Oxydschichten der übrigen Metalle.

Bei Tantal ist nur Schicht 1 und 2 bekannt. Schicht 3 kommt nicht vor, weil Ta_2O_5 in allen bekannten Elektrolyten praktisch unlöslich ist. Aus den Röntgenaufnahmen leiten die genannten Verfasser lediglich ab, daß die Oxydschicht aus Ta_2O_5 besteht.

Bei Zr wurde röntgenographisch monoklines ZrO_2 festgestellt. Die übrigen Metalle sind in dieser Richtung noch kaum untersucht.

γ) Die Kapazität der Oxydschicht (Ziffer 16).

Da die Oxydschicht in der Sperrichtung sehr gut isoliert, wirkt sie als das Dielektrikum eines Kondensators, dessen beide Belegungen das Ventilmetall einerseits, der Elektrolyt andererseits sind. Und da die Oxydschichten so außerordentlich dünn sind, ist die Kapazität derartiger Kondensatoren sehr groß. Im Abschnitt I b, 5 wird über die verschiedenen mit der Kapazität zusammenhängenden Fragen im Zusammenhang ausführlich berichtet. Hier sei nur erwähnt, daß die nach Abschnitt I a, 14a durchgeführte Kapazitätsmessung in Verbindung mit der Ermittlung der Dielektrizitätskonstante der Schicht zu der Schichtdicke in Abhängigkeit von der Formierungsspannung führt. Da nun die Schichtdicke der Formierungsspannung direkt proportional ist, ist die Kapazität der Schichten umgekehrt proportional der Formierungsspannung. Daraus folgt aber, daß die Stromstärke des bei Verwendung von pulsierendem Gleichstrom auf den Kondensator fließenden Wechselstromes von der Formierungsspannung unabhängig ist, wenn die Amplitude des Wechselstromes im gleichen Maße vergrößert wird wie die Formierungsspannung, so daß sie stets den gleichen Prozentsatz dieser beträgt.

δ) Die Dicke der Oxydschichten (Ziffer 16)
in Abhängigkeit von der Formierungsspannung.

Wird ein Ventilmetall an eine konstante Gleichspannung gelegt, die kleiner ist als die Funkenspannung, so nimmt die Formierungsstromdichte mit der Dauer der Einschaltung zu immer kleineren Werten ab. Es wird in Abschnitt I a, 22 gezeigt, daß der Formierungsstrom aus einem Elektronenstrom, der nichts zur Formierung beiträgt, und einem Ionenstrom besteht, der die Schicht wachsen läßt, also formiert. Je dicker aber bei gegebener Spannung die Schicht wird, um so mehr nimmt ganz besonders der Ionenstrom ab, um so langsamer geht also die Formierung weiter.

Tabelle 48.

Ventilmetall	c	Formierungsdauer
Ta	0,82	1½ Stunden
Nb	3,76	1½ ,,
Al	1,05	1½ ,,

$$\delta = c \cdot U \text{ m}\mu. \qquad (8)$$

Den Endwert, bei dem der Ionenstrom unmerklich geworden und nur der Elektronenstrom übriggeblieben ist, erreicht die Schicht erst nach vielen Tagen. Also muß bei jeder Angabe der Schichtdicke in Abhängigkeit von der Formierungsspannung stets angegeben werden, nach welcher Formierungsdauer die Werte aufgenommen sind.

Die Tabelle 48 enthält eine Zusammenstellung derartiger Zusammenhänge.

13. Gleichrichterwirkung (Ziffer 22 und 23).

a) Gleichstromventile.

Wird die Stromrichtung in einer Zelle mit formiertem Ventilmetall umgekehrt, so daß das Ventilmetall zur Kathode wird, so spielen sich je nach der Art des Ventilmetalles zwei grundsätzlich verschiedene Vorgänge ab.

Ist nämlich das bei der Formierung gebildete Ventilmetalloxyd durch Wasserstoff reduzierbar, so wird es bei Umkehrung der Stromrichtung alsbald zum Metall reduziert, und die Ventilelektrode verhält sich wie eine unformierte Elektrode.

Wird ein derartiges Ventilmetall mit Wechselstrom belastet, so wird die in jeder anodischen Halbperiode gebildete Oxydschicht in der folgenden kathodischen Halbperiode wieder reduziert. Es kann sich also überhaupt keine merkliche Formierung ausbilden. Die Zelle bleibt in beiden Richtungen dauernd voll durchlässig.

Derartige Metalle können als Gleichstromventile bezeichnet werden, da sie zwar nach Formierung den Gleichstrom sperren, Wechselstrom dagegen nicht. Dieser Fall liegt beispielsweise vor bei Zn, Cd, Bi, Sb und W.

b) Wechselstromventile.

Bei den übrigen Ventilmetallen ist die anodisch gebildete Oxydschicht kathodisch nicht reduzierbar. Sie bleibt unverändert bestehen, wenn die Stromrichtung geändert wird. Trotzdem tritt in diesem Falle Gleichrichterwirkung ein.

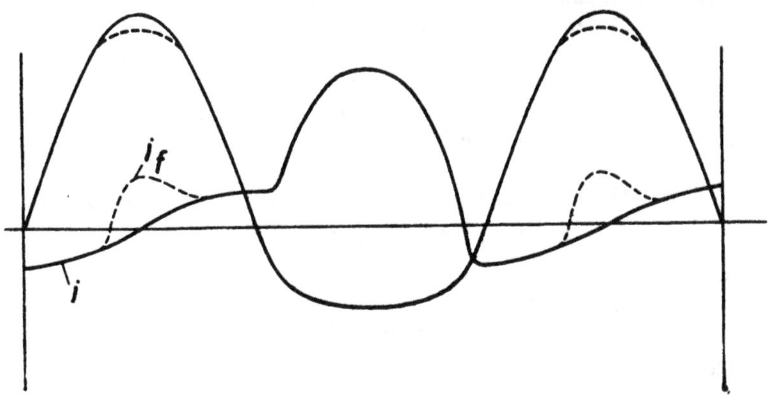

Abb. 43. Schematische Darstellung der Strom- und Spannungskurve einer Ventilzelle bei angelegter Wechselspannung.

Wie gezeigt worden ist, läßt eine Oxydschicht gegebener Dicke unterhalb der Formierungsspannung nur einen äußerst geringen Reststrom hindurch. Sobald die Formierungsspannung, also auch die Formierungsfeldstärke, überschritten wird, steigt der Strom sehr stark an. Die Zelle ist oberhalb der Formierungsfeldstärke durchlässig.

Ganz entsprechend verhält sich die Zelle in der durchlässigen Stromrichtung, der Flußrichtung, nur daß die Feldstärke, bei welcher die Zelle durchlässig wird, bei Ta etwa 37% und bei Al etwa 45% der Feldstärke beträgt, bei der sie in der anodischen Stromrichtung durchlässig wird. Wird demnach eine derartig formierte Zelle an eine Wechselspannung gelegt, deren Scheitelwert kleiner ist als die Formierungsspannung, so fließt gemäß Abb. 43 in der Sperrichtung neben einem unmerklichen Reststrom ein beträchtlicher, gegen die Spannung um 90° verschobener Kapazitätsstrom i. Bei Beginn der durchlässigen Phase fließt dieser Kapazitätsstrom zunächst weiter und die Zelle bleibt undurchlässig, bis die Durchbruchsfeldstärke und die durch sie bestimmte Zellenspannung erreicht ist. In diesem Augenblick wird die Zelle durchlässig, der Strom steigt mit weiter zunehmender Spannung sehr stark an. Ist die Formierung unvollständig (teilweise lösliche Anode) oder der Scheitelwert der Wechselspannung größer als die Formierungsspannung, so lagert sich in der Sperrichtung ein Formierungsstrom i_f (in der Abb. 43 punktiert eingetragen) über den Kapazitätsstrom. Gleichzeitig erscheint die Spannungskurve abgeflacht.

Die technische Verwendung dieser Gleichrichterwirkung scheitert bei Al daran, daß erstens ein außerordentlich großer Reinheitsgrad nötig ist, wenn die Zellen auf die Dauer sicher arbeiten sollen und zweitens die Zellen auf die Dauer keine wesentliche Temperaturerhöhung vertragen, weil dann selbst reines Al in reinen Elektrolyten sich allmählich löst.

Elektrolytgleichrichter mit Tantal als Ventilmetall sind in Amerika längere Zeit mit gutem Erfolg in Betrieb gewesen, neuerdings jedoch durch die Trockengleichrichter verdrängt worden, die leichter sind und vor allem nicht die in der Technik mit Recht unbeliebte Flüssigkeit benötigen.

Wechselstromventile können ohne weiteres von vornherein mit Wechselstrom formiert werden. Das Verhalten der Ventile bei Wechselstrom ist auch für Elektrolytkondensatoren wichtig, nicht nur weil diese auch gelegentlich für Wechselstrom verwendet werden, sondern vor allem, weil selbst die mit pulsierender Gleichspannung belasteten Kondensatoren Wechselstrom führen, da sie abwechselnd ge- und entladen werden.

14. Die Mindestspannung der elektrolytischen Ventile in der Flußrichtung (Ziffer 24).

Wie im vorigen Abschnitt erwähnt, zeigt Abb. 43, daß in der durchlässigen Richtung der Strom durchaus nicht zugleich mit der Spannung einsetzt, sondern erst, wenn eine ganz bestimmte Spannung erreicht ist, die deshalb Mindestspannung genannt wird.

Tabelle 49[1].

Mindestspannungen in Abhängigkeit von der Formierungsspannung bei Tantal.

U_f Volt	U_{mind} Volt	δ 10^{-7} cm	k_{Ta} 10^6 Volt/cm
10	5,06	8,2	6,18
20	7,64	16,4	4,66
30	10,72	24,6	4,36
40	14,02	32,8	4,28
50	17,74	41,0	4,33
60	21,70	49,2	4,405
70	25,82	57,4	4,500
80	30,45	65,6	4,570
100	38,90	82,0	4,745
120	46,80	98,4	4,750
			Mittel: 4,68

Trocken-durchschlag	Just, Vakuum, Ta-Anode	2,024 · 10^6 Volt/cm
	„ „ Ta-Kathode	1,020 „
	Betz, Luft, 2 Schichten	7,6—8,2 „
	„ „ Ta-Anode	7,0—7,6 „
	„ „ Ta-Kathode	3,4—4,4 „

[1] Aus: Mohr, Z. S. f. Phys. 85, 679. 1933.

Diese Mindestspannung ist von der Stromdichte nahezu unabhängig. Mit der Formierungsspannung steigt sie beinahe linear an. Von der Art des Elektrolyten ist sie unabhängig, außer wenn Metallabscheidungen auftreten oder K- und Na-Ionen vorhanden sind, die eine Sonderstellung einnehmen. Der Einfluß der Elektrolytkonzentration auf die Mindestspannung ist gering.

Die Tabelle 49 enthält die Werte der Formierungsspannung U_f und der Mindestspannung U_{mind} in Volt, ermittelt aus den Messungen an 18 verschiedenen (nicht Na oder K enthaltenen) Elektrolyten bei Verwendung von Ta als Ventilmetall.

Aus der Formierungsspannung ist die jeweilige Schichtdicke δ und schließlich durch Division der Mindestspannung durch die Schichtdicke die „Durchschlagsfestigkeit" k_{Ta} berechnet worden.

Der charakteristische, praktisch rein lineare Zusammenhang zwischen Formierungs- und Mindestspannung zeigt sich in dem relativ geringen Gang der Werte der Durchbruchsfestigkeit k_{Ta}. Zum Vergleich der Ventilwirkung zwischen Tantal und Aluminium wurden die entsprechenden Versuche auch mit Aluminium ausgeführt, wobei stets frisch hergestellte Oxydschichten verwendet wurden.

In der Tabelle 50 sind als Mindestspannungswerte die einer Mittelwertskurve angegeben, die in gleicher Weise wie bei der Tantaluntersuchung erhalten wurden, wobei hier allerdings größere Abweichungen bei den einzelnen Elektrolyten auftraten, die aber ohne Schwierigkeiten ihre Erklärung in der größeren Löslichkeit der Ventilschicht gegenüber den Elektrolyten finden. Die beiden Mittelwertskurven für Tantal und Aluminium, deren Werte in den Tabellen 49 und 50 aufgeführt sind, wurden in Abb. 44 zusammen gezeichnet.

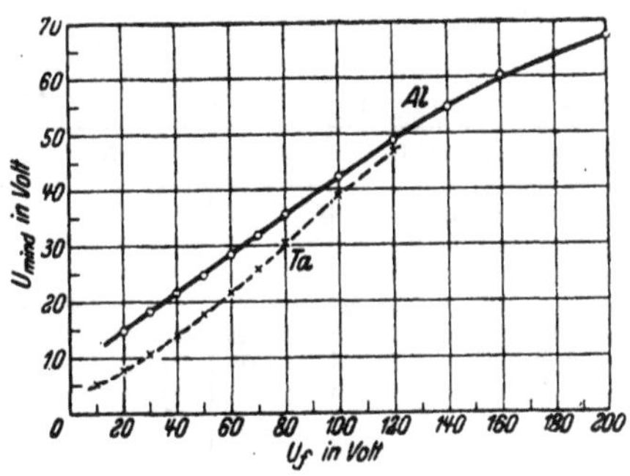

Abb. 44

Die Elektrolyttemperatur betrug 0° C.

Bei Verwendung von K- und Na-Kationen zeigt sich folgendes:

Im ersten Augenblick nach der Umschaltung von Formierungsgleich- auf Belastungswechselspannung liegt bei Natrium- und Kaliumsalzen als Elektrolyten eine Spannungskurve in der Flußrichtung vor, die der bei den anderen Elektrolyten gefundenen durchaus ähnlich ist. Nach mehr oder minder kurzer Zeit (die Änderung vollzieht sich um so schneller, je näher die belastende Wechselspannung in ihrem Scheitelwert der Formierungsspannung kommt), ist aber die Spannung in der Flußrichtung, unter gleichzeitiger geringer Änderung der Mindestspannung wesentlich heruntergegangen. Wenn die Änderung so schnell verlaufen ist, daß man sie im Oszillographen nicht hat verfolgen können, so ist sie nachträglich direkt dadurch feststellbar, daß typischerweise bei Na und K als Kation in der Flußrichtung Strom bis zu dem Augenblick fließt, in dem die Spannung auf Null zurückgegangen ist, während bei allen anderen Elektrolyten die Durchlässigkeit der Zelle aufhört, wenn oder kurz bevor die Mindestspannung unterschritten wird.

Tabelle 50[1].

Aluminium.

U_f Volt	U_{mind} Volt	δ 10^{-7} cm	k_{Al} 10^6 Volt/cm
20	14,7	21,04	6,985
30	18,3	31,56	5,800
40	21,6	42,08	5,13
50	24,6	52,60	4,67
60	28,4	63,12	4,500
70	31,9	73,64	4,33
80	35,5	84,16	4,22
100	42,3	105,2	4,015
120	48,9	126,24	3,872
140	54,6	147,28	3,71
160	60,1	168,32	3,576
200	67,1	210,4	3,194

Trocken-durchschlag	Betz, Luft, 2 Schichten . .	3,85—4,0 · 10^6 Volt/cm
	,, ,, Al-Anode . . .	1,95—3,67 ,,
	,, ,, Al-Kathode . .	1,40—2,10 ,,

Über die Abhängigkeit der Mindestspannung von der Temperatur gibt Tabelle 51 Auskunft.

Tabelle 51[1].

Tantal.

U_f	Volt	50				100			
i	mA/cm²	10	30	50	150	10	30	50	150
t	°C	U_{mind} in Volt							
0		17,4	18,5	19,5	20,8	37,8	39,2	40,9	43,0
20		14,0	14,9	15,9	17,2	29,7	30,4	31,7	33,4
40		11,6	12,5	13,3	14,3	22,6	23,3	24,3	25,5
60		9,9	10,4	11,1	11,9	17,7	18,4	19,2	20,3
80		8,3	8,8	9,2	9,8	14,5	15,1	15,7	16,5
95		7,4	7,6	7,9	8,3	12,8	13,2	13,7	14,3

Die Form der Wechselspannung ist auf die Mindestspannung ohne Einfluß.

15. Die elektrolytische Metallabscheidung in Ventilzellen (Ziffer 25).

Wird eine Ta-Elektrode in Kupfersulfatlösung mit Wechselspannung belastet, so formiert sie sich. Nach der Formierung wird in der durchlässigen Richtung nur ein bestimmter Bruchteil (etwa 35%) des gesamten Kupfers in einer elektrodisch wirksamen Form abgeschieden, der Rest fällt im Elektrolyten in der Nähe des Tantals in feinster Pulverform aus und sinkt langsam zu Boden. Das Tantal bleibt blank.

Der in der durchlässigen Richtung elektrodisch wirksam abgeschiedene Teil wird im Beginn der undurchlässigen Richtung wieder gelöst, wobei die Zelle durchlässig bleibt. Sobald er aufgelöst ist, wird die Zelle undurchlässig.

[1] Aus: Mohr, Z. S. f. Phys. 85, 679. 1933.

Die Größe des elektrodisch wirksamen Bruchteils des abgeschiedenen Kupfers ist nahezu unabhängig:

a) von der Formierungsspannung oder der Dicke der wirksamen Schicht des Tantals,

b) von der Stromdichte (bei größeren Stromdichten),

c) von der Konzentration des Elektrolyten.

Sie wächst:

a) mit der Temperatur,

b) mit abnehmender Stromdichte (bei geringeren Stromdichten),

c) mit abnehmender Stärke der Säure des benutzten Salzes.

Zusatz anderer Elektrolyte zur $CuSO_4$-Lösung verringert die gesamte Kupferabscheidung um so mehr, je niedriger ihre Mindestspannung ist. Wird eine 0,4 mol. norm. $CuSO_4$-Lösung an Na_2SO_4 0,08 mol. norm. gemacht, so wird kein Kupfer mehr abgeschieden, sondern primär nur Natrium, das Wasserstoff in Freiheit setzt. Die alkalisch gewordene Lösung fällt $Cu(OH)_2$.

Die Kationen der Schwermetalle ordnen sich nach der Größe des elektrodisch wirksam abgeschiedenen Bruchteils in eine Reihe, die für die Nitrate, Sulfate und Azetate identisch ist.

Da sich Tantal in den Lösungen der Schwermetallsalze mit Wechselstrom formiert, so müssen sich die beschriebenen Erscheinungen bereits an frisch poliertem, d. h. nur mit einer Oxydhaut molekularer Dicke überzogenem Tantal abspielen.

Aluminium zeigt die gleichen Erscheinungen wie Tantal, nur in unvollständiger Weise, weil es in den in Frage kommenden Elektrolyten keine oder nur unvollständige Ventilwirkung zeigt.

16. Die maximale Feldstärke und der elektrostatische Druck in der Oxydschicht.

Die größtmögliche Spannung liegt an der Oxydschicht, wenn sie mit dem größtmöglichen Strome formiert wird. Doch steigt die Spannung nur sehr langsam mit der Formierungsstromdichte. Deshalb ist im folgenden die Feldstärke bei der normalen Formierungsstromdichte als maximale Feldstärke berechnet. Nach der folgenden Tabelle 52 rechnet sie nach Zehnern von Millionen Volt pro cm.

Tabelle 52.

	Metall		
	Al	Ta	Bi
Formierungsstromdichte mA/cm^2	2,0	2,0	2,0
ε	7,45	11,6	18,2
$\mathfrak{E}_{max}$ V/cm	$12,4 \cdot 10^6$	$15,5 \cdot 10^6$	$2,77 \cdot 10^6$
P-Atmosphären	490	1220	63

Diese enorme Feldstärke, die bei voller Formierungsspannung an der Oxydschicht liegt, bedingt einen hohen elektrostatischen Druck auf die Schicht. Er berechnet sich nach der Formel

$$P = \frac{C^2 U^2 \, 57{,}7}{\varepsilon} \text{ atm}, \qquad (9)$$

wobei C die Kapazität eines cm^2 Oberfläche in μF, U die Spannung in Volt und ε die Dielektrizitätskonstante ist. Hieraus ergeben sich die Werte der Tabelle 52.

Unter derartigen gewaltigen Drucken bildet sich bei der Formierung die Schicht.

17. Der Elektronenstrom in der Oxydschicht in der Sperrichtung in fertig formierten Schichten (Reststrom) (Ziffer 19).

a) Aluminium.

Wird ein Al-Blech beispielsweise mit einer Stromdichte von 5 mA/cm^2 bis 230 Volt formiert, so ist diese Spannung nach etwa 10 Minuten erreicht. Der Strom beginnt abzunehmen und ist nach 1 Stunde auf 0,17 mA/cm^2 gesunken. Die Formierung erscheint für weitere Untersuchungen hinreichend weit gediehen. Wird jetzt durch Senken der Spannung in Stufen bis auf 0 Volt die Strom-Spannungskurve (U/J-Kurve) aufgenommen, so ergibt sich ein mit der Spannung sehr stark abnehmender Strom. Wird er bilogarithmisch über U aufgetragen, so wird die Kurve 1 der Abb. 45 erhalten. Sie ist im oberen Teil gekrümmt, so daß die bilogarithmische Auftragung keinen Zweck zu haben scheint.

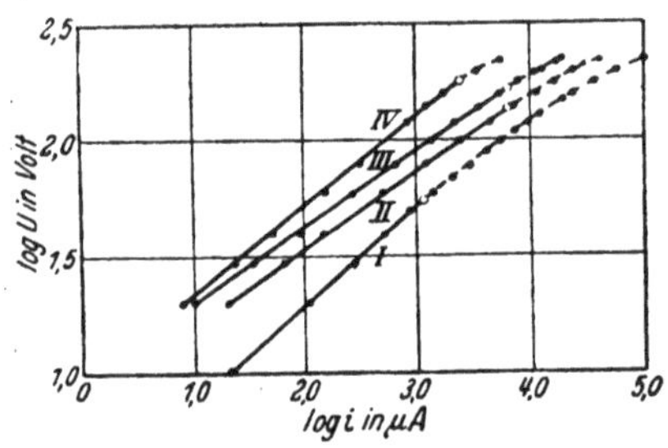

Abb. 45. Stromspannungskurven von Aluminium nach verschiedener Formierungsdauer. $\vartheta = 18^0$. Formierungsspannung: 230 Volt.
Kurve I: Formierungsdauer 1 Std.
Kurve II: Formierungsdauer 6 Std.
Kurve III: Formierungsdauer 25 Std.
Kurve IV: Formierungsdauer 139 Std.

Bleibt das Al-Blech jetzt weiter an 230 Volt Spannung liegen, so wird der gerade untere Teil der Kurve immer länger, um schließlich nach genügend langer Formierungsdauer von 100 Stunden und mehr fast die gesamte Kurve zu umfassen. Es liegt jetzt die klare Beziehung

$$j = a \cdot u^b \qquad (10)$$

mit einer in der Regel großen Genauigkeit vor.

Die Tabelle 53 gibt ein Urteil über die Genauigkeit bei einer beliebigen herausgegriffenen Kurve. Für den außerordentlich großen Bereich von 8 bis 2500 μA erscheint ein mittlerer Fehler von $\pm$ 4,2% sehr gering.

Aus dem Vorstehenden folgt: Die Abweichung von der Geraden wird durch den Ionenstrom hervorgerufen, der bei Überschreitung einer bestimmten Feldstärke zu dem Elektronenstrom hinzutritt. Das läßt sich auch durch unmittelbare Beobachtung des Dickenwachstums und damit des Ionenstromanteils beweisen. In Abb. 45 ist der reine Elektronenstrom ausgezogen, der Ionen- und Elektronenstrom enthaltende Teil gestrichelt, der Beginn des Ionenstroms durch einen Kreis gekennzeichnet.

Wird gleichzeitig die Kapazität der Schicht gemessen, so läßt sich zu jeder Kurve die zugehörige Schichtdicke und damit die Feldstärke $\mathfrak{E}$ bei voller Formierungsspannung angeben. Ferner läßt sich aus den Kurven diejenige

Tabelle 53.

Aluminiumblech von 615 cm² Oberfläche in fast gesättigter Lösung von $Na_2B_4O_7 + H_3BO_3$. Nach 140stündiger Formierung mit 230 Volt. $\vartheta = 18^0$ C.

Berechnungsformel $i = \frac{u^{2,509}}{279,1}\ \mu A$.

Spannung Volt	i gemessen μA	i berechnet μA	Differenz %	
20	7 7	8,4	+ 7,7	Mittel: ± 4,2%
30	23,5	24,2	+ 3,0	
40	52	50,6	— 2,8	
60	154	145	— 6,1	
80	320	305	— 4,9	
100	560	542	— 3,3	
120	875	809	— 6,9	
140	1240	1316	+ 5,8	
160	1800	1858	+ 3,2	
180	2500	2507	+ 0,3	
200	3570	3300	+ 8,2	Abweichungen durch beginnenden Ionenstrom
220	5370	4260	+ 26,1	

Feldstärke $\mathfrak{E}_0$ und Spannung U_0 entnehmen, bei der gerade die Krümmung beginnt, die Gitter also ins Rutschen kommen. So ergibt sich Tabelle 54.

Tabelle 54.

Einschaltungsdauer Std.	b	U_0 Volt	$\mathfrak{E}$ 10^6 Volt/cm	$\mathfrak{E}_0$ 10^6 Volt/cm	
1,0	2,41	71,6	8,62	2,743	
2,25	2,49	106,1	8,50	4,01	
5,5	2,93	150,7	8,26	5,53	
20,6	2,933	196,0	7,86	6,845	Mittel: 6,68 · 10^6 Volt/cm
55,0	2,760	206,0	7,45	6,825	
103,3	2,674	204,0	7,17	6,505	
138,5	2,618	209,0	7,045	6,540	

Die einzelnen Werte der Tabelle 54 sind Mittel aus mehreren Versuchsreihen.

Also gleiten die Gitter anfangs schon bei viel geringerer Feldstärke als nach längerer Formierung. Das wird verständlicher, wenn die Erscheinung so formuliert wird: Anfangs gibt es noch schwache Teile der Oberfläche, in denen die Gitter schon bei niedriger Feldstärke gleiten, je älter aber die Schicht wird, um so mehr hört das auf. Wir haben hier also den bereits erwähnten Ausgleichsvorgang vor uns, der bei genügender Dauer zu der hochgradig gleichmäßigen Schicht führt, die eingangs erwähnt wurde.

Die Tabelle 54 zeigt, daß die Potenz b der Formel (10) mit der Dauer der Formierung zunächst ansteigt, ein Maximum durchläuft und dann wieder sinkt. In allen Fällen ist aber das Gesetz genau erfüllt, d. h. die Kurve eine Gerade, wenn sie stufenweise abwärts aufgenommen wird, nachdem die Zelle längere Zeit an der Formierungsspannung gelegen hatte.

Die im vorigen Abschnitt besprochene Beziehung $j = a \cdot u^b$ gilt in dieser einfachen Form jedoch erst für Formierungsspannungen oberhalb von etwa 100 Volt. Bei kleinen Formierungsspannungen bis 12 Volt gilt statt ihrer das Gesetz

$$j = a \cdot e^{bu} \qquad (11)$$

in einem relativ großen Spannungsbereich. Es erscheint in diesem Falle praktisch, von der Spannung auf die Feldstärke $\mathfrak{E}$ überzugehen.

Es wird dann:

$$\partial \cdot \mathfrak{E} = u, \qquad (12)$$

$$j = a \cdot e^{\theta b \cdot \mathfrak{E}}, \qquad (13)$$

$$j = a \cdot e^{B \cdot \mathfrak{E}}. \qquad (14)$$

Es ergibt sich dann folgende Tabelle 55:

Tabelle 55.

Formierungs-spannung u Volt	a	$B = b\delta$ $m\mu$	Gültigkeits-bereich der Formel Volt	δ $m\mu$	b
8,0	0,634	8,38	3 ÷ 7,0	11,5	0,726
10,0	1,32	8,84	4 ÷ 10,0	13,9	0,635
12,0	3,25	9,22	5 ÷ 12	16,8	0,551
	Mittel:	8,81			

Bei äußerster Reinheit der Versuchsbedingungen gelang es hier, zu äußerst geringen Stromdichten zu kommen. Beispielsweise betrug bei 10 Volt Formierungsspannung nach einer Formierungsdauer von 410 Stunden der gesamte Strom eines 470 cm^2 großen Bleches nur noch 0,047 mA, also 10^{-7} Amp./cm^2. Das formierte Blech war nach 23 Tagen noch genau so hochglanzspiegelnd wie zu Beginn der Formierung, die Oxydschicht vollkommen unsichtbar. In einem anderen Falle wurden als Kathoden Kupferbleche zu beiden Seiten der Al-Anoden benutzt, die zum Schutze gegen Berührung in reinsten Verbandmull eingenäht waren. Der Verbandmull war zuvor wiederholt in destilliertem Wasser gekocht und dann noch längere Zeit kalt gewässert worden. Trotzdem läßt eine allmählich aus ihm herausdiffundierende Verunreinigung den Strom nicht unter $5 \cdot 10^{-7}$ Amp./cm^2 sinken. Das Blech war nach 9 Tagen zwar noch blank, zeigte aber Interferenzfarben, ein Zeichen, daß die Oxydschicht viel dicker geworden war, als der Formierungsspannung entsprach.

Trotzdem, und deshalb wurde dieser Einfluß von Verunreinigungen hier erwähnt, blieb das Gesetz $j = a \cdot e^{bu}$ mit der unveränderten Konstanten b bestehen, während a sehr viel größer geworden war. Die gleiche Erscheinung findet sich bei höheren Spannungen hinsichtlich des Gesetzes $j = a \cdot u^{\theta}$. Auch hier wird durch Verunreinigungen, die a sehr stark in die Höhe treiben, weder die Gesetzmäßigkeit, noch b verändert. Dabei handelt es sich aber, das sei nochmals betont, immer erst um äußerst geringe Verunreinigungen, die chemisch noch nicht nachweisbar sind.

Die naheliegende Vermutung, das Gesetz $j = a \cdot e^{bu}$ könnte hier ebenso wie bei den höheren Spannungen durch unvollständige Formierung hervorgerufen sein, wurde sorgfältig geprüft und verworfen. Erstens biegt die U/J-Kurve bei kurzer Formierungsdauer von der obigen Form nach größeren Strömen ab, während gerade bei langer Formierungsdauer das Gesetz gut erfüllt ist. Zweitens spricht der erwähnte, außerordentlich geringe Endstrom für eine vollendete Formierung.

Es scheint also, als ob bei den hier vorliegenden, außerordentlich geringen Schichtdicken von

$$12\ \mathrm{m}\mu \text{ bei } 8\ \text{Volt bis } 18\ \mathrm{m}\mu \text{ bei } 12\ \text{Volt}$$

und den äußerst geringen Strömen noch keine störende Raumladung in der Schicht vorhanden ist, so daß die Strömung durch das Gesetz der Elektronenablösung von der Kathode in der Form:

$$j = a \cdot e^{B \cdot \mathfrak{E}}$$

beherrscht wird.

Bei 14 Volt Formierungsspannung tritt an die Stelle des Gesetzes $j = a \cdot e^{bu}$ mit erstaunlicher Plötzlichkeit das Gesetz:

$$j = a \cdot u^b.$$

Und zwar ist es bei dieser Formierungsspannung sofort über den großen Bereich von 4 bis 14 Volt streng erfüllt. Die Potenz b ist etwa 4,2.

Beim Übergang zu höheren Formierungsspannungen bleibt diese Potenz seltsamerweise für die kleinen Spannungen bis etwa 10 Volt bestehen. Oberhalb dieser Spannung gilt im Mittel aus vielen Versuchen die Potenz 2,55. Das heißt, die Kurve $\log j = f(\log u)$ besteht gemäß Abb. 46 bei kleineren Formierungsspannungen aus zwei geraden, einen Knick bildenden Stücken.

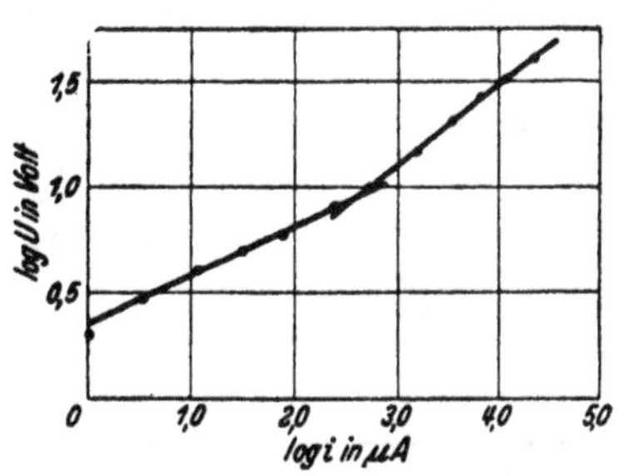

Abb. 46. Stromspannungskurve von Aluminium nach 35 stündiger Formierung mit 40 Volt. $\vartheta = 19{,}8^0$ C. Oberfläche 4000 cm².

Diese Erscheinung läßt sich bis etwa 80 Volt verfolgen. Darüber hinaus nicht mehr, weil es bei höheren Formierungsspannungen nicht mehr möglich ist, bei der Aufnahme der U/J-Kurve mit der Spannung unter 10 Volt hinabzugehen. Bei höheren Formierungsspannungen nimmt allmählich die Oxydschicht beträchtliche Raumladungen auf. Diese gleichen sich bei Verringerung der Spannung ziemlich schnell aus, solange die Spannung noch groß ist. Bei geringen Spannungen dagegen wird die Leitfähigkeit so schlecht, daß sich die Raumladungen sehr langsam ausgleichen. Geht man von 20 auf 10 Volt hinab, so wird der Strom negativ und geht erst nach längerer Zeit durch Null. Infolgedessen kann nicht mehr mit Sicherheit darauf gerechnet werden, daß er in absehbarer Zeit den richtigen Wert erreicht.

Für die Potenz ergibt sich Tabelle 56.

Tabelle 56.

Formierungs-spannung Volt	Potenz im Bereich von 4—14 Volt	14 Volt bis Formierungs-spannung
14	4,21	—
20	4,19	2,80
40	4,35	2,48
80	4,11	2,28
100	—	2,38
230	—	2,62
320	—	2,70
400	—	2,63
Mittel:	4,22	2,55

Sämtliche Werte sind Mittelwerte aus je vier bis fünf Einzelwerten.

Die Größe a hängt außer von der Formierungsspannung noch von der Temperatur und von der Formierungsdauer ab. Ferner ist sie, wie erwähnt, außerordentlich empfindlich gegen die geringsten Verunreinigungen. Infolgedessen streuen hier die Werte beträchtlich. Es empfiehlt sich auch hier, die Feldstärke statt der Spannung anzuführen. Es ergibt sich dann:

$$j = a \cdot \delta^b \cdot \mathfrak{E}^b, \tag{15}$$

$$a \cdot \delta^b = A, \tag{16}$$

$$j = A \cdot \mathfrak{E}^b. \tag{17}$$

Die Werte für A sind für eine mittlere Feldstärke von $\mathfrak{E} = 7{,}47 \cdot 10^6$ Volt/cm entsprechend einer Formierungsdauer von 50 Stunden in Abhängigkeit von der Formierungsspannung zusammengestellt.

Tabelle 57.

Aluminium in Lösung von $Na_2B_4O_7 + H_3BO_3$, bis 320 Volt Formierungsspannung nahezu gesättigt, darüber hinaus um so mehr verdünnt an $Na_2B_4O_7$, je höher die Formierungsspannung.

$\vartheta = 20^0$ C. $j = A\mathfrak{E}^b$ mμA/cm².

Formierungs-spannung Volt	δ mμ	A	Formierungs-spannung Volt	δ mμ	A
14	18,7	0,43	270	308	47,3
20	26,8	1,92	320	428	161,0
40	53,6	21,0	400	536	167,0
80	107,1	52,6	612	819	152,0
160	214,2	48,7			

Die Tabelle 57 zeigt, daß A bei konstanter Feldstärke in der Schicht mit der Formierungsspannung zunächst bis etwa 50 Volt schnell ansteigt, dann über einen großen Bereich annähernd konstant ist, worauf oberhalb von 270 Volt ein zweiter Anstieg folgt. Diese Zunahme von A mit der Formierungsspannung oder besser mit der ihr proportionalen Schichtdicke bei konstanter Feldstärke ist ein deutliches Anzeichen für die Elektronenvermehrung durch Stoß in der

Schicht, die zu einer um so größeren Stromstärke führt, je häufiger die Zusammenstöße mit zunehmender Schichtdicke erfolgen. Zusammenfassend läßt sich sagen, daß bei Al oberhalb von 14 Volt die Stromstärke vollständig durch die in der Oxydschicht aufgestapelten Raumladungen bedingt ist und daß hierfür ein Raumladungsgesetz mit der Potenz 2,5 abzuleiten ist.

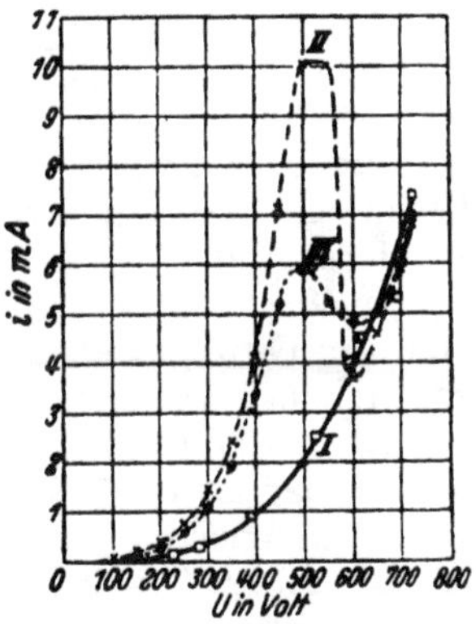

Abb. 47. Stromspannungskurve von Aluminium nach 22 stündiger Formierung bis 725 Volt. $\vartheta = 20{,}8^{0}$ C. Oberfläche 330 cm².

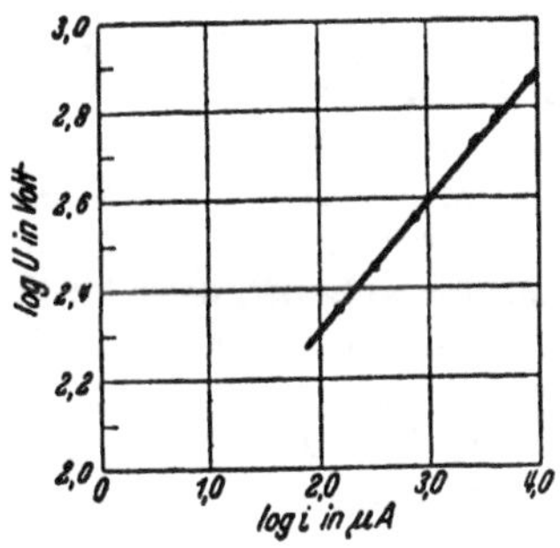

Abb. 48. Kurve I der Abb. 47 in bilogarithmischer Darstellung.

Oberhalb von 400 bis 600 Volt, je nach den Formierungsbedingungen, tritt eine seltsame neue Erscheinung auf. Abb. 47—49 verdeutlichen sie. Wurde nach einer 22 stündigen Formierung des Al-Bleches mit 725 Volt, wobei der Elektrolyt so verdünnt war, daß es niemals während der Formierung zu Funkenspiel kam, nach Verfahren 2. die U/J-Kurve aufgenommen, indem von 725 Volt aus sprungweise die Spannung verringert, sofort abgelesen und dann jedesmal einige Zeit auf 725 Volt zurückgegangen wurde, so ergab sich eine ganz normale U/J-Kurve I der Abb. 47, die im vorliegenden Falle in ihrem ganzen Bereich bis hinab zu 225 Volt durch die Gleichung:

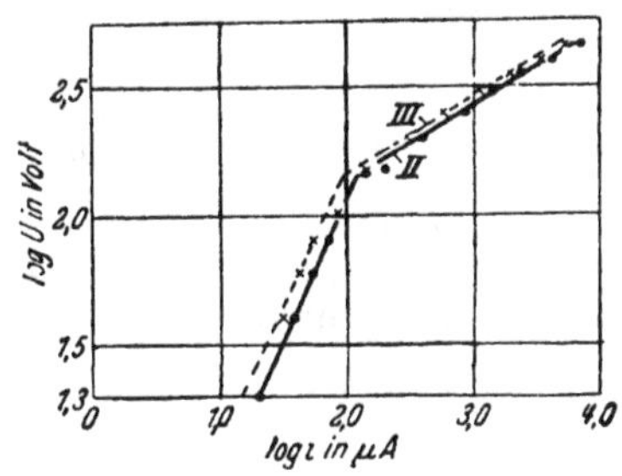

Abb. 49. Der untere Teil der Kurven II und III der Abb. 47 in bilogarithmischer Darstellung.

$$j = 3{,}37 \cdot 10^{-6} \cdot u^{3{,}45} \ \mathrm{m}\mu\mathrm{A/cm^2},$$

$$j = 20{,}5 \cdot \mathfrak{E}^{3{,}45} \ \mathrm{m}\mu\mathrm{A/cm^2}$$

gut dargestellt wird, wie Abb. 48 zeigt.

Der Exponent 3,45 entspricht etwa den bei Meßverfahren 2 erhaltenen größeren Werten. Zu geringeren Spannungen als 225 Volt konnte die Kurve nicht verfolgt werden, weil sich dann die Ströme für eine Ablesung zu schnell änderten.

Wird dagegen die Spannung nach Verfahren 1 stufenweise verringert, so ergibt sich zwar anfangs die gleiche Kurve. Von etwa 600 Volt an beginnt dagegen der Strom nach dem Einstellen der Spannung alsbald zu steigen. Dieser Anstieg dauert verzögert über etwa 3 Minuten an. Wird der konstante Wert abgewartet, so folgt die Kurve II. Der Strom nimmt mit abnehmender Spannung nicht dauernd ab, sondern durchläuft ein Minimum, um auf ein Maximum zu steigen, das höher als der zur Formierungsspannung von 725 Volt gehörende Strom ist. Ganz die gleiche Kurve ergibt sich, wenn die Spannung stufenweise wieder gesteigert und bei jeder Spannung genügend lange gewartet wird. Dabei liegt das Maximum um so höher, je kürzere Zeit das Blech formiert war. Nach sehr langer Formierungsdauer nähert sich der obere Teil der Kurve mehr und mehr einer Horizontalen, als ob eine Art Sättigungsstrom vorläge. So ist Kurve III nach 46 Stunden aufgenommen. Es treten hier offenbar durch Ineinandergreifen von Gittergleiten und Raumladungsverschiebung bedingte, langsame, aber durchaus reversible Änderungen des Strömungsmechanismus auf, die zur Folge haben, daß bei 500 Volt Spannung ein wesentlich größerer Strom zu fließen vermag als bei 725 Volt. Anzeichen dafür, daß der Vorgang des Gittergleitens, besonders bei Feldstärken, bei denen er gerade einzusetzen beginnt, sich mit großer Trägheit vollzieht, so daß die bei konstanter Spannung sich vollziehenden Änderungen Zeiten von der Größenordnung von Zehnern von Sekunden benötigen, finden sich auch an anderen Stellen. Bei derartig hohen Spannungen war das Elektrolytgefäß ein Aluminiumtopf von 12 Liter Inhalt, der gleichzeitig als Kathode diente. Die enorme Wärmekapazität der 12 Liter hielt die Temperatur während der Formierung praktisch konstant.

Der untere Teil der Kurven II und III folgt gemäß Abb. 49 einem doppelten Potenzgesetz und zwar gilt:

von 450 bis 140 Volt $j \cdot u^{3,38}$,
,, 140 ,, 20 ,, $j = u^{0,90}$.

Dieses Verhalten ist typisch und findet sich in diesem Bereich stets wieder. Die Erscheinungen blieben, soweit sie verfolgt wurden, nämlich bis 1000 Volt Formierungsspannung typisch die gleichen.

b) Die übrigen Metalle.

Bei Ta, Nb, Bi gilt bei höheren Formierungsspannungen die Formel

$$j = a \cdot e^{B\mathfrak{E}}.$$

Es liegt also eine reine Elektronenströmung vor, die vollständig von der Elektronenablösung an der Kathode, dem Elektrolyten und nicht von der Raumladung der Ionen der Oxydschicht beherrscht ist. Dabei ist der Faktor B von der Schichtdicke und Formierungsspannung vollkommen unabhängig. Es kommt nur auf die Feldstärke an, wie es das Gesetz der Elektronenablösung an der Kathode verlangt. Die Größe a schwankt infolge von Störungen durch Verunreinigungen unregelmäßig, davon abgesehen scheint sie konstant zu sein, was ebenfalls zu erwarten ist, wenn keine merkliche Elektronenvermehrung in der Schicht durch Stoß erfolgt.

Weitere Ventilmetalle sind in dieser Richtung noch nicht untersucht.

18. Kurzschlußversuche.

Das Gesetz $j = a \cdot u^b$ deutet darauf hin, daß bei Al der Strom raumladungsbegrenzt ist. Dann muß sich die Raumladung auch nachweisen lassen.

Tabelle 58.
Aluminium in Boraxlösung. j mμA/cm². $\delta = 18°$ C.

Formierungs-spannung Volt	5 sec	10 sec	20 sec	40 sec	80 sec	120 sec	480 sec	720 sec	1800 sec
11,7	50,7	22,8	10,6	5,3	2,9	2,0	—	—	0,19
20,8	50,7	25,4	12,7	6,2	3,1	2,0	—	0,36	0,16
40.0	47,1	22,8	10,4	5,5	2,8	—	—	0,36	0,16
80,0	60,8	27,9	13,2	6,5	3,3	2,3	0,55	0,35	0,13
150,0	50,7	26,1	15,9	6,8	3,3	2,1	0,56	0,38	0,15
Mittel:	52,2	25,0	12,6	6,1	3,1	2,1	0,55	0,35	0,16
$j \cdot t$	261	350	252	244	248	252	264	252	288

$$\text{Mittel: } j \cdot t = 257 \cdot \frac{\text{m}\mu\text{A}}{\text{cm}^2} \cdot \text{sec.}$$

Dieses geschieht zunächst folgendermaßen: Eine an der Formierungsspannung liegende Al-Anode wird zur Zeit $t = o$ über einen Schalter kurzgeschlossen. Etwa 1 Sekunde darauf, nachdem der starke kapazitive Entladungsstrom erloschen ist, wird durch Öffnen des Schalters ein dem Schalter parallel gelegter Strommesser in den Kurzschlußkreis geschaltet. Dieser zeigt dann einen durch Raumladung hervorgerufenen Entladungsstrom an, dessen Verlauf in Tabelle 58 wiedergegeben ist.

Diese Tabelle zeigt: 1. Der Entladungsstrom ist von der Höhe der Formierungsspannung, also auch von der Dicke der Schicht unabhängig. 2. Er nimmt streng proportional $1/t$ ab. $j \cdot t =$ Konst. Mit der Temperatur steigt $j \cdot t$ etwas an, wie die Tabelle 59 zeigt.

Tabelle 59.
Aluminium in Boraxlösung.

ϑ °C	$j \cdot t$ (mμA/cm²) · sec
22	189
28	257
38	298

Ganz analoge Erscheinungen zeigten sich bei Tantal, wie die Tabelle 60 zeigt.

Tabelle 60.
Tantal in Boraxlösung, formiert bis 106 Volt.
$\vartheta = 18°$C.

t sec:	5	10	20	40	80	160	320
j mμA/cm².	72,0	31,5	15,7	7,42	4,07	1,975	1,023
$j \cdot t$	360	315	314	296,8	325,6	316	327

$$\text{Mittel: } j \cdot t = 322 \cdot \frac{\text{m}\mu\text{A}}{\text{cm}_2} \cdot \text{sec.}$$

Das Produkt $j \cdot t$ ist hier ebenso konstant wie bei Al und hat sogar einen etwas größeren Wert, obwohl wir uns bei 106 Volt Formierungsspannung im Bereich der e-Funktion befinden.

Da im Tantal keine wesentliche Elektronenvermehrung durch Stoßvorgänge stattfindet, müssen die Raumladungen im Tantal eine andere Ursache und andere Wirkung haben als im Aluminium. Um über die obwaltenden Spannungen ein Urteil zu gewinnen, wurde bei Al folgendermaßen verfahren: Eine bis zu einer gegebenen Spannung formierte Zelle wurde eine bestimmte Zeitlang, z. B. 5 Sek. lang, kurzgeschlossen und dann an ein gut isolierendes, elektrostatisches Voltmeter gelegt. Die Spannung kehrte dann im Laufe von Sekunden wieder, erreichte ein Maximum und klang langsam ab. Das Maximum wurde als Funktion der Kurzschlußdauer gemessen. So ergab sich Tabelle 61.

Tabelle 61.
Al bis 220 Volt formiert.
$\vartheta = 20^0$ C.

Kurzschlußdauer sec	Wiederkehrende Spannung u Volt
0,1	32
1	14,8
2	13,8
4	11,1
8	8,7
16	6,8
32	5,0

19. Elektronenstrom und Ionenstrom in der Oxydschicht in der Sperrichtung während der Formierung (Ziffer 20 und 21).

Während im vorhergehenden Abschnitt die Strömung in den Oxydschichten untersucht wurde, nachdem sie tagelang an der Formierungsspannung gelegen hatten, wurden die folgenden Messungen nach einer Formierungsdauer ausgeführt, die von 10 Seunden bis zu einigen Minuten ging.

a) Aluminium.

α) Gebiet kleinerer Feldstärken.

Während bei langer Formierung bei Al die Elektronenstromdichte unterhalb von 12 Volt nach einer e-Funktion, darüber nach einer Potenzfunktion ansteigt, ergibt sich hier während der Formierung stets eine e-Funktion $j_- = a \cdot e^{B\mathfrak{E}}$. Die Tabelle 62 enthält die Ergebnisse einer größeren Anzahl gemittelter Messungen für eine Schichtdicke von $\delta = 100\ \mathrm{m}\mu$, was bei einer Stromdichte von 2 mA/cm² einer Formierung bis etwa 100 Volt entspricht.

Tabelle 62.

ϑ °C	B	$1/a$	Gültigkeitsbereich der Formel $\mathfrak{E}$ M Volt/cm	j μA/cm²
8,2	$0{,}717 \cdot 10^{-6}$	11,54	3,5 ÷ 10	1 ÷ 100
10,0	$0{,}725 \cdot 10^{-6}$	31,40	3,5 ÷ 10	1 ÷ 100
20,0	$0{,}723 \cdot 10^{-6}$	7,95	3 ÷ 9,5	1 ÷ 100
24,0	$0{,}680 \cdot 10^{-6}$	8,70	3 ÷ 9,5	1 ÷ 100
Mittel:	$0{,}711 \cdot 10^{-6}$			

Die Tabelle zeigt, daß B in den allerdings ziemlich engen Grenzen von 8,2 bis 24° C nicht merklich von der Temperatur abhängig ist, während a unregelmäßig schwankt.

Abb. 50 gibt unterhalb des Knickes eine derartige Kurve des Elektronenstromes.

Wie erwähnt, tritt der Ionenstrom in diesem ganzen Bereich noch völlig hinter den Elektronenstrom zurück. Er beträgt weniger als 1% davon. Versuche bei anderen Schichtdicken ergaben die gleichen B-Werte.

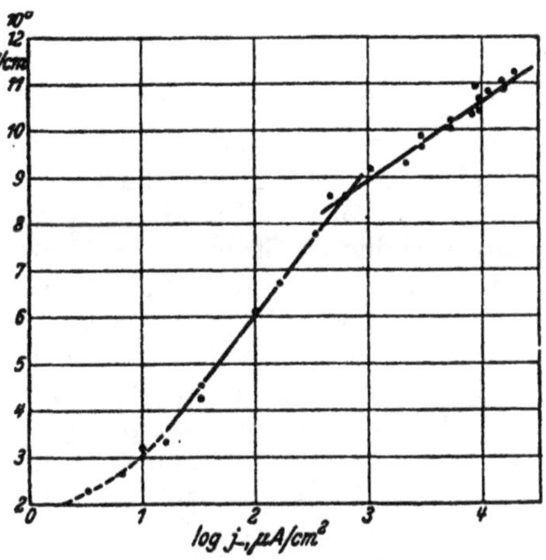

Abb. 50. Aluminium in Boraxlösung $\vartheta = 20^\circ$C. Abhängigkeit des Elektronenstromes von der Feldstärke bei einer Schichtdicke von etwa 100 mμ.

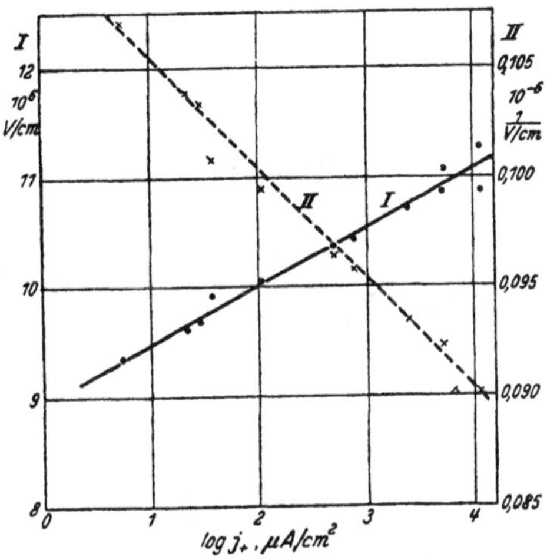

Abb. 51. Aluminium in Boraxlösung. $\vartheta = 20^\circ$ C. Ionenstrom in Abhängigkeit von der Feldstärke.

Kurve I: $j_+ = a \cdot e^{B\mathfrak{E}}$.

Kurve II: $j_+ = a \cdot e^{-\frac{B}{\mathfrak{E}}}$.

β) Gebiet größter Feldstärken.

a) Die Elektronenströmung. Bei einer Feldstärke von 9,5 bis 10 MVolt/cm hat die Kurve der Elektronenstromdichte einen plötzlichen Knick, oberhalb dessen die Stromdichte mit der Feldstärke beträchtlich schneller, aber als e-Funktion wiederum durchaus geradlinig ansteigt.

Es gilt auch hier die Gleichung

$$j_- = a\, e^{B\mathfrak{E}}.$$

Der Exponent B ist jetzt, wie Tabelle 63 zeigt, fast doppelt so groß wie zuvor. Dieser Wert gilt von 9,5—10 MVolt/cm und 100 μA/cm² aufwärts, soweit wie sich die Messungen überhaupt durchführen ließen. In Abb. 50 gibt der oberhalb des Knickes liegende Teil der Kurve den Zusammenhang.

Tabelle 63.

ϑ °C	B	$1/a$
8,2	$1{,}495 \cdot 10^{-6}$	$2{,}07 \cdot 10^4$
20,0	$1{,}438 \cdot 10^{-6}$	$4{,}96 \cdot 10^3$
Mittel:	$1{,}467 \cdot 10^{-6}$	

b) Ionenleitung (Gittergleiten). Abb. 51 und 52 geben den durch Ionen transportierten Teil des Stromes, also die Ionengittergleitgeschwindigkeit bei 20° C und $\delta = \sim 100$ mμ als Funktion der Feldstärke in dreifacher Darstellung. Danach lassen sich die gemessenen Werte gleich gut durch die folgenden drei Formeln darstellen:

$$j_+ = \frac{e^{4,246 \cdot 10^{-6}\,\mathfrak{E}}}{2,753 \cdot 10^{16}}\ \mu\text{A/cm}^2,$$

$$j_+ = 5,25 \cdot 10^{21} \cdot e^{-\frac{4,537 \cdot 10^8}{\mathfrak{E}}}\ \mu\text{A/cm}^2,$$

$$j_+ = 6,61 \cdot 10^5\,\mathfrak{E}^2 \cdot e^{-\frac{4,324 \cdot 10^8}{\mathfrak{E}}}\ \mu\text{A/cm}^2.$$

Daß diese drei Darstellungen gleich gut brauchbar sind, liegt daran, daß $\mathfrak{E}$ nur von $9,3 \cdot 10^6$ bis $11 \cdot 10^6$ Volt/cm variiert werden konnte, so daß die verschiedenen Krümmungen der Kurven bei der unvermeidlichen Streuung der Versuchsergebnisse noch nicht stören.

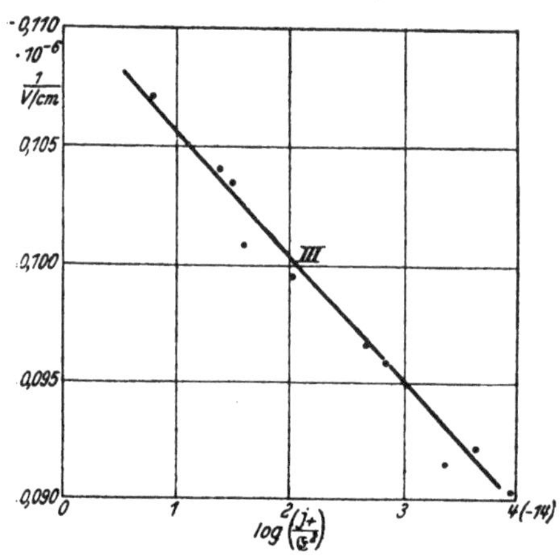

Abb. 52. Aluminium in Boraxlösung. $\vartheta = 20^0$ C. Ionenstrom in Abhängigkeit von der Feldstärke.
Kurve III: $j_+ = a \cdot \mathfrak{E}^2 e^{-\frac{B}{\mathfrak{E}}}$.

Eine größere Änderung von $\mathfrak{E}$ aber war nicht möglich, weil bei Feldstärken unter $9 \cdot 10^6$ Volt/cm der Ionenstrom ein so geringer Bruchteil des Gesamtstromes wird, daß seine Ermittlung zu ungenau wird, während bei Feldstärken oberhalb von $11 \cdot 10^6$ Volt/cm der Formierungsstrom so groß und damit der Spannungsanstieg so schnell wird, daß es nicht mehr möglich ist, die im Augenblick des Ausschaltens vorhandene Spannung hinreichend genau festzustellen, zumal noch der Spannungsverlust im Elektrolyten als unerwünschtes Korrektionsglied hinzukommt.

γ) Einfluß der Temperatur.

Mit der Temperatur steigen Elektronen- und Ionenstrom anscheinend ebenfalls nach einer e-Funktion an. Ihre genauere Ermittlung wurde jedoch wieder aufgegeben, weil der zugängliche Temperaturbereich dazu nicht ausreicht. Bereits bei 48° C beginnen Störungen durch chemischen Angriff des Al, die zwar noch ziemlich geringfügig sind, aber bei der hier nötigen großen Genauigkeit der Kapazitätsmessung den Versuchen eine Grenze setzen.

b) Tantal.

Aus Gründen, die herauszufinden bisher nicht gelang, ist die Streuung der Meßpunkte bei Tantal viel größer als bei Al, so daß hier die im folgenden mitgeteilten Zahlen trotz starker Häufung der Einzelmessungen mit beträchtlichen Unsicherheiten behaftet sind und nur unter Vorbehalt gegeben werden können.

Prinzipiell ergeben sich die beiden gleichen Gebiete wie bei Al, nämlich:

1. Stark überwiegender Elektronenstrom:

$$j_- = 7{,}42 \cdot e^{0{,}288 \cdot 10^{-6}\mathfrak{E}} \mu\text{A/cm}^2$$

2. Ionen- und Elektronenstrom von gleicher Größenordnung:

$$j_+ = \frac{e^{2{,}20 \cdot 10^{-6}\mathfrak{E}}}{2{,}512 \cdot 10^{11}} \mu\text{A/cm}^2$$

$$j_- = \frac{e^{1{,}123 \cdot 10^{-6}\mathfrak{E}}}{1{,}38 \cdot 10^{4}} \cdot \mu\text{A/cm}^2$$

Auf die beiden anderen bei Al angewandten Darstellungsarten wurde in Anbetracht der geringen Genauigkeit verzichtet.

c) Verzögerungserscheinungen bei älteren Gittern.

Ein Al-Blech von 167 cm² lag 160 Stunden lang an 220 Volt, so daß es sich nahezu auf seinen zu dieser Spannung gehörenden Endzustand formiert hatte. Wurde dann die Spannung plötzlich auf 300 Volt, also recht beträchtlich über

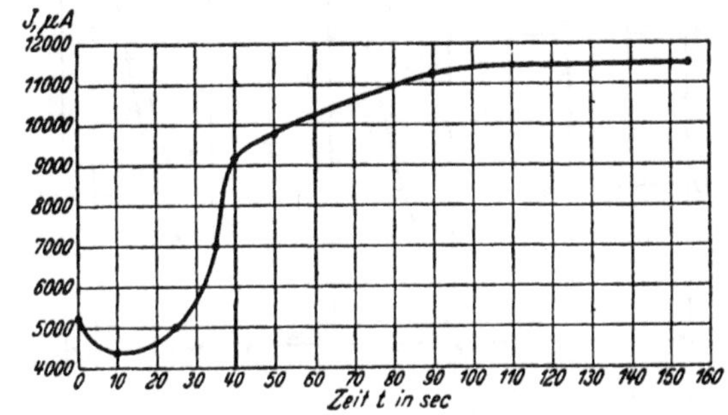

Abb. 53. Aluminium in Boraxlösung. $\vartheta = 20^\circ$ C. 160 Stunden lang mit 220 Volt formiert. Verzögerungserscheinung bei der Weiterformierung. Gesamtstromstärke Abhängigkeit von der Einschaltungsdauer bei plötzlicher Erhöhung der Spannung auf 300 Volt.

die Formierungsspannung erhöht, so stieg der Strom zugleich entsprechend dem für reinen Elektronenstrom geltenden Gesetz von 690 μA bei 220 Volt auf 5200 μA bei 300 Volt an. Den weiteren Stromverlauf zeigt Abb. 53. Der Strom sinkt die ersten 10 sec auf ein Minimum und beginnt dann wieder zu steigen. Erst 20 sec nach dem Einschalten der erhöhten Spannung setzt ein deutlicher Ionenstrom neben dem Elektronenstrom ein. Der Gesamtstrom steigt bis auf reichlich den doppelten Wert, wo er konstant wird. Das Gitter kommt also bei Vergrößerung der Feldstärke nicht sofort ins Gleiten, sondern erst nach längerer Zeit. Bei frisch formierten Schichten fehlt diese Verzögerungserscheinung völlig. Mit zunehmender Formierungsdauer wird sie immer größer.

Sie erschwert eine klare Erfassung der Gittergleiterscheinungen an gealterten Schichten so sehr, daß darauf vorläufig verzichtet wurde. Die Ursache der Verzögerung ist wahrscheinlich die Ausbildung von Raumladungen. Ähnliche Erscheinungen zeigen sich auch bei Ta.

20. Die maximal mögliche Formierungsgeschwindigkeit und der Wirkungsgrad der Formierung (Ziffer 18).

a) Die maximale Formierungsgeschwindigkeit der Metalle.

Um den Formierungsstrom in Elektronenstrom und Ionenstrom aufspalten zu können, muß bekannt sein, wie schnell die Schichtdicke bei gegebener Stromdichte zunimmt, wenn der gesamte Strom die Schicht verstärkt, also kein Elektronenstrom fließt. Man kann eine derartige Formierung als Formierung mit 100% Wirkungsgrad bezeichnen.

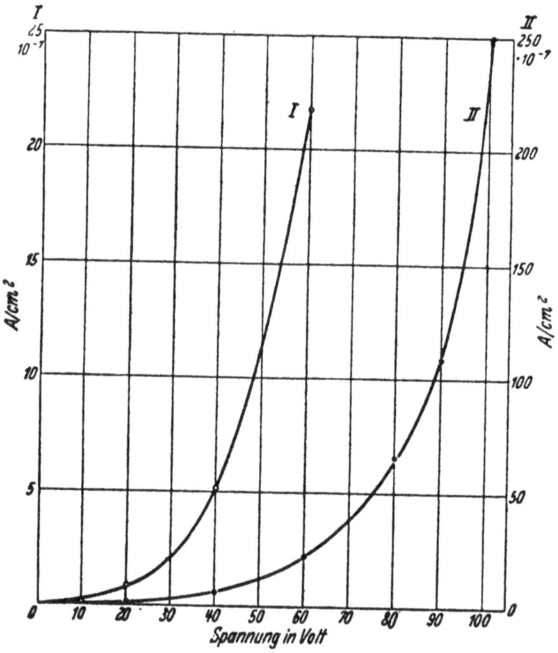

Abb. 54. Al in $Na_2B_4O_7$, formiert bis 102,5 Volt bei 0° C.

Die Berechnung verläuft folgendermaßen:

Aus den bisherigen Messungen ist der Zusammenhang zwischen wahrer Schichtdicke und Formierungsspannung bekannt. Dieser Zusammenhang ist durch Kapazitätsmessungen ermittelt und gilt infolgedessen zunächst nur für die bei der Kapazitätsmessung vorhandenen Verhältnisse, das heißt nach einer Formierung von etwa einer Stunde, wobei der Formierungsstrom auf 0,01 mA/cm² gesunken ist.

Aus der bekannten Schichtdicke und der bekannten Zusammensetzung der Schicht läßt sich die erforderliche Sauerstoffmenge und aus dieser nach dem Faradayschen Gesetz wiederum die erforderliche Elektrizitätsmenge, bei gegebener Stromdichte also die erforderliche Zeit oder Formierungsgeschwindigkeit, berechen. Diese Formierungsgeschwindigkeit läßt sich dann wiederum auf die normale Formierungsstromdichte von 1 mA/cm² beziehen, gilt aber nur für die genannte, bei der Kapazitätsmessung vorhanden gewesene Stromdichte von 0,01 mA/cm².

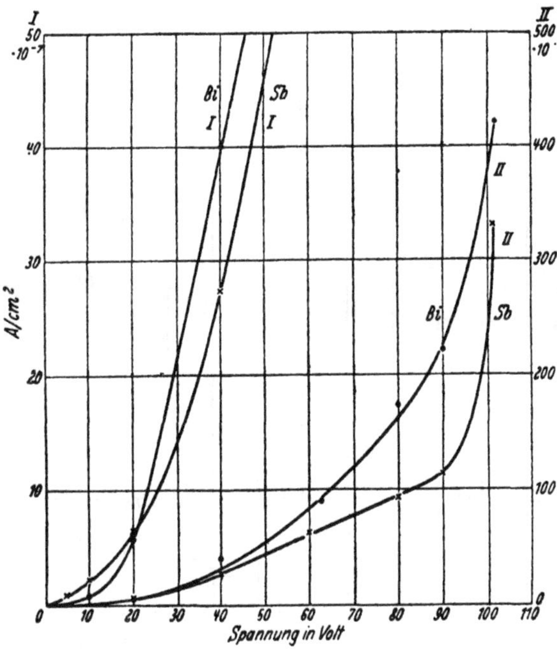

Abb. 55. Bi und Sb in $(NH_4)_2CO_3$, formiert bis 102,5 Volt bei 0° C.

Nach diesem Verfahren sind die maximalen Formierungsgeschwindigkeiten der Tabelle 64 in Volt/mA/min berechnet. Beispielsweise kann bei Tantal bei Formierung mit 1 mA/cm² die Spannung höchstens um 40,65 Volt/min steigen (wenn die Korrektur der Tabelle 65 vernachlässigt wird).

Tabelle 64.

	Ventilmetall					
	Ta	Bi	Sb	Zr	W	Al
$\delta\ 10^{-7}$ cm/Volt	0,82	4,58	2,83	1,25	0,963	1,058
d	8,27	8,65	4,07	5,67	6,84	4,0
Gewicht 10^{-7} g	6,78	39,6	11,52	7,085	6,59	4,24
q	$\frac{80}{443}$	$\frac{48}{466}$	$\frac{64}{307,6}$	$\frac{32}{123,2}$	$\frac{48}{232}$	$\frac{48}{102,2}$
$o\ 10^{-7}$ g	1,226	4,077	2,396	1,841	1,363	1,985
Max. Volt/mA/Min.	40,65	12,21	20,76	26,98	36,53	25,05

δ: Schichtdicke pro Volt Formierungsspannung; d: Dichte der Schicht; q: stöchiometrisches Verhältnis Sauerstoff: Oxyd, o: erforderliche Sauerstoffmenge.

Soll mit einer anderen Stromdichte formiert werden, so ist zu bedenken, daß zu dieser bei gegebener Formierungsspannung eine andere Schichtdicke oder bei gegebener Schichtdicke eine andere Formierungsspannung gehört. Und zwar ergibt sich der Zusammenhang zwischen Stromdichte und Formierungsspannung unmittelbar aus den U/J-Kurven der Abb. 54 bis 57. Ist beispiels-

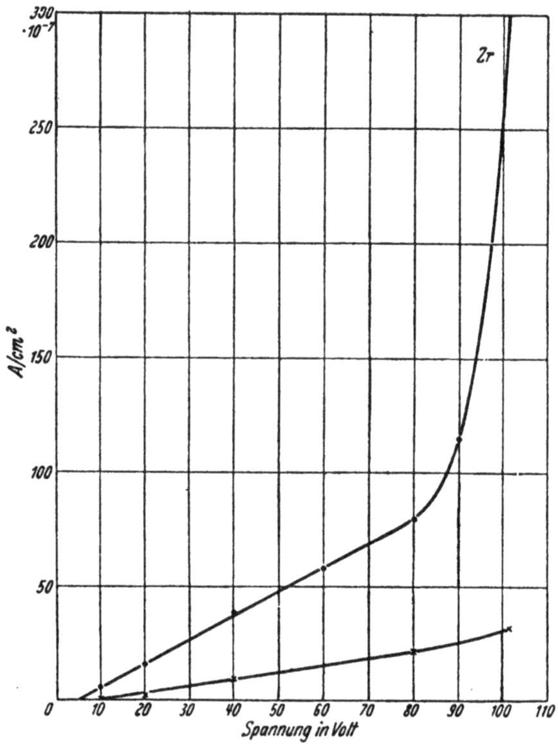

Abb. 56. Zr in H_2SO_4 und W in KH_2PO_4, formiert bis 102,5 Volt bei 0° C.

weise bei Ta die Stromdichte 2 mA/cm² statt 0,01, so beträgt die Spannung an einer Schicht, die bei 0,01mA/cm² 100 Volt aufnimmt, 126,7 Volt, die maximale Formierungsgeschwindigkeit ist also entsprechend größer.

Tabelle 65.
Faktor und Stromdichte.

Stromdichte mA/cm²	Faktor	Stromdichte mA/cm²	Faktor
0,01	1,00	0,8	1,222
0,1	1,127	1,0	1,231
0,2	1,162	2,0	1,267
0,4	1,192	4,0	1,315

In der Tabelle 65 sind die Faktoren, die sich für die verschiedenen Stromdichten auf diese Weise ergeben, zusammengestellt, und zwar für alle Ventilmetalle gemittelt, da die individuellen Unterschiede nicht groß sind und die genaue Aufnahme der U/J-Kurven bei größeren Stromdichten in manchen Fällen sehr schwierig ist. Hiernach ergibt sich für Tantal und 1 mA/cm² ein maximal möglicher Spannungsanstieg (Grad) von 40,65 · 1,231 = 50 Volt/min.

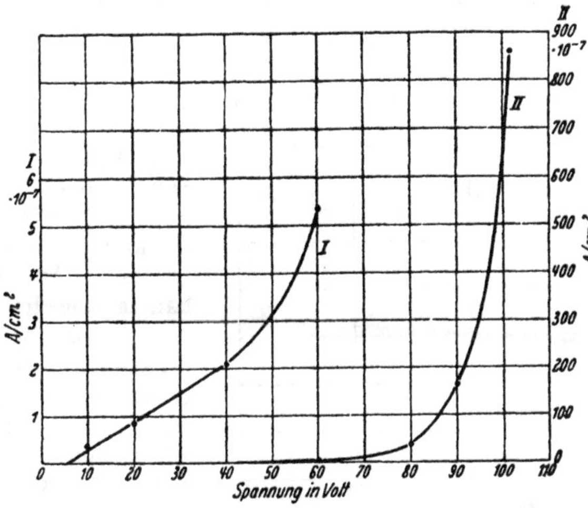

Abb. 57. Ta in $Na_2B_4O_7$, formiert bis 102,5 Volt bei 0° C.

b) Der Wirkungsgrad der Formierung als Funktion der Stromdichte.

Mit Hilfe dieser beiden Tabellen ist es möglich, aus der gemessenen Geschwindigkeit des Spannungsanstieges bei der Formierung den Wirkungsgrad der Formierung, d. h. den von den Ionen transportierten Bruchteil der Gesamtströmung und damit auch den Elektronenstromanteil als Funktion von Temperatur, Stromdichte, Ventilmetall zu berechnen.

Für größere Stromdichten ist diese Bestimmung nicht sehr genau, weil die Feststellung der Stromspannungskurve bei konstanter Schichtdicke für größere Stromdichten, wie erwähnt, sehr schwierig ist, da beim Einschalten dieser großen Stromdichten die Schicht sofort weiter zu wachsen beginnt. Ein zweites Hindernis für sehr genaue Messungen sind die besprochenen Alterungserscheinungen.

Abb. 58 zeigt den so ermittelten Zusammenhang zwischen Wirkungsgrad der Formierung und Formierungsstromdichte für 0° und 100° C und Ta in 0,1 äq. n. Lösung von $Na_2B_4O_7$, Abb. 59 für Al in $(NH_4)_2CO_3$ bei 0° C.

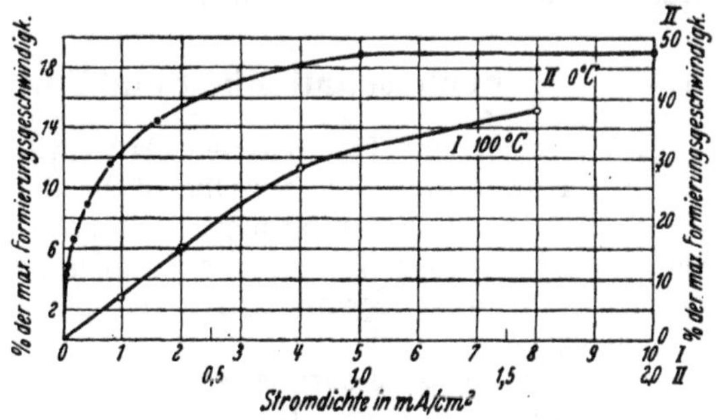

Abb. 58. Ta in $Na_2B_4O_7$. Abhängigkeit des Wirkungsgrades der Formierung von der Formierungsstromdichte bei 0° und 100° C.

Voraussetzung für die Gültigkeit dieser Überlegungen ist, daß das Ventilmetall sich bei der Formierung im Elektrolyten nicht merklich löst. Diese Bedingung ist bei Ta vollkommen, bei den übrigen

Ventilmetallen zum Teil nur annähernd, zum Teil durchaus nicht erfüllt. Je weniger sie erfüllt ist, um so mehr sinkt die in dem betreffenden Elektrolyten beobachtete Formierungsgeschwindigkeit unter die nicht gestörte.

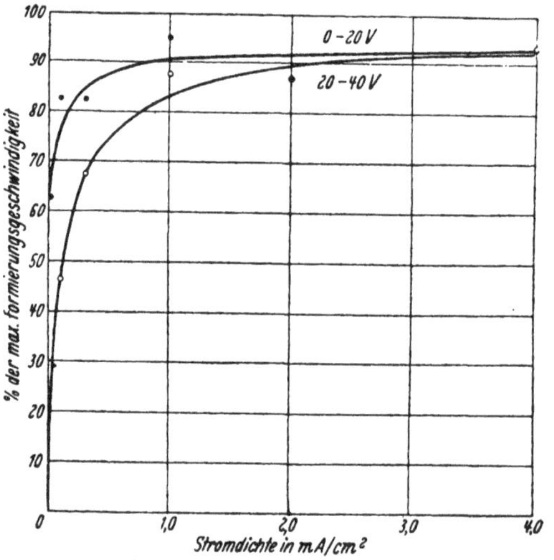

Abb. 59. Al in $(NH_4)_2CO_3$. Abhängigkeit des Wirkungsgrades der Formierung von der Formierungsstromdichte bei 0° C.

Die Tabellen und Kurven zeigen, daß der Wirkungsgrad mit abnehmender Stromdichte gegen Null konvergiert, d. h. bei geringen Stromdichten fließt reiner Elektronenstrom. Die Schicht wächst nicht.

Vom Elektrolyten ist der Wirkungsgrad der Formierung in erster Annäherung unabhängig, wie die Tabellen 5—7 zeigen. Das heißt bei einem gegebenen Ventilmetall und gegebener Temperatur wird ein ganz bestimmter, vom Elektrolyten unabhängiger Bruchteil des Stromes zur Ablösung von Elektronen, der Rest zur Ablösung von Ionen an der Grenze des Elektrolyten verwandt.

Bei Ta scheinen nach Tabelle 6 diejenigen Elektrolyte, bei denen primär an der Anode kein sauerstoffhaltiges, sondern ein anderes Anion abgeschieden wird, eine größere Formierungsgeschwindigkeit zu haben. Besonders auffallend ist die große Formierungsgeschwindigkeit des Ta in KCl.

Doch kommen bei den Formierungen gelegentlich Störungen vor, deren Ursache zu finden noch nicht gelang. Plötzlich ist eine Formierungsgeschwindigkeit einmal ganz außergewöhnlich gering, während eine sofortige Wiederholung der Messung unter anscheinend ganz gleichen Bedingungen wieder die normale Formierungsgeschwindigkeit ergibt. Unter den zu den Messungen benutzten fünf Tantalstäben war es besonders einer, der ohne ersichtlichen Grund zu solchen Störungen neigte.

21. Oberflächenbeschaffenheit und Formierungsgeschwindigkeit.

Bei Versuchen mit Tantalstäben als Ventilanoden wurde beobachtet, daß bei nicht einwandfrei polierter Oberfläche die Formierung nach Einschalten des Stromes nicht sofort, sondern erst nach einigen Minuten einsetzte. Es wurde weiter festgestellt, daß die Formierungsgeschwindigkeit insbesondere im Bereich niedriger Spannungen weit unter der von tadellos polierten Ta-Anoden lag.

Eingehende Versuche darüber ergaben, da diese Erscheinung am stärksten in NaOH Lösungen hervortrat. Als Maß für die Formierungsverzögerung wurde die Anspringstromdichte, d. h. die Stromdichte, bei welcher die Formierung sofort merkbar einsetzt, zugrunde gelegt. Bei der Formierung von verschieden stark angerauhten Ta-Stäben in einer NaOH-Lösung von mittlerer Konzentration ergaben sich die in Tabelle 66 angeführten Anspringstromdichten.

Tabelle 66.

Abhängigkeit der Anspringstromdichte von der Rauhigkeit des Ventilmetalls. Ventilmetall: Ta, Elektrolyt: NaOH-Lösung mittl. Konzentration. Temperatur: 20° C.

Bezeichnung des zum Aufrauhen verwendeten Schmirgelpapiers	Anspring-Stromdichte mA/cm²	Bezeichnung des zum Aufrauhen verwendeten Schmirgelpapiers	Anspring-Stromdichte mA/cm²
Nr. 120	52	2/0	8,7
150	42	3/0	7,7
280	43	4/0	5,8
1 F	50	Stab hochgradig poliert	0,055
0	8,3		

Der für die Berechnung der Anspringstromdichte notwendige genaue Oberflächenwert wurde durch Kapazitätsmessung ermittelt.

Die Verzögerung des Formierungseinsatzes und die damit zusammen hängende Minderung der Formierungsgeschwindigkeit läßt sich durch nachfolgende Betrachtung erklären. Wirken die zur Befreiung eines Elektrons aus einer chemischen Verbindung erforderlichen Feldstärken über atomare Abstände hin, wie in einer gewöhnlichen Elektrolytelektrode, so sind die aus ihnen sich ergebenden Spannungen sehr gering. Ist jedoch eine isolierende Schicht zwischen Elektrode und Elektrolyt, so muß die Ablösefeldstärke durch diese ganze Schicht hindurch wirken und führt dann zu großen Spannungen. Ist dabei die Feldstärke noch nicht so groß, daß das Ionengitter des Isolators ins Rutschen kommt, so fließt ein reiner Elektronenstrom durch die Isolierschicht. Wird die Feldstärke so weit gesteigert, daß das Gitter der Oxydschicht zu gleiten beginnt, so lagert sich im Isolator ein Ionenstrom über den Elektronenstrom und die Dicke des Isolators nimmt zu.

Dieser Fall liegt bei den isolierenden Oxydschidhten der elektrolytischen Ventilmetalle vor.

Nun ist an den Spitzen die zu einer gegebenen makroskopischen Spannung gehörende Feldstärke um so mehr über die normale, an ebenen Flächen vorhandenen Feldstärke erhöht, je kleiner der Krümmungsradius der Spitzen ist. In dem sehr harten Ta reißt ein noch härterer Schmirgel sehr scharfkantige Furchen auf. Dadurch wird an diesen Kanten die Elektronenemission gegenüber der der ebenen Flächen sehr stark begünstigt. Während bei einer gegebenen makroskopischen Stromdichte die Elektronenemission an ebenen Stellen erst dann hinreicht, wenn die Feldstärke so groß geworden ist, daß auch das Gitter kräftig gleitet, also die Oxydschicht schnell weiter wächst, liefern die scharfen Kanten bereits bei einer wesentlich kleinen Feldstärke einen hinreichenden Elektronenstrom. Um die zum Gittergleiten erforderliche Feldstärke zu erreichen, muß der Strom jetzt weitgehend über den Wert gesteigert werden, der an ebenen Flächen erforderlich ist.

Hieraus ergeben sich einige experimentell prüfbare Folgerungen:

1. Wenn die Formierung durch hinreichende Stromdichte eingeleitet wird, so bettet die wachsende Oxydschicht mehr und mehr Spitzen in sich ein:

und macht sie unwirksam. Folglich kann die Formierungsgeschwindigkeit bei konstanter Stromdichte nicht wie bei hochglanzpoliertem Ta konstant sein, sondern muß mit der erreichten Schichtdicke oder der Formierungsspannung zunehmen. Sie muß aber stets viel geringer bleiben als bei hochglanzpoliertem Ta.

2. Da die Formierung ausgleichend auf die Oberfläche wirkt, muß die Spitzenwirkung um so mehr zurücktreten,
   a) je höher die Spannung ist, bis zu welcher formiert wird;
   b) je länger die Einschaltdauer bei gegebener Spannung ist.
3. Die Stromspannungscharakteristik muß an rauhem Ta eine andere sein als an hochglanzpoliertem.
4. Wieweit der Elektronenstrom gegenüber dem Ionenstrom durch Spitzenwirkung zunimmt, hängt von der Festigkeit der Bindung der Elektronen ab. Je lockerer die Elektronenbindung ist, um so größer muß die Anspringstromdichte, um so geringer die Formierungsgeschwindigkeit bei gegebener Stromdichte sein. Die Festigkeit der Elektronenbindung hängt erstens von der Ionenart und zweitens von der Temperatur ab. Es ist zu vermuten, daß es negative Elektrolytionen gibt, bei denen die Elektronen so fest gebunden sind, daß sie auch an Spitzen erst dann in genügender Menge verfügbar werden, wenn bereits an den ebenen Stellen die Feldstärke so groß geworden ist, daß Gittergleiten, also Formierung eintritt. Aber auch in diesem Falle muß die Formierungsgeschwindigkeit hinter der an hochglanzpoliertem Ta erhaltenen um so mehr zurückbleiben, je loser die Elektronen gebunden sind.
5. Da die Elektronenbindung mit steigender Temperatur abnimmt, muß in Elektrolyten, in denen bei niedriger Temperatur schon bei kleinen Stromdichten eine wenn auch sehr langsame Formierung einsetzt, durch Temperaturerhöhung eine merkliche Anspringstromdichte erzwungen werden können.

Im folgenden werden Versuchsergebnisse angeführt, die die vorstehenden Annahmen bestätigen.

1. In Tabelle 67 ist die Formierungsgeschwindigkeit von grob angerauhtem Tantal in NaOH-Lösung für verschiedene Formierungsspannungen angegeben.

Tabelle 67.

Ta in NaOH-Lösung mittlerer Konzentration.

Oberflächenbeschaffenheit	Formierungs-Stromdichte	Erreichte Spannung	Formierungsgeschwindigkeit
Hochglanzpoliert	34 mA/cm²	60 Volt	20 V/min · mA
Mit grobem Schmirgel aufgerauht	147 mA/cm²	4 ,,	0,26
		8 ,,	0,27
		11 ,,	0,41
		15 ,,	0,72
		19 ,,	0,68
		25 ,,	1,20
		33 ,,	1,19
		41 ,,	1,37
		50 ,,	154,

Die Tabelle 67 zeigt, daß die Formierungsgeschwindigkeit nicht konstant ist, sondern mit zunehmender Schichtdicke ansteigt, und daß der höchste erreichte Wert weit hinter dem von hochglanzpoliertem Tantal zurückbleibt.

2. und 3. Abb. 60 zeigt, daß die u/i-Kurve nach einstündiger Einschaltung von 0—50 Volt geradlinig verläuft. Dieser geradlinige Verlauf geht infolge Abbaues der Spitzen durch eine längere Formierung in einen gleichmäßig gekrümmten über. Ferner sind die Ströme wesentlich größer als bei einer hochglanzpolierten Anode nach gleicher Formierungsdauer.

Somit ergibt sich: Wenn Spitzenwirkung, verläuft die u/i-Kurve im unteren Teil geradlinig. Je länger der geradlinige Teil, um so stärker die Spitzenwirkung. Die Umkehrung: Wenn die u/i-Kurve im unteren Teil geradlinig ist, so ist Spitzenwirkung vorhanden, ist jedoch nur bei Al, Bi und Ta erlaubt, nicht dagegen bei W und Zr. Bei den erstgenannten Metallen befindet sich die Oxydschicht stets in einem äußerst schlecht leitenden Zustand, bei W und Zr dagegen nur dann, wenn an ihr ein großer Sauerstoffdruck herrscht. Sobald dieser durch Senken der Spannung verringert wird, werden die an das Metall grenzenden Lagen der Oxydschicht durch Sauerstoffmangel leitend. Infolgedessen nimmt die Feldstärke und damit auch der Strom in dem schlecht leitenden Teil langsamer ab, als wenn die ganze Schicht schlecht leitet, so daß sich ein geradliniger Teil zwischen u und i ergeben kann.

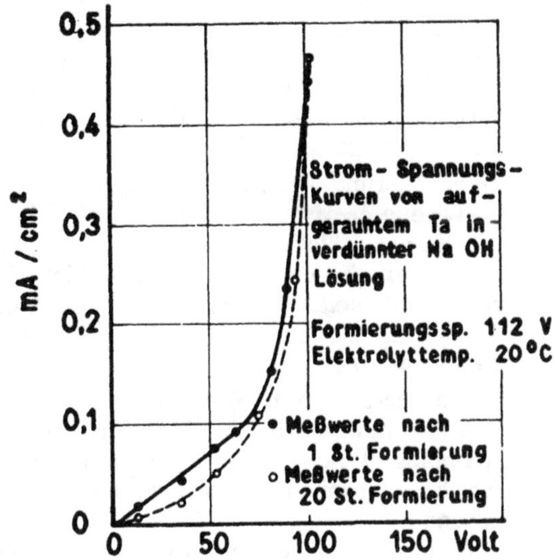

Abb. 60.

4. a) Formierung in H_2SO_4-Lösung.
Bei Zimmertemperatur war keine Anspringstromdichte meßbar. Die Formierung setzt bei 2 mA/cm² sofort, wenn auch mit etwas verminderter Formierungsgeschwindigkeit ein. Hieraus ergibt sich, daß die Elektronenbindung bei (HSO_4)-Ionen um so viel größer ist als bei (OH)-Ionen, daß bei ersteren hinreichende Elektronenmengen selbst bei Spitzen erst bei einer Feldstärke abgelöst werden, bei welcher das Ta_2O_5-Gitter bereits kräftig gleitet.

b) Formierung in Na_2SO_4-Lösung.
Die Formierung setzt langsamer ein als in H_2SO_4-Lösung. So betrug

in einer 0,5 äq. n. Na_2SO_4-Lösung bei 1,6 mA/cm² die Formierungsgeschwindigkeit nach 1,5 Min. Einschaltung 0,44 V/min mA und nach 3,5 Min. 6,2 V/min.mA.

c) Formierung in NaOH — H_2SO_4-Lösung.

Ein Ta-Stab wurde in 87 cm³ 1 n. NaOH-Lösung mit 5,2 mA/cm² belastet, wobei er noch nicht ansprang. Mittels Bürette wurde allmählich 1 äq. n. H_2SO_4-Lösung zugegeben.

Bei Zusatz von 83 cm³ H_2SO_4, wobei also die Lösung bei 1 n. Gesamtgehalt an NaOH noch 0,024 n. war, sprang die Formierung bei der gewählten Stromdichte von 5,2 mA/cm² an. Bei dieser Konzentration sind offenbar nicht mehr genügende Mengen (OH)-Ionen an den Spitzen verfügbar. Es muß auf (HSO_4)- oder (SO_4)-Ionen zurückgegriffen werden und diese leiten die Formierung ein.

d) Formierung bei Zimmertemperatur in nahezu gesättigter Na_2CO_3-Lösung.

Da Na_2CO_3 alkalisch wirkt, war eine Spitzenwirkung zu erwarten. In der Tat ergab sich eine außerordentliche Verringerung der Formierungsgeschwindigkeit. Gegenüber von 24 V/min.mA bei hochglanzpoliertem Ta betrug sie bei aufgerauhtem Ta bei 5 V Formierungsspannung 2,6 V/min.mA.

e) Formierung in $K_4Fe(CN)_2$.

Wie bekannt ist, wird durch das im Anion befindliche Eisen die Maximalspannung stark verringert. Es wurde schon immer vermutet, daß diese Erscheinung mit der Lockerung der Elektronenbindung durch das Eisen zusammenhängt.

Die zu erwartende Spitzenwirkung zeigte sich in einer sehr niedrigen Formierungsgeschwindigkeit. Bei 5 V Formierungsspannung betrug die Formierungsgeschwindigkeit bei aufgerauhter Oberfläche nur den 130. Teil von der bei hochglanzpolierter Oberfläche.

5. Eine bei Zimmertemperatur gesättigte $K_4Fe(CN)$--Lösung wurde anf 80° C erhitzt. Bei 18 mA/cm² sprang die Formierung innerhalb 25 Min. nicht an. Bei Abkühlung der Lösung auf 17,5° C trat schon nach 1 Min. eine deutliche Formierung ein.

22. Besonderheiten der Kapazität der Sperrschichten bei Wolfram, Niob, Tantal (Ziffer 29).

Bei Wolfram wurde ein seltsames Verhalten der Kapazität der Sperrschicht gefunden. Sie stieg nämlich mit abnehmender Spannung bis auf das 2,6fache des Wertes, den sie bei voller Betriebsspannung hatte. Und zwar nicht nur bei langsam veränderlicher Gleichspannung, sondern auch bei pulsierender Gleichspannung, wie sie durch die Überlagerung von 50periodischem Wechselstrom über konstanten Gleichstrom erhalten wird, schwankte sie derartig, wie beispielsweise Abb. 61 deutlich zeigt. Die Erscheinung läßt sich folgendermaßen erklären:

Ist in einem Wechselstromkreis oder einem Kreis mit pulsierendem Gleichstrom eine spannungsabhängige Kapazität eingeschaltet, so läßt sich durch eine einfache Ableitung zeigen, daß, wenn der Zusammenhang zwischen Spannung und Kapazität linear ist, sich über die sinusförmige Grundwelle des Stromes eine Oberwelle der doppelten Frequenz lagert, deren Amplitude durch die Größe der Kapazitätsänderung gegeben ist. Sie führt dazu, daß der eine Durchgang der Stromkurve durch den Nullwert steiler, der andere flacher verläuft als bei konstanter Kapazität. Ist der Zusammenhang zwischen Kapazität und Span-

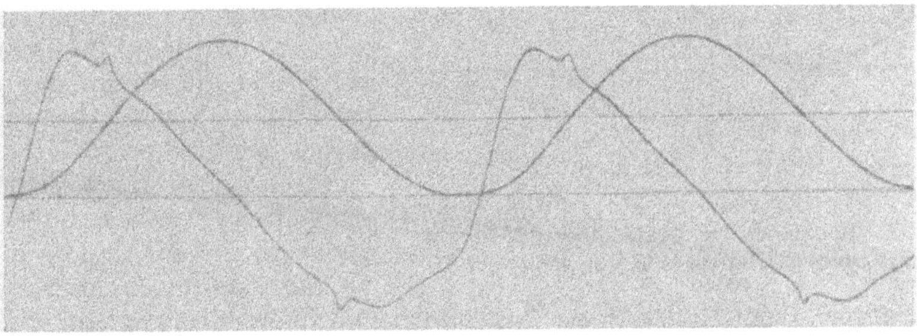

Abb. 61. Wolfram. Formierungsspannung 62,0 Volt. Umgeschaltet auf 31,0 Volt. Wechselspannung 21,6 $Volt_{eff}$. Oberfläche 120 cm^2. Elektrolyt $Cu(NO_3)_2$. Kathode Cu.

nung nicht linear, sondern von der Art der Abb. 62, so ergeben sich komplizierte, analytisch nicht faßbare Stromkurven. Doch lassen sich aus ihnen die der höchsten und der geringsten Spannung der pulsierenden Spannungs-

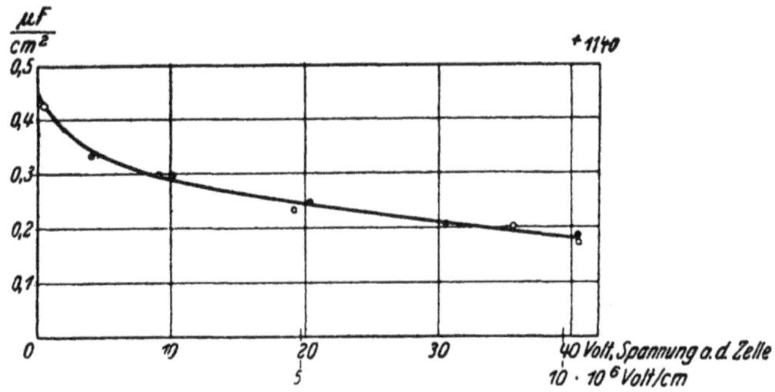

Abb. 62. WO_3, formiert bis 40,9 Volt. Abhängigkeit der Kapazität von der Zellenspannung.

kurve entsprechenden Kapazitäten auf Grund folgender einfachen Überlegung ableiten. Es sei in Abb. 63 *AB*, *CD* die rein sinusförmige pulsierende Spannungskurve. Dann ist zwischen *A* und *B* die Spannung praktisch konstant gleich der Mindestspannung U_0 der Kurve. Der Kondensator verhält sich also zwischen *A* und *B* praktisch wie eine der kleinen Spannung U_0 entsprechende, also große Kapazität. Die Stromkurve geht aber in der Mitte zwischen *A* und *B* durch Null und hat hier ihre größte, nahezu konstante Änderungsgeschwindigkeit. Also ist die Steilheit einer im Nulldurchgang zwischen *A* und *B* an die Stromkurve gelegten Tangente ein Maß für die der Spannung U_0 entsprechende große Kapazität. Das ganz Entsprechende gilt für den Stromdurchgang der praktisch *U* gleichen Spannung zwischen den Punkten *C* und *D*. Es ergibt sich also bei den beiden Nulldurchgängen der in Abb. 63 eingezeichnete Stromverlauf. In welcher Weise der Strom von der einen Geraden zur anderen übergeht, hängt von dem Zusammenhang zwischen Spannung und Kapazität ab. Er interessiert für den vorliegenden Zweck nicht weiter. In Abb. 63 ist die Änderung beliebig punktiert eingetragen.

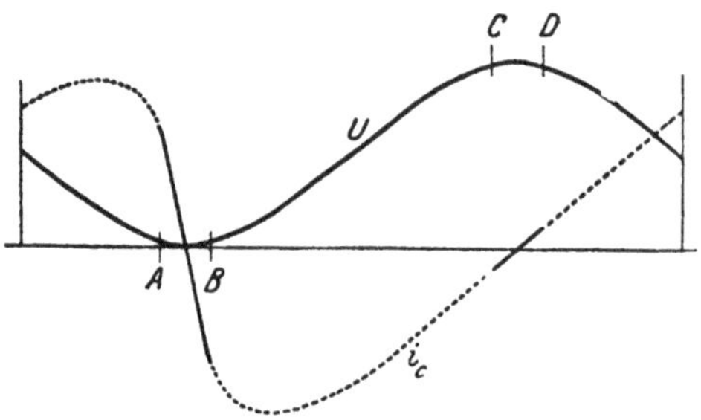

Abb. 63. Schematische Darstellung des Strom-Spannungsverlaufes einer W-Ventilzelle.

Wird nun die Empfindlichkeit der Stromschleife durch einen auf das Oszillogramm mit einer bekannten konstanten Stromstärke geschriebenen Eichstrich ermittelt, so lassen sich die beiden Tangenten bei bekannter Frequenz direkt in Amp · sec auswerten. Zusammen mit der ebenfalls durch Eichung leicht zu bestimmenden Spannungspulsation ergeben sich die beiden den Spannungen U und U_0 entsprechenden Kapazitäten.

Ähnliche Erscheinungen, wenn auch in wesentlich geringerem Umfange, zeigten sich bei Ta, während Al von ihnen völlig frei ist.

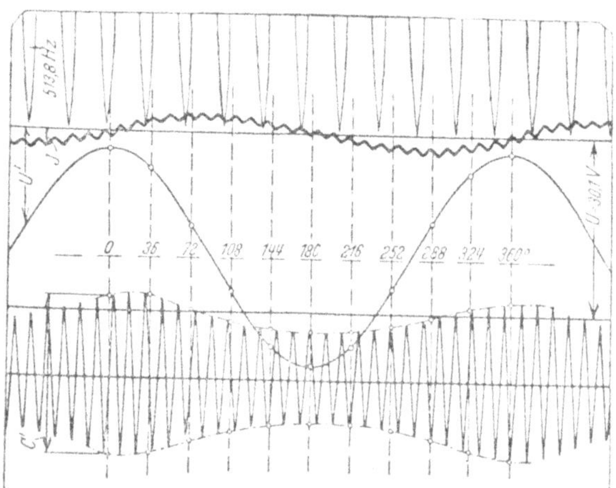

Abb. 64[1]. Oszillogramm der Zweifrequenzmethode. W-Oxydschicht etwa 20 Stunden alt, 0° C, $U_f = 40$ Volt, $f = 50$ Hz.

Eine weitere gründliche Untersuchung der Erscheinung wurde mit Hilfe einer Zweifrequenzmethode durchgeführt. Über die pulsierende Frequenz 50 wurde eine zweite pulsierende Spannung der Frequenz 1250 Hertz gelegt. Die Amplitude ergab in jedem Augenblick die Größe der Kapazität. Abb. 64 zeigt ein Oszillogramm der Zweifrequenzmethode, Abb. 65 die Veränderlichkeit der Kapazität über eine Periode.

[1] Aus: O. Mohr, Z. S. f. Phys. 93, 298. 1935.

Die Erscheinungen werden folgendermaßen erklärt:

Liegt die Formierungsspannung an der Oxydschicht, so herrscht in ihr eine solche Feldstärke, daß jegliche Ungleichmäßigkeiten im Aufbau des Metalls und Sauerstoffionengitters durch Verstärkung des Gleitens der Gitter gegeneinander an dieser Stelle sofort ausgeglichen werden. Das Oxyd ist monokristallin aufgebaut und steht unter einer elektrischen Beanspruchung, die bei nur geringer Zunahme, sei es in der ganzen Schicht durch Dickenänderung oder Spannungszuwachs, sei es an einzelnen Stellen durch örtliche Veränderungen, sofort ein Gleiten und damit eine Orientierung der Ionen in Richtung des monokristallinen Aufbaus bewirkt.

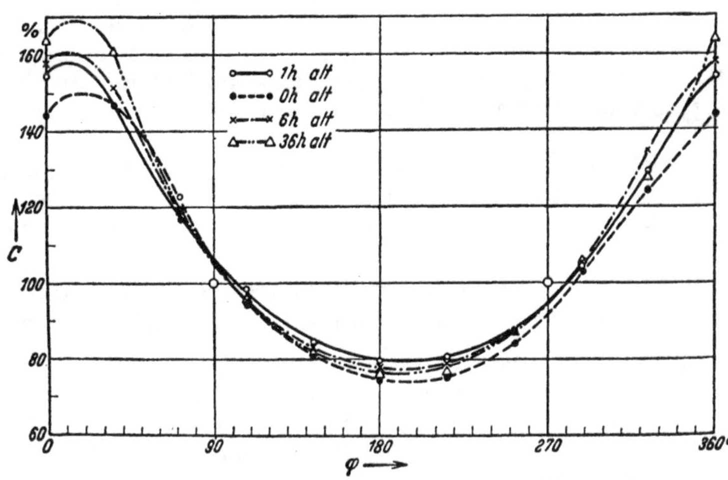

Abb. 65[1]. Einfluß des Alters auf den zeitlichen Verlauf der Kapazitätsänderungen, W, 0° C, U_f = 40 Volt.

Bei voller Feldstärke in der Oxydschicht kann kein Gitterpunkt unbesetzt bleiben oder z. B. durch Wegdiffusion eines Sauerstoffions frei werden, ohne daß dieser Punkt unter vielfachem Platzaustausch sofort von einem anderen Sauerstoffion wieder besetzt wird. Man muß annehmen, daß die hier vorhandene Modifikation des Oxyds, ausgezeichnet durch eine außerordentlich geringe Leitfähigkeit, der chemischen Strukturformel (WO_3 bzw. Ta_2O_5 bzw. Nb_2O_5) streng entspricht. Erst bei Abnahme der Spannung an der Schicht nimmt die Kraft, die die Sauerstoffionen in jede freie Stelle des Gitterverbandes hineinpreßt, ab, so daß freie Gitterpunkte nicht gleich von Ersatzionen besetzt werden. Es besteht vielmehr für benachbarte Sauerstoffionen die Möglichkeit, durch die Energie der Wärmebewegung solche freie Plätze einzunehmen, wodurch wieder andere Gitterpunkte frei werden. Im Gesamtverband des Oxyds äußert sich die Tatsache, daß immer eine Anzahl der Gitterpunkte von Sauerstoffionen unbesetzt bleibt, also die Sauerstoffkonzentration etwas abnimmt nach der neuen Energiebändertheorie der Halbleiter in einem bedeutenden Zuwachs der Elektronenleitfähigkeit des Oxyds.

---

[1] Aus: O. Mohr, Z. S. f. Phys. 93, 298. 1935.

Die Grenze zwischen Metall und nichtleitendem Oxyd ist keine scharf definierte Fläche. Die Sauerstoffkonzentration nimmt vielmehr in einem mehr oder minder kleinen Gebiet vom Oxyd zum Metall ab. Wegen der Widerstandsfähigkeit der untersuchten Ventilmetalle gegen Oxydation bei gewöhnlicher Temperatur ist aber anzunehmen, daß die Sauerstoffkonzentration des Oxyds in dem Übergangsgebiet nur wenig abnimmt (wobei die Leitfähigkeit enorm ansteigt) und daß dann eine scharfe Grenze gegen das Metall besteht, die durch die Umorientierung der Metallatome in das Ionengitter charakterisiert ist.

Es liegen also bei verringerter Spannung zwei Schichten vor, eine relativ gut leitende, nicht mehr voll mit Sauerstoff besetzte, vom Metall begrenzte und eine hochgradig isolierende, hinreichend sauerstoffhaltige, vom Elektrolyten begrenzte. Die zweite wirkt als Dielektrikum des Kondensators, dessen Kapazität um so größer wird, je dünner diese Schicht mit abnehmender Spannung wird, die erste als Vorwiderstand der durch die zweite gebildeten Kapazität.

Die beschriebenen Änderungen vollziehen sich infolge der außerordentlich geringen Dicke der Schichten schnell gegenüber 50periodigem Wechselstrom, aber doch nicht so schnell, daß nicht ein Nacheilen deutlich festzustellen wäre.

23. Durchschlagsversuch durch Berühren der im Elektrolyten befindlichen Oxydschicht mit einem Metall (Ziffer 30).

Ein für die Elektrolytkondensatoren sehr wichtiger Versuch ist folgender: Ein Ventilmetall wird bis zu einer bestimmten Spannung, z. B. 110 Volt, formiert. Dann wird die gebildete Oxydschicht im Elektrolyten, während sie an Spannung liegt, vorsichtig mit einem Metallstab berührt. Sofort schlägt sie an der Berührungsstelle durch und der Durchschlag bildet einen vollständigen Kurzschluß, während die bei höheren Spannungen auftretenden normalen Funken sich selbst löschen, ehe der Strom irgendwie merkliche Beträge erreichen kann.

Wird der Versuch vorgenommen, nachdem die Spannung von der Formierungsspannung auf kleinere Werte verringert ist, so zeigt sich, daß dieser Kurzschluß auch schon bei geringeren Spannungen auftritt.

Die Ursache ist nicht etwa, daß die Oxydschicht mechanisch durch die Berührung beschädigt würde. Der Versuch gelingt genau so gut, wenn man flüssiges Quecksilber bis zur Berührung des Oxydes in der Zelle aufsteigen läßt. Er gelingt auch, wenn das Metall aus einem winzigen auf einem Glasstab befestigten Metallstäbchen besteht. Es ergibt sich also: Jedes auf eine formierte, an Spannung liegende Oxydschicht geratende Metallteilchen bewirkt einen Kurzschluß. Ist das Metallstäubchen äußerst klein, so verdampft es bei dem Kurzschluß und die Stelle kann wieder ausheilen. Ist es groß, so sprechen die Sicherungen der Anlage an. Bei dem Kurzschluß bildet sich unter Wasser Knallgas, das leicht explodiert und die Stelle gefährdet.

Die Erklärung ist folgende:

Die Sperrschicht hält in der Sperrichtung eine hohe Spannung und in der Flußrichtung nur eine wesentlich kleinere aus, weil in der Sperrichtung die Elektronen aus dem Elektrolyten freigemacht werden müssen, wozu eine sehr große Feldstärke nötig ist, während sie im Metall ohne weiteres verfügbar sind. Wird also der Elektrolyt durch ein Metall ersetzt, indem die Sperrschicht mit einem Metall berührt wird, so kann die Sperrschicht auch nur noch die wesentlich geringere Spannung aushalten, die der in der Flußrichtung ausgehaltenen Spannung entspricht. Ferner tötet jeder Funken sich selbst durch Gasentwicklung, solange der Elektrolyt Kathode ist, während jeder Grund für eine Gasentwicklung fehlt, sobald beide Elektroden der Sperrschicht Metalle sind.

24. Trockendurchschlag (Ziffer 30).

Wird ein mit Sperrschicht versehenes Ventilmetall aus dem Elektrolyten herausgenommen und nach gründlichem Wässern getrocknet, so kann die Durchschlagsfestigkeit der Sperrschicht gegen eine zweite aufgebrachte Metallelektrode gemessen werden. Die zweite Elektrode muß so aufgebracht werden, daß sie erstens die Sperrschicht lückenlos berührt und zweitens nicht irgendwie mechanisch beschädigt. Am besten gelingt das entweder durch Eintauchen der Elektrode in Quecksilber oder Herandrücken eines Quecksilbertropfens an die Elektrode oder dadurch, daß mittels Kathodenzerstäubung eine Metallschicht darauf gebracht wird.

Bei den Versuchen zeigte sich, daß es fast nie gelingt, bei Al durch Bestäuben eine Schicht aufzubringen, ohne daß das Isolationsvermögen der Sperrschicht verlorengeht, während derartige Schwierigkeiten bei Ta nicht bestehen. Als Ursache wird angenommen, daß eine Al_2O_3-Schicht stets infolge von Verunreinigungen im Al Lücken enthält, in die das stäubende Metall eindringt, so daß es einen Kurzschluß hervorruft.

Wird Quecksilber als Gegenelektrode verwendet, so ergeben sich bei Ta sehr regelmäßige, bei Al unregelmäßige Werte. Es wird vermutet, daß bei Al dann diejenige Spannung gemessen wird, bei der das Quecksilber elektrostatisch in die Poren der Schicht hineingezogen wird.

Bei Ta zeigt sich bei Schichtdicken bis zu 250 $m\mu$ (weiter wurde nicht gemessen) eine konstante Durchschlagsfestigkeit von $2{,}0 \cdot 10^6$ Volt/cm, wenn das Tantalmetall, auf dem die Sperrschicht gewachsen ist, Anode und Quecksilber im Vakuum Kathode ist. Im Elektrolyt beträgt demgegenüber die Durchschlagsfestigkeit rund $12 \cdot 10^6$ Volt/cm. Auch bei Al gelingt die Durchschlagsbestimmung, wenn zwei Sperrschichten aufeinandergelegt werden, da dann die Wahrscheinlichkeit, daß zwei Lücken aufeinandertreffen, praktisch Null ist. Es ergibt sich dann bei Al ebenfalls Proportionalität zwischen Schichtdicke und Spannung. Die Durchschlagsfestigkeit von Al_2O_3 wurde auf diese Weise zu $3{,}9 \cdot 10^6$ Volt/cm bestimmt. Untersuchungen über den Einfluß des Elektrodenmetalles auf Durchschlagsspannung ergeben beträchtliche Unterschiede bei den einzelnen Metallen, die aber nicht auf eine Abhängigkeit der Durchschlagsspannung vom Elektrodenmetall, sondern auf verschiedene Oberflächenbeschaffenheit der einzelnen Elektroden zurückgeführt werden.

25. Elektrolytische Ventilwirkung in geschmolzenen Salzen (Ziffer 27).

Die Messung des Verhaltens der Ventilmetalle in geschmolzenen Salzen bereitet große Schwierigkeiten. Ta zeigt in fast allen, Al in den meisten untersuchten geschmolzenen Salzen gute Ventilwirkung. Entsprechend der großen

Ionenkonzentration liegt jedoch die Maximalspannung hier viel niedriger und erreicht selten den Wert von 100 Volt. Die in den wäßrigen Lösungen gefundene Proportionalität zwischen Schichtdicke und Formierungsspannung gilt auch hier. Die Sperrschichten wachsen jedoch in den verschiedenen Salzschmelzen zunächst verschieden schnell. Mit steigender Temperatur und Versuchsdauer gleichen sich die Unterschiede jedoch immer mehr aus. Nach zwanzigstündiger Formierung beträgt die Dicke der Sperrschicht etwa 90% des Endwertes. Dann gilt die für wäßrige Lösungen festgestellte Unabhängigkeit der Schichtdicke vom Elektrolyten auch für geschmolzene Salze. Der Zusammenhang zwischen Temperatur und Schichtdicke für zwanzigstündige Formierung führt zu einem Exponentialgesetz

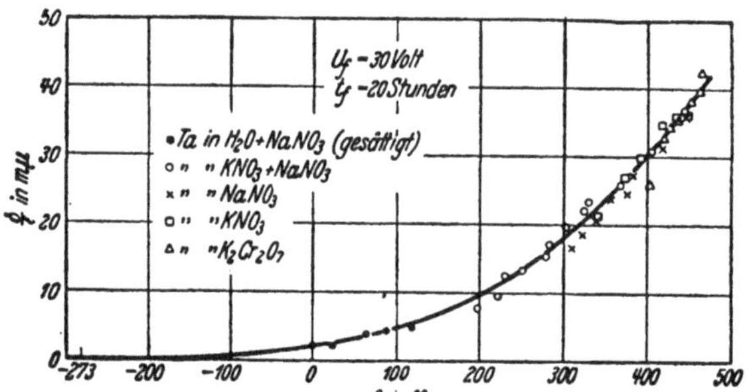

Abb. 66[1]. Abhängigkeit der relativen Schichtdicke δ/ε von der Temperatur bei Ta.

$$\delta = AT^2 \cdot e^{-\frac{Tb}{J}} \tag{18}$$

wie Abb. 66 und Abb. 67 zeigen.

Verlustwinkel und Reststrom sind selbst nach zwanzigstündiger Versuchsdauer noch wesentlich größer als nach einstündiger Formierung in wäßrigen Lösungen. Von etwa 360° C ab steigt der Reststrom auf außerordentlich hohe Werte an, bis bei etwa 460° C die Verhältnisse labil werden und Störungen bei der Formierung auftreten. Die Formierung wird unvollkommen und ist oberhalb 500° C nur bei Anwendung höchster Stromdichten zu erreichen; bei etwa 600° C ist keine Ventilwirkung mehr festzustellen. Formierungsgeschwindigkeit und Wirkungsgrad der Formierung konvergieren mit steigender Temperatur gegen Null.

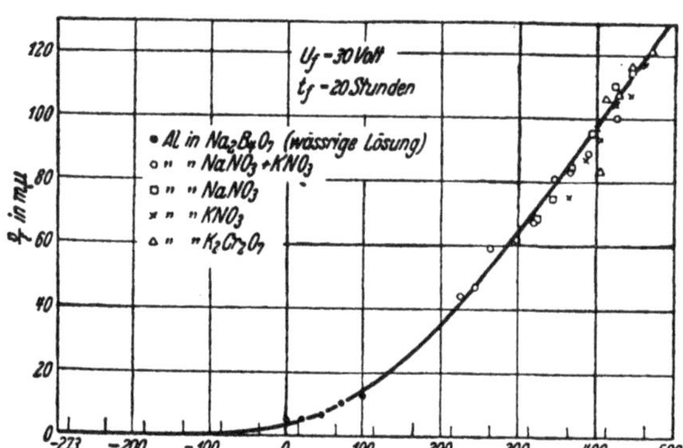

Abb. 67[1]. Abhängigkeit der relativen Schichtdecke δ/ε von der Temperatur bei Al.

[1] Aus: Horst Grünert, Z. S. f. Phys. 91, 49. 1934.

26. Nichtwäßerige Lösungsmittel (Ziffer 28).

Über die elektrolytische Sperrwirkung in nichtwäßrigen Lösungsmitteln ist bisher nur wenig veröffentlicht worden. Außer einer gelegentlichen Notiz, wonach mit Al in Äthylalkohol + H_3BO_3 1500 Volt Spannung erreicht wurden, liegt eine Untersuchung über die Formierung von Tantal in Methyl-, Äthyl-, Propyl- und iso-Amylalkohol vor. Als Elektrolyt wurde wasserfreies $Ca(NO_3)_2$ benutzt. Bei Methylalkohol zeigte sich folgendes:

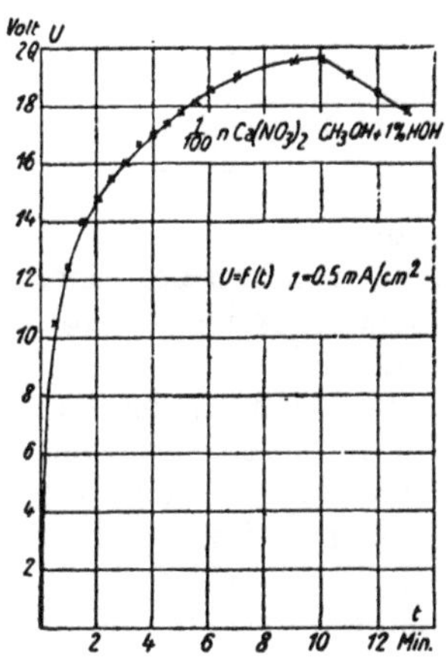

Abb. 68[1]. Formierungskurve von Ta in einer Calciumnitrat-Methylalkohollösung.

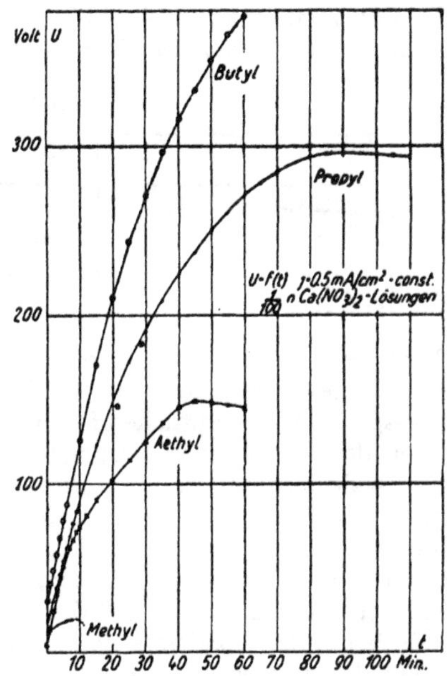

Abb. 69[1]. Formierungskurven von Ta in Butyl-, Propyl-, Äthyl- und Methyl-Alkohollösungen.

Bei einem Wassergehalt von $\sim 2\%$ war bei größter Vorsicht und kleinster Stromdichte eine maximale Spannung von 33 Volt zu erreichen, bei 1% Wassergehalt betrug die Maximalspannung 18 Volt, unabhängig von der Konzentration des Elektrolyten. Die aufgenommenen Formierungskurven (in $^1/_{10}$, $^1/_{20}$, $^1/_{50}$, $^1/_{100}$, $^1/_{1000}$ n. Lösungen) zeigten alle den gleichen Verlauf (Abb. 68) mit dem eigentümlichen scharfen Knick und Absinken der Spannung bei einem bestimmten Punkt. Bei „wasserfreiem" Alkohol (BaO oder Äthylat + Ester) war überhaupt keine Formierung festzustellen. Die Maximalspannung fiel mit der Zersetzungsspannung zusammen.

Bei Äthylalkohol lagen die Verhältnisse bereits günstiger. Mit einiger Vorsicht ließen sich Schichten bis 120 Volt erzeugen, die noch klare Interferenzfarben lieferten. Daneben wurde wiederum die merkwürdige Tatsache beobachtet, daß die Maximalspannung unabhängig von der Konzentration ist

[1]) Aus: P. Schupp, Z. S. f. Elektrochem., **10**, 774, 1932.

($^1/_{10}$ bis $^1/_{100}$ n.). Sie liegt bei 145 bis 150 Volt. Die Kurve zeigt ebenfalls wie bei Methylalkohol ein Absinken der Spannung am höchsten Punkt, wenn auch lange nicht so scharf abfallend.

Bei Propylalkohol betrug die Maximalspannung in $^1/_{100}$ n. Lösung 295 Volt und sank dann langsam auf 293 Volt ab.

Bei Butyl- und iso-Amylalkohol wurden keine Besonderheiten festgestellt.

Das Ergebnis ist in Tabelle 68 zusammengestellt. Dabei bedeutet U_{max} die Maximalspannung in Volt, W die Widerstandskapazität des Gefäßes in Ohm vor der Formierung, n die Normalität in Grammäquivalent pro Liter, i den Strom in Milliampere, j die Stromdichte in mA/cm^2.

Tabelle 68[1].

Alkohol	n	W	i	j	U_{max}
CH_3OH	$^1/_{100}$	650	1	0,5	—
C_2H_5OH	$^1/_{100}$	2400	1	0,5	145
C_3H_7OH	$^1/_{100}$	11000	1	0,5	293
C_4H_9OH	$^1/_{100}$	15000	1	0,5	725
iso-$C_5H_{11}OH$	$^1/_{50}$	75000	1	0,5	725

Abb. 69 zeigt die Kurven in einem Diagramm.

Wird genügend lange formiert, so sind die Schichtdicken bei gleicher Formierungsspannung in sämtlichen Lösungsmitteln gleich und unterscheiden sich nicht von den in wäßrigen Lösungen erhaltenen.

Aus Tabelle 69 folgt, daß der Prozeß der Sauerstoffentnahme bei Wasser sowohl wie bei Alkohol derselbe sein muß. Bei wäßrigen Lösungen ist die Schichtdicke von der Art des Elektrolyten unabhängig, und da auch Ta_2O_5-Schichten erzeugt werden bei Salzen, die selbst keinen Sauerstoff enthalten, so erklärt sich dieses daraus, daß das Anion nach seiner Entladung reaktionsfähig werden und, besonders wenn es komplex ist, das Wasser zerstören wird. Das heißt für vorliegenden Fall:

$$2\,NO_3 + H_2O = 2\,HNO_3 + O.$$

Für Äthylalkohol:

$$2\,NO_3 + 2\,C_2H_5OH = 2\,C_2H_5\text{-}NO_3 + H_2O + O.$$

Daß diese Reaktion eintritt, konnte festgestellt werden. Daß daneben spurenweise die Reaktionen:

$$2\,NO_3 + 2\,C_2H_5OH = 2\,C_2H_5NO_2 + H_2O + 3\,O \text{ (Nitroäthan)},$$

$$2\,NO_3 + 2\,C_2H_5OH = 2\,C_2H_5NO_2 + H_2O + 3\,O \text{ (Äthylnitrit)}$$

auftreten können, ist möglich, ließ sich aber nicht nachweisen.

Bei Methylalkohol wird der Sauerstoff zu einer anderen Reaktion benutzt, das heißt, der Alkohol wird zunächst dehydriert und zu Ameisensäure oxydiert. Es wurde eine $^1/_{100}$ n. Lösung von Ca $(NO_3)_2$ in CH_3OH mit Tantal als Anode 2 Stunden mit 0,1 A elektrolysiert und dann untersucht (Kathode Platin). Zunächst ließ sich mit Phenolphtalein ohne weiteres Säure nachweisen, ebenso zeigte die Lösung mit primärem Sulfit die Aldehydreaktion. Dieses Resultat stimmt völlig mit den Ergebnissen E. Müllers über anodische Wasserstoff-

[1] Aus: P. Schupp, Z. S. f. Elektrochem. **10**, 774, 1932.

entwicklung überein, der beim Elektrolysieren methylalkoholischer Lösungen in der Hauptsache Formaldehyd, Ameisensäure und Wasserstoff und je nach den Versuchsbedingungen noch einige Nebenprodukte erhält.

Die Lösung wurde dann äußerst vorsichtig abdestilliert und eine NO_3-Probe mit Diphenylamin angestellt. Sie fiel negativ aus. Nach mehrstündigem Kochen mit KOH am Rückflußkühler war der Ester genügend zerstört, und die Reaktion mit Diphenylamin zeigte eine intensive Blaufärbung. Ebenso fiel die Probe mit Nitron (Reagens auf Salpetersäure nach Busch) positiv aus. Damit ist zugleich erwiesen, daß sich Methylnitrit höchstens spurenweise bilden kann.

Mit diesem Ergebnis lassen sich auch alle übrigen merkwürdigen Eigenschaften deuten. Die Unabhängigkeit der Maximalspannung von der Konzentration bei Äthylalkohol erklärt sich daraus, daß bei einer bestimmten Spannung der entwickelte Sauerstoff nicht mehr vom Tantal gebunden werden kann, sondern zur Oxydation zu Essigsäure benutzt wird. Diese Spannung ist naturgemäß von der Konzentration weitgehend unabhängig. Dasselbe gilt für den wasserhaltigen Methylalkohol. Die Oxydation von Propylalkohol zu Propionsäure ist bereits schwieriger und die Oxydation von Butylalkohol und Amylalkohol findet auf diese Weise kaum noch oder überhaupt nicht mehr statt. Interessant ist, daß, wenn einmal der Oxydationsprozeß in Säure eingesetzt hat, auch die Oxydschicht des Tantals in ihren oberen Lagen abgebaut wird, wie der Abfall der Formierungskurve am Maximalpunkt zeigt.

Aus diesen Resultaten folgt, daß die beobachteten niedrigen Maximalspannungen keine echten Maximalspannungen sind.

Die folgende Tabelle zeigt, daß bei gleicher Formierungsspannung die Schichtdicken in allen Lösungsmitteln die gleichen sind.

Tabelle 69[1].

Schichtdicken von Ta_2O_5 in den angegebenen Lösungsmitteln in $m\mu$.

el						opt		
UVolt	HOH	C_2H_5	C_3H_7	C_4H_9	C_5H_{11}		opt	Farbe
20	23,3	23,2	23,4	23,1	23,2	—	—	braunviolett
40	38,1	37,8	37,2	37,9	40,0	110	23,3	hellblauweiß
60	56,3	56,2	56,2	56,2	59,0	200	58,7	gelb
80	75,2	75,3	74,5	75,8	76,7	260	76,3	orangerot
100	94,7	94,5	95,4	94,3	94,5	320	94,0	stahlblau
120	116,3	115,8	116,0	115,0	117,0	400	117,5	gelbgrün

C. Theorie der elektrolytischen Ventile und Kondensatoren.

a) Erscheinungen unterhalb der Funkenspannung.

Aus folgenden drei Gründen haben wir versucht, eine Theorie der verwickelten Erscheinungen der elektrolytischen Ventilwirkung aufzustellen: Erstens ist das Verhalten der Elektrolytkondensatoren ohne Theorie kaum verständlich. Zweitens ist jeder Versuch, sie weiter zu verbessern, ohne Theorie

[1] Aus P. Schupp, Z. S. f. Elektrochem. **10**, 774, 1932.

nur ein Tappen im Dunkeln und drittens ist die Theorie der elektrolytischen Ventile für ein anderes Gebiet der Physik von größter Wichtigkeit, nämlich für den elektrischen Durchschlag fester Isolatoren. Bietet sich doch hier die erstaunliche Möglichkeit, bei Feldstärken von vielen Millionen Volt/cm nicht einen Durchschlag, sondern konstante Ströme sowohl von Ionen wie von Elektronen in Isolatoren zu untersuchen. Es gibt nur noch ein einziges verwandtes Gebiet der Physik, in welchem bei ebenso großen Feldstärken zwar kein Elektronenstrom, aber ein Ionenstrom beobachtet werden kann. Da ein Vergleich der beiden Gebiete sehr lehrreich ist, soll dieses zweite Gebiet zunächst kurz behandelt werden.

b) Dünne Schichten extremer Feldstärke in Glas.

Auch hier werden die Schichten durch eine Art elektrolytischer Formierung hergestellt. Der Elektrolyt ist erhitztes Glas, beispielsweise ein Reagenzglas. Dieses wird mit Quecksilber gefüllt, und zwar im Vakuum, damit keine Luftblasen zwischen Quecksilber und Glaswand haften bleiben und dann in ein Gefäß mit geschmolzenem $NaNO_3$ bei etwa 340° C gebracht, das eine Pt-Elektrode enthält. Dann wird die Anordnung mit Hg als Anode und Pt als Kathode mit einem konstanten Formierungsstrom belastet, mit welchem die Hg-Ionen in das Glas hineinwandern, wobei sie sämtliche Alkaliionen vor sich herschieben, weil deren Beweglichkeit außerordentlich viel größer ist als die der eingewanderten Hg-Ionen.

Ganz analog wie bei den elektrolytischen Ventilen entsteht so eine äußerst dünne Schicht von Quecksilberglas extremen Widerstandes, die Spannung an der Zelle steigt proportional der Schichtdicke, die Feldstärke in der Schicht ist also von ihrer Dicke unabhängig und beträgt beispielsweise bei 0,17 mA/cm² $3{,}6 \cdot 10^6$ V/cm (bei Einführung von Sn, statt Hg, sogar $6{,}3 \cdot 10^6$ V/cm). Wird umgepolt, so wird die Schicht, genau wie bei den elektrolytischen Ventilen bereits bei einer wesentlich kleineren Feldstärke durchlässig. Mit anderen Metallen, wie beispielsweise Sn, Pb, Bi, Cd ergeben sich ganz die gleichen Erscheinungen, während die Ag-Ionen ebenso beweglich sind wie die Na-Ionen.

Es bestehen jedoch zwei wichtige Unterschiede gegenüber der elektrolytischen Ventilwirkung. Erstens ist nicht der geringste Elektronenstrom wahrnehmbar. Nach der neuen Energiebändertheorie der Halbleiter ist Elektronenströmung nur in kristallenen Körpern, nicht dagegen in amorphen möglich. Es liegen also viel einfachere und übersichtlichere Verhältnisse vor. Zweitens gibt es kein Funkenspiel. Es gelang Schichten herzustellen, die so dick waren, daß sie 1000 Volt aushielten, ohne daß irgendwelche Ungleichmäßigkeiten der Strömung zu bemerken waren.

c) Die Bedingungen für das Zustandekommen der elektrolytischen Ventilwirkung.

An einer Elektrolytanode sind folgende Fälle möglich: 1. Unlösliche Anode: Sauerstoffentwicklung. 2. Lösliche Anode: Salzbildung. 3. Die Anode verbindet sich mit dem Sauerstoff, aber das Oxyd ist unlöslich: Bildung einer Deckschicht. Hier sind drei Fälle möglich: a) Die Deckschicht hat eine andere Kristallstruktur als das Anodenmetall. Dann vermag sie nicht die Anode lückenlos zu bedecken. Sie wächst in poröser, rissiger Form weiter und bröckelt ab. b) Sie hat die gleiche Kristallstruktur. Dann bildet sie eine lückenlos deckende Schicht. Hat diese Elektronenleitung, so kann sie nicht weiter wachsen und schützt das Metall vor weiterem Angriff. Fall der Passivität. c) Hat sie dagegen keine Elektronenleitung, so kann der Strom nur dadurch weiterfließen, daß er die Ionen der Deckschicht aneinander vorbeischiebt, wodurch sie dauernd weiter wächst. Dazu ist eine enorme Feldstärke nötig.

Das ist der Fall der elektrolytischen Ventilwirkung.

Somit haben wir die Bedingungen: Übereinstimmung im Kristallgitter, hochgradige Unlöslichkeit im Elektrolyten, keine Elektronenleitung. Soll außerdem noch Gleichrichterwirkung vorhanden sein, so kommt noch hinzu: keine kathodische Reduktion des Oxydes.

Die elektrischen Eigenschaften von Metalloxyden führen zu einer weiteren Bedingung: bei vielen Schwermetalloxyden hängt die Elektronenleitfähigkeit in außerordentlich hohem Maße davon ab, ob in ihnen Sauerstoffüberschuß oder -mangel besteht. Ein besonders krasses Beispiel dafür ist WO_3. Enthält dieses Spuren von Sauerstoff über die Formel WO_3 hinaus, so geringe Spuren, daß sie analytisch noch nicht nachweisbar sind, so ist es ein guter Isolator. Fehlen ihm dagegen Spuren von Sauerstoff an der Formel, so ist es ein relativ guter Elektronenleiter. Es genügt in diesem Falle, die Formierungsspannung abzuschalten, um es momentan aus einem Isolator in einen Leiter zu verwandeln (Seite 99). Auch Ta_2O_5 zeigt diese Erscheinung in geringem Grade, während Al_2O_3 davon frei ist. Wir erhalten also als letzte Bedingung: das isolierende Oxyd darf sich nicht bei Sauerstoffmangel in einen Leiter verwandeln.

Ein Überblick über die Metalle ergibt dann, daß ganz allein das Aluminium sämtliche vorstehenden Bedingungen vollständig erfüllt.

d) Der Unterschied der Strömung in den Oxydschichten gegen den normalen Durchbruch.

Wird in einem normalen Durchschlagsversuch die Spannung an einem Isolator stetig gesteigert, so wird kein merklicher Strom beobachtet, bis bei einer Feldstärke von der Größenordnung 10^6 V/cm ganz plötzlich der Isolator in einem dünnen Kanal durchschlagen wird, wobei es zwei Arten des Durchschlages gibt, den thermisch-elektrischen und den feld-elektrischen. Bei dem ersten treiben sich die Übertemperatur und die Leitfähigkeit in dem Kanal gegenseitig bis zu guter Leitfähigkeit in die Höhe. Bei dem zweiten löst die hohe Feldstärke einen Elektronenstrahl von der Kathode ab, der in dem Dielektrikum durch Neutralisation der Metallionen einen Metallfaden erzeugt.

Der Versuch, zu erklären, weshalb sich die elektrolytischen Oxydschichten so völlig anders verhalten, führt uns weit in die Theorie des elektrischen Durchschlages hinein. Bei Beginn der Formierung kommt ein thermisch-elektrischer Durchschlag nicht in Frage, weil die Kühlung der Oxydschicht von beiden Seiten her viel zu wirksam ist. Dagegen müßte der feld-elektrische Durchschlag nach allen bisherigen Theorien der Durchbruchsfestigkeit fester Körper hier ebensogut beweisen, daß die Isolatoren bei Feldstärken von der Größenordnung 10^3 V/cm dadurch in den leitenden Zustand übergehen, daß in ihnen die gebundenen Elektronen frei werden. Die Tatsache, daß bei den Oxydschichten der Ventilmetalle Feldstärken bis $20 \cdot 10^6$ V/cm ertragen werden, beweist, daß alle bisherigen Durchbruchstheorien falsch sind und zwingt zu der Feststellung, daß beim normalen Durchbruch der Isolator durch fremde Elektronen seine Leitfähigkeit erhält, die durch die sogenannte kalte Elektronenentladung bei hohen Feldstärken von der Kathode abgegeben werden. Dann ergibt sich auch sofort, daß wesentlich höhere Feldstärken ausgehalten werden, wenn eine derartige Elektronenabgabe dadurch sehr erschwert wird, daß als Kathode ein Elektrolyt gewählt wird, der ja keine freien Elektronen enthält, wie es sowohl bei der elektrolytischen Ventilwirkung, als auch bei den dünnen Glasschichten der Fall ist.

Dazu kommt noch eine sehr wichtige Erscheinung beim Wachsen der Oxydschichten. Sobald die Schicht durch statistische Ungleichmäßigkeiten an einer Stelle auch nur im geringsten dünner ist als an anderen Stellen, wächst sie an dieser Stelle schneller und gleicht dadurch die Abweichung aus. Die Oxydschichten wachsen also automatisch so, daß die Stromdichte überall genau dieselbe ist. Sie sind „autostabil", während beim normalen Durchschlag der Prüfling stets „autolabil" ist. Erst bei höheren Spannungen kommt es zu charakteristischen Abweichungen von diesem gleichmäßigen Wachstum.

Diese beiden Tatsachen, das Fehlen freier Elektronen an der Kathode und die Autostabilität sind die Ursache dafür, daß sich so außerordentlich hohe Feldstärken an diesen Schichten erreichen und stetige Ionen- und Elektronenströme beobachten lassen.

e) Der Ionenstrom.

1. Während der Formierung.

Sowohl Glas wie die Oxydschichten der Ventilmetalle bestehen aus lauter Ionen. Folglich sind sie nur so lange Isolatoren, wie die Wärmeenergie der Ionen kleiner ist als die Gitterenergie. Nach dem Maxwellschen Verteilungsgesetz gibt es jedoch in jedem Augenblick eine genau bestimmte Anzahl Ionen, deren Schwingungsenergie größer ist, als die Gitterenergie, so daß sie ihren Platz zu wechseln vermögen und die Zahl dieser Individuen steigt mit der Temperatur nach einer e-Funktion an. Deshalb hat jeder Isolator mit Ionengitter eine mit der Temperatur nach einer e-Funktion steigende Leitfähigkeit. Beispielsweise ist bei Glas über das ganze erfaßbare Temperaturbereich das Gesetz $\lambda = A \cdot e^{-\frac{B}{T}}$ sehr genau erfüllt. Was nun für die den Ionen durch Wärme mitgeteilte Beweglichkeit gilt, muß genau so gut für die ihnen durch ein elektrisches Feld mitgeteilte Beweglichkeit gelten. Das heißt, sobald das elektrische Feld so groß wird, daß es auf ein Ion die gleiche Energie übertragen kann, die das Ion bei einer gegebenen hohen Temperatur erhält, muß es genau so gut seinen Platz wechseln, wie bei der hohen Temperatur, das heißt, bei der gegebenen Feldstärke und normaler Temperatur muß die gleiche Leitfähigkeit vorhanden sein, wie ohne Feld bei der hohen Temperatur. Daraus folgt weiter, daß die Leitfähigkeit von Isolatoren bei hohen Feldstärken genau so nach einer e-Funktion der Feldstärke ansteigen muß, wie ohne Feldstärke nach einer e-Funktion der Temperatur. Beide Wirkungen sind einander äquivalent. Je höher die Temperatur ist, bei welcher ein Isolator eine gegebene elektrische Leitfähigkeit erhält, um so größer ist auch die Feldstärke bei normaler Temperatur, die zur Erreichung der gleichen Leitfähigkeit erforderlich ist. Beide Schlüsse werden durch die Versuche auf das Beste bestätigt. Die Ionenleitfähigkeit nimmt sowohl bei Glas als bei den Oxyden nach einer e-Funktion der Feldstärke zu. Die Formeln lauten:

Für unverändertes Thüringer Glas

$$j_{+} = \frac{e^{4{,}5 \cdot 10^{-6} \cdot \mathfrak{E}}}{5{,}2 \cdot 10^{8}} \text{ A/cm}^2 \tag{20}$$

Für Hg-Ionenglas: bei 342° C

$$j_{+} = \frac{e^{4{,}65 \cdot 10^{-6} \cdot \mathfrak{E}}}{9{,}20 \cdot 10^{10}} \text{ A/cm}^2 \tag{21}$$

Für Al_2O_3 bei 20° C:

$$j_{+} = \frac{e^{4{,}246 \cdot 10^{-6} \cdot \mathfrak{E}}}{2{,}753 \cdot 10^{22}} \text{ A/cm}^2 \tag{22}$$

Für Ta_2O_5 bei 20° C:

$$j_{+} = \frac{e^{2{,}20 \cdot 10^{-6} \cdot \mathfrak{E}}}{2{,}562 \cdot 10^{17}} \text{ A/cm}^2 \tag{23}$$

Zweitens wird gewöhnliches Glas bei sehr viel niedrigerer Temperatur thermoelektrisch leitend, als Al_2O_3 und Ta_2O_5 und genau so verhält es sich mit der feld-elektrischen Leitfähigkeit.

Zur Berechnung der folgenden Tabelle wurde für Ta_2O_5 die Formel 4, für Al_2O_3 dagegen die genauere Formel

$$j_{+} = 6{,}61 \cdot \mathfrak{E}^2 \cdot e^{-\frac{4{,}324 \cdot 10^{8}}{\mathfrak{E}}} \text{ A/cm}^2 \tag{24}$$

benutzt.

Tabelle 70.

Ionenströmung in Al_2O_3- und Ta_2O_5-Schichten in Abhängigkeit von der Feldstärke bei 20° C.

Al_2O_3		Ta_2O_5	
j_{+} A/cm²	$\mathfrak{E}$ V/cm	j_{+} A/cm²	$\mathfrak{E}$ V/cm
$4{,}9 \cdot 10^{-13}$	$7 \cdot 10^{6}$	$0{,}0146 \cdot 10^{-6}$	$10 \cdot 10^{6}$
$0{,}739 \cdot 10^{-6}$	$9 \cdot 10^{6}$	$0{,}0422 \cdot 10^{-6}$	$10{,}5 \cdot 10^{6}$
$112 \cdot 10^{-6}$	$10 \cdot 10^{6}$	$0{,}1267 \cdot 10^{-6}$	$11 \cdot 10^{6}$
$7080 \cdot 10^{-6}$	$11 \cdot 10^{6}$	$1{,}142 \cdot 10^{-6}$	$12 \cdot 10^{6}$
$217000 \cdot 10^{-6}$	$12 \cdot 10^{6}$	$73{,}62 \cdot 10^{-6}$	$14 \cdot 10^{6}$
$4660000 \cdot 10^{-6}$	$13 \cdot 10^{6}$	$7530 \cdot 10^{-6}$	$16 \cdot 10^{6}$
		$611500 \cdot 10^{-6}$	$18 \cdot 10^{6}$
		$5510000 \cdot 10^{-6}$	$19 \cdot 10^{6}$

2. In gealterten Schichten.

Die für Al_2O_3 und Ta_2O_5 angegebenen Formelwerte gelten nur während der Formierung. Sobald die Feldstärke soweit gesenkt wird, daß das Gittergleiten aufhört, beginnt eine sich über längere Zeiten hin fortsetzende Verfestigung der Oxydschicht. Offenbar gleiten die Ionen, die während ihrer Wanderung ziemlich unordentlich durcheinander lagen, allmählich in die Kristallgitterpunkte hinein, so daß mehr und mehr ein ungestörtes Gitter entsteht.

Nachdem beispielsweise eine Al_2O_3-Schicht 160 Stunden an 220 Volt gelegen hatte, betrug bei 20° C die Schichtdicke 264 · 10^7 cm, die Feldstärke also 8,33 · 10^6 V/cm. In einer frisch formierten Schicht hätte bei dieser Feldstärke der Ionenstrom 0,0136 μA/cm², der Elektronenstrom 24,8 μA/cm² betragen. Statt dessen betrug der Gesamtstrom nur 8,3 μA/cm². Wurde nun plötzlich die Spannung auf 300 Volt, die Feldstärke also auf 11,4 · 10^6 V/cm erhöht, so stieg die Stromstärke im ersten Augenblick überhaupt nicht, sondern nahm ein wenig ab. Erst nach 25 Sekunden erreichte sie wieder den Anfangswert und stieg dann weiter bis 18,9 μA/cm². Bei einer frisch formierten Schicht hätte der Ionenstrom 29700 μA/cm², der Elektronenstrom 2000 μA/cm² der Gesamtstrom also 31700 μA/cm² betragen.

Ob bei einer daran anschließenden Weiterformierung diese Verfestigung zunächst wieder verloren geht, wurde noch nicht untersucht.

3. Die Abhängigkeit des Ionenstromes von der Temperatur.

Die auf Seite 102 wiedergegebenen Versuche von Grünert zeigen uns, daß bei gegebener Spannung diejenige Schichtdicke, bei welcher gerade kein merkliches Gittergleiten vorhanden ist, ebenfalls nach einer e-Funktion der absoluten Temperatur zunimmt. In Figur 66 und 67 ist nicht die Schichtdicke δ, sondern $\frac{\delta}{\varepsilon}$ aufgetragen. Durch Multiplikation der Werte mit $\varepsilon = 7$, für Al_2O_3 und $\varepsilon = 11{,}7$ für Ta_2O_5 ergibt sich δ. In Abb. 70 ist Logarithmus δ über der absoluten Temperatur aufgetragen. Die gestrichelten Kurven sind mit Hilfe der Gleichungen

$$\text{für Al} \quad \log \delta = -2{,}445 + 2 \cdot \log T - \frac{251{,}8}{T}\ \mathrm{m}\mu \tag{25}$$

$$\text{für Ta} \quad \log \delta = -3{,}899 + 2 \cdot \log T - \frac{161{,}6}{T}\ \mathrm{m}\mu \tag{26}$$

erhalten.

In beiden Fällen stimmen Rechnung und Beobachtung befriedigend überein. Vergleichen wir die erhaltenen Werte mit denen der Tabelle 70, so zeigt sich, daß bei 20° C zu den Feldstärken die folgenden Ionenströme gehören:

Al Feldstärke 7,07 · 10^6 V/cm Reststrom 4,9 · 10^{-13} A/cm²
Ta Feldstärke 10,5 · 10^6 V/cm Reststrom 4,2 · 10^{-8} A/cm².

Weiter sind in Tabelle 71 die bei diesen verschwindend geringen Ionenströmen herrschenden Feldstärken in Abhängigkeit von der Temperatur zusammengestellt und auf tiefe Temperaturen extrapoliert. Die Tabelle zeigt, daß bereits bei 100° absolut die Feldstärke bei Al auf 2750 · 10^6 V/cm und bei Ta auf 983 · 10^6 V/cm angestiegen ist. Bei Ionenströmen von der Größenordnung 1 mA/cm² wären die Feldstärken noch wesentlich größer.

Diese enormen Werte der dielektrischen Festigkeit bei tiefen Temperaturen erinnern an eine Durchschlagstheorie fester Körper von Rogowski. Er stellte sich die Frage, wie groß die Feldstärke sein müsse, um durch sie die Gitterkräfte zu überwinden, so daß die Ionen aneinander vorbeigerissen werden und der Isolator sich in einen guten Leiter verwandelt. Diese Feldstärke wäre offenbar die Durchbruchsfeldstärke. Als Dielektrikum wählte Rogowski Steinsalz, NaCl, da dessen sämtliche Gitterwerte gut bekannt sind. Um nicht durch Wärmeschwingungen gestört zu werden, wählte er als Temperatur den absoluten Nullpunkt, womit er sich von vornherein leider den Anschluß an

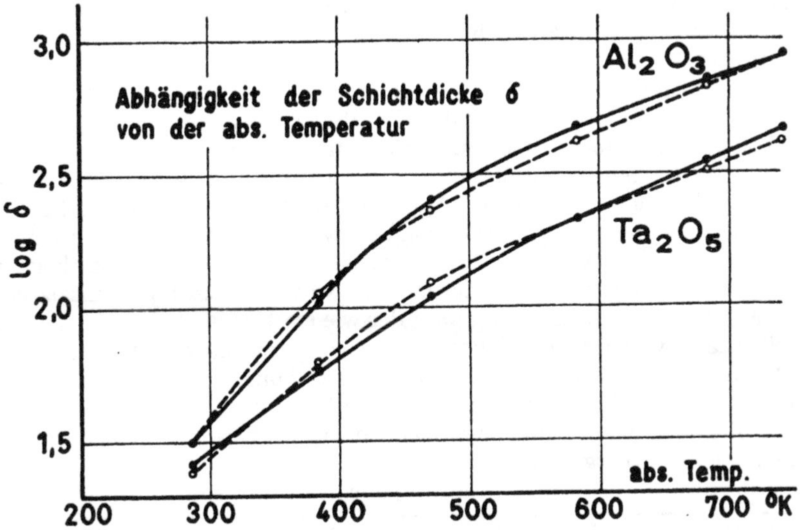

Abb. 70.

die Wirklichkeit verbaute. Er errechnete in der ungünstigsten Kristallrichtung $290 \cdot 10^6$ V/cm und in der günstigsten Richtung, der der Körperdiagonalen $150 \cdot 10^6$ V/cm.

Tabelle 71.

Extrapolation der bei $4{,}9 \cdot 10^{-13}$ A/cm² bei Al und $4{,}2 \cdot 10^{-8}$ A/cm² bei Ta vorhandenen Feldstärken auf tiefere Temperaturen.

Absolute Temperatur	Schichtdicke bei 30 Volt Formierungs-spannung	Feldstärke
	Al_2O_3	
293°	42,2 m/u	$7{,}07 \cdot 10^6$ V/cm
273°	32,0 m/u	$9{,}38 \cdot 10^6$ V/cm
200°	7,07 m/u	$42{,}3 \cdot 10^6$ V/cm
150°	1,38 m/u	$217{,}9 \cdot 10^6$ V/cm
100°	0,109 m/u	$2750 \cdot 10^6$ V/cm
	Ta_2O_5	
273°	24,6 m/u	$12{,}12 \cdot 10^6$ V/cm
200°	7,85 m/u	$38{,}3 \cdot 10^6$ V/cm
150°	2,41 m/u	$124 \cdot 10^6$ V/cm
100°	0,305 m/u	$983 \cdot 10^6$ V/cm

Nun wird Steinsalz bei wesentlich niedrigeren Temperaturen leitend, als Al_2O_3 und Ta_2O_5. Folglich müssen die Gittergleitfeldstärken bei den beiden Oxyden noch wesentlich höher liegen, als die von Rogowski berechneten Werte. Ein Blick auf die Tabelle 71 zeigt uns, daß das höchst wahrscheinlich der Fall ist.

Natürlich können die angegebenen Gleichungen nicht bis hinab zum absoluten Nullpunkt gelten, denn sie würden dort die Feldstärke unendlich ergeben. Es ist aber müßig, darüber theoretische Wägungen anzustellen, solange es keine Möglichkeit gibt, hier experimentell zu tiefen Temperaturen vorzudringen.

Rogowski kannte die hohen Feldstärken der Ventiloxydschichten nicht, sondern nur die Durchbruchsfeldstärke des Steinsalzes von der Größenordnung 10^6 V/cm und verfiel zur Erklärung des gewaltigen Unterschiedes zwischen Berechnung und Messung auf eine phantastische Lockerstellentheorie. In Wirklichkeit hat der Durchschlag des Steinsalzes bei 10^6 V/cm nichts mit Ionenbewegung zu tun, sondern wird dadurch hervorgerufen, daß durch die hohe Feldstärke ein Elektronenstrahl von der Metallkathode abgelöst wird und durch Neutralisierung der Natriumionen im Steinsalz einen leitenden Faden von Natrium erzeugt, der wie ein Kurzschluß wirkt. Ist keine Metallkathode vorhanden, so kann dieser Vorgang nicht eintreten und die von Rogowski berechneten hohen Feldstärken können erreicht werden.

Ordnen wir die Oxyde nach ihren Feldstärken in eine Reihe, wobei diejenigen Feldstärken gewählt sind, bei denen das Gitter gerade noch nicht merklich gleitet, so ergibt sich:

Tabelle 72.

Oxyd	Feldstärke	Oxyd	Feldstärke
Ta_2O_5	12,1 · 10^6 V/cm	Sb_2O_3	5,45 · 10^6 V/cm
WO_3	10,2 · 10^6 V/cm	Nb_2O_5	2,67 · 10^6 V/cm
Al_2O_3	9,42 · 10^6 V/cm	Bi_2O_3	2,18 · 10^6 V/cm
ZrO_2	8,00 · 10^6 V/cm		

Die gleiche Reihe müßten nach unseren Überlegungen die Temperaturen bilden, bei welchen die Oxyde die gleiche thermo-elektrische Leitfähigkeit haben. Leider stehen keine Werte zur Nachprüfung dieser Vermutung zur Verfügung.

Erstaunlich ist, daß Glas durch das Einführen fremder Metallionen elektrisch so stark verfestigt werden kann, daß es wesentlich größere Feldstärken aushält, als die besten Ventiloxyde.

Bei 350° C und 0,16 mA/cm² beträgt die Feldstärke

bei Sn-Glas 6,3 · 10^6 V/cm
„ Hg-Glas 3,57 · 10^6 „
„ Ta_2O_5 1,18 · 10^6 „
„ Al_2O_3 0,71 · 10^6 „

Leider ist für die Glasschichten der Zusammenhang zwischen Feldstärke und Temperatur nicht bekannt. Verläuft er ähnlich wie bei den Oxydschichten, so sind bei tiefen Temperaturen noch höhere Feldstärken zu erwarten, als bei den Oxyden.

f) Der Elektronenstrom.

Beim Elektronenstrom sind drei Gebiete zu unterscheiden, nämlich:

1. in frisch formierten Schichten unterhalb des Gittergleitens,
2. während der Formierung, d. h. bei gleichzeitigem Gittergleiten.
3. In gealterten Schichten.

Da es sich bei allen Elektronenströmen um ein nicht sehr umfangreiches Bereich handelt, ist überall statt der theoretisch richtigeren Formel

$$j_- = A \cdot e^{-\frac{B}{\mathfrak{E}}}$$

die einfachere

$$j_- = A \cdot e^{B \cdot \mathfrak{E}}$$

verwendet worden.

1. Der Elektronenstrom in einer frisch formierten Schicht unterhalb des Gittergleitens folgt dem Gesetz

$$j_- = 6{,}71 \cdot 10^{-8} \cdot e^{0{,}711 \cdot 10^{-6} \cdot \mathfrak{E}} \text{ A/cm}^2 \tag{27}$$

Der Elektronenstrom benötigt zwei Feldstärken, die eine zur Elektronenablösung an der Elektrolytkathode, die andere zum Durchströmen der Oxydschicht. Die letztere ist der Stromdichte proportional. Daß nach der vorstehenden Formel die Stromdichte nach einer e-Funktion der Feldstärke steigt, beweist, daß die Elektronenablösung an der Kathode und nicht der Strömungswiderstand in der Oxydschicht für die gesamte Feldstärke maßgebend ist. Die an der Kathode abgelösten Elektronen strömen so leicht durch die Schicht, daß die dazu nötige Feldstärke gegenüber der Ablösefeldstärke keine Rolle spielt.

2. Sobald die Feldstärke so groß wird, daß merkliches Gittergleiten einsetzt, geht die vorstehende Formel über in

$$j_- = 0{,}8265 \cdot 10^{-10} \cdot e^{1{,}467 \cdot 10^{-6} \mathfrak{E}} \text{ A/cm}^2. \tag{28}$$

Der Exponent verdoppelt sich. Infolgedessen wird beispielsweise bei der Feldstärke $13 \cdot 10^6$ V/cm der Elektronenstrom 200mal so groß, als er ohne Gittergleiten wäre. Man kann sich leicht vorstellen, daß die Elektronen viel leichter von der Kathode abgelöst werden, wenn die Stöße der Ionen gegen den Elektrolyten zu Hilfe kommen. Beide Formeln geben zusammen mit der Formel für den Ionenstrom die folgende Tabelle für die Stromstärken in Al_2O_3 während der Formierung in A/cm².

Tabelle 73.

Positiver und negativer Ionenstrom in Al_2O_3 während der Formierung als Funktion von der Feldstärke.

	j_+A/cm²	j_-A/cm²	jA/cm²
$7{,}0 \cdot 10^6$ V/cm	$4{,}9 \cdot 10^{-13}$	$9{,}7 \cdot 10^{-6}$	$9{,}7 \cdot 10^{-6}$
$8{,}0 \cdot 10^6$ V/cm	$1{,}47 \cdot 10^{-9}$	$19{,}8 \cdot 10^{-6}$	$19{,}8 \cdot 10^{-6}$
$9{,}0 \cdot 10^6$ V/cm	$0{,}74 \cdot 10^{-6}$	$40{,}2 \cdot 10^{-6}$	$40{,}9 \cdot 10^{-6}$
$9{,}5 \cdot 10^6$ V/cm	$9{,}45 \cdot 10^{-6}$	$55{,}3 \cdot 10^{-6}$	$64{,}7 \cdot 10^{-6}$
$10{,}0 \cdot 10^6$ V/cm	$112 \cdot 10^{-6}$	$168 \cdot 10^{-6}$	$280 \cdot 10^{-6}$
$11{,}0 \cdot 10^6$ V/cm	$7080 \cdot 10^{-6}$	$768 \cdot 10^{-6}$	$7848 \cdot 10^{-6}$
$12{,}0 \cdot 10^6$ V/cm	$217000 \cdot 10^{-6}$	$3400 \cdot 10^{-6}$	$220400 \cdot 10^{-6}$
$13{,}0 \cdot 10^6$ V/cm	$4660000 \cdot 10^{-6}$	$14700 \cdot 10^{-6}$	$4674700 \cdot 10^{-6}$

Die Tabelle zeigt, daß zwischen 9,5 und $10 \cdot 10^6$ V/cm die beiden Ströme vergleichbar werden.

g) Elektronengeschwindigkeit und Raumladung bei der Formierung.

Zur Beurteilung der Elektronengeschwindigkeit ziehen wir das Elektronenstoßleuchten während der Formierung heran. Al_2O_3 hat die Dichte 4,00. Das ergibt einen mittleren Ionenabstand von $2{,}04 \cdot 10^{-8}$ cm. Die Spannung pro mittleren Ionenabstand beträgt dann während der Formierung 0,2 V. In Abb. 71 ist der Logarithmus der Helligkeit des Anregungsleuchtens über der Spannung aufgetragen. Danach nimmt die Helligkeit zunächst nach einer steilen *e*-Funktion der Schichtdicke zu. Würden die Elektronen mit konstanter Geschwindigkeit strömen, so könnte die Helligkeit nur proportional der Schichtdicke zunehmen. Strömen sie dagegen nach dem Maxwellschen Verteilungsgesetz unter Beschleunigung, so muß die Helligkeit nach einer *e*-Funktion steigen. Nun beginnt die Helligkeitskurve bei 50 V abzubiegen und in eine wesentlich geringere Steigung überzugehen. Daraus müssen wir

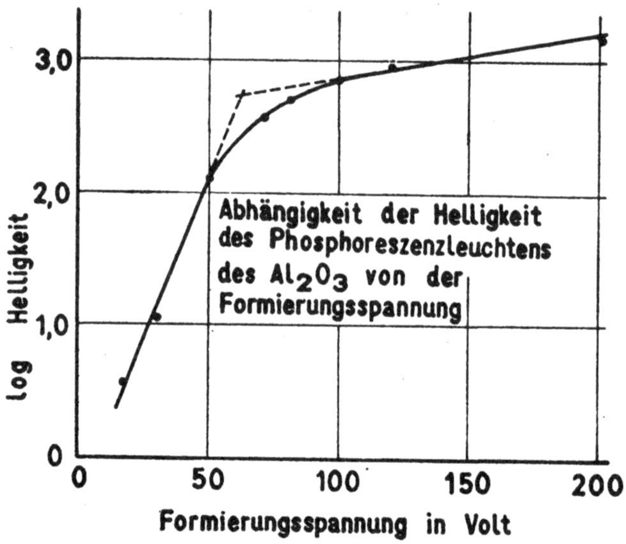

Abb. 71.

schließen, daß bei 50 V oder rund 50 mμ Schichtdicke bereits die mittlere Geschwindigkeit der Elektronen zur Anregung ausreicht. Denn dann kann die Helligkeit nur noch langsamer zunehmen. So kommen wir zu dem Ergebnis, daß die Elektronen bei Erreichen einer Spannung von 50 V im Durchschnitt auf eine 1—2 V durchlaufender Spannung entsprechende Geschwindigkeit beschleunigt sind. Daraus folgt, daß das Al_2O_3 Eigenfrequenzen enthält, die durch die Elektronen angeregt werden und ihnen den größten Teil ihrer Energie wieder abnehmen, ferner daß auch bei noch höheren Spannungen wenige Elektronen die Ionisierungsgeschwindigkeit erreichen und zu ionisieren vermögen. Dazu kommt noch folgende Überlegung: Nur die Sauerstoffionen haben leicht abspaltbare Elektronen. Wird ihnen durch Stoß ein Elektron genommen, so werden sie sich sogleich eins der langsamen Elektronen wieder anlagern. Es kann also nicht zu einer wesentlichen Elektronenvermehrung durch Stoßvorgänge kommen. Elektronenlawinenbildung ist völlig ausgeschlossen.

Wir erhalten also von der Elektronenströmung in frischen Oxydschichten folgendes Bild: Bei geringen Feldstärken strömen die Elektronen mit geringer Energieabgabe durch die Oxydschicht hindurch. Je größer die Feldstärke wird, um so größer werden auch die Stoßverluste, so daß ihre Geschwindigkeit viel langsamer zunimmt als die Feldstärke. Immerhin strömen sie noch so leicht, daß die Stromdichte nicht durch den Widerstand der Oxydschicht, sondern durch die Elektronenemission der Kathode begrenzt ist.

h) Die Elektronenablösung an der Elektrolytkathode.

Bei der Emission von Elektronen aus einer glühenden Metallkathode schießen die Elektronen durch die Metalloberfläche hindurch in das Vakuum hinein und können dort von einem elektrischen Felde erfaßt und zur Anode transportiert werden. Die Zahl der erfaßbaren Elektronen steigt nach einer *e*-Funktion der absoluten Temperatur. An einer Elektrolytkathode gibt es keine freien Elektronen. Sie rotieren um den Kern der O-Ionen in verschiedenen, durch die Energie der Wärmeschwingungen gegebenen Bahnen. Je weiter diese vom Atomkerne entfernt sind, um so leichter werden die Elektronen von einem äußeren Felde abgelöst. Auch hier läßt sich beweisen, daß die Elektronenablösung eine *e*-Funktion, sowohl der Temperatur des Elektrolyten, als auch der elektrischen Feldstärke ist. Die erstgenannte Abhängigkeit ließ sich nicht mit Sicherheit nachweisen, weil das Temperaturbereich dazu nicht ausreichte. Um so genauer wurde die *e*-Funktion der Feldstärke bestätigt.

Aus der Tatsache, daß die Elektronenemission sehr viel schneller mit der Feldstärke zunimmt, sobald die Ionen merklich in Bewegung kommen, schließen wir, daß die Aluminiumionen in den Elektrolyten mit merklicher Energie hineinstoßen und mit Hilfe dieser Stoßenergie die Elektronenablösung begünstigen.

3. In gealterten Al_2O_3-Schichten liegt ein ganz anderer Strömungsmechanismus vor. Die Stromstärke wird nicht mehr durch Elektronenablösung an der Kathode, sondern durch den Strömungswiderstand in der Oxydschicht und die Elektronenraumladung begrenzt. Die Strömungsformel lautet jetzt:

$$j_- = \frac{U^{2,509}}{1,716 \cdot 10^{11}} \cdot \mathrm{A/cm^2} \tag{29}$$

Um die Bedeutung dieser Formel zu erkennen, machen wir folgenden Ansatz:

$j = \varrho$ v. ϱ Raumladungsdichte, v-Geschwindigkeit der Elektronen. (30)

$$\frac{d\mathfrak{E}}{dx} = 4\pi\varrho \tag{31}$$

$$v = C \cdot U^{3/2} \tag{32}$$

dann wird

$$j = \frac{C}{4\pi} \frac{d\mathfrak{E}}{dx} U^{3/2} \tag{33}$$

Wir integrieren zunächst $\frac{d\mathfrak{E}}{dx}$

$$\mathfrak{E} = \frac{dU}{dx} \frac{4\pi j}{C} U^{-3/2} \cdot x$$

$$U^{3/2} \cdot dU = \frac{4\pi j}{C} x \cdot dx$$

$$2/5 \cdot U^{5/2} = \frac{4\pi j}{C} \cdot \frac{x^2}{2}$$

nennen wir die gesamte Schichtdicke δ, so ergibt sich

$$j = \frac{C}{5\pi} \cdot \frac{U^{5/2}}{\delta^2} \tag{34}$$

Wir bekommen also tatsächlich die experimentell gefundene Formel. Wir schließen daraus, daß der Ansatz $v = C \cdot U^{3/2}$ richtig ist. Das heißt also, die Elektronengeschwindigkeit steigt mit der 3/2 Potenz der durchlaufenen Spannung, oder mit anderen Worten, die Elektronen geben um so weniger Energie an die Ionen ab oder ihre mittlere freie Weglänge wird um so größer je schneller sie sind.

Das Strömungsgesetz $j = C \cdot U^{5/2}$ findet sich auch bei den sogenannten Ozelitwiderständen, die durch Zusammensintern von C, SiO_2 und Al_2O_3 hergestellt sind. Auch bei ihnen dürfte das Al_2O_3 für diese Art der Strömung verantwortlich sein.

Auch diese Tatsache, daß das Durchdringen der Oxydschicht für die Elektronen um so schwieriger wird, je mehr sich das Ionengitter dem Idealzustand nähert, ist sehr einleuchtend.

Wenn die Elektronenströmung aber durch die Schicht selbst bedingt ist, so fehlt ihr die Richtungsabhängigkeit. Dann kann keine Gleichrichterwirkung mehr vorhanden sein. Diese Erfahrung ist in der Tat gemacht worden. Die Gleichrichterwirkung von Aluminium-Elektrolytgleichrichtern wird um so schlechter, je länger sie eingeschaltet sind, um schließlich praktisch aufzuhören.

Es ist sehr bemerkenswert, daß derartige Alterungserscheinungen an Ta_2O_5-Schichten nicht beachtet worden sind. Die Erklärung dürfte darin liegen, daß Ta_2O_5 bei ungenügender Sauerstoffbeladung in einen wesentlich besser leitenden Zustand übergeht (siehe Seite 99).

i) Die Funken.

Die Erklärung der Funken bietet beträchtliche Schwierigkeiten. Führen wir uns zunächst noch einmal folgende Tatsachen vor Augen:

1. Bei den dünnen Glasschichten gibt es keine Funken. Das führt uns zu der Vermutung, daß die Elektronen für die Funkenbildung in den Oxydschichten verantwortlich sind.

2. Sobald das Gittergleiten merklich wird, steigt die Elektronenablösung an der Kathode auf den mehrhundertfachen Wert. Wir müssen also annehmen, daß sie durch den Stoß der Metallionen in den Elektrolyten hinein begünstigt wird.

3. Der Formierungsstrom, oder bei großem Vorwiderstand die Spannung an der Zelle, schwanken. Bei Beginn der Formierung sind die Schwankungen so gering, daß sie nur mit der äußersten Verstärkung der Radiotechnik wahrgenommen werden können. Während der Formierung steigen sie jedoch nach einer e-Funktion der Spannung an, bis sie so groß werden, daß sie durch geringfügige Zuckungen des Voltmeters gerade wahrgenommen werden können. Gleichzeitig geht das bis dahin völlig gleichmäßige bleiche Leuchten der Oxydschicht in ein Spiel zahlloser feinster Fünkchen über, die im ersten Augenblick fast so fein und zahlreich erscheinen, wie die Sterne der Milchstraße. Gleichzeitig bekommt die Formierungskurve einen Knick. Die folgende Tabelle zeigt, wie erstaunlich dabei der Ionenstrom zurückgeht.

Tabelle 74.

Prozentualer Anteil des positiven und negativen Stromes am Gesamtstrom bei der Formierung von Ta mit 2 mA/cm².

	$I+$	$I-$
Ta in 0,015 normaler NaOH-Lösung		
Vor dem Knick	51 %	49 %
Nach dem Knick	4,2%	95,8%
Ta in 0,05 n CH_3COOK		
Vor dem Knick	56 %	44 %
Nach dem Knick	6,6%	93,4%
Ta in 0,35 n CH_3COOK		
Vor dem Knick	56 %	44 %
Nach dem Knick	1,9%	98,1%

Auf den ersten Blick verblüffen diese Zahlen. Bei konstanter Feldstärke geht plötzlich der Ionenstrom auf $^1/_{20}$ bis $^1/_{50}$ zurück.

Man ist zunächst geneigt, anzunehmen, daß durch die Funken die Elektronenablösung an der Kathode sehr erleichtert wird, wie es bei normalen Funken der Fall ist und daß infolgedessen fast der ganze Strom jetzt Elektronenstrom ist und die Spannung zusammenbricht. Die Spannung bricht aber nicht zusammen, sondern schwankt anfangs um weniger als 1%.

Wir wollen zunächst versuchen, diese verblüffende Tatsache zu erklären. Bekanntlich sind in jedem Leiter bei normaler Temperatur infolge der Maxwellschen Verteilung der Energie auf die Elektronen und die statistischen Schwankungen der Elektronendichte äußerst geringe Strom- und Spannungsschwankungen vorhanden, deren außerordentlich verstärkte Wirkungen in der Radiotechnik als Wärmerauschen bekannt sind. Ebenso schwanken auch die Beweglichkeiten der durch die Oxydschicht strömenden Ionen statistisch um ihren Mittelwert. Sobald aber ein Ion in einem Augenblick eine größere Beweglichkeit hat und infolgedessen einen längeren Weg zurücklegt, nimmt es auch mehr Energie aus dem Felde auf, was seine Beweglichkeit weiter erhöht. Denken wir uns also den Oxydschichtquerschnitt in lauter Mikrostromfäden zerlegt, so wird in einem gegebenen Augenblick die Stromdichte in einigen Fäden größer sein, als im Mittel und bestrebt sein mit Hilfe der Feldenergie weiter zu wachsen. Die größere Stromdichte wird zu einer entsprechend vergrößerten Elektronenablösung an der Kathode führen, die abgelösten Elektronen den Stromfaden weiter erhitzen. Gegen diese Steigerung wirkt die Energiezerstreuung in die Umgebung des Stromfadens, wobei diejenige Energie, die an seinen Enden an das Ventilmetall einerseits, den Elektrolyten andererseits abgegeben wird, für den Stromanstieg völlig verloren ist. Dieser Verlust macht aber um so weniger aus, je länger der Stromfaden, d. h. je dicker die Oxydschicht, je höher die Formierungsspannung ist.

Es liegen hier also ganz analoge Verhältnisse vor, wie beim elektrischen Wärmedurchschlag. Einerseits treiben Wärme und Strom sich gegenseitig in die Höhe, andererseits fließt die Wärme um so schneller ab, je höher die Temperatur ist. Bei starker Kühlung und geringen Schwankungsmöglichkeiten, also bei dünner Oxydschicht klingt der Vorgang nach Erreichen einer bestimmten Temperaturerhöhung wieder ab. Bei einer ganz bestimmten Schichtdicke und Spannung dagegen kippt der Vorgang. Temperatur und Strom treiben sich gegenseitig schneller in die Höhe, als die Wärme weggeführt werden kann. Es kommt zur Bildung eines gutleitenden Kanals und zum völligen Zusammenbruch der Spannung. Das sind die beobachteten Funken. Es leuchtet ein, daß die Stärke der Schwankungen, wie beobachtet, nach einer e-Funktion der Schichtdicke zunimmt. Bei der Funkenbildung muß die Temperatur des Funkenkanals solange ansteigen, bis sein Widerstand so gering geworden ist, daß die Stromwärme gerade zur Deckung der Wärmeableitung und der Strahlungsverluste ausreicht.

Wie ist es aber möglich, daß die Spannung im Funken völlig zusammenbricht, ohne daß die Spannung an der Zelle auch nur 1‰ schwankt? Denn daß ein Funkenkanal von 10^{-5} cm Länge und einer Temperatur von weit über 1000° C keine Spannung aufzunehmen vermag, dürfte ja wohl außer Zweifel sein. Um das zu erklären, wollen wir versuchen, die Funken rechnerisch zu erfassen, wobei wir uns auf die auf S. 42 beschriebenen Maximalspannungsfunken beschränken wollen, da nur für sie Messungen vorliegen. Bei ihnen beträgt nach S. 42 bei Al der Funkenradius $3 \cdot 10^{-4}$ cm, der Querschnitt also $2{,}8 \cdot 10^{-7}$ cm². Da uns Größenordnungen genügen, werden wir überall mit abgerundeten Zahlen rechnen. Bei 420 V Formierungsspannung ist die Schichtdicke $420 \cdot 10^{-7}$ cm, das Volumen des Funkenkanals also $420 \cdot 10^{-7} \cdot 2{,}8 \cdot 10^{-7} = 1{,}2 \cdot 10^{-11}$ cm³. Bei einer Al_2O_3-Dichte von 4,00 wird seine Masse $5 \cdot 10^{-11}$ g. Wird die mittlere spezifische Wärme des Al_2O_3 zu 0,2 angenommen, so beträgt die zum Erhitzen auf 1000° C erforderliche Wärmemenge $5 \cdot 10^{-11} \cdot 1000 \cdot 0{,}2 = 10^{-8}$ cal $= 4{,}2 \cdot 10^{-8}$ Wattsec. Wird, wie üblich, mit 2 mA/cm² formiert, so ist die Leistung pro cm² 0,84 Watt. Würde diese Leistung in den Funken zusammengezogen, so würde sie den Funkenkanal in $5 \cdot 10^{-8}$ sec auf 1000° C erhitzen, wenn während dieser Zeit kein merklicher Wärmeverlust durch Wärmeableitung stattfindet. In der Tat ist diese Zeit so kurz, daß diese Annahme erlaubt ist.

Weiter ist zu untersuchen, bis auf welchen Betrag der Strom steigen kann, wenn die Spannung am Funkenkanal auf fast Null zusammenbricht. Der Strom muß sich dann im Elektrolyten auf den Querschnitt des Funkenkanals zusammenziehen. Dabei trifft er auf einen Ausbreitungswiderstand

$$R = \frac{\varrho}{2\pi} \cdot \frac{1}{r_f} \qquad (35)$$

wo ϱ der spezifische Widerstand des Elektrolyten und r_f der Radius des Funkenkanales ist. Bei der benutzten 0,05 n. Lösung ist $\varrho = 200\,\Omega$, also $R = 10^5\,\Omega$. Daraus $\mathfrak{J} = \frac{U}{R} = \frac{420}{10^5} = 4{,}2$ mA. Bei diesem Strom nimmt also der Ausbreitungswiderstand bereits die gesamte Spannung von 420 V auf.

Dieser Ausbreitungswiderstand erschwert auch das auf S. 117 erwähnte Kippen der Entladung um so mehr, je größer er ist. Man könnte das als Ursache dafür ansehen, daß diese Kippspannung, die Funkenspannung mit zunehmender Verdünnung des Elektrolyten ansteigt.

Während der Formierung sitzt aber eine kapazitive Ladung von $6{,}3 \cdot 10^{-6} \frac{\text{Asec}}{\text{cm}^2}$ auf der Al_2O_3-Schicht. Die Spannung an der Schicht braucht also nur um $\frac{6{,}3 \cdot 10^{-6}}{4{,}2 \cdot 10^{-8}} = 1{,}5\%$ zu sinken, damit bereits 1 cm^2 der Oberfläche die zum Erhitzen des Funkenkanals erforderliche Elektrizitätsmenge zur Verfügung stellt. Also kommt es nicht zu einer außerordentlich kurzen Zunahme des Formierungsstromes um 2,2 mA, sondern zu einer etwas längeren und entsprechend geringeren. Die Kapazität wirkt schwankungsausgleichend.

Um ein Urteil darüber zu gewinnen, wie lange dieser erhöhte Strom im Funkenkanal andauert, berechnen wir seine Gasentwicklung. Eine halbkugelförmige Sauerstoffblase, deren Radius gleich dem des Funkenquerschnittes ist, also gleich $3 \cdot 10^{-4}$ cm, hat ein Volumen von $6 \cdot 10^{-11}$ cm^3. 1 Asec entwickelt $6 \cdot 10^{-2}$ cm^3 Sauerstoff. Der Strom ist zu rund 95% Gas entwickelnder Elektronenstrom. Dann brauchen 4 mA $2 \cdot 10^{-7}$ sec, um die angenommene Gasblase zu entwickeln. Spätestens nach dieser Zeit wird der Strom durch den Funkenkanal von der Gasblase unterdrückt, wenn die Spannung unterhalb von 340 Volt liegt, so daß sie nicht imstande ist, die Gasblase zu durchschlagen. Dieser Fall liegt bei den Formierungsfunken stets vor, solange nicht sehr verdünnte Lösungen verwendet werden. Das ist der Grund, weshalb bei ihnen das Voltmeter kaum merklich zuckt, denn es ist viel zu träge, um so kurzen Schwankungen merklich zu folgen.

Oberhalb von 340 V wird die Gasblase durchschlagen und der Strom erlischt erst, wenn die Gasblase so gewachsen ist, daß sie mehr Spannung verzehrt, als zur Verfügung steht. Das ist in der Regel bei den Maximalspannungsfunken der Fall. Da aber jetzt die Gasblase fast die gesamte Spannung beansprucht, kann wiederum der Strom nicht wesentlich steigen. Nach den Tabellen auf S. 48 sind die Dauern der Maximalspannungsfunken von der Größenordnung 10^{-3} sec. Der Radius der Gasblase läßt sich dann (bei 420 V) auf 0,3 mm schätzen.

Endlich ruft der Rest des Stromes, der aus Ionen besteht, eine stürmische Oxydation des Al am Fuße des Funkenkanals hervor. Es entsteht momentan eine poröse Warze, etwa von der Gestalt der Abb. 72, die den Strom weiterhin an dieser Stelle sperrt, nachdem die Gasblase verschwunden ist. Diese auf jeden Funken folgenden Oxydwarzen haben zur Folge, daß sich allmählich über die sperrende Oxydschicht eine zweite poröse nicht sperrende lagert, sobald das Funkenspiel beginnt. Gleichzeitig wird die bis dahin glasklare, schöne Interferenzfarben zeigende Oxydschicht trübe und bald weißlich undurchsichtig. Es lassen sich dann durch Kapazitätsmessungen zwei Oxydschichtdicken ermitteln, die eine im normalen Verfahren, im Elektrolyten, die andere, viel dickere, nachdem der Elektrolyt entfernt, die Oxydschicht gewässert und

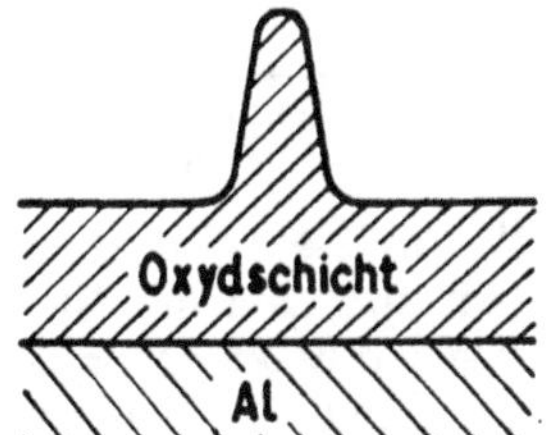

Abb. 72. Protuberanz der Oxydschicht infolge eines Funkens.

getrocknet und die Zelle mit Quecksilber gefüllt ist. Dieses vermag in die feinen Poren der durch die Funken erzeugten dickeren Schicht nicht einzudringen, da sie mit dem Elektrolyten gefüllt sind.

Mit Hilfe des Vorstehenden verstehen wir nun auch, weshalb bei Beginn des Funkenspiels die Formierungsgeschwindigkeit plötzlich auf $^1/_{20}$ bis $^1/_{50}$ abnimmt, obwohl scheinbar die Feldstärke die gleiche geblieben ist. Wir wissen, daß im Formierungsgebiet der Ionenstrom auf weniger als 1% abnimmt, wenn die Feldstärke um 10% gesenkt wird.

In der unmittelbaren Umgebung jedes Funkens wird die Spannung durch den Ausbreitungswiderstand abgesenkt. Sobald der Funke erloschen ist, muß der Strom zunächst einmal die hier verlorengegangene Elektrizitätsmenge wieder herbeischaffen. Sind nun die Fünkchen des Funkenspiels so häufig, daß im Mittel dauernd 96% der Oxydfläche von solchen Senkungsgebieten bedeckt sind, die am Wachstum der Schicht nicht teilnehmen, so kann das mittlere Wachstum nur noch mit 4% des bisherigen erfolgen.

Nun ist noch zu erklären, weshalb die Funkenspannung linear mit dem Logarithmus der Verdünnung des Elektrolyten steigt. Einen ganz analogen Vorgang haben wir in der gewöhnlichen Elektrolyse. Das elektrochemische Potential, also diejenige Spannung, bei welcher Elektronen abgegeben oder aufgenommen werden, beträgt

$$E = E_0 - \frac{0{,}058}{n} \log c, \tag{36}$$

wobei c die Ionenkonzentration des Elektrolyten ist.

Genau der gleiche Zusammenhang besteht aber zwischen der Funkenspannung sowie der Maximalspannung und der Ionenkonzentration des Elektrolyten. Wird c in Normalitäten gerechnet, so ergeben sich bei 0° C die Werte der Tabelle 75 für die Formel

$$U = U_0 - B \cdot \log c. \tag{37}$$

Tabelle 75.

	Ta_2O_5		Al_2O_3	
	U_0	B	U_0	B
Funkenspannung	89,5 V	81,6	160,1 V	81,6
Maximalspannung	163,2 V	243,9	163,2 V	243,9

Wir müssen also annehmen: Das Kippen der Entladung beruht auf der Mitwirkung von der Elektrolytkathode abgelöster Elektronen und für diese vermehrte Elektronenablösung ist eine Ablöseenergie erforderlich, die mit dem Logarithmus der Verdünnung steigt. Daraus folgt weiter, daß die maximalen Stoßenenergien, die die Ionen erreichen und die sie zur zusätzlichen Elektronenablösung an der Kathode befähigen, mit der Formierungsspannung und Schichtdicke zunehmen, weil die statistischen Schwankungen mit ihr zunehmen.

Daß die verfügbaren Funkenströme wegen des Ausbreitungswiderstandes mit zunehmender Verdünnung immer geringer werden, kann nicht zur Erklärung der Abhängigkeit der Funkenspannung von der Verdünnung herangezogen werden, weil dabei keine e-Funktion, sondern Proportionalität vorliegt.

Die angegebenen Formeln führen zu dem in der folgenden Tabelle 76 gegebenen Zusammenhang zwischen der Konzentration des Elektrolyten, seiner Funkenspannung und seiner Maximalspannung. Die Werte sind aus Messungen an vielen Elektrolyten gemittelt. Die Abweichungen der Einzelwerte vom Mittel sind im allgemeinen gering. Nur NaOH hat erstaunlich niedrige Werte der Maximalspannung in sehr konzentrierten Lösungen.

Tabelle 76.

Funken- und Maximalspannung von Ta und Al in Abhängigkeit von der Konzentration des Elektrolyten.

$\varkappa$ = spez. Leitvermögen ϱ = spez. Widerstand.

Elektrolyt-Konzentration	Ta Funkenspg. Volt	Al Funkenspg. Volt	Ta u. Al Max. Spg. Volt	Säuren $\varkappa 18^0$ $\frac{1}{\text{Ohm, cm}}$	Säuren $\varrho 18^0$ Ohm, cm
1,0 n	89	160	160	0,300	3,3
0,1 n	171	241	405	0,036	28
10^{-2} n	253	323	600	$3{,}69 \cdot 10^{-3}$	270
10^{-3} n	334	460	890	$3{,}76 \cdot 10^{-4}$	$2{,}7 \cdot 10^{3}$
10^{-5} n	498	565	1380	$3{,}79 \cdot 10^{-6}$	$2{,}6 \cdot 10^{5}$
10^{-8} n	742	810	2110	$3{,}8 \cdot 10^{-9}$	$2{,}6 \cdot 10^{8}$

Die größte Schwierigkeit bietet die Erklärung der Tatsache, daß sich oberhalb der Funkenspannung noch eine zweite, die Maximalspannung befindet, bei welcher die Funken ihren Charakter ändern und die Formierung völlig aufhört. Die Funkenspannung hängt von der Art der Oxydschicht ab. In Al_2O_3 liegt sie höher als in Ta_2O_5. Die Maximalspannung ist für sämtliche Ventilmetalle gleich. Wir müssen also schließen, daß die Funkenspannung durch das Zusammenwirken der Eigenschaften der Oxydschicht und des Elektrolyten bedingt ist, die Maximalspannung dagegen durch den Elektrolyten ganz allein. Auffallend ist noch folgendes: Wenn man in einem hochverdünnten Elektrolyten eine Oxydschicht herstellt, die beispielsweise 800 V aushält, und dann ausschaltet, einen konzentrierten Elektrolyten einfüllt, der bei normaler Formierung bei 400 V seine Maximalspannung erreicht und nun die Spannung langsam erhöht, so treten trotz der doppelt so dicken Oxydschicht dicht oberhalb von 400 V bereits die Maximalspannungsfunken auf, d. h. es kommt auf eine bestimmte Spannung an und die Dicke der Oxydschicht spielt eine ganz untergeordnete Rolle. Daß die Schicht jetzt nicht mehr weiterwächst, rührt offenbar daher, daß die Spannung dauernd auf der Oxydoberfläche soweit gesenkt ist, daß die Ionen nicht mehr strömen können. Die beste Erklärung der Maximalspannungsfunken scheint mir zu sein, daß es sich bei ihnen um eine Gasentladung in den Gasblasen handelt, welche die gesamte Spannung aufnehmen. Das erklärt ohne weiteres, weshalb die Maximalspannung für alle Oxydschichten gleich ist. Es würde sich dann allerdings die Folgerung ergeben, daß die für eine Gasentladung mit sehr geringen Strömen in einer Gasblase erforderliche Spannung mit dem Logarithmus der Verdünnung des Elektrolyten ansteigt. Leider liegen Versuche darüber noch nicht vor.

Aus der weiteren erstaunlichen Tatsache, daß Metallionen im Anion die Maximalspannung um so mehr erniedrigen, je edler sie sind, so daß bei Pt-haltigen Ionen in 0,05 n. Lösung die Maximalspannung von 450 V auf 33 V sinkt, immer aber streng logarithmisch mit der Ionenkonzentration zusammenhängt, müssen wir nach dem Vorstehenden folgern, daß Gasentladungen mit Elektrolytkathode schon bei niedrigen Spannungen möglich sind, wenn sich derartige Anionen im Elektrolyten befinden. Leider liegen auch darüber noch keinerlei Messungen vor.

k) Flußrichtung.

Auch die Erklärung der Erscheinungen der Flußrichtung bietet Schwierigkeiten. Auch in der Flußrichtung ist der Strom äußerst gering, bis er bei einer ganz bestimmten Spannung, der Mindestspannung, plötzlich mit merklichen Werten einsetzt. Anscheinend bildet er ebenfalls eine *e*-Funktion der Spannung. Die Mindestspannung ist vom Kation unabhängig, sofern nicht Na- oder K-Ionen vorhanden sind. Bei Al steigt sie gemäß Abb. 73 geradlinig mit der Schichtdicke an. Auf die Schichtdicke Null extrapoliert geht sie durch 7,5 V. Die ihrem Anstieg entsprechende Feldstärke beträgt $3{,}3 \cdot 10^6$ V/cm.

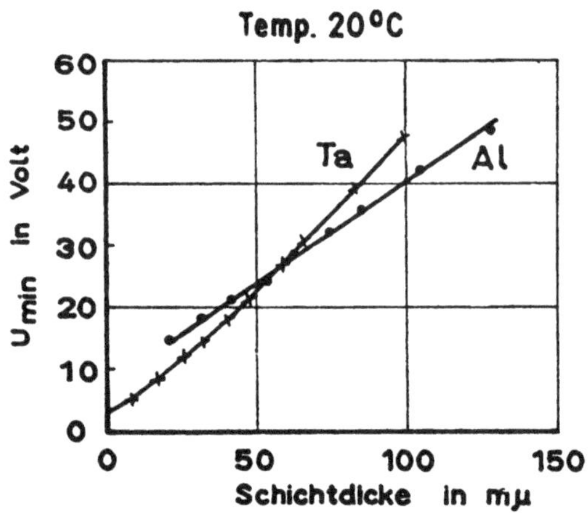

Abb. 73. Die Mindestspannung in Abhängigkeit von der Schichtdicke in alkalifreien Elektrolyten.

Daraus folgern wir: Die Strömung durch die Schicht ist in der Flußrichtung nur mit Hilfe von Elektronen möglich, die an der jetzigen Kathode der Schicht, dem Ventilmetall, abgelöst werden. Also muß dort mindestens die Ablösearbeit geleistet werden. Sie beträgt bei Al im Vakuum 2,7 eV. Demgegenüber erscheinen 7,5 eV sehr hoch. Allerdings sind sie die Zellenspannung. Um die Spannung an der Oxydschicht zu bekommen, müssen wir die Spannung an der Anode abziehen. Wird sie zu 2,0 V geschätzt, so bleiben 5,5 eV übrig. Leider liegen Messungen über die Ablösearbeit der Elektronen von Al in eine Al_2O_3-Schicht hinein nicht vor.

Die erforderliche Feldstärke an der Kathode kann auf zweierlei Weise zustande kommen: 1. Wenn das Oxyd ein vollkommener Nichtleiter ist, dadurch, daß sie auf der ganzen Dicke der Oxydschicht vorhanden ist. 2. Wenn das Oxyd Leitfähigkeit hat, dadurch, daß die Ladungen in der Schicht soweit strömen, daß sich die Spannung von 5,5 V unmittelbar an die Kathodengrenze legen kann. Hat das Oxyd dabei sehr hohen Widerstand, so ist eine zusätzliche Feldstärke nötig. Offenbar ist also die gemessene Feldstärke von $3{,}3 \cdot 10^6$ V/cm nötig, um die erforderliche Ladungsverschiebung hervorzurufen.

Diese Vermutung wird durch das eigenartige Verhalten der Mindestspannung bei K- und Na-Ionen im Elektrolyten unterstützt. Wird nämlich eine frisch formierte Zelle, deren Elektrolyt solche Ionen enthält, an eine Wechselspannung gelegt, so hat die Mindestspannung im ersten Augenblick den gleichen Wert, wie bei den übrigen Ionen. Sehr schnell aber, im Laufe von Sekunden, sinkt sie stark ab, beispielsweise in geschmolzenem $NaNO_3$ bei 330^0 C auf 3,06 V und ist in diesem Falle auch von der Schichtdicke unabhängig. Von diesen 3,06 V ist noch die Spannung an der Anode, einem Pt-Blech, abzuziehen. Veranschlagen wir sie auf 0,6 V, so kommen wir gerade auf die Ablösearbeit des Na.

Wir müssen also folgern, daß sich die Al-Kathode sehr bald nach dem Einschalten in eine Na-Kathode verwandelt und daß bei 330^0 C die Oxydschicht bereits so gut leitet, daß sich die gesamte Spannung auf die Kathodengrenze legen kann, ohne daß ein zusätzlicher Spannungsverbrauch in der Schicht stattfindet.

Wie kommt aber das Na durch die Oxydschicht hindurch auf die Al-Oberfläche? Nun, das ist leicht zu erklären. Die Alkaliionen vermögen in festen Körpern außerordentlich viel leichter zu wandern, als die Ionen anderer Metalle. Beispielsweise hat auf 342^0 C erhitztes Thüringer Glas einen spezifischen Widerstand von nur 4400 Ω, cm, der völlig auf der Beweglichkeit der Alkaliionen beruht, während der Widerstand desselben Glases bei Ersatz der Alkaliionen durch andere Metallionen bei kleinen Feldstärken unmeßbar groß wird und erst bei Feldstärken der Größenordnung $3 \cdot 10^6$ V/cm auf meßbare Werte der Größenordnung $10^{10}\,\Omega$, cm sinkt.

Wir müssen also annehmen: Beim Einschalten der Wechselspannung werden in der Flußrichtung alsbald Alkaliionen an der Oxydschicht abgeschieden und wandern vermöge der Feldstärke von $3{,}28 \cdot 10^6$ V/cm durch die Oxydschicht zum Al. Dort werden sie entladen, bilden jetzt die Kathode und rufen Elektronenemission bereits bei ihren geringen Ablösespannungen hervor. Bei 330^0 C ist weiter keine zusätzliche Feldstärke erforderlich. In wäßrigen Lösungen wird die bei den anderen Metallionen erforderliche Feldstärke durch die Anwesenheit der Alkaliionen wesentlich verringert. Bei $KAlO_2$ ist nur noch $0{,}1 \cdot 10^6$ V/cm erforderlich.

Hierzu kommt noch eine weitere Besonderheit der Alkaliionen. Fehlen sie, so wird, wie zu erwarten, gegen Ende der Flußrichtung der Strom wieder Null, sobald die Betriebsspannung auf den Betrag der Mindestspannung sinkt, weil die schnell fliegenden Elektronen gleichzeitig aus der Schicht verschwinden. Sind dagegen Alkaliionen vorhanden, so dauert der Strom an, bis die Betriebsspannung Null wird. Er wird jetzt durch die Alkaliionen aufrecht erhalten. Die folgende Sperrichtung entfernt dann sofort alle in der Oxydschicht vorhandenen Ionen. Nur die bereits am Ventilmetall entladenen haften an ihm.

So erhalten wir für Al ein klares und befriedigendes Bild.

Bei Ta sind die Erscheinungen nicht so einfach. Die Kurve der Mindestspannung über der Schichtdicke ist keine Gerade, wie bei Al, sondern leicht geschweift. Unsicher extrapoliert geht sie bei etwa 0,4 V durch die Null-Ordinate. Wie auf Seite 99 erläutert, wird die Ta_2O_5-Schicht an der Tantalgrenze eitend, sobald mit der Spannung der Sauerstoffdruck nachläßt. Dadurch treten am Ta Störungen auf, die die erwähnten Unregelmäßigkeiten verständlich machen. Im Mittel ist bei Ta die zusätzliche Feldstärke etwas größer als bei Al. Sie beträgt $4{,}65 \cdot 10^6$ V/cm.

Die an der Ventilmetallkathode in Freiheit gesetzten Elektronen werden beim Durchstoßen der Oxydschicht beschleunigt und stoßen infolgedessen mit einer einigen Volt entsprechenden Geschwindigkeit in den Elektrolyten hinein. Das hat zur Folge, daß der dort von ihnen entwickelte Wasserstoff in einiger Entfernung von der Oxydoberfläche ausfällt. An einer mit mäßiger Wechselstromdichte belasteten Pt-Elektrode wird bekanntlich keinerlei Gas entwickelt, weil der in der einen Richtung entwickelte Wasserstoff zunächst auf der Elektrode haftet und durch die äquivalente Menge des in der nächsten Halbperiode entwickelten Sauerstoffs wieder zu Wasser oxydiert wird. Hier ist das dagegen nicht möglich, weil beide an verschiedenen Stellen entwickelt werden. Wird also ein Ventilmetall mit Wechselstrom belastet, und durch hohe Betriebsspannung und großen Vorwiderstand dafür gesorgt, daß die Ströme in beiden Richtungen praktisch gleich sind, so wird schon bei sehr geringen Stromdichten fast quantitativ am Ventilmetall Knallgas entwickelt. Ebenso fällt Cu aus einer $CuSO_4$-Lösung nicht in Form einer Kupferschicht aus, sondern als Pulver, das zu Boden sinkt.

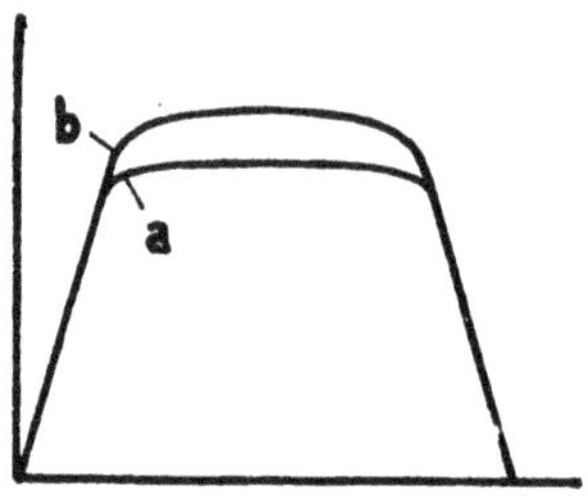

Abb. 74.
a Mindestspannung bei kleiner Stromdichte
b desgl. bei großer Stromdichte.

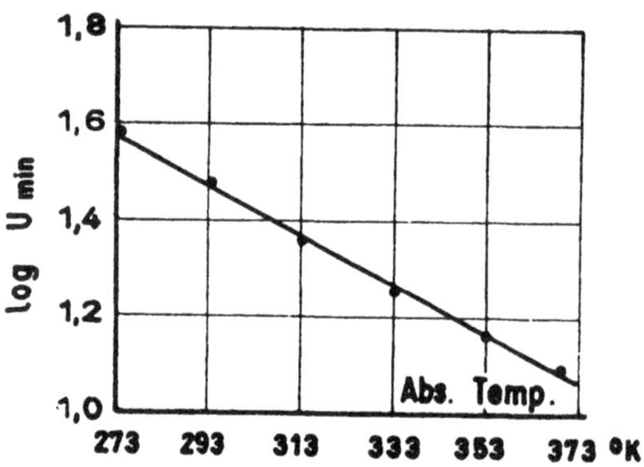

Abb. 75. Abhängigkeit der Mindestspannung von der absoluten Temperatur.

Wenn nun aber die Elektronen durch kalte Elektronenemission der Metallkathode geliefert werden, so muß die Mindestspannung mit der Stromdichte nach einer e-Funktion zusammenhängen. Es sieht nämlich der fragliche Teil der Spannungskurve so aus wie Abb. 74 zeigt. Die Folge ist, daß man bei der Messung bei kleiner Stromdichte den Punkt a, bei großer den Punkt b als Mindestspannung wählt. Die Abhängigkeit der Mindestspannung von der Stromdichte liegt also im Meßverfahren begründet. In der Tat ergibt sich z. B. für Ta bei 0° C und Formierung bis 50 V.

$$U = 31{,}3 + 6 \cdot \log j \ V; \ j \text{ in mA/cm}^2. \qquad (38)$$

Ferner muß die Mindestspannung bei größeren Schichtdicken nach einer e-Funktion der Temperatur abnehmen, denn die Leitfähigkeit der Oxydschicht, die die zusätzliche Feldstärke hervorruft, nimmt nach einer *e*-Funktion der Temperatur zu. Abb. 75 zeigt, daß das der Fall ist. Die Formel lautet für den angegebenen Fall

$$\log U = 2{,}915 - 0{,}00500 \cdot T. \tag{39}$$

Eine Schwierigkeit ist jedoch noch zu überwinden. Bei Verwendung von Na-Ionen ist die Mindestspannung eine Funktion der Konzentration des Elektrolyten. Die Formel lautet bei Formierung bis 84 V und 0° C

$$\begin{aligned} &\text{Für Ta } U = 7{,}7 - 1{,}73 \cdot \log c. \\ &\text{Für Al } U = 4{,}40 - 1{,}73 \cdot \log c. \end{aligned} \tag{40}$$

Das zwingt zu der Annahme, daß sich das Na an den Strömung in der Oxydschicht wesentlich beteiligt und zwar um so stärker, je größer die Konzentration des Elektrolyten ist, weil seine Ablösung vom Elektrolyten nach einer *e*-Funktion der Konzentration zunimmt. Sobald es aber in die Oxydschicht eintritt, verringert es in ihr die Feldstärke entsprechend.

II. Aufbau und Eigenschaften der technischen Elektrolytkondensatoren.

A. Allgemeine Richtlinien.

Die allgemeinen Forderungen heißen bei Elektrolytkondensatoren:

1. Möglichst klein
2. Geringste dielektrische Verluste
3. Temperaturunabhängigkeit
4. Größte Lebensdauer
5. Möglichst leicht (in Flugzeugen)
6. Überlastbarkeit durch höhere Spannungen
7. Möglichst billig.

Der wichtigste Grundsatz zur Erfüllung der meisten dieser Forderungen ist: äußerste Reinheit sämtlicher Materialien und des Fabrikationsverfahrens. Insbesondere müssen sowohl das als Anodenblech verwendete Al als auch der Elektrolyt und der Abstandshalter außerordentlich rein sein. Über den verhängnisvollen Einfluß schon der geringsten Verunreinigungen des Elektrolyten, besonders durch Cl-Ionen ist auf Seite 137 genau berichtet. Die Beseitigung der Cl-Ionen ist besonders dringend, wenn die Anodenbleche zur Vergrößerung ihrer Oberfläche mit Salzsäure korrodiert werden. Staub in den Fabrikräumen, der mikroskopische leitende Teilchen aus Metall oder Kohle enthält, macht die Kondensatoren unbrauchbar, wenn er bei ihrer Herstellung auf die fertig formierte Oxydschicht gelangt. Die Kondensatoren schlagen dann durch.

Die Größe der Kondensatoren war durch die geforderte Leistung bedingt, bis es gelang, die Mikrooberfläche der Anoden durch chemisches oder mechanisches Aufrauhen weitgehend zu vergrößern und die Kondensatoren entsprechend zu verkleinern. Bei solchen Kondensatoren bildet die innere Erwärmung die Grenze der Verkleinerung.

Die dielektrischen Verluste steigen mit der Frequenz der Pulsationen und mit ihrem Betrage.

Geringe Temperaturabhängigkeit muß durch Elektrolyte angestrebt werden, in denen das Al auch bei erhöhter Temperatur noch praktisch völlig unlöslich ist, denn seine Löslichkeit ist der ärgste Feind der Kondensatoren. Werden Temperaturen unter Null verlangt, so ist ein Elektrolyt zu wählen, der bei den gewünschten Temperaturen noch flüssig ist, was unter — 20° C auf große Schwierigkeiten stößt.

Befinden sich die Kondensatoren in einer wesentlich über 20° C liegenden Temperatur, so besteht die Gefahr, daß der dadurch wesentlich vergrößerte Reststrom die Kondensatoren weiter aufheizt und dadurch selbst weiter steigt, so daß sich beide gegenseitig in die Höhe treiben, bis es zum Zusammenbruch des Kondensators kommt. Dem wird durch zwei Maßnahmen begegnet: 1. werden die Kondensatoren so angeordnet, daß sie gut gekühlt sind, 2. werden sie so konstruiert, daß ihre Restströme äußerst gering sind und nur langsam mit der Temperatur steigen. Der Elektronenstrom, der bei fehlender Löslichkeit der Oxydschicht der einzige Strom im Kondensator ist, wird durch die Verfestigung der Oxydschicht durch Dauereinschaltung verringert. Wahrscheinlich hängt seine Größe außerdem weitgehend von dem Formierungsverfahren ab, das von allen Firmen mehr oder weniger geheim gehalten wird.

Die Lebensdauer steigt mit der Reinheit aller verwendeten Materialien und setzt ebenfalls einen Elektrolyten voraus, in welchem das Al praktisch völlig auslöslich ist.

Das Bestreben, zu möglichst hohen Spannungen zu kommen, wird durch die Formel für die Funkenspannung $U = 160{,}1 - 81{,}6 \cdot \log c$ begrenzt. Denn die Spannung darf nicht so hoch sein, daß Funken auftreten. Sie würden den Kondensator zerstören, weil die Wärmeableitung in einem gewickelten Kondensator, womöglich mit dem viskosen Glycerinelektrolyten im Vergleich zu der bei der Formierung in einem wäßrigen Elektrolyten außerordentlich schlecht ist.

Die Tragik der angegebenen Formel ist, daß die Funkenspannung nur mit dem Logarithmus der Verdünnung steigt, während der Ohmsche Widerstand des Elektrolyten nahezu proportional der Verdünnung wächst. Durch sorgfältiges Altern des Kondensators kann man mit der Spannung noch einiges höher kommen, als die obige Formel angibt. Andererseits aber haben gerade diejenigen Lösungsmittel, die wegen ihrer sonstigen guten Eigenschaften bei höheren Nennspannungen verwendet werden, Glyzerin und Glykol, wegen ihrer großen Viskosität bei gleicher Ionenkonzentration wesentlich größere spezifische Widerstände, als wäßrige Lösungen. Weil also der ohmsche Widerstand des Elektrolyten mit der Funkenspannung so schnell ansteigt, ist es bisher nicht gelungen, über 600 V als äußerste Grenze hinauszukommen und es ist wenig Aussicht, diese Rekordspannung noch zu überschreiten.

Die Verhältnisse liegen leider anders, als bei galvanischen Elementen, wo man auch eine Zeit lang bestrebt war, Elemente mit möglichst hohen Urspannungen zu entwickeln, bis man einsah, daß es viel einfacher, betriebssicherer und billiger war, zwei Elemente mit der halben Urspannung in Reihe zu schalten. Dieses Verfahren ist leider bei den Elektrolytkondensatoren nicht ohne weiteres anwendbar. Es bekommt da nämlich nicht jeder die halbe Spannung, sondern die Teilspannungen stellen sich so ein, daß beide Restströme gleich sind. Hat also ein Kondensator bei der Nennspannung einen wesentlich kleineren Reststrom, als ein anderer, so bekommt er bei Hintereinanderschaltung eine wesentlich größere Spannung als der andere und gerät in Gefahr durch Überhitzung oder Durchschlag zusammenzubrechen.

Höchst bedauerlich ist, daß gerade mit den beiden am meisten verwendeten Lösungsmitteln, Glyzerin und Glykol, fast überhaupt noch keine wissenschaftlichen Untersuchungen der Ventilwirkung durchgeführt sind. Das hat seinen Grund vor allem darin, daß große Ionenkonzentrationen nicht zu erreichen, nur wenige Salze genügend löslich sind, der Elektrolytenwiderstand wesentlich größer ist, als der wäßriger Lösungen und die Kühlung sehr schlecht ist.

Die Spannungsüberlastbarkeit hängt von der Höhe der Nennspannung ab. Im allgemeinen vertragen die Kondensatoren infolge der Verfestigung der Oxydschichten durch Alterung Spannungen von 10 bis 20% über der Nennspannung, ohne daß eine Nachformierung eintritt und der Reststrom eine bedenkliche Größe erreicht. Bei Kondensatoren, die empfindlichen Apparaten parallel geschaltet sind, um sie vor Überspannungsstößen zu schützen, ist es sogar erwünscht, daß sie bei nicht allzugroßer Überschreitung der Nennspannung durchlässig werden und den Überspannungsstoß ableiten. Bedingung ist dabei allerdings, daß die Elektrizitätsmenge, die der Überspannung zur Verfügung steht, nicht so groß ist, daß die Kondensatoren stark erhitzt werden.

Eine zweite Bedingung ist, daß die Nennspannung nicht so hoch ist, daß die Kondensatoren durch die Überspannung die Grenze der Funkenspannung überschreiten.

Werden die Kondensatoren dauernd mit einer Spannung belastet, die so hoch über der Nennspannung liegt, daß das Gittergleiten wieder einsetzt, so ist der Kondensator ernstlich gefährdet, auch wenn die Spannung noch nicht so hoch ist, daß Funken auftreten können. Wird beispielsweise ein Kondensator für 200 V Nennspannung auch nur mit 50 mA belastet, so ergibt das 10 W Leistungsaufnahme, was ziemlich bald die Temperatur so weit in die Höhe treibt, daß der Zusammenbruch unvermeidlich ist. Auch scharfe Kühlung hilft da nichts. Denn die Wärmeableitung im Inneren des Kondensators ist sehr schlecht. Sowohl die Oxydschicht, wie die Glyzerinschicht, wie die Abstandshalter sind sämtlich sehr schlechte Wärmeleiter. Eine kühlende Konvektion ist ausgeschlossen und die sehr dünnen Al-Folien liegen quer zum Wärmestrom. Es kann deshalb ohne weiteres ein Kondensator infolge von thermischer Überlastung zusammenbrechen, dessen Oberfläche auf 0° C gehalten wird.

B. Allgemeiner Aufbau.

Jeder Elektrolytkondensator muß aus den Einzelteilen Anode, Elektrolyt, Kathode, Gehäuse und Stromzuführung aufgebaut werden. Da sowohl die Raumersparnis wie der verhältnismäßig große Widerstand des Elektrolyten fordern, daß der Abstand zwischen Anode und Kathode so klein wie möglich ist, tritt hierzu in der Regel noch der „Abstandshalter", eine isolierende, den Elektrolyten aufsaugende, den Strom nicht wesentlich hindernde Zwischensubstanz, die Anode und Kathode in einem möglichst geringen Abstand voneinander trennt.

C. Eigenschaften des Aluminiums.

Als Anode für Elektrolytkondensatoren wird fast ausschließlich Aluminium verwendet. Deshalb sind im folgenden die wichtigsten Eigenschaften dieses Metalles zusammengestellt·

Zeichen: Al; Atomgewicht 26,90, chemische Wertigkeit 3,
Schmelzpunkt 659° C, Siedepunkt 1800° C,
spezifisches Gewicht bei 20° C 2,70.

Seinem ganzen Wesen nach ist Al ein sehr unedles, sich gierig mit Sauerstoff verbindendes Metall. Die Bildungswärme des Oxydes Al_2O_3 ist für 1 Mol. = 102 g 380 kgcal, also sehr groß.

Die Verwendung dieser großen Bildungswärme zur Erzeugung hoher Temperatur im Thermitverfahren ist bekannt.

Salzsäure, verdünnte Laugen und Kochsalzlösungen greifen Al sichtbar an, und zwar um so schneller, je weniger rein das Metall ist. Insbesondere ein Gehalt an Eisen und Kupfer vermindert die Widerstandsfähigkeit des Metalles. Sehr schädlich ist auch ein Siliziumgehalt. Verdünnte organische Säuren wie Essigsäure, Zitronensäure, Oxalsäure lösen Aluminium erst bei 100° mit merklicher Geschwindigkeit auf, Salpetersäure greift zwar weder in konzentrierter noch in verdünnter Form bei gewöhnlichen Temperaturen an, aber beim Siedepunkt erfolgt lebhafte Oxydation.

Daß sich Al trotz dieser außerordentlich großen Redaktionsfähigkeit an trockener Luft beliebig lange scheinbar unangegriffen hält, rührt daher, daß sich jede Al-Oberfläche in Berührung mit Sauerstoff momentan mit einer lückenlosen Oxydschicht von zunächst nicht viel mehr als molekularer Dicke überzieht, die die Härte von Korund hat, auf dem Al sehr fest haftet, infolge ihrer äußerst geringen Dicke jede Biegung des Werkstückes mitmacht und die weitere Einwirkung des Sauerstoffes verhindert. Nur diejenigen Lösungen, die diese Oxydschicht aufzulösen vermögen, können das Al angreifen. Lückenlos kann diese Oxydschicht jedoch nur dann sein, wenn sich in der Al-Oberfläche keine fremden Stoffe befinden. Jeder in der Oberfläche zutage liegende Fremdstoff bildet eine Lücke in der schützenden Oxydschicht und gibt das Al in der Umgebung der Einwirkung des Sauerstoffes preis.

Deshalb ist das Al um so weniger angreifbar, je reiner es ist, und deshalb kann Al für Elektrolytkondensatoren gar nicht rein genug sein. (Eine Ausnahme macht vielleicht ein geringer Si-Gehalt. Siehe unten.) In der Reinheit des Al sind nun erfreulicherweise in den letzten Jahren große Fortschritte gemacht worden. Es wird gutes Al von 99,9% hergestellt. Derartiges Al läßt sich zu Folien sehr geringer Dicke auswalzen. Beispielsweise werden von der Rheinischen Blattmetall A.-G. die Dicken 0,005 mm und 0,01 mm lagermäßig geführt. Beim Walzen kommt es darauf an, daß nicht durch Reibung von den Walzen her Spuren von Eisen auf die Oberfläche des Al geraten. Sie führen bei der Formierung zu schweren Störungen. Es empfiehlt sich, vor der Verwendung einer jeden Al-Sorte zu Elektrolytkondensatoren in dieser Richtung sorgfältige Stichproben zu machen. Eisen ist deshalb so schädlich, weil es in sauerstoffhaltigen Elektrolyten zur Passivität neigt, d. h. sich als Anode nicht auflöst, sondern Sauerstoff an seiner Oberfläche entstehen läßt. Damit verhindert es die Formierung der von ihm bedeckten Teile des Al-Bleches.

Die große Reaktionsfähigkeit des Al tritt sogleich hervor, wenn die Bildung einer schützenden Oxydhaut verhindert wird. Wird z. B. Al unter Quecksilber gekratzt, so amalgamiert es sich an den freigekratzten Stellen mit dem Quecksilber. Das flüssige Amalgam verhindert die Bildung der Schutzschicht. Infolgedessen wächst jetzt ein Al_2O_3-Bäumchen aus dem Amalgam vor, bis es infolge seiner lockeren Beschaffenheit abfällt, worauf ein neues entsteht, ein Vorgang, der tagelang andauern kann und zu einer tiefen Korrosion der betroffenen Stellen führt.

In ähnlicher, wenn auch milderer Weise wird die Oxydschicht durch aufgebrachtes Kochsalz, wie es sich beispielsweise im Handschweiß findet, angegriffen, so daß auch dadurch leicht schwache Stellen mit allmählicher Korrosion entstehen. Deshalb sind die beiden ersten und wichtigsten Regeln bei einer Verwendung von Al zu irgendwelchen elektrolytischen Zwecken:

1. so reines Al wie irgend möglich;
2. so sauberes Arbeiten und so sorgfältige Vermeidung jeglicher Verunreinigungen wie irgend möglich.

Für Elektrolytkondensatoren werden verschiedene Arten von Al verwendet. Al höchster Reinheit hat den kleinsten Reststrom. Es scheint aber, als ob es leichter korrodiert, als wenn es etwas Si enthält. Das günstigste Verhalten liegt bei 0,40% Si.

Da sich Al auch bei Wechselstrom formiert und ein Kondensator, selbst wenn er an pulsierender Gleichspannung liegt, vom Wechselstrom durchflossen wird, so würde sich auch die Kathode formieren, wenn sie aus reinem Al bestände und dadurch die Kapazität des Kondensators allmählich verringert werden. Deshalb wird die Kathode nicht aus reinem, sondern aus einem stark legierten Al hergestellt, so daß sie sich nicht formieren kann. Besonders Si-Zusatz größerer Menge ist geeignet.

D. Verfahren der Oberflächenvergrößerung.

Bei einem Elektrolytkondensator für einige hundert Volt Betriebsspannung beträgt die Anodenoberfläche, da die Dicke der Oxydschicht der Formierungsspannung proportional ist, ein Vielfaches von der eines Kondensators von gleicher Kapazität aber kleinerer Betriebsspannung. Dies bedingt bei der Fertigung von Elektrolytkondensatoren von nennenswerten Kapazitäten bei höheren Spannungen relativ großflächige Anodenbleche und damit entsprechend große Abmessungen der Kondensatoren selbst. Die Verwendung der Kondensatoren als Schaltelemente in vielerlei elektrischen Geräten erfordert aus Platzgründen grundsätzlich kleine Abmessungen. Abgesehen von Materialersparnis und der damit verbundenen Kostensenkung wurden daher Verfahren entwickelt, durch die die Oberfläche vergrößert wird, ohne dabei die linearen Abmessungen selbst zu erweitern. Die Verfahren bestehen in einer Aufrauhung der Oberfläche.

a) Mechanische Aufrauhverfahren.

Das in der Technik bekannte Verfahren Metalloberflächen durch Sandstrahlen zu reinigen, verursacht durch das Aufschlagen des Sandes immer eine Aufrauhung der Oberfläche und damit eine Vergrößerung derselben. Es lag daher nahe, dieses Verfahren auch zum Aufrauhen von Aluminiumelektroden für Elektrolytkondensatoren zu verwenden. Die in der Technik üblichen an sich robusten Methoden sind bei den sehr dünnen mechanisch sehr empfindlichen Aluminiumfolien nicht ohne weiteres anwendbar. Nach einem hierfür entwickelten Verfahren[1] werden die Aluminiumbänder in einem

[1] Aus RP. 695 171.

fortlaufenden Verfahren über Walzen geführt, die während derSandstrahlung als Gegendruckfläche dienen. Die Walzen, die als Umlenkrollen ausgebildet sind, sind so angeordnet, daß das Aluminiumband beim Lauf über die eine Rolle von der einen Seite und beim Lauf über eine andere Rolle von der anderen Seite bestrahlt wird. Die Transportgeschwindigkeit des Bandes beträgt 0,5 bis 5 m pro Min. Durch entsprechend starken Zug werden entstehende Wölbungen ausgeglichen. Der Grad der Aufrauhung kann mit der Korngröße des Sandes sowie durch Änderung der Aufprallgeschwindigkeit der Körner beliebig variiert werden.

Durch das Sandstrahlen werden die Aluminiumbänder außerordentlich hart und spröde und müssen daher anschließend weich geglüht werden. Hiernach werden die Bänder in einer heißen Lauge oder in einem Säurebad von anhaftenden Staub- und Sandteilchen gereinigt und schließlich in reinem Wasser gekühlt.

Ein weiteres mechanisches Aufrauhverfahren besteht in folgendem[1]: Durch Anpressen der Aluminiumfolie an ein Widerlager wird feinstkörniges, sehr hartes Material (z. B. Korund), das sich zwischen Widerlager und Folie befindet, in letztere eingepreßt. Die Widerlager sind Rollen, über die das Aluminiumband hinwegläuft und so angeordnet, daß beide Seiten der Aluminiumfolie behandelt werden. Durch gegenläufige Bewegung von Rollen und Band kann gleichzeitig auch eine reibende oder schleifende Wirkung erzielt werden. Die bei diesem Vorgang auf der Aluminiumoberfläche haften bleibenden Schleifpartikel werden mechanisch durch Überleiten der Folien über Bürsten oder mittels Reinigungsbäder entfernt.

Das im Aluminiumdruck bekannte Verfahren zum Schleifen oder Körnen des Aluminiums eignet sich auch zum Aufrauhen desselben[2]. In einem Schleifkasten wird auf das zu körnende Aluminium Sand oder Bimssteinpulver in etwas Wasser nebst Kugeln aus Glas oder Porzellan gegeben, die durch ihre zwangsläufige Bewegung im Schleifkasten und vermöge ihres Eigengewichtes den Sand bzw. das Bimssteinpulver in das Aluminium eindrücken und so die Körnung hervorrufen. Ein Vorteil dieses Verfahrens besteht darin, daß mit der Korngröße des Sandes oder des Bimssteinpulvers der Grad der Körnung beliebig variiert werden kann.

In der deutschen Patentschrift Nr. 737 229 wird ein Verfahren beschrieben, nach dem die Oberfläche der Aluminiumfolie durch Aufspritzen einer feinen Anodenmetallschicht vergrößert wird. In Abb. 76 ist das Verfahren schematisch dargestellt. Das Aluminiumband läuft über die gleichzeitig als Gegendruckfläche dienenden Umlenkrollen 4 und 5 und wird mittels der Düsen 7 beiderseitig bespritzt. Die Transportgeschwindigkeit beträgt 0,5 bis 5 m pro Min. bei einem Zug, der so stark ist, daß Verwerfungen der Aluminiumfolie unmittelbar ausgeglichen werden. Das durch das Bespritzen hart und spröde gewordene Band durchläuft anschließend den Durchlaufofen 8 und wird bei 700 bis 800° C weichgeglüht. Zur langsameren Abkühlung durchläuft es noch einen auf rd. 250° C erwärmten Heizkanal 9 und schließlich noch ein Reinigungs- bzw. Beizbad 10. Als Reinigungs- oder Beizmittel werden schwach konzen-

[1] Aus RP. 690 445.
[2] Aus RP. 679 264.

tierte Laugen wie Soda, Natron oder Kalilaugen oder Säuren wie Salz- oder Schwefelsäure verwendet. Wesentlich für die Wirksamkeit des Reinigungsbades ist, daß ein leichter Metallangriff unter Gasabscheidung stattfindet, da durch die entstehenden Gasblasen die auf der Oberfläche haftenden Staubteilchen losgerissen werden.

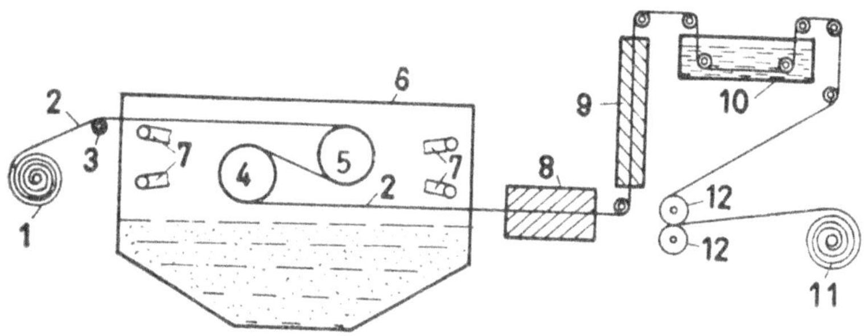

Abb. 76.

b) Physikalisch-chemische und chemische Aufrauhverfahren.

Von den bisher bekannten Aufrauhverfahren sollen nach Angaben aus der Patentliteratur die elektrolytischen die besten Ergebnisse ergeben. Die aufzurauhende Aluminiumfolie ist bei diesem Verfahren als Lösungselektrode geschaltet. Gewisse Schwierigkeiten, insbesondere bei Anwendung hoher Stromdichten, bietet die Stromzuführung. Erfolgt diese durch Gleitkontakt, wie z. B. beim Hinweggleiten der Folie über eine Kontaktrolle, so kann bei ungenügendem Kontakt durch lokale Erhitzungen und eine damit begünstigte Korrosionseinwirkung das Band stellenweise zerstört werden. Diese Gefahr ist umso größer, je stärker sich die Kontaktkorrosion auch auf die an sich glatten Oberflächen der Kontaktrollen auswirkt.

In geschickter Weise werden diese Fehlerquellen durch folgende Anordnung[1] ausgeschaltet. Die Anordnung besteht grundsätzlich aus mindestens zwei getrennten Bädern. Das eine Bad enthält eine feste positive und das zweite Bad eine feste negative Elektrode. Das zu ätzende Aluminiumband durchläuft, ohne mit einem der beiden Pole in Berührung zu kommen, gleichzeitig beide Bäder. Dadurch schaltet es beide Bäder elektrisch zusammen, wobei es in Bad 1 als negative und in Bad 2 als positive Elektrode wirkt. Das Ätzen selbst erfolgt in Bad 2, da hier das Band Anode ist. In Bad 1 wird das Band gereinigt, da hier das Band Kathode ist, wird an diesem Wasserstoff abgeschieden und damit gleichzeitig eine intensive Entfettung erzielt. Als Elektrolyt wird für das Reinigungsbad im allgemeinen eine Lauge und für das Ätzbad eine Säure verwendet.

Ein anderes Verfahren[2] beruht im wesentlichen auf der Korrosionswirkung von Lokalelementen. Die Ätzflüssigkeit ist mit feinsten Metallteilchen, und

[1] Aus RP. 691 254.
[2] Aus RP. 682 517.

zwar von einem Metall, das in der Spannungsreihe höher steht als das zu ätzende Aluminium, versetzt. Die Teilchen, die auf die Aluminiumoberfläche gelangen, bilden mit diesem kurzgeschlossene Lokalelemente, wobei das Aluminium an den Berührungsstellen in Lösung geht und kraterförmige Aushöhlungen hinterläßt. Auf diese Weise wird eine lavaähnliche Struktur der Aluminiumoberfläche erzielt. Wesentlich ist, daß nach dem Ätzprozeß die auf der Aluminiumoberfläche anhaftenden Metallteilchen wieder gründlichst entfernt werden, da sonst fehlerhafte Korrosionen wie auch Formierungsstörungen zu befürchten sind. Die geätzten Bänder werden daher durch Säurebäder geschleust, in denen die Aluminiumbänder an sich nicht oder nur unwesentlich angegriffen werden, die anhaftenden Fremdmetallteilchen jedoch vollkommen gelöst werden.

In einem weiteren Verfahren[1] werden Leichtmetalle wie Magnesium, Calcium, Lithium, Beryllium o. dgl. direkt in das Aluminium einlegiert und hinterher durch Ätzmittel herausgelöst, wobei das Aluminium, da es edler als die angeführten Legierungsmetalle ist, nicht angegriffen wird. Die Anwendung von Leichtmetallen als Legierungsmetall hat den großen Vorteil, daß selbst bei nicht vollkommenen Herauslösen der einlegierten Leichtmetalle dies insofern nicht schädlich ist, da ihre Oxydationsprodukte dem des Aluminiums verwandt sind und daher keine ernstlichen Korrosionszentren bilden können.

Der rein chemische Angriff auf eine Aluminiumoberfläche durch eine Beizflüssigkeit hängt besonders im Anfangstadium sehr stark von dem Zustand der Oberfläche ab. Hemmend und zu einem ungleichmäßigen Angriff führend wirken fest haftende Verunreinigungen, die Luftoxydschicht und schließlich auch Härteunterschiede, die durch das Walzen an vielen Punkten der Oberfläche verursacht werden. An sich ist die Oberflächenvergrößerung umso geringer, je gleichmäßiger der Angriff auf die Oberfläche stattfindet. Insofern ist ein unterschiedlicher Angriff an den verschiedenen Stellen der Oberfläche erwünscht.

Das Ätzen mit Laugen, die gegenüber Säuren den Vorteil haben, daß auf der Oberfläche keine schwierig zu entfernenden Reaktionsprodukte zurückbleiben, hat ergeben, daß die Oberflächen doch relativ gleichmäßig angegriffen werden, so daß die tatsächliche Oberflächenvergrößerung relativ gering ist. Um nun einen ungleichmäßigen Angriff zu erzwingen, besteht ein Verfahren[2], nach dem die Oberfläche mit einem rasterartigen Schutzüberzug versehen wird, so daß die Beizflüssigkeit nur punktweise an der Oberfläche angreifen kann. Das Raster ist ein lackartiger, wachsiger, harz- oder fettartiger Stoff, der durch Drucken oder Spritzen aufgebracht wird und nach dem Ätzen mittels Lösungsmittel, durch Erwärmen, oder mechanisch wieder entfernt wird.

Ein Verfahren[3], in dem die Aufrauhung der Aluminiumoberfläche weder mechanisch noch rein chemisch erfolgt, besteht darin, die Oberfläche durch Glimmentladung porig zu machen. Nähere Einzelheiten über das Verfahren selbst sind uns nicht bekannt. Im Prinzip dürfte es so sein, daß das Band in einer Gasentladung mit sehr kleinem Druck als Kathode geschaltet wird und

[1] Aus RP. 746 367.
[2] Aus RP. 679 186.
[3] Aus RP. 691 337.

durch das Aufprallen der positiven Ionen zunächst die Luftoxydschicht weggetrommelt wird und dann Metallteilchen aus der Oberfläche herausgeschlagen werden. Dieser Vorgang ist um so intensiver, je höher der Kathodenfall, d. h. der Spannungsabfall an der Kathode ist, weil mit diesem die Geschwindigkeit der positiven Ionen ansteigt und sie dadurch mit höherer Energie auf die Oberfläche aufprallen. Die Glimmentladung mit einem sauerstoffreien Gas bewirkt eine ideale Reinigung der Oberfläche und hinterläßt auch keinerlei störende Reaktionsprodukte, wodurch in dieser Hinsicht das Verfahren denjenigen mit einer notwendigen Nachreinigung überlegen ist.

Allgemein sei erwähnt, daß ganz besondere Sorgfalt auf die Nachreinigung der geätzten Aluminiumbänder zu legen ist. Besonders schwierig ist es, die in den durch das Ätzen geschaffenen feinen Poren befindliche Beizflüssigkeit sowie Reaktionsprodukte restlos zu entfernen. Erfolgt dies nicht vollkommen, so können erhebliche Formierungsstörungen als auch im Laufe der Zeit einsetzende Korrosionen die Folge sein. Die üblichen Reinigungsverfahren bestehen im Spülen oder Auskochen in Wasser oder einem Alkohol und erfordern im allgemeinen erheblichen Zeitaufwand und entsprechende Mengen Spülmittel, da besonders aus den feinen Poren die Verunreinigungen nur langsam herausdiffundieren.

Als besonders vorteilhaft erscheint uns ein Reinigungsverfahren[1], in dem die Ätzprodukte durch Elektrodialyse bzw. Elektroosmose (Elektrophorese) entfernt werden. Die zu reinigende Elektrode wird unter Verwendung von mindestens einer Membran der Wirkung eines elektrischen Gleichstromes oder Wechselstromes sehr niedriger Frequenz ausgesetzt. Das in der Patentschrift ausführlich dargelegte Verfahren ist nachfolgend wiedergegeben.

Als Spülmittel für den Anoden- bzw. Kathodenraum dienen vorzugsweise Flüssigkeiten, die weitgehend frei sind von Fremdionen irgendwelcher Art und eine geringe Leitfähigkeit aufweisen, z. B. destilliertes oder elektroosmotisch gereinigtes Wasser, Glyzerin oder Glykol. Durch die Verwendung solcher Flüssigkeiten läßt sich die für die elektroosmotische bzw. elektrodialytische Reinigung benötigte Strommenge herabsetzen.

Eine andere Maßnahme zur Verminderung der Spülmittelmenge und Reinigungsdauer besteht in der Vereinigung der Elektrodialyse mit einem chemischen oder kolloidchemischen Vorgang, der die schädlichen Ionen oder Kolloide beseitigt oder unschädlich macht.

Dies läßt sich auf folgenden Wegen durchführen, wobei angenommen sei, daß die der Reinigung vorangegangene Ätzung unter Verwendung von Salzsäure erfolgte:

1. Durch Fällung der Chlorionen, z. B. als Chlorsilber AgCl, als Antimonoxychlorid SbOCl, als Mercurochlorid Hg_2Cl_2, Bleichlorid $PbCl_2$ und als Wismutoxychlorid in den Formen BiOCl oder $BiCl(OH)_2$.

Zur Erreichung der Fällung kann man so vorgehen, daß man dem Bade entsprechende Salze zugibt oder indem man die Gegenelektrode aus dem entsprechenden Metall bildet.

Zur Fällung von Silberchlorid ist es zweckmäßig, entweder die Gegenelektrode aus Silber herzustellen oder dem Bade Silberhydroxyd in Form von in Wasser suspendiertem Silberoxyd Ag_2O hinzuzufügen.

[1] Aus RP. 680 793.

Zur Fällung von Antimonoxychlorid wird vorzugsweise eine aus Antimon bestehende Gegenelektrode benutzt.

Zur Fällung von Mercurchlorid ist es empfehlenswert, dem Bade Quecksilbernitrat etwa von der Form $Hg\ (NO_3)_2 + 8\,H_2O$ beizugeben.

Zur Fällung von Bleichlorid wird vorteilhaft eine aus Blei bestehende Gegenelektrode verwendet und dem Bade Bleinitrat $Pb\ (NO_3)_2$ oder Bleiacetat $Pb\ (C_2H_3O_2)_2 + 3\ H_2O$ zugesetzt.

Zur Fällung von Wismutoxychlorid wird vorzugsweise eine Wismutelektrode benutzt.

2. Durch Umwandlung von dem Bade zugesetzten Substanzen in Komplexverbindungen, d. h. zu chemischen Vereinigungen mehrerer Atome zu einer Gruppe, die freie Valenzen hat.

Man gibt z. B. dem Bade Platinchlorid $PtCl_4$ zu. Es wird sich dann die Komplexverbindung $PtCl_6$ mit zwei freien Valenzen bilden, die wahrscheinlich dann mit zwei Wasserstoffatomen in den Platinchloridchlorwasserstoff $(PtCl_6)H_2 + 6\ H_2O$ übergehen wird.

Man gibt z. B. dem Bade Chromhydroxyd $Cr\ (OH)_3$ zu, das mit dem auf der geätzten Elektrode befindlichen Chlorionen in die Komplexverbindung $Cr\ (OH_2)_4Cl_2$ mit einer freien Valenz übergehen wird, wobei diese dann sich umwandeln wird in folgende Verbindung: $(Cr\ [OH_2]_4Cl_2)\ Cl + 2\ H_2O$.

Man gibt z. B. dem Bade gelbes Palladosamminchlorid $(NH_3)_2Pd\ Cl_2$ bzw. Palladiumchlorür $Pd\ Cl_2 + 2\ H_2O$ zu, wobei sich die Komplexverbindung $Pd\ Cl_4$ mit zwei freien Valenzen bildet.

Selbstverständlich fällt es in den Rahmen der Erfindung, wenn statt der angegebenen Komplex- bzw. Endverbindungen andere Komplex- bzw. Endverbindungen entstehen sollten.

3. Durch Umwandlung der Substanzen ionogenen Charakters in Substanzen nichtionogenen Charakters.

Diese Umwandlung kann z. B. wie folgt bewerkstelligt werden:

Die in Salzsäure geätzte Elektrode wird an den negativen Pol und die Gegenelektrode an den positiven Pol einer Spannung angelegt. Zweckmäßig wird Gleichspannung von 10 bis 50 Volt angewendet. Es können jedoch auch wesentlich höhere Spannungswerte bei geeigneten Flüssigkeiten mit Erfolg angewendet werden.

Zwischen beiden Elektroden befindet sich ein Diaphragma.

Dem Raum, in dem sich die positive Elektrode befindet, wird tropfenweise eine Verbindung zugegeben, die ein höheres Radikal des Benzols enthält, z. B. Benzoldiazoniumhydroxyd $C_6H_5N_2(OH)$.

Die Chlorionen werden beim Durchgang des elektrischen Stromes auch aus den tiefsten Poren der geätzten Elektrode weggezogen und wandern in den Raum, in dem sich die positive Elektrode befindet. Hier bilden sie mit dem Benzoldiazoniumhydroxyd wahrscheinlich zunächst das Benzoldiazoniumchlorid $C_6H_5N_2Cl$, das sich sofort zersetzt in $C_6H_5Cl + N_2$. Während der Stickstoff als Gas entweicht, bleibt das unlösliche Chlorbenzol C_6H_5Cl zurück.

4. Durch Absorption und durch Ausflockung mit Kolloiden.

Manche elektrisch geladenen Kolloide werden nämlich durch Ionen ausgeflockt (vgl. Lehrbuch der physikalischen Chemie von Dr. John Eggert, Verlag von Hirzel, Leipzig 1926, S. 433).

Es hat sich als vorteilhaft erwiesen, dem Bade positiv geladene Teilchen von Eisenhydroxyd $Fe(OH)_3$, Aluminiumhydroxyd Al $(OH)_3$, Chromhydroxyd Cr $(OH)_3$, Titandioxyd TiO_2 oder Zirkondioxyd ZrO_2 zuzusetzen, die mit den in den Poren befindlichen Chlorionen die Ausflockungen bilden.

Die nach den Verfahren Nr. 1, 2 und 4 zur Fällung erforderlichen Ionen können dem Elektrodenraum auch in echten oder kolloidalen Lösungen oder Aufschwemmungen zugeführt werden oder dadurch, daß die Gegenelektroden aus einem Material hergestellt werden, das durch chemische Umsetzung entsprechende Ionen liefert. Es wurde bereits darauf hingewiesen, daß Silber, Blei und Wismut geeignete Metalle sind.

Die Verwendung von Gegenelektroden aus solchen Metallen hat den Vorteil, daß keine Dosierung etwa zuzugebender Substanzen erforderlich ist. Die notwendigen Ionen werden von den Elektroden geliefert, eine Überdosierung kann nicht erfolgen.

c) Spritzverfahren.

Eine besonders große Oberfläche wird erhalten, wenn Aluminium nach dem Metallspritzverfahren von Schoop auf eine geeignete Unterlage, Papier oder Gewebe, aufgespritzt wird. Es entfällt dann die bei den anderen Verfahren nötige, so mühsame Entfernung der zum Aufrauhen benutzten mechanischen oder chemischen Wirkstoffe. Es ist jedoch zu bedenken, daß bei Oberflächenvergrößerung durch tiefe enge Hohlräume, wie sie hier vorkommen dürften, die Abnahme der wirksamen Kapazität mit zunehmender Frequenz groß ist, weil die Aufladung der Hohlraumwände erst beginnt, wenn die freie Oberfläche aufgeladen ist.

E. Der Elektrolyt.

α) Wäßrige Lösungen.

Zur Feststellung, welcher Betrag von Verunreinigungen bei Al-Sperrschichten bereits schädlich wirkt, wurden folgende Versuche angestellt:

In einer bei normaler Temperatur gesättigten 0,22 äq.-n. Boraxlösung wurde Al formiert

1. mit möglichst weitgehend gereinigten Elektrolyten;
2. nach Zusatz von so viel NaCl, daß die Lösung $2{,}5 \cdot 10^{-4}$n. an NaCl wurde;
3. nach Zusatz von so viel NaCl, daß die Lösung $5 \cdot 10^{-4}$n. an NaCl wurde;
4. nach Zusatz von so viel NaCl, daß die Lösung $10 \cdot 10^{-4}$n. an NaCl wurde.

Abb. 77 zeigt die Ergebnisse.

Schon wenn die Konzentration des NaCl ½ ‰ von der des Borax beträgt, führt es eine merkliche Verlangsamung der Formierung herbei. Bei doppelter Konzentration ruft das Chlorid schwere Störungen hervor. Vor allem greift es das Al an einzelnen Stellen unter Bildung warziger Schorfe an, und diese Störung schreitet bei Dauerbetrieb bis zur Zerstörung der Al-Elektrode fort.

Da das NaCl vollständig dissoziiert ist, die Cl-Ionen also dauernd unter dem Einfluß des elektrischen Feldes stehen, reichern sie sich bei der Formierung um so mehr an der Al-Anode an, je geringer die Konzentration des Elektrolyten ist, während sie beim Arbeiten der Zellen als Gleichrichter zur anderen Elektrode gedrängt werden, so daß sie dann weniger gefährlich sind. Ähnlich wirken die anderen halogenen Salze. $^{1}/_{2}$ ‰ NaCl gibt noch eine deutliche Trübung mit $AgNO_3$, also gilt: Destilliertes Wasser, das sich auf Zusatz von $AgNO_3$ noch trübt, ist völlig unbrauchbar für elektrolytische Ventilzellen.

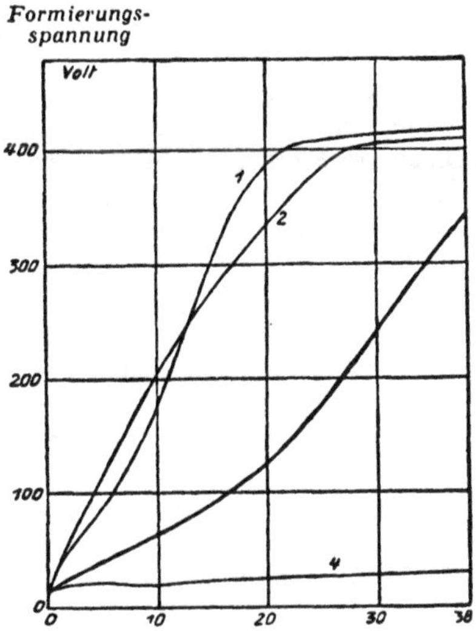

Abb. 77.
Verunreinigung durch NaCl.
1. reine, 0,22 äq.-n. $Na_2B_4O_7$-Lösung,
2. dieselbe Lösung, $2{,}5 \cdot 10^{-4}$ n. an NaCl,
3. „ „ $5 \cdot 10^{-4}$ „ „ „
4. „ „ $10 \cdot 10^{-4}$ „ „ „

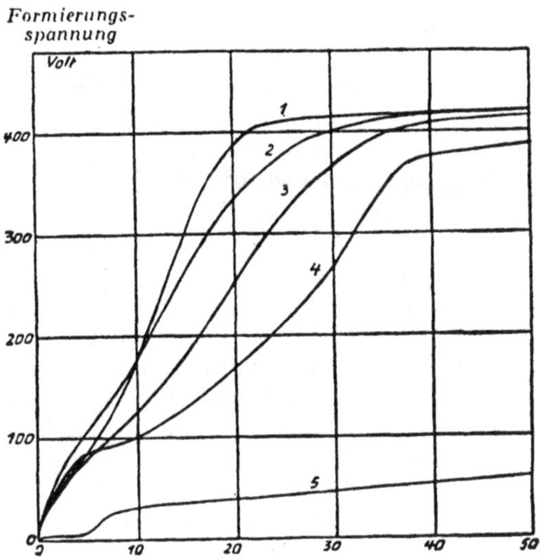

Abb. 78.
Verunreinigung durch NaOH.
1. reine 0,22 äq.-n. $Na_2B_4O_7$-Lösung,
2. dieselbe Lösung, 0,15 n. an NaOH,
3. „ „ 0,20 „ „ „
4. „ „ 0,25 „ „ „
5. „ „ 0,375 „ „ „

Bei $NaNO_3$ oder anderen Nitraten ist die Störung geringer. Hier sind 1% nötig, um eine deutliche Störung bei der Formierung hervorzurufen. Weiter gibt Abb. 78 den Zusammenhang zwischen Formierungsgeschwindigkeit und Alkalität der Lösung.

Da nun NaOH sich mit $Na_2B_4O_7$ nach der Formel

$$2\,NaOH + Na_2B_4O_7 = 2\,Na_2B_2O_4 + H_2O$$

umsetzt und $Na_2B_2O_4$ nicht wesentlich stärker hydrolytisch gespalten ist als $Na_2B_4O_7$, so können Zusätze von NaOH erst wirksam werden, wenn sie größer sind als 0,22 n. Das zeigt auch Abb. 78. In dem an NaOH 0,20 n. Elektrolyten ist zwar infolge der etwas größeren hydrolytischen Spaltung des $Na_2B_2O_4$ die Formierungsgeschwindigkeit etwas heruntergesetzt, aber die Formierung verläuft noch glatt. In dem an NaOH 0,25 n. Elektrolyten zeigt sich jedoch bei 85 Volt plötzlich ein Knick in der Formierung. Das NaOH sucht die weitere Formierung zu verhindern.

Im Gegensatz zu NaCl und $NaNO_3$ wird jedoch das Aluminium hierbei nicht unter Schorfbildung angeätzt, sondern es bleibt blank. Allerdings wird es langsam gelöst, so daß bei Dauerbetrieb durch zunehmende Überladung des Elektrolyten mit gelöstem und dann wieder ausfallendem Aluminium Störungen entstehen.

Es ist jedoch zu betonen, daß es sich in allen diesen Fällen um kurzdauernde Versuche handelt. Bleibt die Al-Anode wochen- oder monatelang der Wirkung von beispielsweise Cl-Ionen ausgesetzt, so häuft sich die Wirkung, und es können noch bei sehr viel geringeren Verunreinigungen verhängnisvolle Störungen eintreten.

Lehrreich war in diesen Bestimmungen folgender Fall: Es war ermittelt, daß bei einer Formierung bis 10 Volt die Stromdichte allmählich auf 10^{-4}mA/cm^2 sank, während die Al-Oberfläche vollkommen metallisch hochglänzend blank blieb. Nun wurde aus dem gleichen Al-Blech ein Elektrolytkondensator hergestellt, bei dem die einzelnen Bleche durch Stoffe getrennt wurden. Als Stoff wurde reinster Verbandsmull genommen. Dieser wurde tagelang mit wiederholt erneut destilliertem Wasser gekocht, ehe er verwendet wurde. Trotzdem zeigte sich, daß der Reststrom wesentlich größer blieb als zuvor und daß die Al-Oberfläche durch Interferenzfarben bunt geworden war, an verschiedenen Stellen in verschiedenen Farben, ein sicheres Zeichen, daß die Sperrschicht porös und dicker geworden war als in reinem Al.

Es kann also allergrößte Reinheit bei der Herstellung der Elektrolytkondensatoren nicht genug empfohlen werden.

Da nun Verunreinigungen um so größere Schäden herbeiführen, je länger sie wirken, ist bei Elektrolytkondensatoren, die Lebensdauer von vielen Jahren haben sollen, auf äußerste Reinheit aller benutzten Materialien größter Wert zu legen.

Ein anderes Verfahren zur Feststellung der Wirkung von Verunreinigungen wurde von Hermann und Prang angewendet. Sie formierten Al-Anoden bis 500 V in einem borsäurehaltigen Elektrolyten, legten sie dann im Versuchselektrolyten an 300 V, bis der Reststrom konstant geworden war, setzten eine bestimmte Menge Halogensalzlösung zu, und beobachteten 5 Minuten lang jede Minute die Stromstärke, worauf sie eine weitere Menge Halogensalzlösung einfüllten.

Dabei wurden 2 Ammoniak und Borsäure enthaltende Elektrolyte verwendet. Der eine war ein prozentual nicht angegebenes Gemisch aus Wasser und einem ebenfalls nicht angegebenen mehrwertigen Alkohol, der zweite ein Gemisch nicht genannter mehrwertiger Alkohole ohne Wasser. Leider haben die mitgeteilten Ergebnisse demnach vorwiegend für die Verfasser Interesse, da nur sie wissen, an welchen Elektrolyten sie gewonnen wurden.

Bei dem wäßrigen Elektrolyten stieg der Reststrom bereits merklich, wenn zu 100 cm^3 Elektrolyt 0,05 cm^{3}n/10 HCl, also 0,0002% HCl zugesetzt wurden. Chloride statt der Säure wirkten in gleicher Weise. Bei längerer Dauer der Einschaltung wurde das Al in Rissen korrodiert, die in Richtung der aufsteigenden Gasblasen lagen. Die Walzrisse der Folie spielten dabei keine Rolle.

Leider ist nicht angegeben, wie der Reststrom während der 5 Min. Beobachtungsdauer ansteigt. Es findet sich lediglich die Bemerkung, daß er sofort ansteigt, wenn die Halogene zur Anode gelangen.

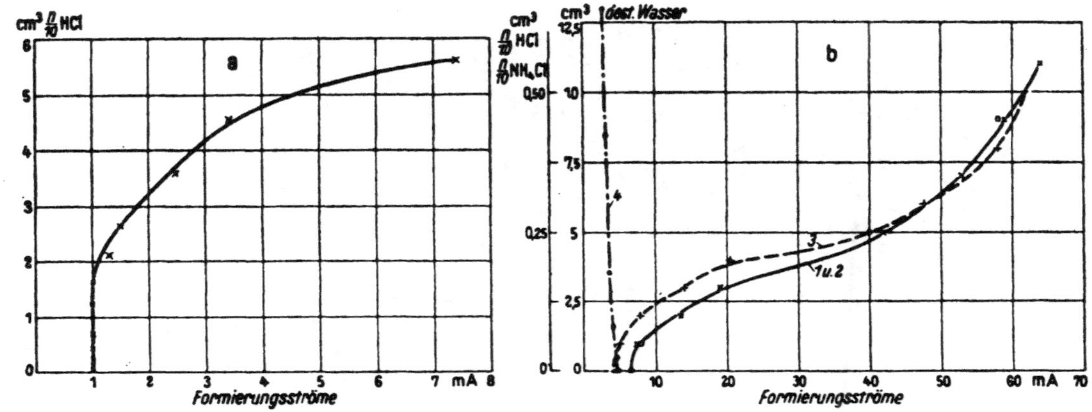

cm³ n/10 HCl
a
mA
Formierungsströme
cm³ n/10 HCl n/10 NH₄Cl
cm³
dest. Wasser
b
1u.2
Formierungsströme

Abb. 79.

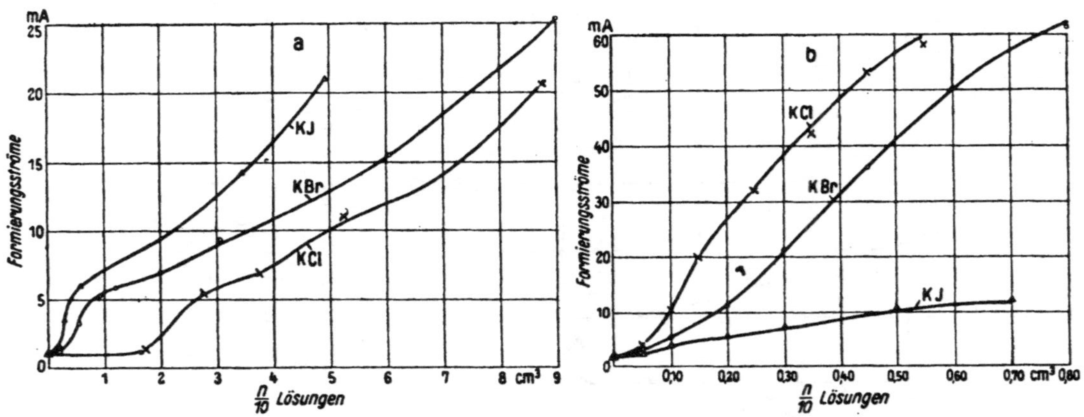

mA
a
KJ
KBr
KCl
Formierungsströme
cm³
n/10 Lösungen
mA
b
KCl
KBr
KJ
Formierungsströme
cm³
n/10 Lösungen

Abb. 80.

Werden die Chloride dem Elektrolyten zugesetzt, während die Anode nicht an Spannung liegt und erst nach einiger Zeit eingeschaltet, so setzt der Reststrom mit dem geringen Wert ein, den er vor dem Chloridzusatz hatte, ein Beweis, daß keine rein chemische Wirkung der Cl-Ionen vorliegt. Es ist vielmehr anzunehmen, daß die Chlor-Ionen durch den Strom an der Anode zu Cl entladen werden und erst dieses das Aluminiumoxyd zu $AlCl_3$ löst, das dann hydrolytisch Aluminiumhydroxyd bildet.

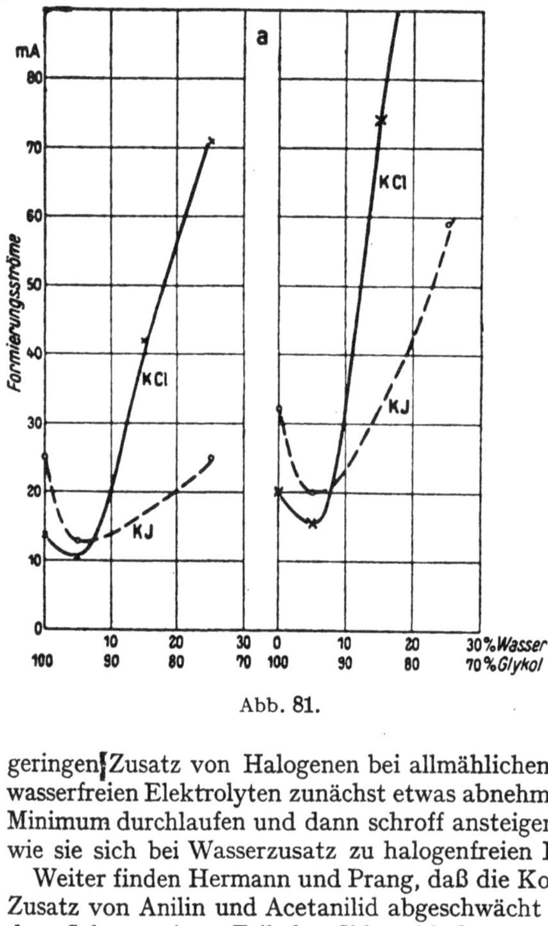

Abb. 81.

Abb. 79 zeigt, daß der Reststrom in dem wasserfreien Elektrolyten recht genau nach einer e-Funktion des Chloridzusatzes, in dem wasserhaltigen dagegen in erster Näherung proportional ansteigt. Abb. 80 zeigt, daß bei verschiedenen Halogenen die Wirkung in dem wasserfreien Elektrolyten in der Reihenfolge Cl, Br, J zunimmt, während sie in dem wasserhaltigen umgekehrt ist.

Abb. 81 zeigt, daß die Restströme bei gegebenem geringen Zusatz von Halogenen bei allmählichem Zusatz von Wasser zu dem wasserfreien Elektrolyten zunächst etwas abnehmen, bei 5% Wasser ein flaches Minimum durchlaufen und dann schroff ansteigen. Leider ist nicht angegeben, wie sie sich bei Wasserzusatz zu halogenfreien Elektrolyten verhalten.

Weiter finden Hermann und Prang, daß die Korrosionswirkung des Cl durch Zusatz von Anilin und Acetanilid abgeschwächt wird, weil diese nach folgendem Schema einen Teil des Chlors binden

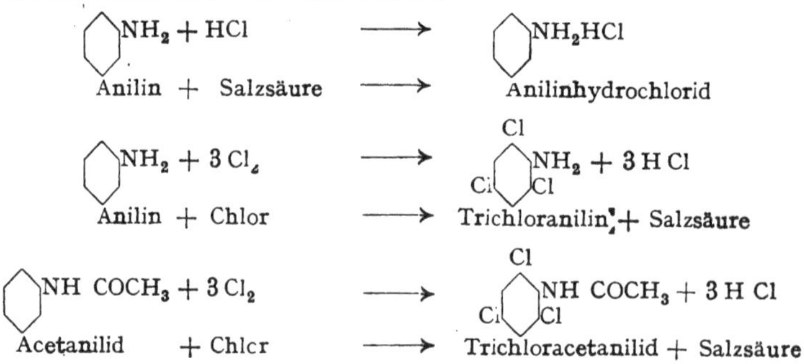

Es ist jedoch ein großer Überschuß beider Substanzen nötig, um eine gute Schutzwirkung zu bekommen.

β) Nichtwässerige Lösungen.

1. Glyzerin als Lösungsmittel.

Glyzerin ist ein dreiwertiger Alkohol
$$\begin{array}{l} CH_2\ OH \\ CH\ \ OH \\ CH_2\ OH \end{array}$$

Es bildet die Grundlage der natürlichen Fette und Öle. Die technische Darstellung erfolgt ausschließlich durch ihre Spaltung. Die Reinigung erfolgt durch Überleiten über adsorbierende Mittel wie Knochenkohle und in sehr viel gründlicherem Maße durch Wasserdampfdestillation im Vakuum. Hierbei werden bei entsprechend überhitztem Wasserdampf Höchstkonzentrate bzw. völlig wasserfreies Glyzerin erzielt.

Das reine Glyzerin ist eine süß schmeckende, wasserhelle, neutrale und bei gewöhnlicher Temperatur sehr viskose Flüssigkeit. Es ist mit Wasser und Alkohol in jedem Verhältnis mischbar und stark hygroskopisch. Infolge letzterem ist es sehr schwierig, die letzten Spuren Wasser zu entfernen, was in der Regel durch Kochen versucht wird. Die relativ hohe Dielektrizitätskonstante von reinem Glyzerin — $\varepsilon = 56{,}2$ — befähigt es, eine Anzahl Salze unter Dissoziation zu lösen, wobei Wasserreste dies unterstützen. Tabelle 77 zeigt den Zusammenhang zwischen Siedepunkt und Wassergehalt.

Tabelle 77.

Siedetemperatur von Glyzerin-Wassergemischen bei 760 mm Hg.

Gehalt an Glycerin in %	Siedetemperatur in °C
50	106,7
60	109,6
70	114,0
80	121,5
90	139,8
95,6	175,8
100	290,0

Die angegebenen Werte gelten nicht für Glyzerin, das Salze gelöst enthält. Mit abnehmendem Wassergehalt steigt die Viskosität wie auch der spezifische Widerstand von Salzlösungen sehr stark an. Für die Verwendung von Glyzerin als Lösungsmittel ist es besonders wertvoll, daß die Korrosion von Aluminium schon völlig aufhört, ehe die letzten Wasserreste entfernt sind, ebenso daß sich Verunreinigungen des Elektrolyten weit weniger störend auswirken, als in wäßrigen Lösungen. Tabelle 78 gibt den Zusammenhang zwischen Schmelzpunkt und Wassergehalt. Sie ist wichtig für Kondensatoren, die bei niedrigen Temperaturen noch brauchbar sein sollen.

Tabelle 78.
Gefriertemperatur von Glyzerin-Wassergemischen.

Glyzerin in g auf 100 g Wasser	Gefriertemperatur in °C
20,5	— 5
42	— 10
56	— 15
68	— 20
80	— 25
90,5	— 30
113	— 40

Mit Säuren bildet das Glyzerin verhältnismäßig stark dissoziierte Ester Besonders wichtig ist der Borsäureglyzerinester.

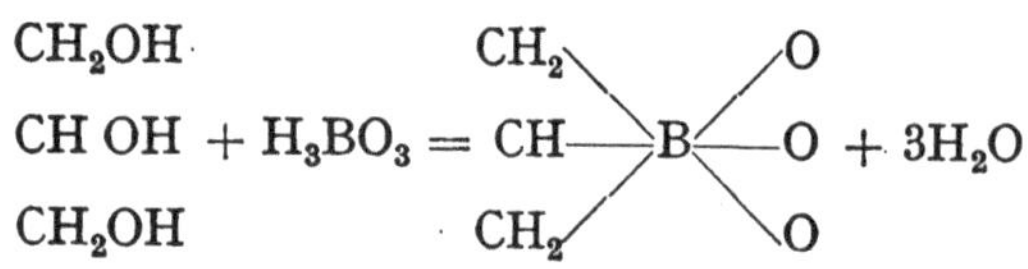

Wird also Glyzerin sorgfältig entwässert und dann wasserfreie Borsäure in ihm gelöst, so findet die obige Reaktion statt und das Glyzerin enthält, wie die Konstitutionsformel zeigt, wieder beträchtliche Mengen Wasser.

2. Glykol als Lösungsmittel.

Das Äthylenglykol $CH_2(OH) \cdot CH_2(OH)$ ist ein zweiwertiger Alkohol und wird technisch über das Äthylenchlorid gewonnen. Es ist eine ölige farblose süß schmeckende Flüssigkeit. Der Schmelzpunkt beträgt — 11,5° C und der Siedepunkt 197° C. Mit Wasser und Alkohol ist das Äthylenglykol mischbar. Als Lösungsmittel verhält es sich ähnlich wie Glyzerin. Die Dielektrizitätskonstante ist 41,2.

In einer deutschen Patentschrift[1] wird ein Elektrolyt angegeben, in dem 10 g Glykoläthylester in 100 g Äthylenglykol gelöst sind. Da diese Lösung alkalisch reagiert und daher korrodierend auf das Aluminium wirken kann, wird zweckmäßig eine Lösung von Aminoessigsäure in Alkohol (Glyzerin) zugegeben, wodurch der p_H-Wert verringert wird.

3. Äthylalkohol als Lösungsmittel.

Bei Elektrolytkondensatoren für sehr niedere Temperaturen sind einwertige Alkohole, da diese bei — 40° C noch verhältnismäßig dünnflüssig sind, als Lösungsmittel besonders geeignet.

4. Sonstige nichtwässerige Lösungen.

Elektrolyte, deren Hauptkomponente Kohlesäureester[2]) darstellen, sollen gute Betriebseigenschaften besitzen. Nach Angaben wird für nasse Kondensatoren ein Ester mit niedrigem Schmelzpunkt mit einer organischen Säure wie Weinsäure oder Zitronensäure und/oder einer organischen Säure zusammengeschmolzen. Der Schmelzpunkt kann durch Mischen verschiedener Ester beliebig erhöht oder erniedrigt werden. Bei ungenügender Leitfähigkeit wird

[1] Aus RP. 706 300.
[2] Aus RP. 723 645.

dem Gemisch Wasser zugesetzt. Solche im wesentlichen aus Kohlesäureester bestehenden Elektrolyte sollen kaum korrodierend auf die Kondensatorelektroden einwirken. Die Pufferwirkung der Kohlesäureester bewirkt eine weitgehende Konstanz des p_H-Wertes im Bereich von 5 bis 6.

Mit Elektrolyten[1], die durch Einwirkung organischer Oxysäuren auf organische heterocyklische stickstoffhaltige Verbindungen bei Zusatz von anorganischen Säuren entstehen, sollen Betriebsspannungen von 700 bis 800 Volt und darüber erreicht werden. Von den stickstoffhaltigen Heterocyklen sind sowohl die Hydrierten als auch die Nichthydrierten anwendbar. Die organischen Oxysäuren sind Milchsäuren, Zitronensäuren, Weinsäure und dergleichen, die anorganischen Säuren vorzugsweise Borsäure und Phosphorsäure. Von den Patentinhabern wird das Verfahren am Beispiel des Pyridins wie folgt dargestellt:

100 Teile Pyridin werden mit 100 Teilen Zitronensäure verrührt und so lange erhitzt, bis das ganze eine viskose, gleichmäßig fließende Masse geworden ist. Sobald höhere Temperaturen erreicht werden, entweicht Kohlendioxyd und Wasser. Nachdem das anfängliche Schäumen nachgelassen hat, werden 50 bis 100 Teile Borsäure langsam eingebracht. Die Borsäure löst sich unter sehr starkem Schäumen in der Masse auf. Nachdem die Reaktion beendet, hinterbleibt eine vollkommen homogene, klare, gleichmäßig fließende Masse, die nach dem Erkalten eine harzartige Konsistenz aufweist, ohne Neigung zu Kristallisation. Der warmen Masse können je nach der gewünschten Leitfähigkeit 5—20% Wasser einverleibt werden, ohne daß ihre sonstigen physikalischen Eigenschaften geändert werden.

Als besondere Vorteile derartiger Elektrolyte werden angeführt:

1. Durch Verwendung geeigneter Säuren kann der Elektrolyt unhygroskopisch gemacht werden.
2. Der Elektrolyt wird durch die Elektrolyse nicht verändert.
3. Die genannten Ringsysteme sind gegen Oxydation und Reduktion sehr beständig im Gegensatz zu den Alkoholen.
4. Die Durchschlagspannung kann mit dem Wassergehalt variiert werden, ohne daß der Verlustwinkel praktisch beeinflußt wird.

Borsäureverbindungen ergeben mit cyklischen Alkoholen oder anderen hydroxylhaltigen Stoffen wie o-Di-Phenole (Brenzcatechin, Pyrogallol, Gallussäure, Tannin und Derivate), Oxysäuren (Salicylsäure), und Ketosäure (Acetessigsäure) geeignete Elektrolyte[2]. Infolge der günstigen OH-Orientierungen der hydroxylhaltigen Substanzen tritt eine ausgesprochene und intensive Bildung von komplexen Borsäureverbindungen auf. Die Elektrolyte besitzen eine gute Leitfähigkeit und einen günstigen Pufferungsbereich.

F. Abstandhalter.

Bei den Trockenelektrolytkondensatoren besteht der eigentliche Kondensatorkörper aus einem ohne Lagenabstand zusammengerollten zylindrischen oder ovalförmigen Wickel. Hierbei werden die beiden Metallfolien durch eine dünne isolierende Zwischenschicht, den Abstandhalter, voneinander getrennt.

[1] Aus RP. 718 089.
[2] Aus RP. 736 838.

Der Abstandhalter dient gleichzeitig als Elektrolytträger. Als Material für Abstandhalter werden im allgemeinen saugfähige Faserstoffe wie Textilien oder Papier verwendet.

Fertigungsmäßig ist ein einwandfreies Tränken der Abstandhalter mit dem Elektrolyten verhältnismäßig schwierig. Es kommt dabei darauf an, daß das Gewebe vollkommen vom Elektrolyten durchtränkt ist und die Zwischenräume total ausgefüllt sind, so daß keine Luftblasen zurückbleiben. Da die zur Anwendung kommenden Elektrolyte im allgemeinen bei normaler Temperatur sehr viskos sind, erfolgt das Tränken vorteilhafterweise bei höheren Temperaturen. Bis zu welchen Temperaturen man bei der Erwärmung des Elektrolyten gehen darf, hängt naturgemäß von seiner Zusammensetzung ab. Darüber hinaus wird das Tränken im Vakuum oder sogar bei Überdruck vorgenommen. Schließlich kann letzteres auch kombiniert angewendet werden. Hierbei wird zunächst durch Evakuieren das Gewebe luftfrei gemacht. Dann erfolgt das Tauchen in den Elektrolyten. Hiernach wird Luft unter Überdruck auf den Elektrolyten gegeben, so daß dieser in die feinen Poren des Gewebes eingepreßt wird.

In einer deutschen Patentschrift[1] wird angegeben, daß durch Anwendung von Netzmitteln die Oberflächenspannung der Elektrolytflüssigkeit sehr stark erniedrigt werden kann, so daß der Elektrolyt sehr rasch in die Gewebsfasern eindringt. Solche Netzmittel sind Rizinusölsäuren sowie deren Salze wie z. B. ricinolsaures Ammonium oder ricinolsaures Natrium. Außerdem eignen sich die kombinierten Schwefelsäure-Rizinusölsäureverbindungen und ihre Ester, die sich durch besondere Netzwirkung auszeichnen sollen. Im übrigen sollen alle in der Textilindustrie bekannten Netzmittel verwendet werden können, soweit sie elektrolytisch genügend indifferent bleiben.

Der Vorteil bei Verwendung von Netzmitteln soll in günstigeren Arbeitsbedingungen bezüglich Druck, Temperatur und Zeit liegen. Außerdem sollen bei Anwendung entsprechender Netzmittel auch ungereinigte rohe Gewebe, die bisher infolge mangelnder Saugfähigkeit unverwendbar waren, anwendbar sein; desgleichen sehr dichte Papiere, die einmal bezüglich Durchschlagfestigkeit günstiger als weniger dichte Papiere und des anderen billiger als Textilgewebe sind.

Die Anwendung eines Netzmittels kann grundsätzlich nach zwei verschiedenen Arbeitsmethoden erfolgen. Das Gewebe oder Papier wird vor dem Tränken mit dem Netzmittel imprägniert, oder aber das Netzmittel wird dem Elektrolyten direkt zugegeben. Im letzteren Fall muß mehr Netzmittel verwendet werden, als bei separater Imprägnierung, was bei nicht absolut indifferentem Netzmittel nachteilig sein kann, aber andererseits ist die Zugabe des Netzmittels zum Elektrolyten fertigungsmäßig einfacher.

Nach einer amerikanischen Erfindung[2] besteht das Einbauverfahren des Abstandhalters in folgendem. Die beiden Kondensatorbelegungen werden durch einen mehr oder weniger viskosen Elektrolyten geführt, wobei an beiden Seiten der Belegungen der Elektrolyt haften bleibt. Nach dem Herausführen der Belegungen aus dem Elektrolyten wird in die Elektrolythaftschicht der

[1] Aus RP. 708 755.
[2] Aus RP. 701 427.

faserige oder poröse Abstandhalter unter mechanischem Druck eingedrückt, wobei der Druck so lange bestehen bleibt, bis der Abstandhalter durchtränkt und der überschüssige Elektrolyt abgelaufen ist.

An Stelle von Abstandhaltern aus faserigen Stoffen oder Papier sollen nach Patenten auch solche aus porösem Gummi oder perforierten plastischen Kunststoffen verwendet werden. Als Vorteil wird eine hohe chemische Widerstandsfähigkeit angeführt. Ein weiterer Vorteil soll in der nur langsamen Verdunstung des Elektrolyten liegen, weil durch Kapillarwirkung dieser in den Poren besonders festgehalten wird.

Ein weiteres Material für Abstandhalter und Elektrolytträger ist Gelatine. Das Durchsetzen mit dem Elektrolyten geschieht auf verschiedene Weise. Einmal wird die Gelatine im flüssigem Zustand mit dem Elektrolyten gemischt und danach zu bandförmigen Folien ausgegossen oder aber man läßt die bereits bandförmige Folie im Elektrolyten quellen. Zur Erhöhung der Erweichungstemperatur werden die Gelatineabstandhalter nach einem in der Gelatineverarbeitung bekannten Härteverfahren temperaturunempfindlich gemacht. Durch Zusätze von Türkenöl, Rizinusöl, Bienenwachs, Wachs, Vaseline, Formalin und Borsäure kann eine bestimmte Geschmeidigkeit erzielt bzw. die hygroskopischen Eigenschaften vermindert oder beseitigt werden. Zusätze von Formalin oder Borsäure wirken gleichzeitig einer Zersetzung der Gelatine durch Bakterien entgegen.

G. Die Art der Einführung des Ventilmetalls in den Elektrolyten.

Wird das Ventilmetall einfach von oben in den Elektrolyten getaucht, so steigt der Elektrolyt bei der Formierung durch Kapillarwirkung an der Oberfläche in die Höhe (Abb. 82). Wir haben also bei *a* eine Formierung mit einem sehr großen Widerstand der äußerst dünnen Kapillarschicht des Elektrolyten. Bei *b* ist der Vorwiderstand schon etwas geringer, die Formierung also weiter fortgeschritten, erst bei *c* ungestört. Es liegt also überhaupt keine definierte Oberfläche und Formierung vor. Hierzu kommt noch, daß der Elektrolyt bei *a* durch allmähliche Verdunstung immer konzentrierter wird, mit zunehmender Konzentration sinkt aber die Maximalspannung (s. S. 29). so daß Funken auftreten, die eine weitere Störungsursache bilden.

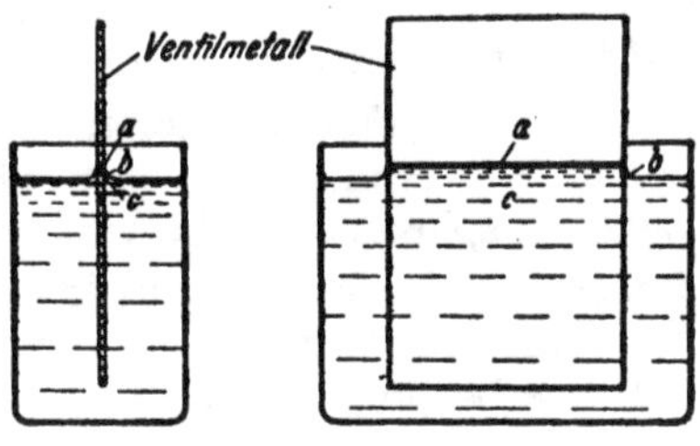

Abb. 82. Unrichtiges Eintauchen des Ventilmetalles.

Weiter kommt noch hinzu, daß die durch Verdunstung hervorgerufene große Konzentration des Elektrolyten an der Durchtrittsstelle des Metalles durch die Elektrolytoberfläche das Metall chemisch stark angreift. Infolgedessen treten an dieser Stelle stets nach einiger Zeit Korrosionen auf, die sich allmählich vollständig durchfressen und zum Abfallen des Bleches führen. Also muß die Durchtrittsstelle besonders geschützt werden, was am einfachsten dadurch geschieht, daß die Zuführung zum Ventilmetall nicht von oben durch die Luft, sondern seitlich oder von unten durch einen Isolator in den Elektrolyten eintritt.

H. Gasentwicklung.

Nach den Ausführungen auf S. 91 ist der Wirkungsgrad der Formierung bei Al 84%, d. h. 16% des an der Anode elektrolytisch freiwerdenden Sauerstoffes dienen nicht der Schichtbildung, sondern entweichen als Gas. An der Kathode entwickelt der gesamte Formierungsstrom Wasserstoff.

Daraus ergibt sich, daß pro Volt Formierungsspannung und cm^2 Oberfläche im ganzen $\sim 3{,}1 \cdot 10^{-2}\ cm^3$ Gas entwickelt wird, von dem 4% Knallgas sind.

In der Regel wird das Al in offenen Behältern vor dem Zusammenbau der Kondensatoren formiert, so daß das Gas ohne weiteres entweichen kann.

Da jedoch das Al_2O_3 nicht völlig unlöslich ist, findet stets, wenn der Kondensator an Spannung liegt, eine geringfügige Nachformierung statt, die auf die Dauer zur Entwicklung merklicher Gasmengen führt. Viel stärker wird diese Gasentwicklung, wenn es durch Spannungsüberbelastung zu einer Weiterformierung des fertigen Kondensators kommt. Dann werden die Gasmengen so groß, daß unbedingt dafür gesorgt werden muß, daß sie aus dem Innern des Kondensators entweichen können. Ferner ist bei Kondensatoren für höhere Spannungen dringend erwünscht, daß das dem Gas im Innern des Kondensaters zur Verfügung stehende Volumen möglichst klein ist, damit sich nicht größere Mengen knallgashaltiges Gas ansammeln können, die dann durch einen bei höheren Spannungen stets möglichen Metall- oder Maximalspannungsfunken entzündet werden. Es könnte bei Zusammentreffen derartiger Umstände zu sehr unangenehmen Explosionen kommen, die den Kondensator zerstören und weiteren Schaden anrichten können.

Den Elektrolytkondensatoren bauenden Firmen sind diese Erscheinungen bekannt. Die Kondensatoren werden so konstruiert und behandelt, daß derartige Explosionen nicht vorkommen können.

Immerhin sei empfohlen, Elektrolytkondensatoren nicht leichtfertig durch Weiterformieren für höhere Spannungen brauchbar machen zu wollen, als die, für die sie bestimmt sind.

I. Gasraum und Gasventile.

Da, wie im vorhergehenden Abschnitt angegeben, während der Formierung eines Kondensators sowie bei der Wiederformierung nach längerer Lagerzeit an den Elektroden Gasentwicklung auftritt, ist es bei dem konstruktiven Aufbau der Kondensatoren wichtig, darauf zu achten, daß das während der Formierung oder während des Betriebes entstehende Gas auch genügend entweichen kann, da sonst die Kondensatoren infolge entstehenden Überdruckes zersprengt werden könnten. Außerdem ist bei den Kondensatoren noch zu beachten, daß während des Betriebes infolge Erwärmung der Elektrolyt sich mehr oder weniger stark ausdehnt.

Von den einzelnen Herstellern werden diese rein konstruktiven Probleme verschiedenartig gelöst.

Nach Angaben der Firma Zwietusch wird das Kondensatorgehäuse mit einem doppelten Boden versehen. Der innere Boden ist membranartig ausgebildet, so daß er sich bei entstehendem Überdruck leicht durchbiegen kann.

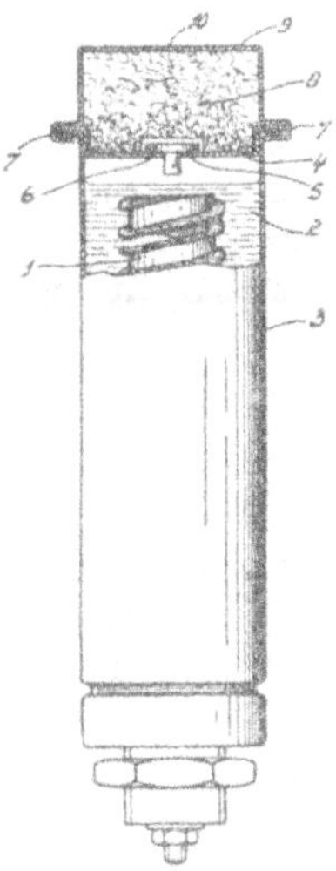

Abb. 83[1]. Elektrolytkondensator mit einem zum Entweichen der Gase versehenen Ventil. *4* Deckel, *5* Öffnung zum Entweichen der Gase. *6* Ventil. *9* Kappe. *10* Auspufföffnung. *8* Saugfähiger Stoff.

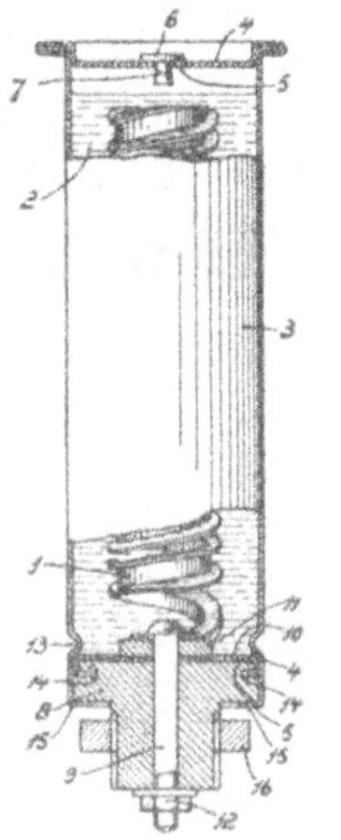

Abb. 84[2] Elektrolytkondensator mit einem zum Entweichen der Gase versehenen Ventil. *4* Deckel. *5* Öffnung zum Entweichen der Gase. *6* und *7* Ventil.

Von der gleichen Firma wird noch ein Kondensator angegeben, bei dem oberhalb des Elektrolyten ein Expansionsraum vorgesehen ist. Eine elastische Gummihaut bildet die Trennschicht zwischen Elektrolyt und Expansionsraum. Da die elastische Gummihaut feuchtigkeitsdicht an der Wandung des Kondensators anliegt, sind besondere abdichtende Teile zwischen Deckel und Elektrolyt nicht notwendig. Ein besonderes Ventil zum Entweichen des während des Betriebes entstehenden Gases scheint, da aus den Angaben der Firma hierüber nichts zu ersehen ist, für die vorstehend beschriebene Anordnung nicht notwendig zu sein.

Von der Firma S. & H. wird in einer Patentschrift ein Kondensator beschrieben, in dessen Gehäuse düsenartige Öffnungen angebracht sind. Die Öffnungen befinden sich in einer Sicke des Kondensatorgehäuses und werden mit Ringen aus elastischem Material, meistens Gummi, abgedichtet.

Nach einer Patentschrift der Firma Steatit-Magnesia A.-G. werden die Kondensatoren mit einem bei Überdruck sich öffnenden Rückschlagventil versehen. Das Ventil ist ähnlich wie ein Fahrradventil aufgebaut und mit einer durchlöcherten Kappe überdeckt. Der Hohlraum zwischen Ventil und Kappe ist, um Schäden infolge Auslaufens des Elektrolyten zu vermeiden, mit einer saugfähigen Masse ausgefüllt.

Bei einem von den Philips' Gloeilampenfabrieken angegebenen Kondensator sitzt das Ventil, wie Abb. 83 zeigt, in einer mit einem vorstehenden Rand versehenen Endwand des Zellengehäuses. Der durch den vorstehenden Rand der Engwand gebildete Hohlraum ist mit einer saugfähigen Masse, z. B. Glas- oder Holzwolle, ausgefüllt und mit einem Deckel abge-

[1] Aus: N. V. Philips' Gloeilampenfabrieken in Eindhoven, Holland, DRP. 614050, 21 g.
[2] Aus: N. V. Philips' Gloeilampenfabrieken in Eindhoven, Holland, DRP. 611933, 21 g.

schlossen. Von der gleichen Firma wird noch ein als Klappe (s. Abb. 74) ausgebildetes Ventil angegeben, das eine zum Entweichen der entwickelten Gase angebrachte Öffnung des Kondensatorgefäßes abdeckt. Die Klappe ist pilzförmig und besteht aus einem elastischen Baustoff (Gummi). Der Stil der pilzförmigen Klappe ist durch eine zweite Öffnung hindurchgezogen, deren Durchmesser etwas kleiner ist als der Durchmesser des Stieles, wodurch die Klappe einen festen Halt bekommt. Der Hut der pilzförmigen Klappe liegt auf der Außenwand des Gefäßes auf und schließt dabei die zum Entweichen der Gase angebrachte Öffnung.

Um zu verhindern, daß durch die zum Entweichen der Gase angebrachte Öffnung infolge Kapillarwirkung Elektrolyt nach außen gelangt, wird die Innenwand des Gefäßes rings um die Öffnung mit einem nicht netzbaren Überzug, z. B. Wachs, versehen. Dadurch wird jeder Kriechweg zwischen Elektrolyt und Öffnung unterbunden. Es ist natürlich vorteilhaft, wenn auch das die Öffnung verschließende Ventil oder der Pfropfen gleichfalls aus nicht netzbarem Material besteht.

K. Herausführen der Anschlüsse.

Das Herausführen der Anschlußfahnen der Elektroden aus dem Elektrolyten muß, um eine nach und nach einsetzende Korrosion an der Austrittsstelle zu vermeiden, unter gewissen Vorsichtsmaßregeln erfolgen. So haben z. B. Ver-

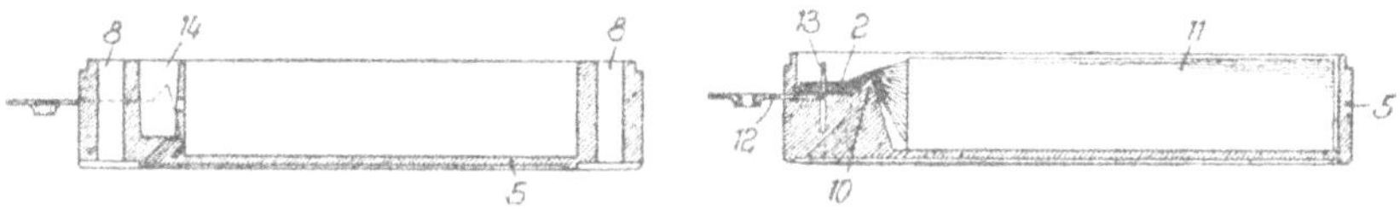

Abb. 85[1]. Zwei Längsschnitte durch einen Elektrolytkondensator mit unterteiltem Gehäuse. *2* Herausragende Fahnen. *5* Gehäuse für Kondensatorblock. *8* Löcher für Befestigungsschrauben. *11* Kondensatorblock. *10* Trennwand. *12* Anschlußseile. *13* Dorn. *14* Gaskammer.

suche mit Al-Elektroden in verdünnter wäßriger Boraxlösung gezeigt, daß selbst bei bis zu 500 Volt vorformierten Anschlußfahnen nach einer Dauereinschaltung von einigen Tagen diese an der Austrittsstelle und auch etwas oberhalb stark angefressen waren.

Dieser Übelstand kann bis zu einem gewissen Grade dadurch behoben werden, daß a) nur solche Elektrolyte verwendet werden, die auch an den kritischen Stellen, wo die Anschlußfahnen infolge Kapillarwirkung mit einer hauchdünnen Elektrolytschicht bedeckt sind, infolge Verdunstung chemisch nicht so verändert werden, daß das Elektrodenmaterial angegriffen wird, und b) die Anschlußfahnen so aus dem Elektrolyten herausgeführt werden, daß 1. Kapillarwirkung unmöglich wird und 2. an der Austrittsstelle keine Luft zutreten kann.

Von den Hydrawerken wird in einer Patentschrift ein Kondensator angegeben, bei dem daher die Anschlüsse der Elektroden unterhalb der Oberfläche des Elektrolyten entweder seitlich oder durch den Boden herausgeführt werden.

[1] Aus: Richard Jahre, Spezialfabrik für Kondensatoren in Berlin. DRP. 604881, 21g, 10_{02}.

Die Firma Jahre gibt einen Kondensator an, dessen Gehäuse durch Trennwände in zwei oder mehrere Abteilungen geteilt ist. In der unteren Abteilung befindet sich, wie die Abb. 85 zeigt, der Kondensatorkörper. In der oberen Abteilung, die unter Umständen noch weiter unterteilt ist, sind die einzelnen Anschlußfahnen untergebracht. Die Fahnen sind geknickt und fächerartig auseinandergefaltet, so daß sich der Elektrolyt nicht zwischen ihnen kapillar hochdrängen kann. Außerdem wird noch angegeben, daß die Anschlußfahnen auf Metalldorne, die mit durch das Gehäuse hindurchgehenden Anschlußbolzen verbunden sind, aufgeschoben werden, und daß ein besonderer Raum zur Aufnahme und Abführung für die während des Betriebes sich entwickelnden Gase vorgesehen ist.

L. Gehäuse.

Als Gehäuse für die Elektrolytkondensatoren werden zylindrische oder auch viereckige Becher aus Metall oder Isoliermaterial verwendet. Einige Ausführungsformen sind aus den Abb. 86—92 zu ersehen. Bei Verwendung metallischer Gehäuse werden diese meistens als Stromzuführungselektrode für den Elektrolyten mitverwendet. Das Gehäuse selbst besitzt dann für den äußeren Anschluß eine metallische Unterlagsscheibe mit Lötöse. Diese wird durch eine für die Montage des Kondensators angebrachte Befestigungsschraube fest auf das Gehäuse aufgepreßt. Als Anschluß für die Anode wird entweder ein besonderer Anschlußdraht herausgeführt oder auf dem Deckel eine Schraubklemme oder Lötöse dafür vorgesehen. Bei Kondensatoren, bei denen das Gehäuse nicht als Stromzuführung dient, werden auch die Anschlüsse für die Kathode gesondert herausgeführt. Bei metallischen Gehäusen wird als Material Al, Cu oder auch Eisenblech verwendet. Der Deckel oder der Boden des Gehäuses besteht bei einigen Typen aus einer Platte aus Isoliermaterial. Die Abb. 92 zeigt einen derartigen Kondensator, und zwar besteht hier der Boden aus Isoliermaterial, der Deckel des Kondensators, der mit dem Gehäuse aus einem Stück gefertigt ist, besitzt eine zylinderförmige Durchführung für den Anschluß bzw. für den Träger der Ventilanode. Die zylinderförmige Durchführung ist außen mit Gewinde versehen und kann somit zugleich als Befestigungsschraube für die Montage des Kondensators verwendet werden. Die gleiche Ausgestaltung des Deckels findet man zum Teil auch bei Kondensatoren, deren Deckel aus Isoliermaterial besteht.

Abb. 86. Elektrolytkondensator der N.S.F. 8 μF, 400 Volt, Betriebsspannung.

Um eine besondere Abdichtung zwischen der Durchführung im Deckel und dem Träger der Ventilanode zu umgehen, werden, wie in einer Patentschrift der

Firma Zwietusch angegeben wird, der Deckel und der Träger der Ventilanode, der in diesem Falle zugleich den Anschluß für die Anode bildet, aus einem Stück Al hergestellt. Dadurch wird eine besondere Durchführung für den

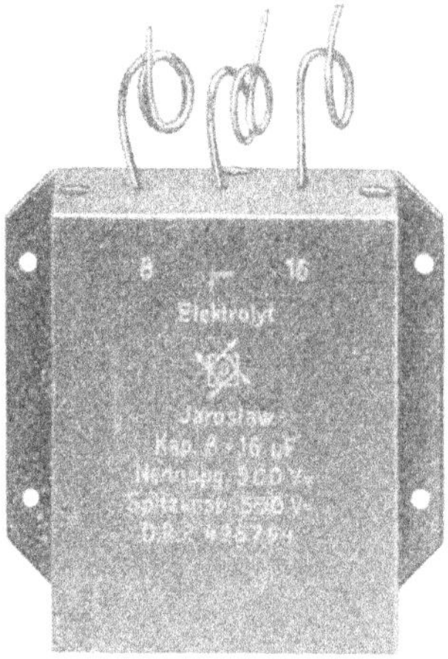

Abb. 87.
Elektrolytkondensator der Fa. Jaroslaw. 8 + 16 μF, 500 Volt.

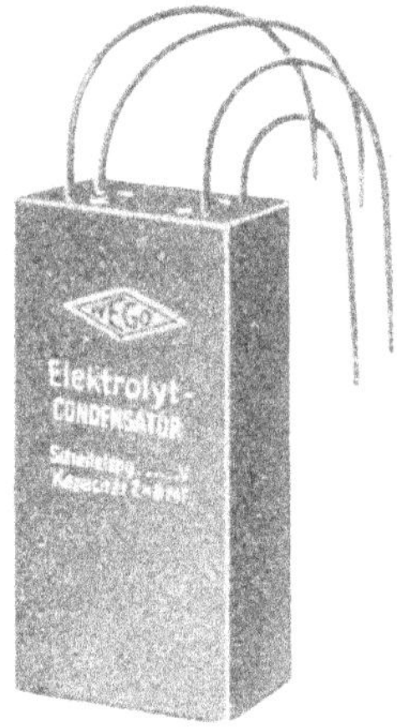

Abb. 88.
Elektrolytkondensator der Fa. Wego. 2 · 8 μF.

Abb. 89. Elektrolytkondensator der Fa. Jahre. 250 μF,8 Volt Betriebsspannung.

Anschluß der Anode. hinfällig. Der Innenteil des Deckels sowie der Träger werden formiert, damit der Elektrolyt nicht mit unformierten anodischen Teilen zusammenkommen kann.

Diese Anordnung macht aber wiederum eine besondere Abdichtung zwischen Deckel und Gehäuse und außerdem bei Verwendung eines metallischen Ge-

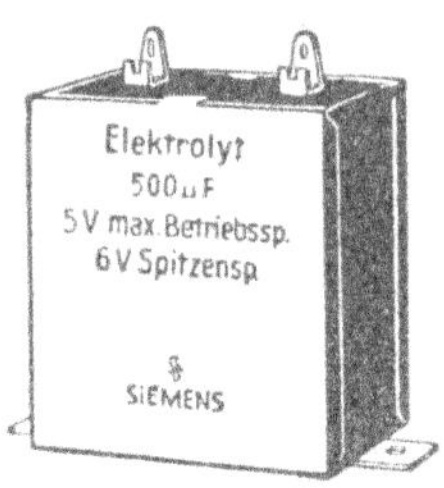

Abb. 90. Elektrolytkondensator der Fa. S. & H. 500 μF, Betriebsspannung 5 Volt.

Abb. 91. Elektrolytkondensator der S. A. F. 50 μF, 20 Betriebsspannung.

häuses auch eine entsprechende Isolation zwischen Deckel und Gehäuse notwendig, sofern man nicht auch das Gehäuse als Anode mitverwendet.

Von der Firma Radioaktiengesellschaft D. S. Loewe wird ein Kondensator angegeben, dessen Gehäuse aus scheibenförmigen Anodenelementen (Al-

Blättchen von 0,5—1 mm Stärke) und Abschlußplatten aus Isoliermaterial besteht. Abb. 93 zeigt den Aufbau eines derartigen Kondensators. Die einzelnen Elemente werden aufeinandergelegt und unter hohem Druck zusammengepreßt. Die einzelnen Verbindungsschrauben werden während des Preßdruckes angezogen. Hiernach werden die Außenseiten mit einer wasserdichten Schicht, z. B. Gummi, überzogen, oder es wird eine keramische Masse aufgebracht, die hinterher gesintert wird. Die Stromzuführung für den im Inneren

Abb. 92. Elektrolytkondensator der Hydrawerke. 8 μF, 400 Volt Betriebsspannung.

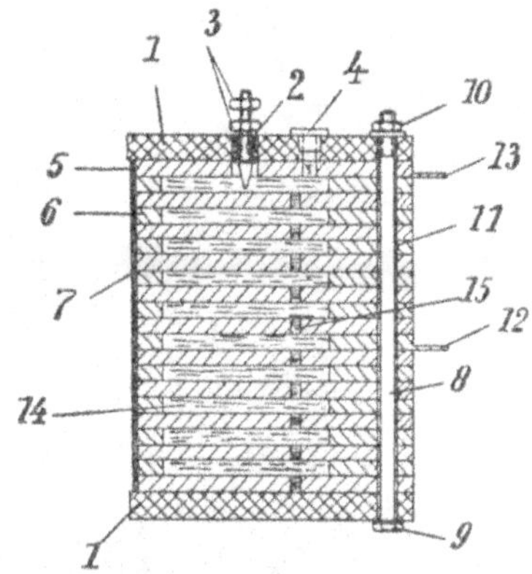

Abb. 93[1]. Schnitt durch einen Kondensator mit scheibenförmigen Ancdenelementen. *1* Boden und Deckplatte. *4* Ventil. *5* Anodenplatten. *6* Anodenringe. *7* Schutzschicht.

der Schichtanode befindlichen Elektrolyten bildet ein in der Deckplatte eingesetzter Metallstift.

Nun gibt es noch Kondensatorengehäuse, die vollkommen aus einem Isoliermaterial bestehen. Bei Verwendung von Pappe als Isoliermaterial ist es allerdings notwendig, dieser einen wasserdichten Überzug zu geben. Sehr geeignet hierfür ist Wachs. In einer Patentschrift der Hydrawerke wird als ein sehr geeignetes Material für einen Gehäuseüberzug Zellulose oder deren Derivate angegeben.

Bei Elektrolytkondensatoren kann es vorkommen, daß sich sowohl die Isolation gegen Gehäuse als auch zwischen den einzelnen Teilkapazitäten durch den feuchten Elektrolyten verschlechtert. Besondere Einbauverfahren schaffen Abhilfe, sind aber teuer. Deshalb sollte der Kondensator, wenn er ein Metallgehäuse hat, stets isoliert aufgestellt werden. Insbesondere müssen alle Elektrolytkondensatoren mit isoliert herausgeführten negativen Polen isoliert montiert werden, sofern in der angewendeten Schaltung zwischen Gehäuse und negativem Pol Spannungen auftreten können.

Bei Mehrfachkondensatoren ist eine erhöhte Isolationssicherheit unter allen Umständen erforderlich, wenn Mehrfachkondensatoren mit getrennten Polen verlangt werden. Der Elektrolyt, der den negativen Belag darstellt, ist wegen

[1] Aus: Radioaktiengesellschaft D. S. Loewe in Berlin-Steglitz und Dipl.-Ing. Michael von Hirschberg in Berlin-Pankow. DRP. 611654, 21 g, 10_{02}.

seines halbflüssigen Zustandes viel schwieriger gut isoliert zu unterteilen, als etwa der Metallbelag von Papierkondensatoren. Deshalb sollte die Herausführung getrennter negativer Pole möglichst vermieden werden.

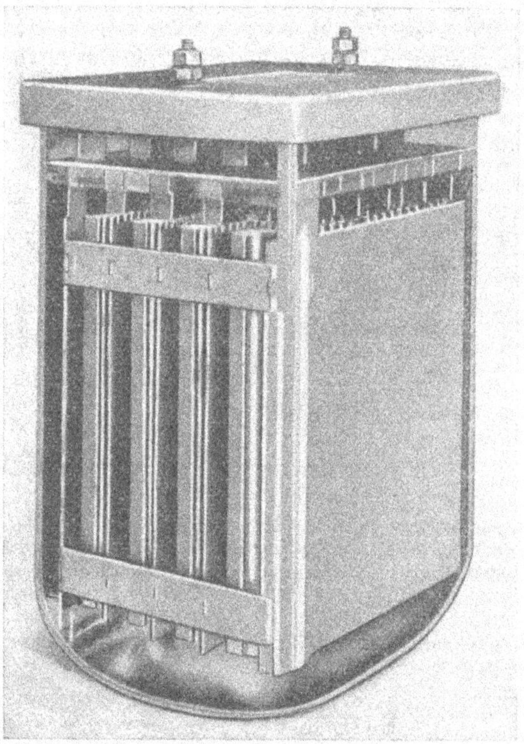

Abb. 94[1]. Flüssigkeitskondensator für Niederspannung.

M. Flüssigkeitskondensatoren für Niederspannung.

Für Niederspannung werden Flüssigkeitskondensatoren gewählt, wenn sie ein für allemal fest aufgestellt werden können und wenn sie dabei in solchen Mengen gebraucht werden, daß sich ihre Überwachung und Pflege lohnt.

Die Anode besteht in diesem Falle in der Regel aus gewellten Al-Blechen von etwa 1 mm Stärke. Das Wellen hat den Vorteil, eine größere Oberfläche zu geben und die Platten steifer gegen Verbiegung zu machen. Als Kathode wird entweder das Gehäuse verwendet, in dem sich die Anode befindet, oder es werden ebene Bleche aus Al-Si-Legierung zwischen den gewellten Anodenblechen aufgehängt. In diesem letzten Falle müssen die Bleche gut gegeneinander versteift werden, während im ersteren ein Kurzschluß so gut wie ausgeschlossen, dafür aber der Widerstand des Elektrolyten größer ist.

[1] Aus: By H. O. Siegmund, Bell. Syst. Techn. Journ. 8. 41. 1929.

Als Elektrolyt kann bei Kondensatoren für 6—12 Volt jeder beliebige Elektrolyt verwendet werden, in dem sich Al nicht merklich löst, am besten Elektrolyte möglichst großer Leitfähigkeit, d. h. wenn möglich, solche großer

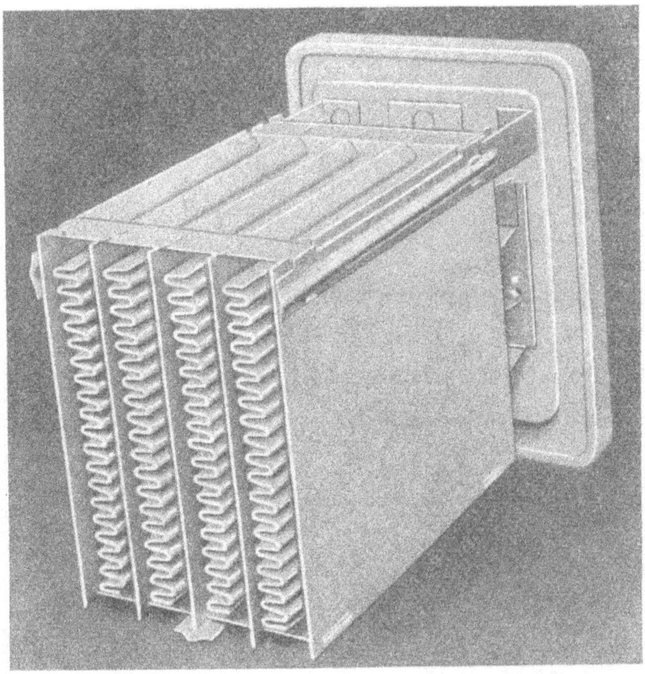

Abb. 95. Innenteil des in Abb. 94 dargestellten Flüssigkeitskondensators.

Konzentration. Üblich ist die Verwendung von $Al_2(SO_4)_3$, $NaHCO_3$, $Na_2B_4O_7$ und Zitronensäure. Abb. 95 und 96 zeigen einen derartigen Flüssigkeitskondensator für Niederspannung.

N. Flüssigkeitskondensatoren für Hochspannung.

Diese Kondensatoren unterscheiden sich von denen für Niederspannung lediglich dadurch, daß der Elektrolyt stark verdünnt sein oder aus der Lösung eines nur schwach dissoziierten Stoffes, wie insbesondere Borsäure, bestehen muß. Ferner ist infolgedessen die Verwendung des Gehäuses als Kathode nicht mehr möglich. Es würden die Widerstände des Elektrolyten viel zu groß werden. Es müssen unbedingt positive und negative Elektroden miteinander abwechseln und sich in möglichst geringen Abständen voneinander befinden. In der Regel werden wäßrige Lösungen von Borax und Borsäure oder Zitronensäure benutzt. Sie müssen um so verdünnter sein, je höher die Formierungsspannung ist. Beispielsweise wird eine bei Zimmertemperatur gesättigte Boraxlösung für eine Formierung bis 300 Volt auf etwa $^1/_5$ verdünnt. Abb. 96 zeigt Flüssigkeitskondensatoren für Hochspannungen.

Abb. 96[1]. Flüssigkeitskondensatoren für Hochspanung.

O. Trockenkondensatoren für Niederspannung.

Genau wie Trockenelemente sind Trockenelektrolytkondensatoren in Wirklichkeit nicht trocken, sondern haben lediglich einen eingedickten Elektrolyten.

Verwendet man statt Wasser als Lösungsmittel einen mehrwertigen Alkohol, z. B. Glyzerin, so erhält man einen Elektrolyten, der bei Zimmertemperatur schon ziemlich dickflüssig ist.

[1] Aus: By H. O. Siegmund, Bell. Syst. Techn. Journ. 8, 41, 1929.

In einer Patentschrift der Philips' Gloeilampen-Fabrieken werden zwei Elektrolyte angegeben, bei denen als Lösungsmittel hauptsächlich Glyzerin verwendet wird. Sie haben folgende Zusammensetzung:

I. 1 l Glyzerin
40 g KH_2PO_4
40 g Zitronensäure
17 cm³ NH_4OH, 6 norm.
10% Wasser
spezifischer Widerstand = 5000 Ohm
Säuregrad p_H = 3,5

II. 1 l Glyzerin
40 g Na_2HPO_4
40 g Zitronensäure
10 bis 12% H_2O
Säuregrad p_H = 3,7

Einen sehr dickflüssigen Elektrolyten ergibt auch eine Mischung von Glyzerin und glyzerinphosphorsaurem Ammonium.

Setzt man einem Elektrolyten einen Stoff zu, der sich im Lösungsmittel kolloid löst, so kann durch Koagulieren des kolloidgelösten Stoffes der Elektrolyt in eine gallertartige Masse übergeführt werden. Hierbei ist zu beachten, daß der in dem Elektrolyten kolloid gelöste Stoff und die für die Koagulation zugesetzte Substanz die Leitfähigkeit des Elektrolyten nicht ändern bzw. mit dem Ventilmetall nicht reagieren.

Die Formierung der Kondensatoren muß bei Verwendung derartiger Elektrolyte vor der Koagulation ausgeführt werden, da sonst das während der Formierung entwickelte Gas nicht genügend entweichen kann.

Nach einer Patentschrift der Firma Zwietusch erhält man einen gallertartigen Elektrolyten, indem man einem Borax-Borsäure-Elektrolyten eine auf elektroosmotischem Wege hergestellte 5%ige wäßrige Kieselsäurelösung zusetzt und hiernach mit Pyridin gelatiniert.

Durch Zusetzen eines kolloidlösbaren Stoffes zum Elektrolyten, der mit dem Lösungsmittel solvatisiert, kann man einen dünnflüssigen Elektrolyten ebenfalls in einen dickflüssigen Zustand überführen. Ein derartig kolloidlösbarer Stoff ist z. B. Bentonit. Bentonit besteht im wesentlichen aus Aluminiumsilikaten und wird mit einem Teil des Lösungsmittels zu einem dicken Brei angerührt. Dieser wird dem in üblicher Weise aus Borax und Borsäure in Wasser oder Alkohol zusammengesetzten Elektrolyten zugesetzt. Nach einiger Zeit tritt eine Verdickung des gesamten Elektrolyten ein. Die Viskosität des eingedickten Elektrolyten ist, wie angegeben wird, nahezu temperaturunabhängig.

Als eingedickte Elektrolyte für Kondensatoren eignen sich auch die sogenannten Boröle, die mit wäßrigen Salzlösungen emulgiert werden. Wie in einer Patentschrift der Hydrawerke angegeben ist, lassen sich die Boröle besonders gut mit den Salzen organischer Säuren, z. B. stearinsaurem Natrium, emulgieren.

Nach einer Patentschrift der Firma Thöl werden sehr brauchbare, eingedickte Elektrolyte durch Emulgieren verflüssigter Paraffine bzw. rohen Montanwachses mittels Lezithin, besonders Pflanzenlezithin, hergestellt. Zur Erhöhung der Haftfestigkeit dieser Elektrolyte werden diesen noch Fluavilharze aus Guttapercha bzw. Balata zugesetzt. An Stelle von Lezithin wurden früher Emulgiermittel wie Agar-Agar, Tragantschleim, Akaziengummischleim mit Zusätzen von Seifen, besonders Alkalisalzen von Fettsäuren mit fünf oder mehr Kohlenstoffatomen, Glyzerin oder Äthylenglykol oder als Ionisierungsmittel Ammonium- oder Diäthylkarbonat verwendet. Wie angegeben wird, neigten die Schleime trotz Borsäurezusatz zur Schimmelbildung, wodurch die Elektrolyte nach kurzer Zeit unbrauchbar wurden.

Als Elektrolyt kann bei Spannungen von 10 Volt auch Aluminiumsulfat verwendet werden.

Im U. S. P. 1672899 empfiehlt Edward Andrews folgendes Verfahren: Drei Gewichtsteile Gelatine werden in einem Gewichtsteil Glyzerin unter Erwärmung aufgelöst. Die heiße Lösung wird mit $NaHCO_3$ gesättigt, doch sind auch andere Salze, wie neutrales Ammonium-Borat, -Tartrat oder -Phosphat brauchbar. Eine geringe Menge LiOH kann hinzugefügt werden, um den Reststrom zu verringern. Die Lösung wird abgekühlt, bis sie eine derartige Konsistenz hat, daß auf einer in sie getauchten Platte eine Schicht von etwa 1,5 mm Dicke haften bleibt. Die Al-Platten werden zuerst in einer wäßrigen Lösung des für die Gelatinelösung benutzten Salzes mit Gleichstrom bis zu einer Spannung formiert, die etwa 25% höher liegt, als die Betriebsspannung. Die Platten werden dann bei Zimmertemperatur getrocknet und in die erwähnte Gelatinelösung getaucht. Dann werden sie abgekühlt, wobei die Gelatineschicht fest wird. Die negativen Elektroden werden aus Bleifolie hergestellt.

Es wird nicht gewickelt, sondern die Platten werden aufeinandergeschichtet, wobei als einziger Abstandshalter die festgewordene Gelatineschicht dient. Das Ganze wird in einen Behälter aus Preßspan, Hartgummi usw. eingesetzt. Man kann auch die Gelatine auf Glasplatten ausgießen, fest werden lassen, absprengen, in Scheiben geeigneter Größe schneiden und zwischen die Elektroden bringen.

Man kann auch einen Streifen Papier oder Gewebe durch die Gelatinelösung ziehen, zerschneiden und zwischenlegen. Statt Blei können auch beliebige anderweitige Metalle genommen werden, insbesondere auch Aluminium selbst.

Allgemein werden jetzt als Anoden und Kathoden Bänder aus Al-Folie benutzt. Die Anoden werden vorher formiert und dann zusammen mit einem mit dem eingedickten Elektrolyten getränkten Abstandshalter, der die Anode von der Kathode sicher trennt, zu einem zylindrischen Körper (Wickel) aufgewickelt oder zu einem flachen Pakete aufgeschichtet. Die flache Form wird für Niederspannungskondensatoren bevorzugt.

Bei Kondensatoren mit drahtförmigen Anoden besteht die Kathode entweder aus einer bandförmigen Folie, die mit der drahtförmigen Anode zusammen aufgewickelt ist oder ebenfalls aus einer drahtförmigen Elektrode, die nun verschiedenartig angeordnet sein kann. So wird in einer Patentschrift von Zwietusch angegeben, daß z. B. auf einem mit Faserstoff umsponnenen Draht aus einem Ventilmetall eine Metallbelegung als Kathode aufgebracht wird. Diese Metallbelegung kann aus einem Metallband bestehen, das auf dem als Abstandshalter und Elektrolytträger dienenden Faserstoff aufgewunden wird. Das Ganze wird noch mit einer Schutzschicht aus Faserstoff versehen. Derartige Kondensatorelemente lassen sich maschinell in laufenden Längen herstellen. Aus einer Patentschrift der Firma Siemens ist zu entnehmen, daß als Anode und auch als Kathode einzelne für sich mit Baumwolle, Seide oder Papier umsponnene Metalldrähte verwendet werden. Die Metalldrähte sind bilfilar gewickelt, um Induktivitäten zu vermeiden.

Abb. 89, 90 u. 91 zeigen Trockenelektrolytkondensatoren für Niederspannung.

P. Trockenkondensatoren für Hochspannung.

Als Elektrolyt wird hier in der Regel eine Lösung von reiner Borsäure in Glyzerin verwendet. Sie erlaubt zu Spannungen von 500 bis unter Umständen sogar 600 Volt zu kommen. Im übrigen ist der Aufbau der gleiche wie bei den Trockenelektrolytkondensatoren für Niederspannung.

Beim Zusammenbau solcher Wickelkondensatoren muß besonders auf größte Sauberkeit geachtet werden. Es wurde folgender Versuch gemacht: Ein derartiger Wickel wurde einige Lagen weit aufgewickelt. Dann wurde auf die formierte Anodenoberfläche ein klein wenig feinster Staub gebracht, der aus Eisenpulver bestand. Dann wurde der Kondensator wieder in den betriebsfertigen Zustand gebracht und an eine Spannung gelegt, die vorsichtig gesteigert wurde. Schon wesentlich unterhalb der Formierungsspannung traten laut knallende kurzschlußartige Entladungen auf. Nach dem Öffnen zeigte sich, daß die Al-Anode an zahlreichen Stellen, nämlich überall da, wo ein Eisenstaubkörnchen gelegen hatte, Löcher erhalten hatte und in der Umgebung des Loches stark zerbeult war. Die Erklärung liefern die auf S. 100 beschriebenen Erscheinungen. Die Eisenstäubchen wirken als Metallelektrode und bewirken einen Durchschlag der Oxydschicht schon wesentlich unterhalb der Formierungsspannung. Die auftretenden Funken verhalten sich wie Kurzschlußfunken und nicht wie Maximalspannungsfunken, die sich im Entstehen schon selbst löschen, weil die löschende Gasentwicklung vollständig fehlt, sobald die Kathode durch ein Metallstäubchen gebildet wird.

Es ist deshalb bei der Fabrikation mit größter Sorgfalt darauf zu achten, daß sich keinerlei Metallstaub in den Fabrikationsräumen befindet, der beim Zusammenbau auf die Anode gelangen könnte.

Q. Die Formierung.

Wir haben uns redlich bemüht, bei den Elektrolytkondensatoren bauenden Firmen etwas über das von ihnen angewendete Formierungsverfahren zu erfahren. Die Antworten, die wir erhielten, hatten alle den gleichen Wortlaut: Leider müssen die Verfahren geheimgehalten werden, so daß wir nichts darüber sagen können. Diese Notwendigkeit der Geheimhaltung verbietet uns, selbst das Wenige, was wir bei anderen Gelegenheiten erfahren haben, hier zu veröffentlichen.

Wir müssen uns deshalb zu unserem großen Bedauern auf das beschränken, was in den Patentschriften der Öffentlichkeit zugänglich gemacht worden ist.

Es sei also auf den Inhalt der auf S. 198—281 wiedergegebenen Patentschriften verwiesen, besonders auf die amerikanischen Patentschriften, deren Inhalt, um Wiederholungen möglichst zu vermeiden, nicht restlos in den Text des Buches aufgenommen worden ist.

Die erste und dringendste Vorschrift bei der Formierung wie beim gesamten Zusammenbau der Elektrolytkondensatoren ist äußerste Sauberkeit. Die Elektroden dürfen bei der Herstellung überhaupt nicht angefaßt werden. Der Elektrolyt ist in versiegelten Flaschen zu transportieren, um ihn vor Verschmutzung zu schützen. Das verwendete destillierte Wasser ist dauernd auf größte Reinheit zu prüfen.

In der Literatur werden folgende Rezepte für die Vorbehandlung und Formierung des Al angegeben:

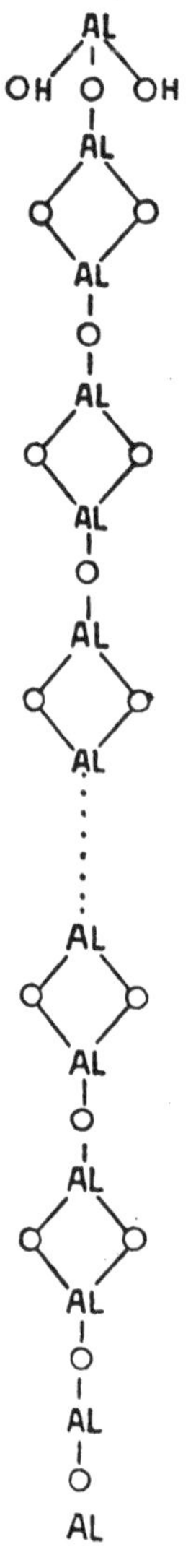

Abb. 97.[1]

Lilienfeld, Appleton, Smith & Nieh. Elcktrolyt 40 g H_3BO_3 in 1 Liter Wasser. 99,9% Al.

Damit lassen sich 800 Volt ohne Funkenspiel erreichen. Der Widerstand des Elektrolyten ist allerdings sehr groß.

Folgende Vorbehandlung des Al wird vorgeschrieben:

1. Erhitzen in Luft (10 Min.) bei 400° C.
2. Polieren durch Reiben mit sauberem, weichem Tuch.
3. Eintauchen 10 Min. in eine reine Lösung von 10 g $K_2Cr_2O_8$ in 500 cm³ H_2SO_4, dann Abspülen mit kaltem, destilliertem Wasser.
4. Wenn eine homogene Schicht angestrebt wird: Je 10 Min. eintauchen in zwei siedende Lösungen. Jede 30 g H_3BO_3 in 1 Liter Wasser.

   Wenn eine zusammengesetzte Schicht angestrebt wird: zweimal je 10 Min. in siedendes destilliertes Wasser.
5. Spülen mit kaltem, destilliertem Wasser.

Die Formierung wird als vollendet angesehen, wenn die Stromdichte unter 0,02 mA/cm² gesunken ist. Dann wird das Al herausgenommen, mit kaltem, destilliertem Wasser, dann mit kaltem Äthylalkohol gespült und in freier Luft getrocknet. Die Kapazität wurde naß und trocken gemessen. Bei homogenen Schichten ergab sich die gleiche Kapazität, einerlei, ob trocken oder naß gemessen wurde. Die Schichtdicke war proportional der Formierungsspannung. Die Schicht war also nicht hydratisierbar. Die inhomogenen Schichten werden auch in H_3BO_3 erhalten. Sie ergeben sich lediglich durch andere Vorbehandlung. Die Schichten sind jetzt stark hydratisierbar. Die Hydrateinschlüsse sind rein zufällig, deshalb besteht in trockenem Zustand keinerlei gesetzmäßiger Zusammenhang zwischen Formierungsspannung und Schichtdicke.

Reines kochendes Wasser greift nach einiger Zeit Al an und ist die Ursache der Hydrateinschlüsse. Die genannten Verfasser stellen dann das in Abb. 97 dargestellte Schema auf, das beliebig lang werden kann.

Damit ergibt sich eine sehr geringe Hydratisierbarkeit, nämlich nur an der Oberfläche. Solche Ketten sollen parallel zum Felde liegen.

Es ergibt sich also gewissermaßen ein geschichtetes Dielektrikum.

Das Durchlaufverfahren zur Formierung der Al-Folie, bei dem diese mit konstanter Geschwindigkeit durch das Elektrolytbad läuft, wird bei der Herstellung von Kondensatoren für niedrige Betriebsspannung und große Kapazitäten angewendet.

[1] Aus: By J. E. Lilienfeeld, L. W. Appleton, W. M. Smith and J. K. Nieh. Trans-Amer. Electrochem. Soc. 61, 531, 1932.

Abb. 98 zeigt eine Formierwanne, die für das heiße und das kalte Tauchverfahren gleich gut verwendet werden kann. Bei dem kalten Verfahren wird der Elektrolyt durch Wasserkühlung auf 45° C gehalten, bei dem heißen Verfahren erhält das Bad eine Temperatur von 100° C, die teils durch den Formierungsstrom, teils durch eine besondere Erhitzung erreicht wird. Die Anlage wird mit 2 Deckeln geliefert, von denen der eine eine Spannungsvorrichtung für die Bänder der trockenen Elektrolytkondensatoren enthält, während der andere Aufnahmevorrichtungen für die Wickel der nassen Kondensatoren hat.

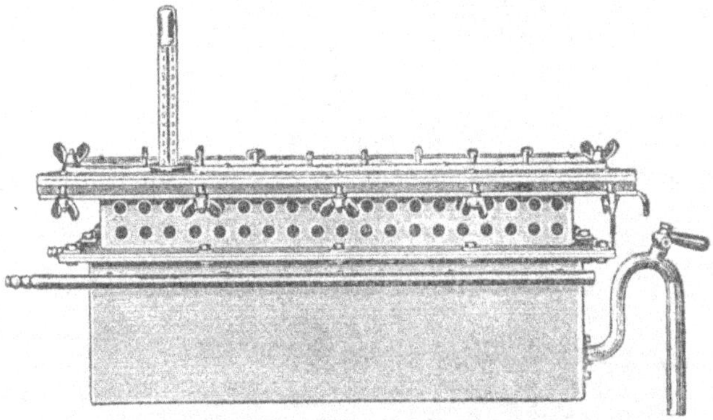

Abb. 98[1]. Formierwanne für Anodenfolien.

Trockenkondensatoren benötigen zu ihrer Herstellung eine Wickelmaschine, die der für gewöhnliche Papierkondensatoren ähnlich gebaut ist und sich von dieser in der Hauptsache dadurch unterscheidet, daß sie ein Tränkbad hat, in das der Elektrolyt für das Tränken der mit den Folien aufzuwickelnden Nesselbahnen getan wird. Dieses Bad ist so ausgebildet, daß der Elektrolytbehälter im Wasserbad bis 100° C geheizt werden kann. Die formierte Anodenfolie kann hier sowohl von der Rolle als auch in geschnittenen Längen verarbeitet werden. Die unformierte Kathodenfolie wird stets unmittelbar von der Rolle genommen. Die Nesselbänder werden dem Wickeldorn paarweise von entgegengesetzten Seiten zugeführt, um einen einseitigen Zug zu vermeiden.

Abb. 99. Wickelmaschine mit Tränkbad zum Imprägnieren der Nesselbahnen für Elektrolytkondensatoren.

[1] Aus einer Druckschrift d. Fa. K. H. Krückeberg & Co., Maschinenfabrik, Berlin N 54.

Das Wasserbad verhindert eine Überhitzung des Elektrolyten, und Vorrichtungen zum Abstreifen der Nesselbänder sorgen für ein sauberes Arbeiten. Abb. 99 zeigt eine derartige Wickelmaschine.

Die gleiche Firma K. H. Krückeberg & Co. in Berlin, die diese Werkzeugmaschinen herstellt, baut auch eine Wickelvorrichtung für Kondensatoren mit nassen und zähflüssigen Elektrolyten, die eine freitragende Blechspirale als Anode haben.

Eine derartige Maschine ist in Abb. 100 wiedergegeben. Die Achse wird in diese Vorrichtung mit beiden Enden eingesetzt, um ein sauberes Laufen

Abb. 100[1]. Wickelmaschine zur Herstellung freitragender Wickel für nasse Elektrolytkondensatoren.

zu erzielen. Da die Wickelfahne ferner auf einem Laufbrett mit seitlicher Führung läuft, entstehen genau zylindrische Wickel. Die Breite kann von 60 bis 90 mm eingestellt werden.

An weiteren Spezialvorrichtungen werden eine Biegevorrichtung für Isoliereinlagen, eine Aufnahmevorrichtung für Elektrolytkondensatoren zum Nachformieren, eine Deckelverschlußmaschine für nasse Elektrolytkondensatoren und ein elektrisch beheizter Vergußkessel hergestellt.

Neueste Entwicklung für Sonderzwecke s. S. 197.

R. Kondensatoren mit Polarisationskapazität.

Als Elektroden für Polarisationskondensatoren wird Nickelstahl mit 10% Nickel und als Elektrolyt KOH oder NaOH empfohlen.

[1] Aus einer Druckschrift d. Fa. K. H. Krückeberg & Co., Maschinenfabrik, Berlin N 54.

S. Die Eigenschaften der Kondensatoren.

a) Berechnung der Kapazität.

α) Pulsierender Gleichstrom.

Wird ein Elektrolytkondensator der gesamten Anodenfläche F cm² bis zur Spannung U formiert, so beträgt seine Kapazität C bei Belastung mit pulsierendem Gleichstrom

$$C = \frac{6{,}28 \cdot F}{U}\ \mu F. \tag{41}$$

β) Wechselstrom.

Anders liegen die Verhältnisse, wenn ein Elektrolytkondensator mit zwei Al-Elektroden, die beide bis zur gleichen Spannung u formiert sind, mit Wechselstrom belastet werden soll. Ist die Kapazität jeder der beiden gleichen Elektroden $C\,\mu F$, so hat der gesamte Kondensator bei Belastung mit Wechselstrom nur eine Kapazität von $C/2\ \mu F$.

Der Grund liegt in der Eigentümlichkeit der Ventilmetalle, nur für die eine Stromrichtung als Kondensator zu wirken und in der anderen den Strom frei fließen zu lassen. Angenommen, wir haben in einem aus zwei Aluminiumelektroden bestehenden Elektrolytkondensator die linke zur Anode gemacht und mit der Elektrizitätsmenge Q geladen.

Für den Ladestrom war die rechte Elektrode Kathode, bot also kein Hindernis. Sobald wir aber zu entladen beginnen, wird die rechte Elektrode aufgeladen, da sie für den Entladestrom Anode ist, und sobald die Elektrizitätsmenge Q von der linken Elektrode entladen ist, ist, abgesehen von Verlusten, die rechte auf dieselbe Elektrizitätsmenge Q aufgeladen, das heißt der Elektrolytkondensator, als Ganzes betrachtet, ist auf die entgegengesetzte Elektrizitätsmenge Q geladen und dabei ist nur die Elektrizitätsmenge Q durch den Stromkreis geflossen, während bei einem gewöhnlichen Kondensator mit festem Dielektrikum in diesem Falle die Elektrizitätsmenge $2\,Q$, nämlich Q bei der Entladung und Q bei der Ladung im entgegengesetzten Sinne, durch den Stromkreis geflossen wäre.

Eine genauere Überlegung zeigt jedoch, daß dieses nur für den in Wirklichkeit nicht vorkommenden Fall gilt, daß die Mindestspannung in der Flußrichtung Null ist. Je größer die Mindestspannung ist, umso mehr nähert sich die Anordnung der zweier gewöhnlicher, in Reihe geschalteter Kondensatoren. Man wird also für Wechselkondensatoren, die eine möglichst große Kapazität haben sollen, Elektrolyte wählen, die eine möglichst hohe Mindestspannung haben, also hochgradig alkalifreie Elektrolyte.

Diese Eigentümlichkeit der Elektrolytkondensatoren darf man nicht außer acht lassen, wenn man einen Kondensator gegebener Größe herstellen will. Die nutzbare Kapazität entspricht nur einem Viertel der gesamten im Elektrolyten befindlichen Oberfläche des Ventilmetalles, da für jede Stromrichtung nur die eine Hälfte in Frage kommt und hiervon wieder nur die Hälfte ausgenutzt werden kann.

b) Ersatzschaltbild.

Bei Al ist die Kapazität eines cm² eines bis U V formierten Kondensators nach $1^1/_2$ stündiger Formierungsdauer

$$C = \frac{6{,}28}{U}\ \mu F \tag{42}$$

Diese Kapazität ist selbstverständlich von der Frequenz unabhängig. Mit zunehmendem, an ‚Spannung liegen' des Kondensators nimmt sie ganz langsam weiter ab, weil die Schichtdicke ganz langsam und immer weiter verzögert zunimmt.

Von der Temperatur ist die Kapazität unabhängig, solange keine Weiterformierung einsetzt. Da jedoch die Sperrfähigkeit der Oxydschicht mit steigender Temperatur abnimmt, formiert sich die Anode bei erhöhter Temperatur langsam weiter, ihre Schichtdicke wächst, ihre Kapazität nimmt ab. Wird die Temperatur wieder gesenkt, so bleibt zunächst die verringerte Kapazität bestehen.

Wird die Anode mit geringerer, beispielsweise halber Spannung betrieben, so wird die Schicht ganz langsam auf geringere Dicke hin vom Elektrolyten abgebaut. Bei 25° C dauert es fast ein Jahr, bis ein mit halber Formierungsspannung betriebener Kondensator annähernd die doppelte Kapazität erreicht. Bei 40° C dagegen dauert es nur noch 50 Tage.

Die dielektrischen Verluste der Oxydschicht des Al sind, wie auf S. 88 angegeben, recht gering.

Wesentlich abweichend von diesem Verhalten der Oxydschicht allein verhält sich jedoch der Elektrolytkondensator.

Bei ihm ist der Widerstand des Elektrolyten durchaus nicht zu vernachlässigen, und zwar um so weniger, je höher die Betriebsspannung ist, da ja mit der Spannung die maximal zulässige Konzentration und damit die Leitfähigkeit des Elektrolyten schnell abnimmt. Für den fertigen Kondensator gilt also das in Abb. 101 angegebene Ersatzschaltbild.

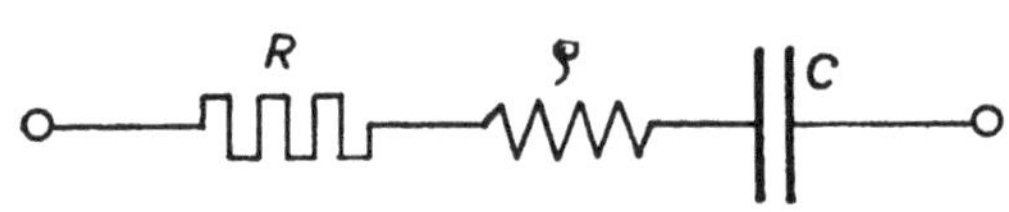

Abb. 101. Ersatzschaltbild eines Elektrolytkondensators.

Hierbei ist

C die verlustfreie Ersatzkapazität;

ϱ der die dielektrischen Verluste darstellende Vorwiderstand und

R der Widerstand des Elektrolyten.

Und nun ergeben sich recht verwickelte Verhältnisse dadurch, daß R, ϱ und C derartig miteinander gekoppelt sind, daß sie voneinander abhängen. Und zwar gilt dieses aus ähnlichen Gründen sowohl für Flüssigkeits- wie für Trockenkondensatoren.

Flüssigkeitskondensatoren haben den in Abb. 102 wiedergegebenen Querschnitt.

Daraus ergibt sich sogleich, daß der Teilwiderstand des Elektrolyten von der Kathode bis zu einer Kuppe der Anode bei a wesentlich kleiner als derjenige bis in ein Tal zwischen zwei Kuppen ist. Ist nun die Frequenz des zur Messung benutzten pulsierenden Gleichstromes gering, so ist der Scheinwiderstand des Kondensators größer. Der Widerstand von *b* macht weniger aus, es werden alle Teile der Oberfläche von *A* vollständig aufgeladen. Der Kondensator hat seine volle Kapazität. Je höher jedoch die Frequenz wirkt, um so mehr kommt *b* in Frage, um so geringer wird die Aufladung in den Tälern. Die Kapazität nimmt ab. Es ergibt sich danach lediglich infolge der Formgebung der Anode eine stärkere Abhängigkeit der Kapazität von der Frequenz. Es leuchtet wohl ohne weiteres ein, daß eine entsprechende Änderung der Verluste des Kondensators damit Hand in Hand geht.

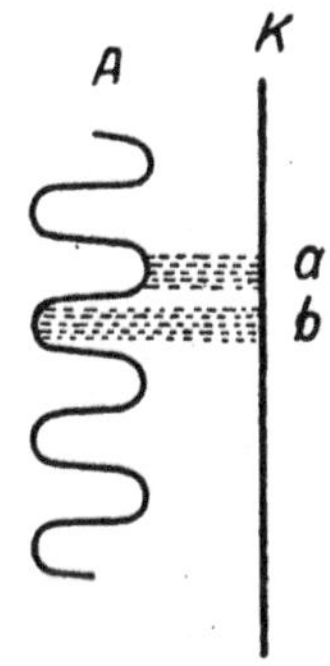

Abb. 102. Schematische Darstellung des Querschnittes eines Flüssigkeitskondensators.

Für Trockenkondensatoren gilt das Gleiche. Zwar sind bei ihnen die Anoden nicht gewellt, sondern eben, aber die Leitfähigkeit der stark eingedickten halbtrockenen Elektrolytschicht wechselt von Punkt zu Punkt, teils wegen des isolierenden Abstandshalters, teils wegen verschiedener Feuchtigkeit an verschiedenen Stellen, endlich wegen Stelle von zu Stelle wechselnder Dicke der an sich schon ziemlich schlecht leitenden Schicht. Die Wirkung dieser Ungleichmäßigkeiten im Widerstand ist ganz die gleiche wie bei *b*). Auch Trockenkondensatoren haben eine mit steigender Frequenz abnehmende Kapazität.

Da die Elektrolytwiderstände ziemlich stark, etwa um 2—3% pro °C abnehmen, ergibt sich auf Grund des unter α) ausgeführten ohne weiteres auch eine entsprechende Abhängigkeit der Kapazität von der Temperatur, die sich der unter α geschilderten überlagert.

c) Der Reststrom.

Der Reststrom hängt in ganz besonders hohem Maße von der Reinheit aller benutzten Materialien ab. Bei reinsten Materialien gelang es bei Formierung bis 10 Volt den Reststrom nach 18 Tagen bis auf 10^{-7} Amp/cm² herunterzudrücken. Im technischen Betrieb wird es schwerlich gelingen, derartig geringe Werte zu erreichen. Immerhin sind Restströme von 10^{-6} mA/cm² wirksamer Oberfläche im allgemeinen sicher erreichbar. Derartig geringe Ströme bilden wohl kaum bei irgendeinem Verwendungszweck eine wesentliche Störungsquelle. Mit der Temperatur steigt der Reststrom nach einer *e*-Funktion an, so daß es sich auch aus diesem Grunde empfiehlt, bei möglichst niedrigen Temperaturen zu arbeiten.

Steigt der Reststrom wesentlich an, so ist das ein Zeichen, daß Korrosionen der Al-Anode begonnen haben. Sie kommen gelegentlich auch bei reinen Materialien vor, heilen dann aber in der Regel bald wieder aus, so daß die Kondensatoren noch lange brauchbar bleiben. Sind Verunreinigungen ihre Ursache, so führen sie zur Zerstörung der Anode.

Bei 99,1% Al war der Reststrom nach 24 Stunden Formierung sechsmal so groß wie der von 99,6% Al. Trotzdem wird das wenige reine, mit Si versetzte Al mehrfach vorgezogen, weil seine Korrosion geringer sein soll.

Mit der Größe des Reststromes hängt der sogenannte „Einsatzstrom" zusammen. Das ist derjenige Stromstoß, der sich beim Wiedereinschalten der Kondensatoren nach langer Ruhepause ergibt. Ist er groß, so gefährdet er erstens den Kondensator selbst durch Überhitzung und zweitens auch die Apparatur, die in der Regel für derartige Belastungen nicht eingerichtet ist. Bei guten Kondensatoren nimmt er schnell ab. So z. B. dauerte die Nachformierung nach Versuchen von Edelman nach einer Ausschaltdauer von 25 Monaten nur 85 sec, d. h. nach dieser Zeit war der Einsatzstrom auf den Betrag des normalen Reststromes gesunken. Offenbar ist dieser Einsatz um so größer, je stärker die Al-Oxydschicht während der Ausschaltdauer vom Elektrolyten angegriffen wird. Da dieser Angriff sehr stark mit der Temperatur ansteigt, ist es dringend zu empfehlen, die ausgeschalteten Elektrolytkondensatoren bei so niedriger Temperatur wie möglich aufzubewahren.

d) Die dielektrischen Verluste der Elektrolytkondensatoren.

Drei Arten von Verlusten sind zu unterscheiden:

1. Die dielektrischen Verluste in der Oxydschicht.

2. Die Ohmschen Verluste in der Oxydschicht, die durch den Reststrom bedingt sind. Sie haben die gleiche Wirkung wie ein Widerstand parallel zum Kondensator.

3. Der Widerstand des Elektrolyten.

Der Widerstand des Elektrolyten kann bei Niederspannungskondensatoren gering sein, weil konzentrierte Lösungen angewendet werden können. Bei Trockenkondensatoren wird er jedoch durch die Eindickung des Elektrolyten in die Höhe getrieben. Bei Hochspannungskondensatoren ist er verhältnismäßig groß, weil die Maximalspannung nur mit dem Logarithmus der Verdünnung steigt, so daß nur mit recht verdünnter Lösung hohe Spannung erreicht werden kann. Infolgedessen macht der Ohmsche Widerstand des Elektrolyten einen beträchtlichen Teil der gesamten Verluste aus. Wie auf S. 162 auseinandergesetzt, ist die Kapazität der Kondensatoren von der Frequenz abhängig, weil von ihr die Stromverteilung abhängt. Folglich ist auch der wirksame Widerstand des Elektrolyten von der Frequenz abhängig. Da auch die dielektrischen Verluste von der Frequenz abhängen und beide wiederum von der Temperatur, ergeben sich recht verwickelte Abhängigkeiten der dielektrischen Verluste von den maßgebenden Variabeln, die nicht in eine klare Gesetzmäßigkeit zu bringen sind.

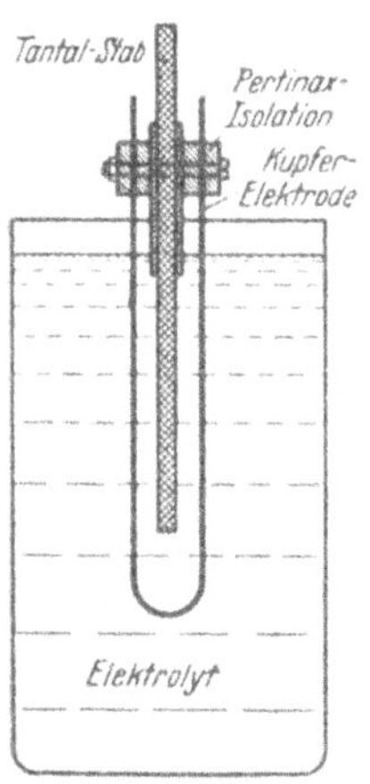

Abb. 103. Abbildung des Versuchsgefäßes.

Während die dielektrischen Verluste der Oxydschicht allein nicht größer sind, als die von Papierkondensatoren, werden sie durch die Verluste im Ohmschen Widerstand beträchtlich in die Höhe getrieben, so daß die Elektrolytkondensatoren im allgemeinen einen Verlustfaktor von 8—10% haben.

Für die Versuche wurde die in Abb. 103 dargestellte Zellenform gewählt, bei der sich die Verluste im Elektrolyten genügend genau berechnen lassen, so daß sie von den gemessenen Gesamtverlusten abgezogen werden konnten. Untersucht worden sind die Verluste in Al_2O_3 und Ta_2O_5 im allgemeinen bei der Frequenz 50.

Nachdem die Zelle die gewünschte Zeit an konstanter Formierungsspannung gelegen hatte, wurde sie zur Messung an eine niedrigere Gleichspannung gelegt, der eine Wechselspannung überlagert war, die nie so groß gewählt wurde, daß sich die Polarität an der Oxydschicht umkehrte, so daß die Gesamtspannung stets eine reine pulsierende Gleichspannung war.

Zunächst wurde untersucht, wie sich die dielektrischen Verluste infolge des Umschaltens von der vollen Formierungsspannung auf die pulsierende Gleichspannung ändern. Dabei ergab sich eigentümlicherweise, daß die dielektrischen Verluste bei Al selbst dann mit der Zeit nach der Umschaltung abnahmen, wenn die Scheitelwerte der pulsierenden Gleichspannung praktisch gleich der Formierungsspannung waren. Hiermit steht im Zusammenhang, daß nach früheren Versuchen die Strömung in Al_2O_3 raumladungsbedingt ist. Wird eine an einer Formierungsspannung liegende Schicht abgeschaltet, einen Augenblick kurzgeschlossen und dann durch ein Amperemeter geschlossen, so fließt bis zu 30 Minuten und mehr ein zeitlich abnehmender Entladungsstrom, der durch aus der Schicht herauskommende Ladungen gespeist wird. Diese und etwa nach dem Umschalten noch in der Schicht befindliche Ladungen sind anscheinend die Ursache dafür, daß die Verluste bei Al nach dem Umschalten am größten sind und mit der Dauer der Messung abnehmen. Bei Ta_2O_5 scheint die Strömung nicht raumladungs-, sondern emissionsbedingt zu sein. Um vergleichbare Werte zu erhalten, wurde deshalb bei Al stets gemessen, wie die Verluste mit der Dauer der Umschaltung abnahmen, und auf die Umschaltzeit Null extrapoliert. Bei Ta dagegen ergab sich keinerlei störende Abhängigkeit von der Dauer der Messung nach der Umschaltung.

α) Formierungsspannung. Jedesmal wurde ein neues Blech (Al) an eine bestimmte Formierungsspannung gelegt und nach 2½ Stunden bei der halben Formierungsspannung mit einer überlagerten Wechselspannung gemessen, deren Effektivwert an der Zelle ein Fünftel der Formierungsspannung betrug. Hiernach war die Gleichfeldstärke $4{,}86 \cdot 10^6$ Volt/cm und die überlagerte effektive Wechselfeldstärke $1{,}94 \cdot 10^6$ Volt/cm. Abb. 104 zeigt die Ergebnisse für Al. Bei Ta streuten die Werte trotz aller Bemühungen so sehr, daß sich ihre Mitteilung nicht lohnt.

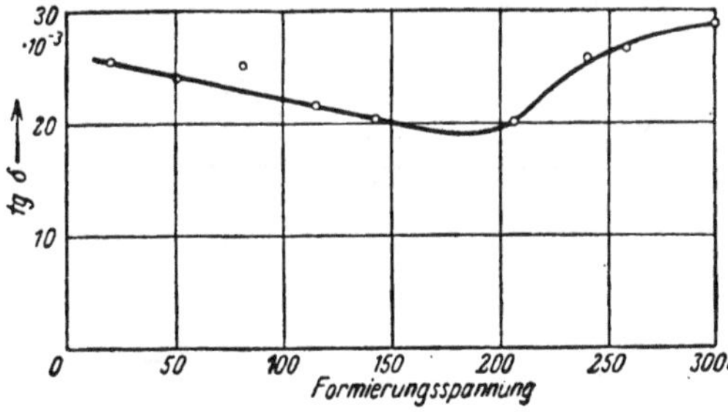

Abb. 104. Abhängigkeit des Verlustwinkels von der Formierungsspannung bei Al_2O_3.

β) Einfluß der Wechselfeldstärke bei konstanter Gleichfeldstärke. Die konstante Gleichfeldstärke war $5{,}06 \cdot 10^6$ Volt/cm. Abb. 105 zeigt die Ergebnisse.

Hiernach steigt tg δ beschleunigt mit der Wechselfeldstärke bei konstanter Gleichfeldstärke an. In Al_2O_3 sind die Verluste nur ein Viertel bis ein Drittel von denen in Ta_2O_5. Überhaupt sind die Verluste erstaunlich gering. Trotz der enormen Feldstärke ist tg δ bei Al etwa von gleicher Größe wie bei Guttapercha oder paraffingetränktem Papier.

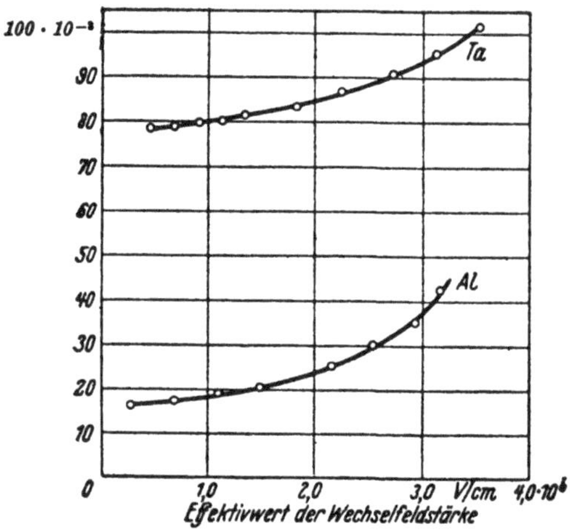

Abb. 105. Abhängigkeit des Verlustwinkels von der Wechselfeldstärke bei konstanter Gleichfeldstärke bei Al_2O_3 und Ta_2O_5.

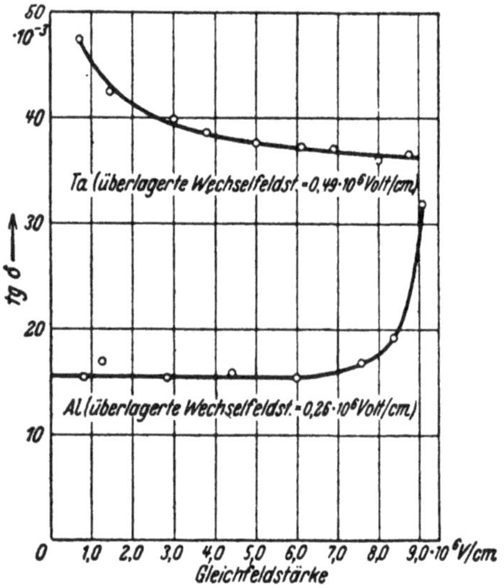

Abb. 106. Abhängigkeit des Verlustwinkels von der Gleichfeldstärke bei konstanter Wechselfeldstärke bei Al_2O_3 und Ta_2O_5.

γ) Einfluß der Gleichfeldstärke bei konstanter Wechselfeldstärke. Abb. 106 zeigt die Ergebnisse. Seltsamerweise verhalten sich hier Ta und Al entgegengesetzt. Bei Ta nimmt tg δ mit zunehmender Gleichfeldstärke

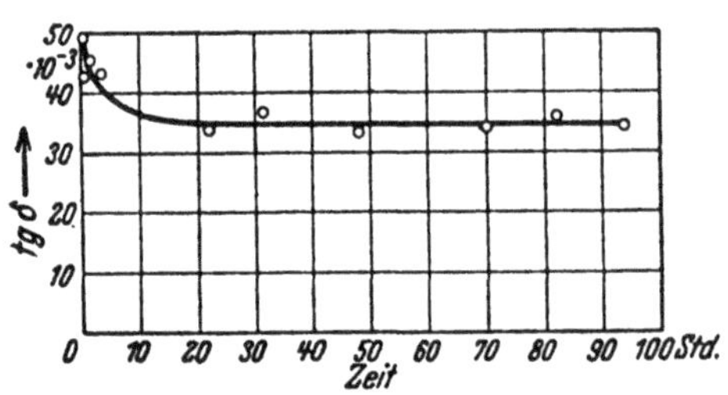

Abb. 107. Abhängigkeit des Verlustwinkels von der Formierungsdauer bei Al_2O_3.

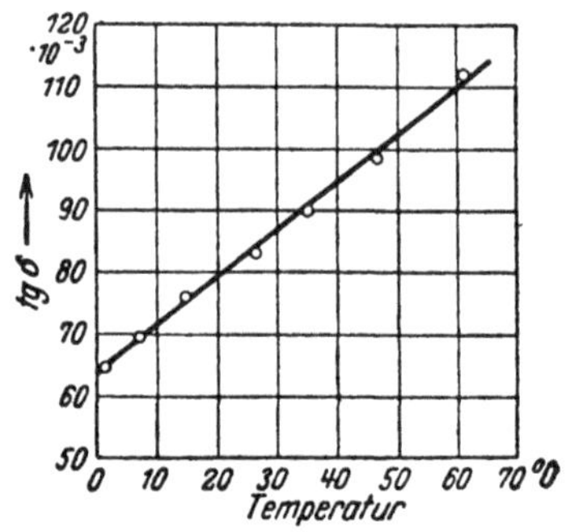

Abb. 108. Abhängigkeit des Verlustwinkels von der Temperatur bei Ta_2O_5.

ab. Bei Al ist er zunächst von der Gleichfeldstärke unabhängig, um dann bei Annäherung an die kritische Feldstärke schroff anzusteigen.

Beides steht im schroffen Gegensatz zum Verhalten der Leitfähigkeit, wenn man aus der Stromspannungsabhängigkeit der Schichten den Begriff der „Leitfähigkeit" konstruieren will. In beiden Schichten nimmt diese „Leitfähigkeit" stark beschleunigt mit der Feldstärke zu.

Daß sich tg δ völlig anders verhält als diese „Leitfähigkeit", deutet daraufhin, daß es sich bei der Stromspannungsabhängigkeit nicht um eine Leitfähigkeit im gewöhnlichen Sinne handelt, sondern daß der Begriff der Leitfähigkeit hier ebenso verfehlt ist wie etwa bei dem anomalen Kathodenfall der Glimmentladung.

δ) Einfluß der Formierungsdauer. Abb. 107 zeigt das Ergebnis für Al. Hiernach nehmen die dielektrischen Verluste anfänglich mit zunehmender Formierungsdauer etwas ab, um nach 30 Stunden etwa konstant zu werden. Es zeigt sich also auch hier wieder der früher wiederholt beobachtete Vorgang der Alterung oder Verfestigung der Oxydschicht.

ε) Einfluß der Temperatur. Abb. 108 zeigt das Ergebnis für Ta. Bei Ta steigt tg δ genau linear mit der Temperatur an. Bei Al ergeben sich bei erhöhter Temperatur die bekannten Störungen.

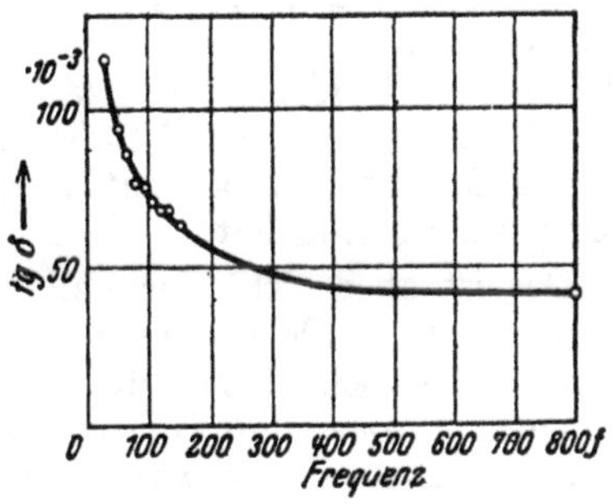

Abb. 109.
Abhängigkeit des Verlustwinkels von der Frequenz bei Ta_2O_5.

ζ) Frequenz. Abb. 109 zeigt das Ergebnis für Ta. tg δ nimmt mit steigender Frequenz verzögert ab, als ob ein Maximum des tg δ bei sehr niedriger Frequenz liegt. Es war jedoch nicht möglich, experimentell bis zu derartig geringer Frequenz vorzudringen.

Zusammenfassung der Messung der dielektrischen Verluste.

Zusammenfassend läßt sich hiernach sagen, daß die dielektrischen Verluste der Oxydschicht selbst recht gering sind. Die Elektrolytkondensatoren würden auch in dieser Hinsicht recht gute Kondensatoren sein, wenn nicht die rein Ohmschen Verluste im Elektrolyten zu den dielektrischen Verlusten in der Oxydschicht hinzukämen. Es kommt also alles darauf an, diese Ohmschen Verluste im Elektrolyten möglichst gering zu halten. Die Mittel dazu sind:

1. möglichst geringer Elektrodenabstand,
2. möglichst gut leitender Elektrolyt.

Die erste Bedingung ist am besten durch möglichst dünne isolierende Abstandshalter zu erfüllen. Die zweite durch Wahl eines möglichst konzentrierten Elektrolyten. Das ist ohne Schwierigkeit möglich, wenn es sich um Niederspannungs-Kondensatoren handelt. Für die Hochspannungs-Kondensatoren muß ein Kompromiß gefunden werden, denn die Maximalspannung steigt mit dem Logarithmus der Verdünnung des Elektrolyten, der Ohmsche Widerstand dagegen annähernd mit der Verdünnung selbst. Je höher die Maximalspannung sein soll, um so größer werden also notwendigerweise die Ohmschen Verluste im Elektrolyten.

Deshalb ist es, ähnlich wie bei den Primärelementen, von einer bestimmten, etwa bei 300—400 Volt liegenden Spannung an, wirtschaftlicher, zwei Elektrolytkondensatoren in Reihe zu schalten, als durch Verwendung eines hochgradig verdünnten Elektrolyten einen für besonders hohe Spannungen herstellen zu wollen. Siehe jedoch S. 127.

e) Eigenspannung der Elektrolytkondensatoren.

Da ein Elektrolytkondensator aus einer oxydbedeckten und einer nicht formierten Al-Elektrode besteht, die durch den Elektrolyten verbunden sind, ist er ein galvanisches Element. Da nun aber auch die anscheinend blanke Al-Elektrode stets von einer wenn auch unsichtbaren Oxydschicht bedeckt ist, sollte man meinen, daß dieses Element die Urspannung Null hat.

Das ist aber nicht der Fall. Selbst nach wochenlangem spannungslosem Lagern, wenn alle Raumladungen längst abgeklungen sind, haben die Kondensatoren noch Eigenspannungen bis 0,5 V, wobei die Größe der Eigenspannungen, ja sogar ihre Polarität nicht nur von Fabrikat zu Fabrikat, sondern sogar individuell schwankt. In der Regel ist die formierte Elektrode negativ.

Nun ist der innere Widerstand dieses galvanischen Elements viele Millionen Ohm. Infolgedessen ist es unmöglich, ihm merkliche Ströme zu entnehmen. Die Eigenspannung bricht dann sofort zusammen. Trotzdem kann sie schwere Störungen hervorrufen, wenn die Kondensatoren in Nullschaltungen verwendet werden, bei denen in einer Kompensationsschaltung darauf eingestellt wird, daß die Spannung am Elektrolytkondensator Null wird.

Infolge des enormen inneren Widerstandes ist die exakte Messung der Eigenspannung recht schwierig. Es muß eine Kompensationsmethode mit Stromverstärkung angewendet werden, bei welcher die benutzte Elektronenröhre sehr genau den Gitterstrom Null hat. Näheres ist unter den Meßverfahren angegeben.

Trotz umfangreicher Versuche gelang es bisher nicht, die Ursachen der Eigenspannung sicher festzustellen. Bei Dauerbeobachtungen zeigte die Eigenspannung von Tag zu Tag einen regelmäßigen Gang. Plötzlich kehrte er sich jedoch ohne sichtlichen Grund um. Einmal schien ein Einfluß der Luftfeuchtigkeit vorzuliegen. Es zeigt sich jedoch, daß von ihr sehr geringe Kriechströme in der Meßanordnung abhingen, die die Messung fälschten. Wahrscheinlich hat die Eigenspannung mehrere Ursachen. Erstens sind die Oberflächenfelder der Oxydschichten ebenso wie bei Katalysatoren von der Oberflächenstruktur der Oxydschichten abhängig und diese ist natürlich an einer an der Luft entstandenen und dann dauernd mit Wasserstoff beladenen Oxydschicht anders, als an einer elektrisch formierten, wobei anzunehmen ist, daß sie auch noch vom Formierungsverfahren abhängt, was die Unterschiede in den Eigenspannungen der einzelnen Fabrikate erklären würde. Es kann also nur empfohlen werden, Kondensatoren, die in empfindlichen Nullschaltungen verwendet werden sollen, vorher auf ihre Eigenspannung zu prüfen.

f) Lebensdauer.

Die Lebensdauer ist unter normalen Betriebsbedingungen nach den Angaben in der Literatur 12—50 Jahre. Da die Elektrolytkondensatoren erst seit einigen Jahren im Gebrauch sind, so sind diese Zahlen natürlich Schätzungen. Die Lagerfähigkeit soll unbegrenzt sein.

g) Versuche an Elektrolytkondensatoren.

A. Flüssigkeitskondensatoren.

Hier liegen Versuche von H. O. Siegmund vor. Er verwendete den in Abb. 94 wiedergegebenen Flüssigkeitskondensator. Dieser war bis 24 Volt formiert und hatte bei einer Meßfrequenz von 1000 Hertz eine Kapazität von 1000 μF,

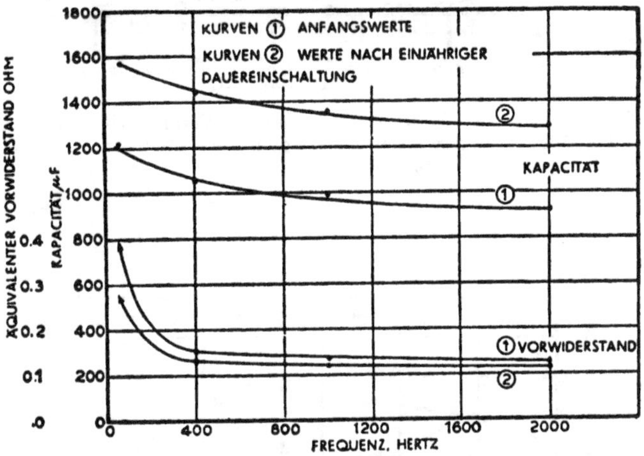

Abb. 110[1]. Abhängigkeit der Kapazität und des die Verluste darstellenden Vorwiderstandes eines bis 48 Volt formierten Al-Kondensators von der Frequenz bei Parallelschaltung zu einer Batterie von 28 Volt.

bei Formierung bis 48 Volt von 600 μF. Die Abmessungen waren 20 × 26 × 36 cm, sein Gewicht 19 kg einschließlich 10 kg Elektrolyt. Der Behälter bestand aus Hartglas. Die Elektroden waren an dem Porzellandeckel starr befestigt und dadurch im richtigen Abstand gehalten. Auf dem Elektrolyten befand sich eine dünne Paraffinschicht zur Unterdrückung der Verdunstung. Der Deckel war mit Paraffin auf dem Glasbehälter luftdicht befestigt.

Abb. 110 gibt die Kapazität und den die Kondensatorverluste darstellenden Vorwiderstand in Abhängigkeit von der Frequenz, und zwar Kurven 1 kurz nach der Inbetriebnahme, Kurven 2 nach einem Dauerbetrieb von einem Jahre parallel zu einer 28-Volt-Batterie mit einer Maximalspannung von 32 Volt. Ähnliche Kurven zeigt Abb. 111. Sie wurden an einem Kondensator aufgenommen, der bis 100 Volt formiert und parallel zu einer Batterie von 66/75Volt geschaltet war. Die Erklärung der Frequenzabhängigkeit ist auf S. 162 gegeben.

[1] Aus: By H. O. Siegmund, Bell. Syst. Techn. Journ. 8, 41, 1929.

Abb. 112 zeigt, wie die Temperatur auf Kapazität und Verlustwiderstand wirkt. Die Meßfrequenz ist 1000. Die Kapazität und der Verlustwiderstand bei 20° C sind gleich 100 gesetzt. Auch für diese Kurven findet sich auf Seite 162 die Erklärung.

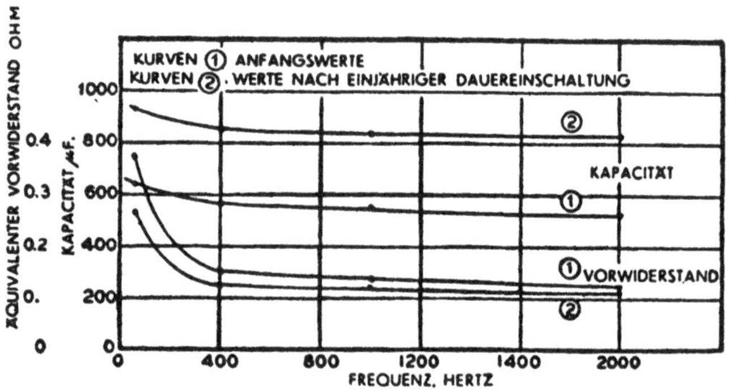

Abb. 111 [1]. Abhängigkeit der Kapazität und des die Verluste darstellenden Vorwiderstandes eines bis 100 Volt formierten Al-Kondensators von der Frequenz bei einer Parallelschaltung zu einer Batterie von 66 Volt.

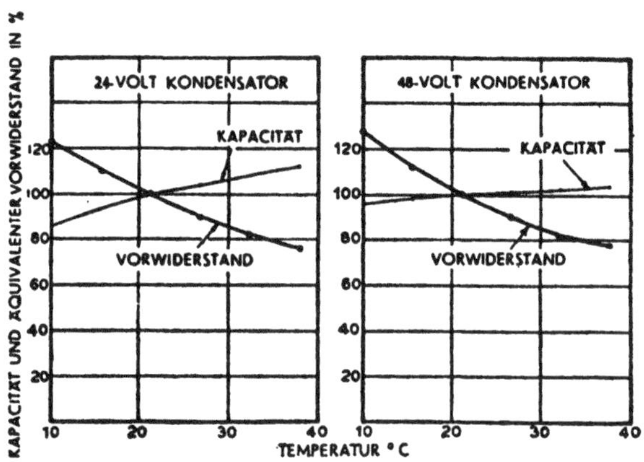

Abb. 112 [1]. Abhängigkeit der Kapazität und des die Verluste darstellenden Vorwiderstandes von Al-Kondensatoren von der Temperatur. Meßfrequenz = 1000 Hertz.

Weiter zeigt Abb. 113 das Verhalten eines Kondensators, an dessen Anoden 62 Tage nach dem Einschalten Anfressungen auftraten. Die Betriebsspannung betrug 65 Volt.

Abb. 114 endlich zeigt, wie sich Kapazität, Verlustwiderstand und Reststrom in den ersten drei Jahren eines Dauerbetriebs mit 28 Volt verhielten.

[1] Aus: By H. O. Siegmund, Bell. Syst. Techn. Journ. 8. 41, 1929.

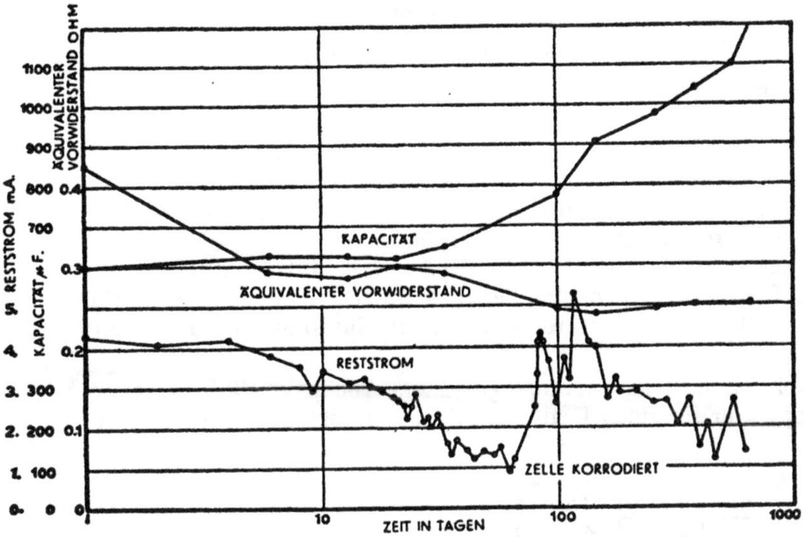

Abb. 113[1]. Kennlinien eines Al-Kondensators, dessen Anoden 62 Tage nach dem Einschalten korrodierten. Betriebsspannung 65 Volt.

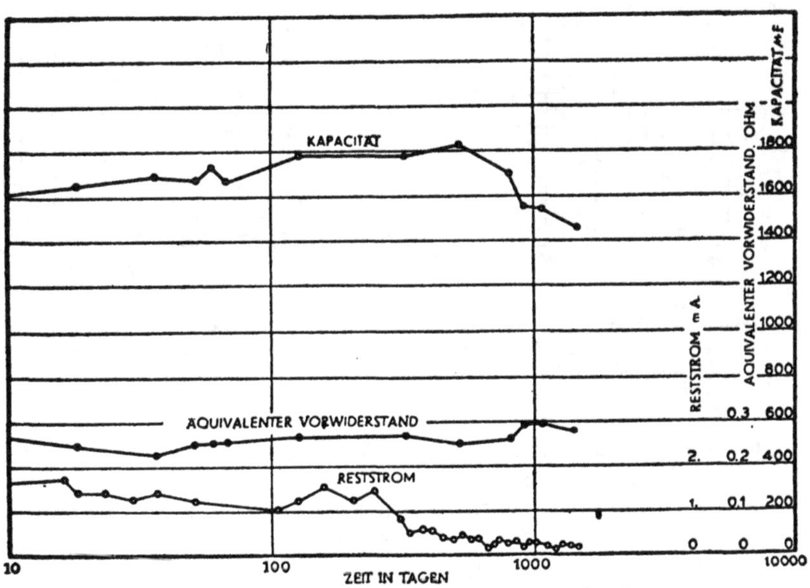

Abb. 114[1]. Kennlinien eines Al-Kondensators, der 3 Jahre in Dauereinschaltung an 28 Volt Betriebsspannung lag.

[1] Aus: By H. O. Siegmund, Bell. Syst. Techn. Journ. 8, 41, 1929.

B. Trockenkondensatoren.

a) Fremde Messungen.

Es liegen in der Literatur nur wenige Messungen vor. Erwähnt seien die Versuche von Bauder & Jannsen.

Sie benutzten folgende Typen für ihre Messungen:

Trockenelektrolytkondensatoren.

1. Elektrolytkondensator der Hydrawerke 8 μF, 400 Volt.
2. Elektrolytkondensator der Hydrawerke 150 μF, 35 Volt.
3. Elektrolytkondensator der Hydrawerke 1500 μF, 15 Volt.
4. Elektrolytkondensator der S. A. F. Nürnberg, 2500 μF, 6 Volt.
5. Elektrolytkondensator der S. A. F. Nürnberg, für unbekannte Kapazität, 10 Volt.

Abb. 115 gibt die von ihnen gemessene Abhängigkeit der Kapazität von der Temperatur für einen Hydra-Kondoneator 1500 μF bei 15 Volt Formierungs-

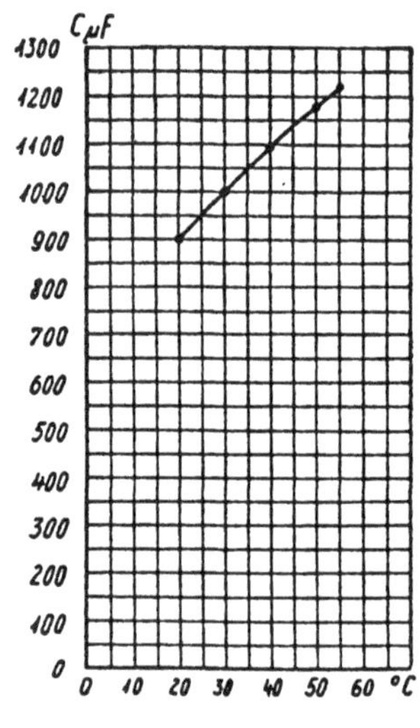

Abb. 115 [1].
Abhängigkeit der Kapazität von der Temperatur eines Hydra-Kondensators für 1500 μF und 15 Volt.

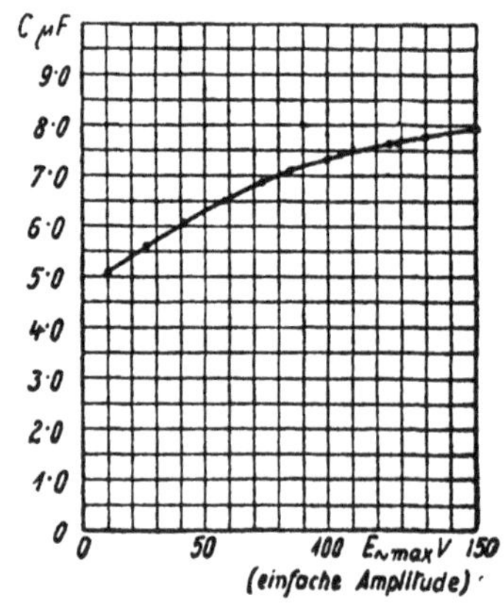

Abb. 116 [1].
Die Kapazität in Abhängigkeit von der angelegten Wechselspannungskomponente.

spannung wieder. Ein derartiger Kapazitätsanstieg findet sich bei sämtlichen untersuchten Kondensatoren.

Bleibt die Erwärmung unterhalb von 60° C, so ergibt sich nach der Abkühlung wieder der vor der Erwärmung gemessene Wert. Eine Messung des Verlustwiderstandes fehlt leider.

Abb. 116 läßt erkennen, wie sich die Kapazität ändert, wenn die pulsierende Wechselspannung geändert wird.

---

[1] Aus: R. Bauder u. K. Jannsen, E und M, **43**, 581, 1932.

b) Eigene Messungen.

Für die im folgenden mitgeteilten Versuche wurden uns Elektrolytkondensatoren von den Firmen

Süddeutsche Apparatefabrik G. m. b. H., Nürnberg 2,
Siemens & Halske, A.-G., Wernerwerk Berlin-Siemensstadt,
Richard Jahre, Spezialfabrik für Kondensatoren, Berlin SO 16,
Elektrizitäts-Akt.-Ges. Hydrawerk, Berlin N 20,
Nürnberger Schraubenfabrik und Fassondreherei, Nürnberg,
Jaroslaws Erste Glimmerwaren-Fabrik, Berlin-Weißensee,
Wego-Werke A.-G., Freiburg i. Br.,

in dankenswerter Weise zur Verfügung gestellt. Die verschiedenen Firmen sind in der Spalte „Fabrikat" mit verschiedenen Buchstaben bezeichnet. Um jedoch die erforderliche Unparteilichkeit zu wahren, möchten wir hier nicht angeben, welche Buchstaben die verschiedenen Firmen kennzeichnen, da die Tabellen lediglich einen Überblick über das heute bei den Elektrolytkondensatoren Erreichte geben sollen.

α) Messung der beim Einschalten der Kondensatoren aufgenommenen Elektrizitätsmenge und des Reststromes.

Die einzelnen Kondensatoren wurden über einen Widerstand, der den Einschaltstrom zunächst begrenzte, dann aber nach und nach kurzgeschlossen wurde, an die angegebene Betriebsspannung gelegt. Dabei wurde die Elektrizitätsmenge (Strom × Zeit) gemessen, die die einzelnen Kondensatoren bis zum Erreichen der Betriebsspannung bei einer bestimmten Stromstärke aufnahmen. Die Kondensatoren blieben hiernach mehrere Tage an Spannung liegen. Dabei wurde in gewissen Zeitabständen der Reststrom aufgenommen. Die Tabellen 79 bis 82 zeigen das Ergebnis. Die angegebenen Werte des Reststromes für 10, 30 und 60 Stunden sind den einzelnen Reststromkurven entnommen und sämtlich auf 20° C umgerechnet. Weiter ist in den Tabellen die ungefähre Lagerzeit, d. h. die Zeit, die die Kondensatoren nach der Formierung bzw. Wiederformierung bis zum Beginn der angeführten Messungen gelegen haben, angegeben. Hierbei haben wir angenommen, daß die einzelnen Firmen uns nur solche Kondensatoren für die Messungen zur Verfügung gestellt haben, die bei ihnen nur kurze Zeit lagerten.

β) Messung der Kapazität und des Verlustwinkels.

Die Kapazität und der Verlustwinkel der Hochvoltkondensatoren wurden mit der in Abb. 125 dargestellten Wechselstrombrücke gemessen. Der Verlustwinkel und die Kapazität der Niedervoltkondensatoren wurden dagegen wegen der wesentlich höheren Kapazitätswerte nach der unter „Messung sehr großer Kapazitäten" angegebenen Methode bestimmt. Da allgemein nur die Werte der Elektrolytkondensatoren von praktischem Interesse sind, die diese bei voller Betriebsspannung haben, wurden Kapazität und Verlustwinkel nur bei der jeweils angegebenen Betriebsspannung gemessen. Für die Messungen wurde der Betriebsspannung der Kondensatoren eine Wechselspannung von 1 bis 2 Volt überlagert. Ihre Frequenz betrug 50 bzw. 800 Hertz. Die

Tabelle 79.

Fabrikat	Angegebener Kapazitätswert	Lagerzeit	Aufgenommene Elektrizitätsmenge bis zur Erreichung der Betriebsspannung bei der angegebenen Stromstärke	Reststrom in mA nach einer Einschaltungsdauer von		
				10 Std.	30 Std.	60 Std.
			Kondensatoren für 500 Volt Betriebsspannung.			
A	8 μF	etwa 2 Woch.	9 mAsec bei 3 mA	0,051	0,051	0,061
B	8 μF	„ 2 „	9 mAsec „ 3 mA	0,049	0,039	0,034
C	8 μF	„ 2 „	50 mAsec „ 10 mA	0,056	0,038	0,024
C	8 μF	„ 4 „	150 mAsec „ 10 mA	0,053	0,034	0,028
D	8 μF	„ 4 „	6 mAsec „ 3 mA	0,034	0,031	0,027
D	8 μF	„ 4 „	6 mAsec „ 3 mA	0,036	0,034	0,035
D	8 μF	„ 4 „	4 mAsec „ 2 mA	0,017	0,018	0,017
D	8 μF	„ 8 „	— —	0,048	0,046	0,043
E	8 μF	„ 4 „	6 mAsec „ 3 mA	0,081	0,07	0,058
G	8 μF		5 mAsec „ 2,5 mA	0,036	0,029	0,024
			Kondensatoren für 450 Volt Betriebsspannung.			
A	2 × 8 μF	etwa 3 Woch.	6 mAsec bei 2 mA	0,037	0,031	0,036
			6 mAsec „ 2 mA	0,036	0,031	0,035
A	2 × 8 μF	„ 3 „	6 mAsec „ 2 mA	0,037	0,028	0,027
			6 mAsec „ 2 mA	0,033	0,026	0,025
A	2 × 8 μF	„ 3 „	6 mAsec „ 2 mA	0,051	0,046	0,049
			6 mAsec „ 2 mA	0,050	0,045	0,049
E	15 μF	„ 5 „	15 mAsec „ 3 mA	0,080	0,073	0,070
E	2 × 8 μF	„ 5 „	6 mAsec „ 2 mA	0,037	0,026	0,020
			6 mAsec „ 2 mA	0,029	0,022	0,018
E	2 × 8 μF	„ 5 „	6 mAsec „ 2 mA	0,027	0,021	0,017
			16 mAsec „ 4 mA	0,06	0,048	0,041
F	2 × 8 μF	„ 9 „	— —	0,011	0,0090	0,0075
			4 mAsec „ 2 mA	0,036	0,030	0,026
F	8 μF	„ 9 „	4 mAsec „ 2 mA	0,026	0,018	0,015
F	8 μF	„ 9 „	4 mAsec „ 2 mA	0,045	0,036	0,028
G	2 × 8 μF	„ 3 „	10 mAsec „ 2 mA	0,082	0,079	0,081
			10 mAsec „ 2 mA	0,020	0,017	0,018
G	8 μF	„ 3 „	10 mAsec „ 2 mA	0,028	0,024	0,023
			Kondensatoren für 400 Volt Betriebsspannung.			
A	16 μF	etwa 2 Woch.	10 mAsec bei 5 mA	0,042	0,038	0,037
A	2 × 8 μF	„ 2 „	4,5 mAsec „ 3 mA	0,020	0,029	0,045
			4,5 mAsec „ 3 mA	0,028	0,030	0,046
			Kondensatoren für 300 Volt Betriebsspannung.			
B	32 μF	etwa 14 Woch.	21 mAsec bei 3 mA	0,041	0,044	0,044
C	25 μF	„ 14 „	280 mAsec „ 20 mA	0,078	0,070	0,062
C	8 μF	„ 14 „	625 mAsec „ 25 mA	0,020	0,016	0,014
E	2 × 8 μF	„ 14 „	8 mAsec „ 2 mA	0,043	0,037	0,029
			8 mAsec „ 2 mA	0,048	0,042	0,036
			Kondensatoren für 250 Volt Betriebsspannung.			
E	4 μF	etwa 5 Woch.	8 mAsec bei 1 mA	0,028	0,021	0,028
F	10 μF	„ 5 „	450 mAsec „ 3 mA	0,066	0,056	0,055

Tabelle 80.

Fabrikat	Angegebener Kapazitätswert	Lagerzeit	Aufgenommene Elektrizitätsmenge bis zur Erreichung der Betriebsspannung bei der angegebenen Stromstärke	Reststrom in mA nach einer Einschaltungsdauer von		
				10 Std.	30 Std.	60 Std.
			Kondensator für 60 Volt Betriebsspannung.			
G	1200 μF	etwa 16 Woch.	350 mAsec bei 50 mA	0,25	0,157	0,135
			Kondensator für 50 Volt Betriebsspannung.			
C	50 μF	etwa 22 Woch.	1,5 mAsec bei 0,5 mA	0,0073	0,0054	0,0051
			Kondensator für 40 Volt Betriebsspannung.			
G	125 μF	etwa 16 Woch.	126 mAsec bei 6 mA	0,09	0,075	0,06
			Kondensatoren für 35 Volt Betriebsspannung.			
G	10 μF	etwa 16 Woch.	1 mAsec bei 0,5 mA	0,0032	0,0027	0,0026
A	100 μF	„ 22 „	50 mAsec „ 5 mA	0,056	0,041	0,039
			Kondensatoren für 30 Volt Betriebsspannung.			
G	8 μF	etwa 16 Woch.	2 mAsec bei 0,5 mA	0,0023	0,0017	0,0015
G	8 μF	„ 16 „	1,5 mAsec „ 0,5 mA	0,0026	0,0025	0,0025
A	10 μF	„ 22 „	3 mAsec „ 0,5 mA	0,013	0,0075	0,0055
G	25 μF	„ 16 „	3 mAsec „ 0,5 mA	0,012	0,0065	0,005
D	1000 μF	„ 22 „	4050 mAsec „ 15 mA	0,058	0,042	0,031
			Kondensatoren für 25 Volt Betriebsspannung.			
C	10 μF	etwa 22 Woch.	6 mAsec bei 1,5 mA	0,165	0,10	0,074
C	25 μF	„ 22 „	1 mAsec „ 0,5 mA	0,047	0,042	0,039
E	25 μF	„ 22 „	1 mAsec „ 0,5 mA	0,017	0,013	0,012
A	1000 μF	„ 22 „	180 mAsec „ 5 mA	0,34	0,27	0,21
			Kondensatoren für 20 Volt Betriebsspannung.			
E	10 μF	etwa 22 Woch.	1 mAsec bei 0,5 mA	0,043	0,029	0,021
F	10 μF	„ 22 „	2 mAsec „ 0,5 mA	0,047	0,029	0,017
F	20 μF	„ 22 „	1 mAsec „ 0,5 mA	0,017	0,014	0,013
			Kondensator für 18 Volt Betriebsspannung.			
B	10 μF	etwa 22 Woch.	2 mAsec bei 0,5 mA	0,105	0,07	0,037
			Kondensator für 15 Volt Betriebsspannung.			
A	25 μF	etwa 22 Woch.	14 mAsec bei 2 mA	0,0023	0,0018	0,0013
			Kondensatoren für 12 Volt Betriebsspannung.			
B	2 × 1800 μF	etwa 22 Woch.	73500 mAsec bei 50 mA	5,4	4,1	3,9
			18000 mAsec „ 10 mA	1,45	1,25	1,2
			Kondensatoren für 10 Volt Betriebsspannung.			
A	300 μF	etwa 22 Woch.	30 mAsec bei 5 mA	0,08	0,045	0,037
A	2000 μF	„ 22 „	550 mAsec „ 5 mA	0,15	0,12	0,08
			Kondensator für 6 Volt Betriebsspannung.			
B	2500 μF	etwa 22 Woch.	4500 mAsec bei 5 mA	0,25	0,125	0,10

Tabelle 81.

Fabrikat	Angegebener Kapazitätswert	Gemessener Kapazitätswert		Verlustwinkel tg ϑ	
		f = 50	f = 800	f = 50	f = 800
	Kondensatoren für 500 Volt Betriebsspannung:				
A	8 μF	7,98 μF	7,41 μF	0,068	0,67
B	8 μF	8,40 μF	7,55 μF	0,051	0,37
C	8 μF	7,39 μF	7,26 μF	0,031	0,27
D	8 μF	9,07 μF	8,2 μF	0,094	0,81
D	8 μF	9,46 μF	8,91 μF	0,07	0,71
D	8 μF	8,88 μF	8,41 μF	0,067	0,71
D	8 μF	8,78 μF	8,29 μF	0,058	0,59
E	8 μF	9,35 μF	8,07 μF	0,11	0,69
G	8 μF	9,31 μF	8,04 μF	0,091	0,62
	Kondensatoren für 450 Volt Betriebsspannung:				
A	2 × 8 μF	7,66 μF	6,69 μF	0,082	0,60
		7,84 μF	6,49 μF	0,095	0,61
A	2 × 8 μF	8,23 μF	7,04 μF	0,069	0,52
		8,23 μF	7,12 μF	0,063	0,48
A	2 × 8 μF	8,84 μF	7,71 μF	0,063	0,52
		8,85 μF	7,68 μF	0,065	0,55
E	2 × 8 μF	8,27 μF	7,17 μF	0,088	0,35
		8,00 μF	6,92 μF	0,089	0,35
E	2 × 8 μF	8,19 μF	6,62 μF	0,119	0,50
		7,62 μF	6,37 μF	0,099	0,36
F	2 × 8 μF	10,05 μF	7,12 μF	0,113	0,80
		9,62 μF	6,3 μF	0,169	0,90
F	8 μF	9,9 μF	6,7 μF	0,167	1,1
F	8 μF	10,3 μF	8,66 μF	0,091	0,83
G	8 μF	9,31 μF	8,97 μF	0,048	0,48
G	2 × 8 μF	9,05 μF	8,43 μF	0,073	0,52
		8,36 μF	7,46 μF	0,098	0,52
A	16 μF	17,0 μF	12,5 μF	0,197	1,27
E	15 μF	16,1 μF	13,67 μF	0,106	0,57
	Kondensatoren für 400 Volt Betriebsspannung:				
A	2 × 8 μF	8,03 μF	6,97 μF	0,088	0,44
		8,0 μF	6,78 μF	0,091	0,48
	Kondensatoren für 300 Volt Betriebsspannung:				
C	8 μF	11,32 μF	11,22 μF	0,034	0,29
E	2 × 8 μF	9,34 μF	8,03 μF	0,115	0,34
		9,77 μF	8,7 μF	0,102	0,33
	Kondensatoren für 250 Volt Betriebsspannung:				
E	4 μF	4,27 μF	3,09 μF	0,182	2,82
F	10 μF	12,95 μF	10,0 μF	0,168	1,0

Tabelle 82.

Fabrikat	Angegebener Kapazitätswert	Gemessener Kapazitätswert	Verlustwinkel tg δ	Frequenz der Meßspannung
		Kondensator für 60 V Betriebsspannung:		
G	1200 μF	1292 μF	0,97	800 Hertz
		Kondensator für 50 V Betriebsspannung:		
C	50 μF	48,0 μF	0,15	800 Hertz
		Kondensator für 40 V Betriebsspannung:		
G	125 μF	115,8 μF	0,53	800 Hertz
		Kondensatoren für 35 V Betriebsspannung:		
A	100 μF	108,4 μF	1,39	800 Hertz
G	10 μF	11,41 μF	0,211	800 Hertz
		Kondensatoren für 30 V Betriebsspannung:		
D	1000 μF	575 μF	0,99	800 Hertz
G	25 μF	21,85 μF	0,357	800 Hertz
A	10 μF	11,42 μF	1,513	800 Hertz
G	8 μF	9,39 μF	0,224	800 Hertz
G	8 μF	10,4	0,215	800 Hertz
		Kondensatoren für 25 V Betriebsspannung:		
A	1000 μF	1037 μF	1,48	800 Hertz
E	25 μF	21,78 μF	0,199	800 Hertz
G	10 μF	8,59 μF	0,315	800 Hertz
		Kondensatoren für 20 V Betriebsspannung:		
F	20 μF	15,83 μF	0,404	800 Hertz
E	10 μF	10,78 μF	0,220	800 Hertz
F	10 μF	9,82 μF	1,513	800 Hertz
		Kondensator für 18 V Betriebsspannung:		
B	10 μF	14,78 μF	0,249	800 Hertz
		Kondensator für 15 V Betriebsspannung:		
A	25 μF	30,1 μF	1,263	800 Hertz
		Kondensator für 12 V Betriebsspannung:		
B	1800 μF	1376 μF	1,07	800 Hertz
		Kondensator für 10 V Betriebsspannung:		
A	2000 μF	2950 μF	0,42	800 Hertz
		Kondensator für 6 V Betriebsspannung:		
B	2500 μF	1935 μF	2,45	800 Hertz

einzelnen Kondensatoren wurden schon vor der Messung 5 bis 6 Stunden an die Nennspannung gelegt. Bis zu Beginn der Messungen waren dadurch die Restströme schon so klein geworden, daß sie die Messungen nicht mehr störten. Außerdem ergaben sich dadurch auch vergleichbare Verhältnisse, da, wie ja bekannt ist, sich die Kapazität der Kondensatoren besonders kurz nach dem Einschalten ziemlich stark mit der Einschaltdauer ändert.

Die Tabellen 81 und 82 zeigen die Meßresultate.

γ) Abhängigkeit des Reststromes von der Temperatur.

Der Versuch wurde mit einem Kondensator von 8 μF und 500 Volt Betriebsspannung ausgeführt. Vor der Messung lag er längere Zeit an voller Nennspannung, so daß der Reststrom zu Beginn der Meßreihe einen nahezu konstanten Endwert hatte. Die erste Messung wurde bei 6° C ausgeführt. Da die Temperatur im Freien genügend niedrig war, wurde der Kondensator einfach vor das Fenster gesetzt. Nach ca. 5 Stunden hatte der Reststrom einen konstanten Endwert erreicht und wurde abgelesen. Hiernach wurde der Kondensator in einen kleinen elektrischen Ofen gesetzt, die nächsthöhere Temperatur eingestellt und diese so lange konstant gehalten, bis der Reststrom wiederum konstant geworden war. Dieses dauerte ebenfalls 5 bis 7 Stunden. Danach wurde der nächste Temperaturpunkt eingestellt.

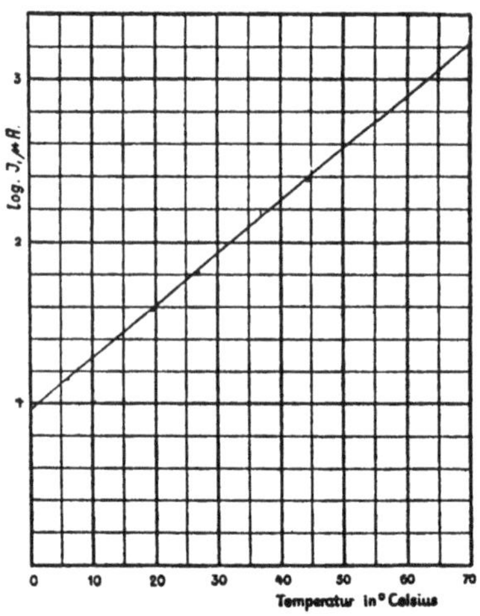

Abb. 117. Abhängigkeit des Reststromes eines Elektrolytkondensators von 8 μF und 500 V Betriebsspannung von der Temperatur.

Untersucht wurde der Kondensator bis zu einer Temperatur von 64° C.

Die Abb. 117 zeigt die Abhängigkeit des Reststromes von der Temperatur.

III. Verwendung der Kondensatoren.

A. Allgemeines.

Die Verwendung der Elektrolytkondensatoren hat im Kriege sehr stark zugenommen. Ein Teil der Verwendungsarten wird sich auf Friedensanlagen übertragen lassen. Da Reststrom und dielektrische Verluste schnell mit der Temperatur steigen, ist sorgfältigte Kühlung der Kondensatoren stets dringend erwünscht, sofern sie nicht nur Momentanbelastungen auszuhalten haben.

Verwendung bei Wechselstrom.

Fachleuten gegenüber, denen die Elektrolytkondensatoren nicht näher bekannt sind, muß immer wieder betont werden, daß sie ohne weiteres nur für Gleichstrom verwendbar sind, weil nur die eine Elektrode mit einer Oxydschicht versehen ist. An sich könnte ein Elektrolytkondensator unterhalb der Mindestspannung der Flußrichtung auch mit Wechselspannung belastet werden. Die Mindestspannung liegt bei einem bis 400 V formierten Kondensator bei etwa 20 V, wenn der Elektrolyt Alkaliionen enthält, was die Regel ist, und bei 120 V, wenn sie fehlen. Das Hauptbedenken gegen die Belastung mit Wechselspannung ist jedoch die Tatsache, daß die dielektrischen Verluste bei Belastung mit Wechselspannung sehr viel größer sind als bei pulsierendem Gleichstrom, sodaß sich der Kondensator schnell auf ihn gefährdende Temperaturen erhitzt. Nur bei kleinen Spannungen ist seine Belastung mit Wechselstrom unbedenklich. Die großen dielektrischen Verluste sind auch der Grund dafür, daß keine Wechselstromkondensatoren durch Formierung beider Elektroden hergestellt werden. Sie würden einen schlechten Phasenwinkel haben und sich so schnell erhitzen, daß sie nur kurzzeitig verwendet werden könnten. Außerdem hätten sie nur die halbe Kapazität.

B. Rundfunk.

Im Rundfunkgerät kommen häufig kleine Spannungen, beispielsweise bis 20 Volt, vor. Bei den Elektrolytkondensatoren kann durch Formierung gerade bis zu der gewünschten Spannung das Dielektrikum so dünn gemacht werden, wie es auf keine andere Weise auch nur annähernd möglich ist. Infolgedessen lassen sich gerade bei kleinen Spannungen in einem gegebenen Raum außerordentlich viel größere Kapazitäten unterbringen, als bei Wickelkondensatoren mit einem aus Papier bestehenden Dielektrikum. Es können also überall, wo früher derartige relativ teure Papierkondensatoren gebraucht wurden, jetzt elektrolytische Kondensatoren verwendet werden. Bei Neukonstruktionen kann durch die Verwendung großer Kapazitäten vielfach eine Verkleinerung anderer Organe, wie Selbstinduktionen, erreicht werden, so daß sich ein doppelter Vorteil ergibt. Derartige Verhältnisse liegen bei Gleichstromnetzanschlußgeräten vor. Auch bei dynamischen Lautsprechern sind derartig große Kapazitäten zur Beruhigung des Felderregerstromes mit Vorteil zu verwenden.

Abb. 118. Elektrolytkondensator der Firma Jaroslaw für 20000 μF und 35 Volt Betriebsspannung.

Weiterhin werden neuerdings ganz kleine Elektrolytenkondensatoren von 50 μF mit äußerst geringen Restströmen zur Beruhigung niedergespannter Ströme verwendet, die aus dem Anodenkreis entnommen werden und die Gitter-Vorspannung erzeugen. Bei der Bestellung von Elektrolytkondensatoren für Rundfunkzwecke empfiehlt es sich, in jedem Falle die Größe der überlagerten Wechselspannung und ihre Frequenz anzugeben.

Ein sehr wirksames Filter für Radiozwecke besteht aus zwei Induktivitäten von je 30 Henry und einem 24 μF-Kondensator, der aus 3×8 μF-Anoden besteht.

Bei geringem Strom kann man auch nur eine Induktivität von 40—60 Henry und 16 μF benutzen. Bei Kleingeräten kann die Magnetisierspule des Lautsprechers als Induktivität benutzt werden, wenn ein dynamischer Lautsprecher verwendet wird. In diesem Falle müssen 12 μF pro Anode verwendet werden.

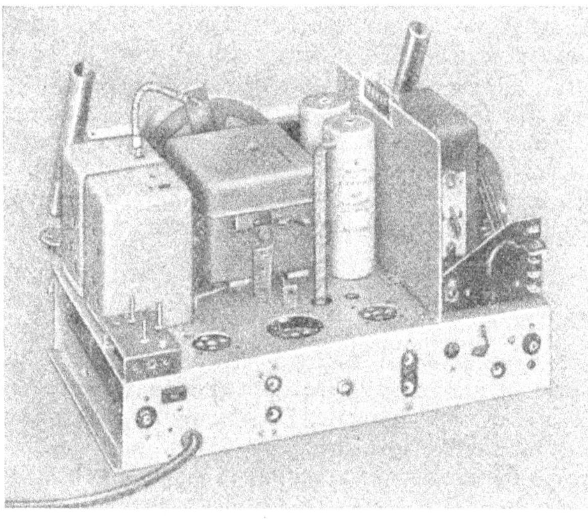

Abb. 119. Elektrolytkondensatoren eingebaut in das Chassis eines Rundfunkempfängers von S. u. H.

Niederspannungskondensatoren bis 100 Volt werden im Empfängerbau hauptsächlich zur Beruhigung von Gittervorspannungen gebraucht. Ihr Äußeres ähnelt denen der sogenannten Zentimeterkondensatoren für freitragende Anbringung.

Zur Glättung von Heizspannungen bei Röhren, die noch mit Gleichstrom geheizt werden, verwendet man größere Kapazitäten von mehreren Tausend μF. Sie ähneln in ihrem Äußeren großen Kondensatorenblocks, sind aber erheblich leichter als Papierkondensatoren gleicher Kapazität.

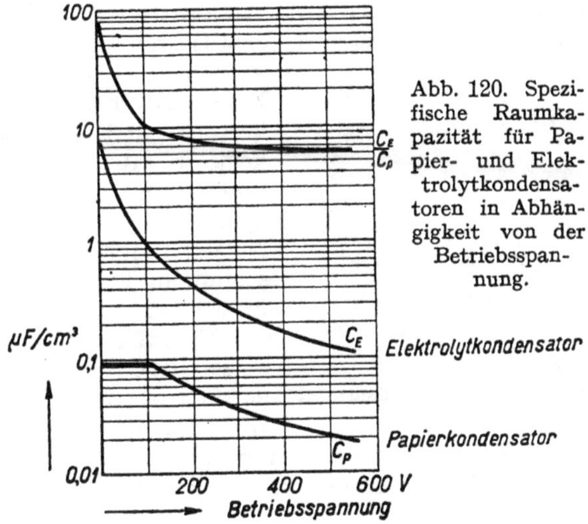

Abb. 120. Spezifische Raumkapazität für Papier- und Elektrolytkondensatoren in Abhängigkeit von der Betriebsspannung.

Auch in der Sendertechnik dienen derartige Kondensatoren zur Glättung der Heizspannung. Die Kapazitäten betragen für diesen Fall bis zu 50000 μF. Abb. 118 zeigt einen derartigen Kondensator der Firma Jaroslaw für 20000 μF bei einer Betriebsspannung von 35 Volt. Bei der Frequenz 100 Hertz und voller Aussteuerung würde ein derartiger Kondensator einen pulsierenden Wechselstrom von 155 Ampere aufnehmen.

Abb. 119 zeigt, wie die Elektrolytkondensatoren in einen Rundfunkempfänger eingebaut werden. Abb. 120 läßt erkennen, wie groß die Raumersparnis in Abhängigkeit von der Betriebsspannung ist, wenn Papierkondensatoren durch Elektrolytkondensatoren ersetzt werden.

C. Telephonanlagen.

Die Elektrolytkondensatoren werden auch viel in Gleichstromtelephonanlagen gebraucht. Sie werden im großen Umfange in den Speisekreis von Zentralbatteriestationen geschaltet, um die durch die Batterieladeapparate hervorgerufenen Störungen, wie Summen und andere Geräusche, fernzuhalten.

[1] Aus: Linder, Kondensatoren f. d. Rundfunk-Empfangstechnik a. „Veröffentlichungen aus dem Gebiete der Nachrichtentechnik," 5. Jahrg., 1932, 2. Folge.

D. Der Kondensatormotor.

Ein weiteres Anwendungsgebiet ist das Anlassen von Einphasenwechselstrommotoren. Hier wird durch die große Kapazität der Elektrolytkondensatoren eine um nahezu 90^0 verschobene Hilfsphase geschaffen. Bei Dauerbetrieb würden die Kondensatoren zu heiß werden. Da aber ihre Wärmekapazität recht groß ist, vertragen sie die Kurzbelastung während des Anlaufens des Motors ohne weiteres.

Der Kondensatormotor hat sich für Kleinantriebe im Haushalt und Gewerbe, in Büros und Hotels sowie in der Landwirtschaft sehr bewährt. Kühlschränke, Pumpen, Waschmaschinen, Ventilatoren, Büro- und Kinogeräte werden heute mit ihm ausgerüstet. Er ist einfach in der Bedienung, unverwüstlich im Betriebe, verlangt keine Wartung und arbeitet rundfunkstörfrei. Sehr hohe Anzugsmomente lassen sich bei geringstem Anlaufstrom erzielen, so daß der Anschluß an normale Lichtsteckdosen in den meisten Fällen möglich ist.

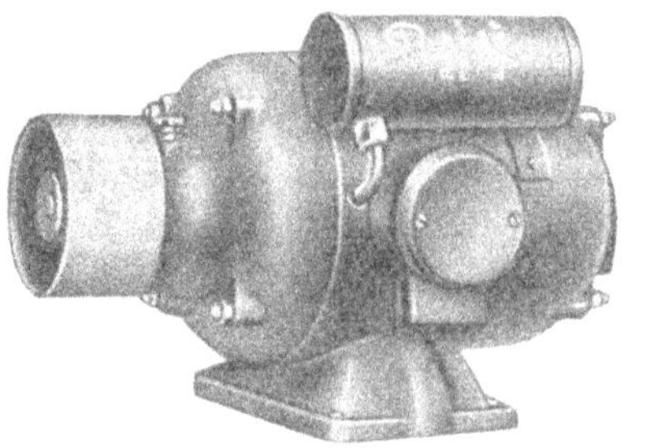

Abb. 121. Motor mit Elektrolytkondensator.

Abb. 121 zeigt den Zusammenbau eines Elektrolytkondensators mit einem derartigen kleinen Motor, Abb. 122 die Schaltung.

Den Verlauf des Drehmomentes in Abhängigkeit von der Drehzahl zeigt Abb. 123. Die Kurve *O—A—D* gilt für den Motor ohne Kondensator. Das

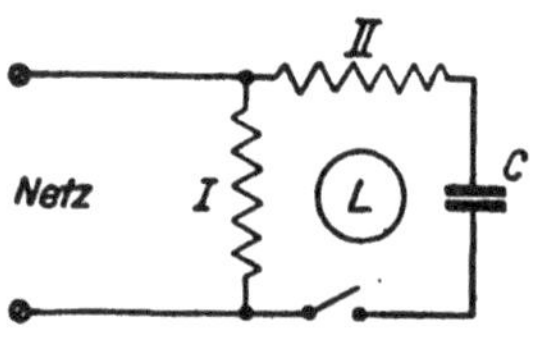

Abb. 122[1]. Schaltung des Kondensatormotors.
I = Arbeitswicklung
II = Hilfswicklung
L = Läufer
C = Kondensator.

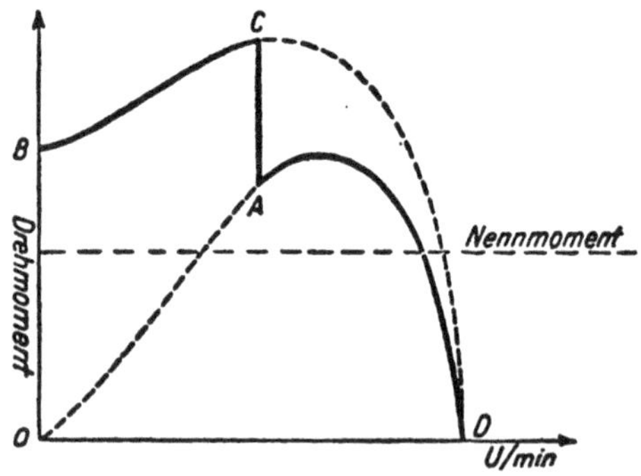

Abb. 123[1]. Das Drehmoment des Kondensatormotors in Abhängigkeit von der Drehzahl. Die Kurve OAD ergibt sich bei Anlauf ohne Kondensator und die Kurve BCAD bei Anlauf mit Kondensator.

Drehmoment im Stillstand ist hierbei *O*, so daß die Maschine von Hand angeworfen werden muß. Sie läuft dann nach Erreichen einer gewissen Dreh-

[1] Aus einer Druckschrift der Hydrawerke.

zahl von selbst weiter. Erst durch den Kondensator C in der Hilfsphase erhält der Motor ein kräftiges Anzugsmoment, so daß er von selbst anlaufen kann. Den Drehmomentenverlauf hierfür zeigt die Kurve B—C. Nach Erreichung einer gewissen Drehzahl wird die Hilfsphase einschließlich des Kondensators selbsttätig durch Fliehkraftschalter oder Relais abgeschaltet, damit diese Wicklung sich nicht unzulässig erwärmt. Das Drehmoment fällt hierbei von dem Punkt C nach Punkt A und verläuft dann entsprechend der Kurve A—D weiter.

IV. Meßmethoden.

1. Allgemeines.

Die früher erhobene Forderung, daß die Polarität an den Elektrolytkondensatoren bei der Messung niemals wechseln dürfe, weil nur die eine der beiden Elektroden formiert sei, hat sich als übertrieben herausgestellt. Infolge der durch die Alterung vergrößerten elektrischen Festigkeit können die Elektrolytkondensatoren bei den Messungen unbedenklich mit Wechselstrom belastet werden, wenn die verwendete Wechselspannung unter 5% der Formierungsspannung liegt, was in den Meßschaltungen infolge der großen Kapazität der Elektrolytkondensatoren fast stets der Fall ist. Nur wenn die Kapazität mittels eines Oszillographen bei voller Betriebsspannung ermittelt werden soll, muß eine Gleichspannung mit der Wechselspannung in Reihe geschaltet werden, wobei die Gleichspannung dem Scheitelwert der Wechselspannung gleichzumachen ist.

Ferner soll ein Kondensator, der längere Zeit spannungslos gelagert hat, vor der Kapazitätsmessung solange an Spannung gelegt werden, bis sein Reststrom auf den normalen geringen Wert gesunken ist, wozu im allgemeinen wenige Minuten genügen.

2. Genaueste Kapazitätsmeßmethode.

Die Methode beruht darauf, daß sich eine Kapazität, die in rascher Folge geladen und dann kurzgeschlossen wird, für ein träge anzeigendes Instrument wie ein Ohmscher Widerstand verhält.

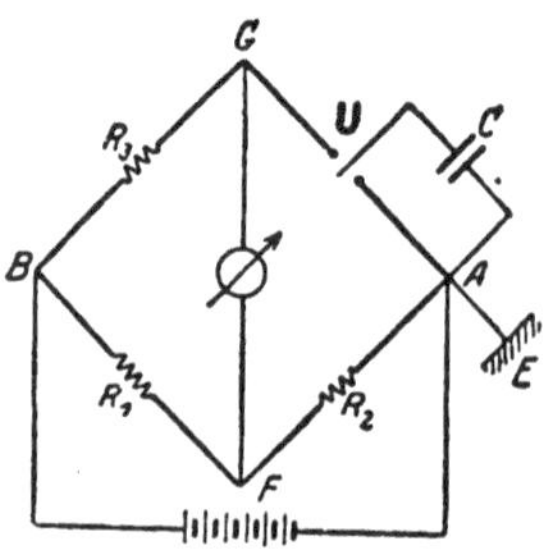

Abb. 124[1]. Kapazitätsmessung mit Gleichspannung durch periodische Ladung und Entladung.

In Abb. 124 ist demnach U ein periodischer Umschalter, der den zu messenden Kondensator C mehreremal in der Sekunde lädt und kurzschließt, so daß in dem betreffenden Brückenzweig ein unterbrochener Strom fließt. Dieser ist

$$I = n\,C\,u. \tag{20}$$

Der äquivalente Widerstand ist $\frac{1}{n\,C}$. Das ist der Blindwiderstand einer Kapazität bei der Wechselstromfrequenz f.

Erfolgt die Aufladung über den Widerstand R, so hat, solange die Ladung vollständig ist, I denselben Wert. Der Ersatzwiderstand hat jetzt aber den Betrag

$$1/(n\,C) - R.$$

[1] Aus: E. Giebe, Handbuch d. Physik **Bd. XVI**, S. 509, 1927.

Liegt nun Kondensator und Umschalter in einem Zweig AG der Wheatstoneschen Brücke und ist R der Verzweigungswiderstand des ganzen Leitersystems zwischen A und G, so gilt für den Ersatzwiderstand die Gleichung

$$\varrho = \frac{1}{nC} - R. \tag{43}$$

Andererseits gilt, wenn das Galvanometer auf Null steht,

$$\varrho = \frac{R_2 R_3}{R_1}. \tag{44}$$

Daraus folgt

$$C = \frac{1}{n}\,\frac{R_1}{R_2 R_3}\cdot\left[\frac{1}{1 + \frac{R R_1}{R_2 R_3}}\right] = \frac{1}{n}\,\frac{R_1}{R_2 R_3}\,F. \tag{45}$$

Der Faktor F, das Restglied, läßt sich auf die Form bringen

$$F = \frac{1 - \frac{R_1^{\,2}}{(R_1 + R_2 + e)(R_1 + R_2 + g)}}{\left[1 + \frac{R_1 e}{R_3\,(R_1 + R_2 + e)}\right]\left[1 + \frac{R_1 g}{R_2 (R_1 + R_3 + g)}\right]}. \tag{46}$$

Um F möglichst gleich 1 zu machen, wird G klein gewählt, ferner R_1 klein gegen $\frac{1}{nC}$; R_2 beträchtlich größer als R_1. $\frac{R_1}{R_2} = 1 : 10$ oder $1 : 100$.
Vor allem muß R_3 klein sein, da sonst die Kapazität nicht voll aufgeladen wird.

3. Messung an der Wechselstrombrücke.

a) Mit Kondensatorvorwiderstand.

In der Wheatstoneschen Brücke wird der zu messende Kondensator mit einem bekannten Vergleichskondensator verglichen, wobei sich in den beiden anderen Brückenzweigen ein rein Ohmscher Widerstand befindet. Die ziemlich beträchtlichen dielektrischen Verluste der Elektrolytkondensatoren können dadurch berücksichtigt werden, daß man sich den Elektrolytkondensator durch einen verlustfreien Kondensator mit einem Vorwiderstand ersetzt denkt. Dann sieht man, daß man zur Erzielung des Brückengleichgewichts dem bekannten Vergleichskondensator ebenfalls einen variablen Vorwiderstand vorschalten muß. Da außerdem der Elektrolytkondensator an Gleichspannung liegen muß, ergibt sich die Schaltung der Abb. 125.

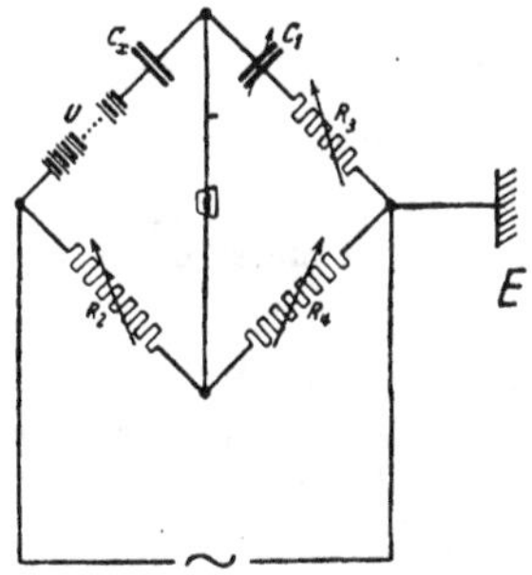

Abb. 125. Vergleichung eines Elektrolytkondensators mit einem bekannten Vergleichskondensator in der Wechselstrombrücke.

Ist durch abwechselndes Verändern von R_2 oder R_4 und R_3 das Nullinstrument auf Null gebracht, so gelten die Gleichungen:

$$C_x = \frac{R_4 \cdot C_1}{R_2}; \tag{47}$$

$$\operatorname{tg} \delta_x = \omega \cdot R_3 \cdot C_1 . \tag{48}$$

b) Mit Kondensator parallel zum Meßwiderstand.

Statt dem bekannten Kondensator C einen Widerstand R_4 vorzuschalten, kann man auch dem veränderlichen Meßwiderstand R_4 einen regelbaren Kondensator C_4 parallel schalten und durch Verändern dieses Kondensators die Brücke auf Null bringen. Kondensatorkästen mit drei Kurbeldekaden sind für diesen Zweck besonders geeignet. Es ergibt sich Abb. 126, die sogenannte Schering-Brücke. Ist sie eingestellt, so gilt:

$$C_x = \frac{R_4 \cdot C_1}{R_2}; \tag{49}$$

$$\operatorname{tg} \delta_x = \omega \, R_4 \cdot C_4 . \tag{50}$$

Die in Abb. 125 angegebene Schaltung ist von der Firma Norma, Wien[1], zu einer praktischen technischen Kapazitätsmeßbrücke für Elektrolytkondensatoren entwickelt worden. Als Frequenz ist 50 vorgesehen.

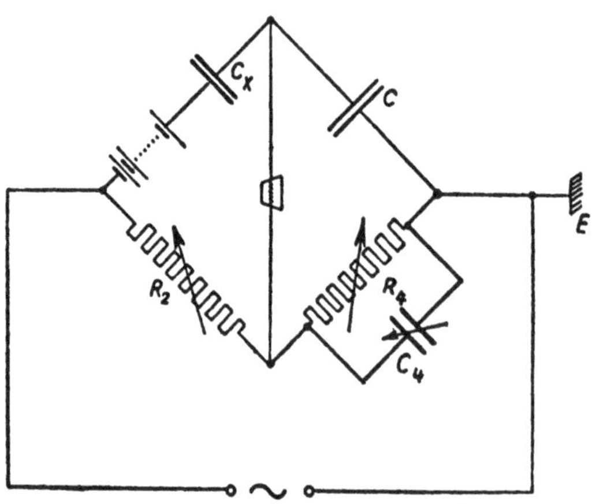

Abb. 126. Messung der Kapazität eines Elektrolytkondensators in der Schering-Brücke.

Widerstands- und Vergleichskondensatorwerte sind so gewählt, daß die Einstellung des Widerstandes R_3 direkt den Verlustwinkel $\operatorname{tg} \delta_x$ ergibt. Es kann also an der Brücke sowohl der Kapazitätswert als auch der Verlustwinkel direkt abgelesen werden. Zu beachten ist, daß die Meßbrücke den Wert der Kapazität C_x ergibt, der mit dem die Verluste darstellenden Widerstand R_x in Serie liegt. Diese innere Kapazität unterscheidet sich aber von der Kapazität C, die scheinbar an den Klemmen herrscht und für die Wirkung eines Kondensators in Netzanschlußgeräten ebenso von Bedeutung ist. Für die beiden Kapazitäten gilt die Formel:

$$C = C_x \frac{1}{1 + \operatorname{tg}^2 \delta_x} . \tag{51}$$

[1] Walcher, E. u. M., **31**, 360, 1934.

Abb. 127 enthält eine derartige Meßbrücke. Die drei oberen Kurbeln geben die Einstellung des tg δ_x in %, die Werte der vier unteren Kurbelwiderstände,

Abb. 127. Norma-Kapazitäts- und Verlustwinkelmeßbrücke für Elektrolytkondensatoren von 1—1000 μF.

multipliziert mit dem Dekadenwert des mittleren Verhältniswiderstandes, den Wert der Kapazität.

4. Scheringbrücke nach Zickner und Pfestorf für sehr große Kapazitäten[1].

Nach einer Veröffentlichung von Zickner und Pfestorf ändert die Firma H. & B. die Scheringbrücke in der in Abb. 128 wiedergegebenen Weise ab. In einem Holzkasten befinden sich die Widerstände R_4 und r sowie die durch eine Kurbel einschaltbaren Nebenwiderstände R_N, deren kleinster Wert 0,3 Ohm beträgt. Außerhalb des Brückenkastens werden der Kondensator C_4, der Widerstand R und das Vibrationsgalvanometer angeschlossen. C_4 ist ein Kurbelkondensator von 1 μF Maximalkapazität, R ein Präzisionswiderstand. Die Feineinstellung von R erfolgt durch einen Schleifdraht, der jedoch in den Brückenkasten eingebaut ist. Das aus den Widerständen R_N, r, R gebildete Widerstandsdreieck gestattet die Benutzung der Brücke bei der hohen Strombelastung, die bei sehr großen Kapazitäten unvermeidlich ist.

Für die abgeglichene Brücke gelten folgende Beziehungen:

$$C_x = C_N R_4 \frac{r + R + R_N}{R \cdot R_N} \tag{52}$$

$$\operatorname{tg} \delta_x = \omega C_4 R_4 - \omega C_N R_4 \frac{r}{R}. \tag{53}$$

[1] Zickner und Pfestorf, Helios **49**, 389, 1931.

Dabei ist C_x als ideale Kapazität mit in Reihe geschaltetem Widerstand gedacht. Praktisch werden für die Größen C_N, R_N, R_4 und r konstante Werte gewählt, während mit R die Kapazität und mit C_4 der Verlustwinkel abgeglichen wird. Zur Erzielung ausreichender Meßgenauigkeit ist es zweckmäßig, R nicht zu klein, d. h. nicht unter 10 Ohm zu wählen, während man andererseits einen Wert von 10000 Ohm bei Wechselstromwiderständen nicht gern überschreitet. Soll R in dem angegebenen Bereich liegen, so sind die übrigen Größen dementsprechend zu wählen. Da C_x gegeben ist und R_N entsprechend der Stromstärke einen gewissen Wert nicht übersteigen darf, so ist die Größe von C_N so zu wählen, daß R in dem angegebenen Bereiche liegt. Bei gegebenem C_N und wachsendem C_x muß R_N immer kleiner werden, weil R sonst zu klein und damit zu ungenau einstellbar wird. Hat man sehr große Kapazitäten zu messen, so ist man also auch gezwungen, für R_N noch kleinere Widerstände zu verwenden, als in dem Brückenkasten eingebaut sind.

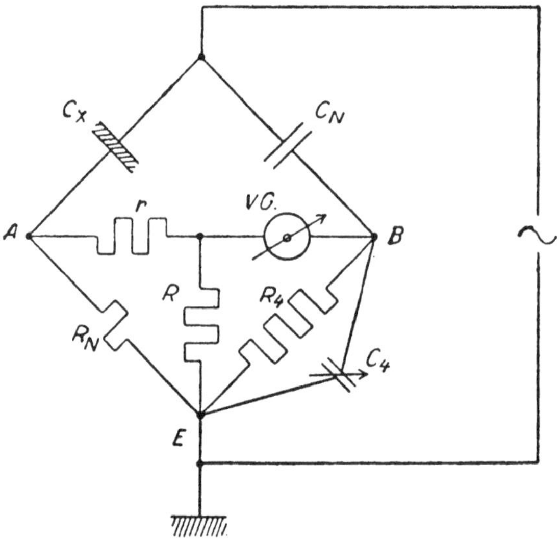

Abb. 128[1]. Schaltung der Scheringbrücke für sehr große Kapazitäten.

Mit der beschriebenen Meßanordnung wurden von G. Zickner und G. Pfestorf zunächst die Kapazität und der Verlustfaktor eines Phasenschieberkondensators von etwa 440 μF bei etwa 50 Volt und 50 Hertz gemessen. Als Normalkondensatoren dienten verlustfreie Luftkondensatoren von 0,2, 0,1 und 0,06 μF. Entsprechend den Werten der Normalkondensatoren und um ein Urteil über die Zuverlässigkeit der Ergebnisse zu gewinnen, wurden außer mit Widerständen R_N von 1 bzw. 0,3 Ohm noch Messungen mit weiteren kleineren Widerständen ausgeführt, die außerhalb des Brückenkastens angeschlossen wurden.

Sowohl die Werte C_x wie tg δ_x zeigten je einen Gang, dessen Ursache einesteils in der Selbstinduktion des Widerstandes R_N durch Rechnung und Experiment gefunden wurde. Daher wurden als Widerstände R_N Bandwiderstände der Reichsanstalt benutzt, die praktisch winkelfrei sind. Ein solcher Widerstand besteht aus zwei Manganinbändern, die flach aufeinander gelegt und durch einen dünnen Streifen Isoliermaterial voneinander getrennt sind. An einem Ende sind die Bänder miteinander verbunden, am anderen Ende zu den Anschlußklemmen geführt. Die Widerstände besitzen besondere Klem-

[1] Aus: G. Zickner und G. Pfestorf, Helios **49**, 389, 1931.

men für Strom und Spannung. Eine weitere Fehlerquelle lag in den Eigenschaften der Verbindungsleitung zwischen dem geerdeten Brückeneckpunkt und dem Verzweigungspunkte der Widerstände R_N und R. Die Zuleitung wird man nach Möglichkiet ganz kurz wählen; doch sind unter Umständen, z. B. bei Kondensatoren von großer räumlicher Ausdehnung, längere Zuleitungen nicht zu vermeiden. Der Einfluß der Zuleitung kann durch ihre Selbstinduktion oder durch ihren Widerstand bedingt sein. Die Annahme einer reinen Selbstinduktion in der fraglichen Zuleitung ergibt durch Rechnung, daß ihr Einfluß auf die resultierende Kapazität bei den in Frage kommenden Selbstinduktionsgrößen verschwindend klein ist, während sie auf den Verlustwinkel im gleichen Sinne wie eine Selbstinduktion im Widerstand R_N wirkt. Der beobachtete Gang in den Kapazitätswerten wird durch die Annahme eines Widerstandes in der Zuleitung erklärt. Bei einer nochmaligen Messung des Kondensators von 440 μF ergab sich, sofern winkelfreie Widerstände R_N und kurze massive Rundkupferdrähte von etwa 4 mm Durchmesser als Zuleitung benutzt wurden, für die Kapazität im Mittel der Wert 440 $\pm$ 2 μF, für den Verlustwinkel der Betrag (6,6 $\pm$ 0,2) · 10^{-3}.

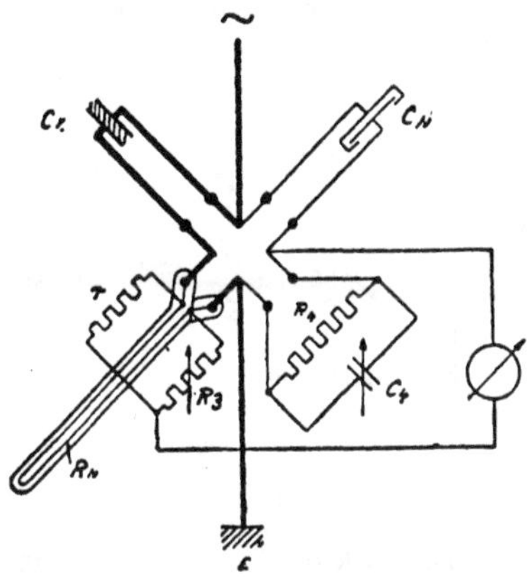

Abb. 129[1]. **Bifilare Anordnung der Brückenzweige.**

Es ist jedoch möglich, daß bei nicht sachgemäßer Anordnung eine gegenseitige induktive Beeinflussung der einzelnen Brückenzweige stattfindet. Die Messungen sind insbesondere abhängig von der Aufstellung und Anordnung des Widerstandes R_N. Um diesen Schwierigkeiten zu begegnen, ist es vorteilhaft, die Brücke gemäß dem Schema Abb. 129 zu bauen. Alle Zweige sind bifilar angeordnet, die Anschlußpunkte für die Spannungs-, Erd- und Galvanometerleitungen liegen dicht nebeneinander. Den Bau dieses Brückenkastens, der für die größten zur Zeit herstellbaren Kapazitätswerte ausreicht, hat die Firma Hartmann & Braun, Frankfurt am Main, übernommen.

Tabelle 83[1].

Kondensator	tg δ_x		C_x μF	
	Schering-brücke	Thermowatt-meter	Schering-brücke	Thermowatt-meter
Papierkondensator . . .	0,0082	0,0077	53,6	53,5
Papierkondensator . . .	0,0066	0,0063	440	439
Trockenelektrolytkondensator	0,72	0,75	7100	7200

Auf Grund der gewonnenen Erfahrungen wurden auch Trockenelektrolytkondensatoren, die eine Kapazität von etwa 4000 bis 10000 μF besaßen, ge-

[1] Aus: G. Zickner und G. Pfestorf, Helios **49**, 389, 1931.

messen. Für einen Kondensator von etwa 7000 μF ergaben sich bei einer Spannung von 3 Volt die in der Tabelle 83 angegebenen Resultate. Weiter wurden noch die Werte für einen Papierkondensator von etwa 54 μF in die Zahlentafel aufgenommen.

5. Brückenverfahren nach Zickner für große Kapazitäten[1].

Die zu messende Kapazität C_x wird, wie Abb. 130 zeigt, in Reihe mit der bekannten Kapazität C_N in den einen Zweig einer Wheatstoneschen Brücke geschaltet. Zu beiden parallel liegt ein verlustfreier Drehkondensator C_1. C_2 hat gleiche Größenordnung wie C_N. Die Brücke wird mit Hilfe von C_1 oder C_2 und C_4 abgeglichen, dann wird C_x kurzgeschlossen und das neue Brückengleichgewicht mit C_1 und C_4 eingestellt. Dann gilt

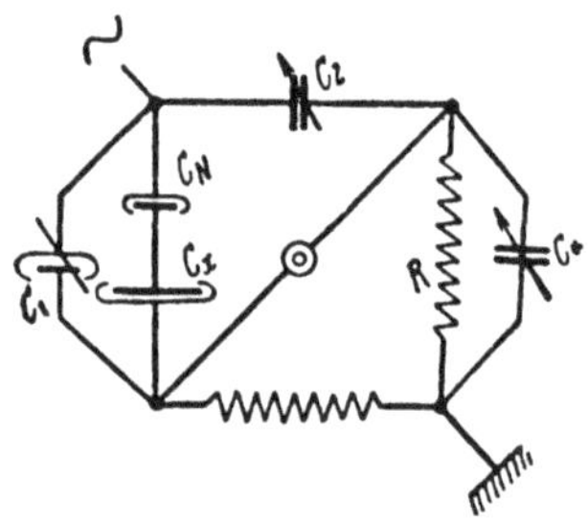

Abb. 130[1]. Schaltung der Meßbrücke für große Kapazitäten nach Zickner.

$$C_x = C_N \left(\frac{C_N}{\Delta C_1} - 1\right) \tag{54}$$

$$\operatorname{tg} \delta_x = \omega R \Delta C_4 \frac{C_N}{\Delta C_1} + \operatorname{tg} \delta_N, \tag{55}$$

wobei ΔC_1 und ΔC_4 die Änderungen in der Einstellung von C_1 und C_4 infolge Kurzschließens von C_x sind. Für $C_x = 100\, C_N$ läßt sich eine Genauigkeit von 1% leicht erreichen.

6. Thermowattmetrische Verlustmessungen an großen Kapazitäten[2].

Die Messung der von einem Kondensator bei einer Spannung u und einer Stromstärke i aufgenommenen Leistung N ergibt Kapazität und Verlustwiderstand des Kondensators. Zur Leistungsmessung ist ein Instrument erforderlich, welches auch noch relativ geringe Leistungen bei großen Blindströmen durch einen möglichst großen Ausschlag wahrnehmbar macht. Besonders geeignet für diese Leistungsmessung ist das in Abb. **131** wiedergegebene Thermowattmeter. Abb. **132** zeigt seine Schaltung.

Die Heizwiderstände R_H sind von Thermoelementen umgeben, die in Reihe geschaltet und in genau gleicher Weise und gleicher Anzahl auf beiden Heizwiderständen angebracht sind. Beide Serien von Thermoelementen sind über ein empfindliches Galvanometer gegeneinander geschaltet.

Zunächst sei gezeigt, inwiefern das Instrument überhaupt zur Leistungsmessung dienen kann. Es sei angenommen, daß kein Verbraucher angeschlossen ist; dann verzweigt sich der Strom i im Punkte A in zwei gleiche Teilströme i_1 und i_2, die zuerst je einen Widerstand R_S und darauf einen Heizwiderstand R_H durchfließen, sich alsdann wieder vereinigen und gemeinsam den Vorwider-

[1] Tätigkeitsbericht der P.-T.R., Z. S. f. Instrkde., S. 170, 1932.
[2] Zickner und Pfestorf, E. T. Z. **49**, 1681, 1930.

stand R_V passieren. Die beiden Heizwiderstände R_H werden somit von gleichen Strömen durchflossen; in beiden Serien von Thermoelementen entsteht daher die gleiche EMK. Da jedoch beide Serien gegeneinander geschaltet sind, zeigt

Abb. 131[1]. Thermowattmeter mit Millivoltmeter, Vor- und Nebenwiderstand.

das Galvanometer keinen Ausschlag. Sobald ein Verbraucherstrom i fließt wird das Gleichgewicht gestört und das Galvanometer schlägt aus. Dieser Ausschlag ist proportional der Differenz der Wärmewirkungen beider Heizdrähte. Da die entwickelte Wärmemenge ihrerseits proportional i_1^2 bzw. i_2^2 ist, so besteht zwischen der Angabe des Instruments α und den Heizströmen folgende Beziehung:

$$\alpha = C R_H (i_1^2 - i_2^2). \qquad (56)$$

Hierin ist C eine Konstante der Thermoumformer. Jeder der Teilströme i_1 und i_2 läßt sich, wie bereits erwähnt, in zwei Komponenten zerlegen; die eine ist dem Strom i, die andere der Spannung u proportional. Der Teilstrom i_1 ist die Summe, i_2 die Differenz dieser Komponenten, die, sofern man von Korrektionen absieht, numerisch gleiche Werte haben. Somit ergibt sich, daß der Ausschlag α bis auf eine Korrektionsgröße proportional $u\,i$ ist, d. h., daß die Skala des Anzeigegalvanometers direkt in Watt geeicht werden kann.

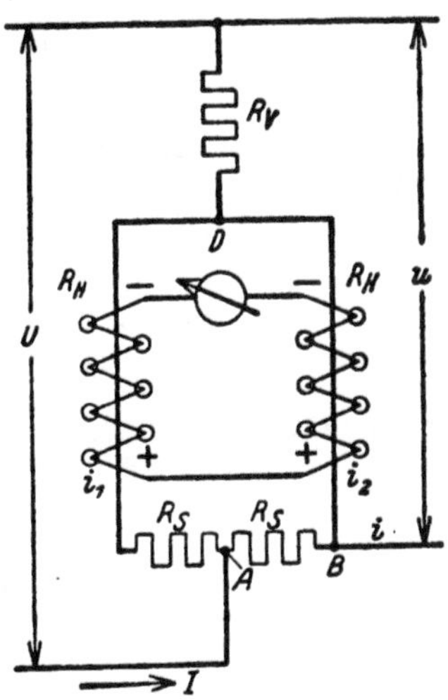

Abb. 132[1]. Schaltung des Thermowattmeters.

Durch Anwendung der Kirchhoffschen Regeln auf das in Abb. 132 gegebene Schaltbild erhält man die genauen Werte für i_1 und i_2 und somit den Wert

[1] Zickner und Pfestorf, E. T. Z. **49**, 1681, 1930.

der in den meisten Fällen nicht zu vernachlässigenden Korrektionsgröße. Für i_1 und i_2 folgt

$$i_1 = \frac{u(R_H + R_S) + i\,R_S(R_V + R_H)}{(2\,R_V + R_H)\,(R_H + R_S)} \tag{57}$$

$$i_2 = \frac{u\,(R_H + R_S) - i\,R_S\,R_V}{(2\,R_V + R_H)\,(R_H + R_S)}\,. \tag{58}$$

Wie man sieht, sind die Koeffizienten von i in Gl. 57 und 58 nicht die gleichen; bei der Bildung der Differenz der Quadrate ergibt sich daher außer der Größe konst. $\cdot\, u\,i$ noch das Korrektionsglied. Aus Gl. 56, 57 und 58 berechnet sich der Ausschlag zu

$$\alpha = \frac{(2\,C\,R_H R_S}{(2\,R_V + R_H)\,(R_H + R_S)}\left[ui + i^2\,\frac{R_H\,R_S}{2\,(R_H + R_S)}\right]. \tag{59}$$

Bei einem von der Firma Kipp und Söhne ausgeführten Instrument ist R_S für den kleinsten Strommeßbereich (ohne äußeren Nebenwiderstand) gleich $R_H/2$ gewählt. Setzt man diese Beziehung in Gl. 59 ein, so ergibt sich

$$\alpha = \frac{2\,C\,R_S}{3\,(R_V + R_S)}\left[u\,i + i^2\,\frac{R_S}{3}\right]. \tag{60}$$

Führt man einen Verbraucherwiderstand R ein, so folgt aus der Beziehung $iR = u$ für Gl. (60).

$$\alpha = \frac{2\,C\,R_S}{3\,(R_V + R_S)}\,u\,i\left[1 + \frac{R_S}{3\,R}\right]. \tag{61}$$

Gl. 56...61 gelten zunächst nur für Gleichspannung bzw. für Gleichstrom. Die entsprechenden Gleichungen für Wechselstrom erhält man, wenn man die konstanten Größen u, i und R durch die entsprechenden Wechselgrößen ersetzt. Man hat demnach für die Berechnung des skalaren Produktes $u\,i$ in allgemeiner Form

$$u = u_{eff}\,e^{j\omega t},\quad i = i_{eff}\,e^{-j(\omega t \pm \varphi)},$$

$$R = S_e{}^{\mp j\varphi} \quad (S = \text{Scheinwiderstand})$$

zu schreiben. Setzt man diese Beziehungen in Gl. (61) ein, so erhält man für den Ausschlag des Instruments:

$$\alpha = \frac{2\,C\,R_S}{3\,(R_V + R_S)}\left[u_{eff}\,i_{eff}\cos\varphi + i^2{}_{eff}\,\frac{R_S}{3}\right]. \tag{62}$$

Wie aus den Gl. 59...62 hervorgeht, ist der Ausschlag des Instruments der Verbraucherleistung in keinem Falle direkt proportional.

Der Einfluß des Korrektionsgliedes auf die Eichung des Instruments soll zunächst bei Gleichspannung theoretisch untersucht werden. Zu diesem Zweck ist die Verbraucherleistung $N = u\,i$ als Funktion von α auszudrücken. Für die Herstellung verschiedener Verbraucherleistungen sind dann drei Möglichkeiten vorhanden, da man stets eine der drei variablen Größen u, i und R konstant halten und die beiden übrigen verändern kann. Dementsprechend findet man für den analytischen Ausdruck der Leistung je nach dem gewählten

Parameter u, i oder R drei verschiedene Funktionen von α. Hält man zunächst R konstant, so ergibt sich aus Gl. 61

$$N = \frac{\alpha}{K\left(1 + \frac{R_S}{3R}\right)}. \tag{63}$$

Hierbei ist die Konstante K gegeben durch den Ausdruck

$$K = \frac{2\,C\,R_S}{3\,(R_V + R_S)}. \tag{64}$$

Die graphische Darstellung von N in Abhängigkeit von α ergibt eine durch den Koordinatenanfangspunkt gehende Gerade, deren Neigung durch den Betrag von R bestimmt ist. Für verschiedene R erhält man demnach ein Strahlenbüschel, dessen Scheitel im Koordinatenanfangspunkt liegt. Hält man i konstant, so ergibt sich aus Gl. 60

$$N = \frac{\alpha}{K} - \frac{i^2\,R_S}{3}. \tag{65}$$

Trägt man N wieder als Funktion von α in ein Koordinatensystem ein, so erhält man entsprechend dem Parameter i eine Schar paralleler Geraden gleicher Neigung. Der Schnittpunkt jeder einzelnen mit der Ordinatenachse ist durch das Zusatzglied $-i^2R_S/3$ bestimmt, während ihre Neigung durch die Konstante K gegeben ist. Hält man schließlich u konstant, so ergibt sich nach einfacher Umrechnung aus Gl. 60 oder 61

$$N = \sqrt{\frac{9\,u^4\,K + 12\,u^2\,R_S\alpha}{4\,R_S^2\,K}} - \frac{3\,u^2}{2\,R_S}. \tag{66}$$

Die Darstellung dieser Funktion liefert ein durch den Koordinatenanfangspunkt gehendes Büschel von Kurven, die gegen die Abszissenachse konkav verlaufen. Die Bildung des Differentialquotienten $dN/d\,\alpha$ zeigt, daß die Neigung der Kurve Gl. 66 im Koordinatenanfangspunkt $1/K$, also dieselbe wie die der Kurvenschar Gl. 65 ist. Auch für die der Gl. 63 entsprechende Gerade erhält man für sehr großes R die gleiche Neigung.

Wie aus Gl. 65 besonders deutlich hervorgeht, ergibt sich durch Addition des Korrektionsgliedes $i^2R_S/3$ eine Gerade mit der Neigung $1/K$, die durch den Koordinatenanfangspunkt geht. Diese Gerade ist im folgenden als ideale Eichgerade bezeichnet. Eine einfache Rechnung zeigt, daß auch die den Gl. 63 und 66 entsprechenden Kurven sich durch Addition dieser Korrektionsgröße in die ideale Eichkurve $N = \alpha/K$ überführen lassen.

Um die Leistung eines Verbrauchers mit dem Instrument genau zu messen, wäre es nötig, den vom Verbraucher aufgenommenen Strom zu kennen.

Man hat von der durch den Ausschlag des Instrumentes und die ideale Eichkurve gegebenen Leistung als Korrektion $i^2R_S/3$ bzw. bei Verwendung eines äußeren Nebenwiderstandes $\frac{i^2\,R_H\,R_S}{2\,(R_H + R_S)}$ abzuziehen, um die wirkliche Leistung des Verbrauchers zu erhalten. Für große Stromstärken wird R_S gegen R_H sehr klein; unter dieser Bedingung gilt näherungsweise für die Korrektion $i^2\,R_S/2$.

Sofern die Verluste klein sind, ist es unzweckmäßig, i direkt zu messen, da die Verlustleistung im Amperemeter diejenige im Kondensator meistens erheblich übertreffen wird. u kann mit Hilfe eines statischen Instruments oder eines Instruments mit sehr geringem Stromverbrauch direkt gemessen werden. Oft ist es jedoch einfacher, U und I zu messen. Dabei muß die bei jeder Wattmeterschaltung notwendige Korrektion für den Strom- oder Spannungsmesser berücksichtigt werden. Sind u und i in Phase, so lassen sie sich als Funktionen der Größen U und I exakt wie folgt berechnen:

$$u = U - I\,R_S + \frac{R_S\,(U\,R_H + I\,R_S\,R_V)}{(2\,R_V + R_H)\,(R_H + R_S)} \qquad (67)$$

$$i = \frac{I\,(2\,R_V + R_H + R_S) - 2\,U}{2\,R_V + R_H} \qquad (68)$$

Da man fast immer R_H und R_S gegen R_V vernachlässigen kann, so folgt aus Gl. 68.

$$i \approx I - \frac{U}{R_V} \qquad (69)$$

Der Wert i liefert die in den vorhergehenden Abschnitten erörterte Korrektion des Thermowattmeters, um die die Angabe des Leistungszeigers zu reduzieren ist. Diese Korrektion kann recht erhebliche Werte annehmen.

Bei Messung von Kapazitäten mit Wechselspannung ist zu berücksichtigen, daß U gegen I in der Phase verschoben ist und daß I und i, U und u ebenfalls nicht genau in Phase sind; die Anwendung der Gl. 67, 68 und 69 ist daher nicht mehr möglich. Wenn jedoch i gegenüber dem Strombedarf des Spannungszweiges des Wattmeters (max. 50 mA) groß ist, ist mit guter Annäherung $I \approx i$.

Aus den gemessenen Werten für N, u und i lassen sich Verlustwinkel und Kapazität eines Kondensators in bekannter Weise nach folgenden Formeln berechnen:

$$\cos\varphi = \frac{N}{u\,i} \text{ oder } \operatorname{tg}\delta = \frac{N}{\sqrt{u^2\,i^2 - N^2}} \qquad (70)$$

$$C = \frac{i^2}{\omega}\sqrt{\frac{1}{u^2\,i^2 - N^2}} \text{ oder } C = \frac{i}{\omega\,U}\sqrt{1 + \operatorname{tg}^2\delta}\,. \qquad (71)$$

Hierbei ist der Verlustkondensator durch eine ideale Kapazität C mit vorgeschaltetem Widerstand $\operatorname{tg}\delta/\omega C$ ersetzt gedacht.

7. Kapazitätsmessung aus Stromstärke, Spannung und Frequenz.

Dieses Verfahren ist nicht sehr genau, aber gerade für sehr große Kapazitäten bequem. Der zu messende Kondensator wird gemäß Abb. 33 in Reihe mit einem Wechselstrom-Amperemeter und der unter 1 erwähnten Gleichspannung an den Transformator gelegt; ein Wechselstrom-Voltmeter mißt die sekundäre Wechselspannung des Transformators T, der am städtischen Netz liegt. Es gilt

$$I = U \omega C \tag{72}$$

$$C = \frac{I}{U \omega}. \tag{73}$$

ω wird für weniger genaue Messungen zu $2\pi \cdot 50 = 314$ angesetzt. Für genauere muß es durch einen Frequenzmesser ermittelt werden. Da die angegebenen Gleichungen jedoch nur unter der Voraussetzung gelten, daß die Wechselspannung eine reine Sinusspannung ist, und da diese Bedingung bei technischem Wechselstrom nie genau erfüllt ist, hat es keinen Zweck, bei der Messung eine wesentliche Genauigkeit anzustreben. Aus diesem Grunde erübrigt sich auch die Anbringung der Korrektur für den Eigenverbrauch der Instrumente. Beispiel: Ist $C = 3000\ \mu F = 3 \cdot 10^{-3}$ F und die Betriebsgleichspannung des Kondensators $U = 6$ Volt, so wird $U\!\sim\, = 2$ Volt gewählt. Dann ist $I = 2 \cdot 314 \cdot 3 \cdot 10^{-3} =$ rd. 2 Amp. Also bequem mit einem technischen Instrument zu messen. Natürlich wird die Kapazität infolge der dielektrischen Verluste zu groß gemessen.

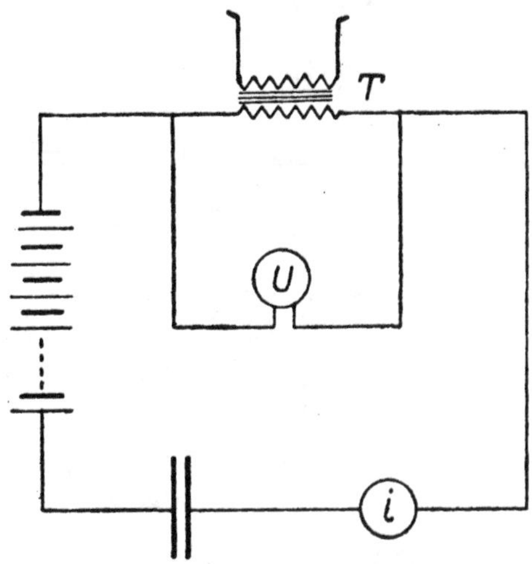

Abb. 133. Schaltung für Kapazitätsmessung eines Elektrolytkondensators mittels Strom und Spannung.

Die Fälschung der Messungen durch die Oberwellen kann dadurch verringert werden, daß der Strom- und Spannungsmeßeinrichtung ein Ohmscher Widerstand vorgeschaltet und die Messung bei steigenden Werten dieses Widerstandes durchgeführt wird. Von einem bestimmten Wert des Widerstandes an wird der gemessene Kapazitätswert konstant. Dieser Wert ist der richtige, nicht mehr durch Oberwellen gefälschte. Der Grund liegt darin, daß, sobald der Ohmsche Widerstand groß gegen den Scheinwiderstand des Kondensators ist, die Verstärkung der Oberwellen durch den Kondensator verschwindet.

8. Direkt zeigende Kapazitätsmesser[1].

Direkt zeigende Kapazitätsmesser sind nach dem Prinzip der Quotientenmesser konstruiert worden, verwenden also als Meßinstrument ein Kreuzspuldynamometer. Die Schaltungen sind in Abb. 134 angegeben.

Die Feldspulen werden mit einem Kondensator C_F in Serie an eine Wechselspannungsquelle gelegt, also der eine Teil der Netzspule mit einem Vergleichs-

[1] Walcher, E. u. M., **31**, 360, 1934.

kondensator C_X in Serie. Die Ströme durch die Drehspulen geben mit dem Feld Drehmomente, die einander entgegengesetzt und abhängig von der Lage der Spulen zum Feld sind, daher wird das bewegliche Organ schließlich jene Lage einnehmen, die dem Wert C_X entspricht und bei der das resultierende Drehmoment Null wird. Die prinzipielle Schaltung wird nun praktisch auf verschiedene Weise abgeändert. So ersetzt man zum Beispiel bei der Messung größerer Kondensatoren die Fremderregung durch Eigenerregung und erspart dadurch den Kondensator C_F (Abb. 134c).

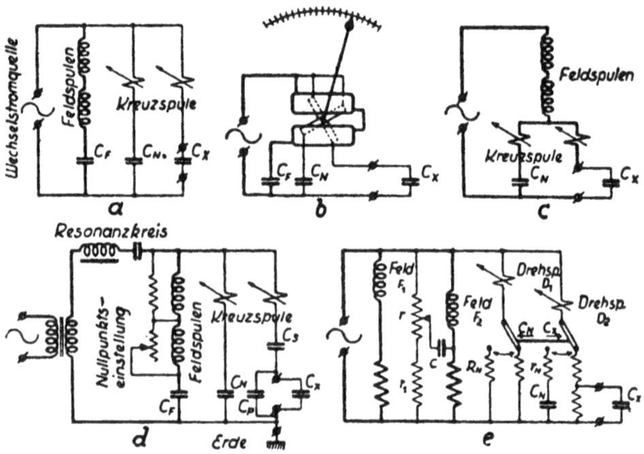

Abb. 134[1] Schaltprinzip und Schaltschema für direktzeigende Kapazitätsmesser.

Dieses Prinzip ist auf verschiedene Weise praktisch ausgebaut worden. So wird z. B. im Instrument ein Kondensator C_P parallel zu den Klemmen C_X gelegt (Abb. 134d) und ein Schutzkondensator C_S oder ein Ohmscher Widerstand vorgeschaltet. Zur Nullpunktskorrektion wird der Strom einer Feldhälfte durch die Parallelschaltung eines regelbaren Widerstandes geändert. Der geringe Resteinfluß von Oberwellen kann durch Vorschalten eines Resonanzkreises praktisch beseitigt werden. Für die Messung kleiner Kapazitäten ist es notwendig, einen Punkt der Schaltung, am besten eine Klemme von C_X, bei Verwendung eines Eingangstransformators, zu erden, um die Erdkapazität des Apparates festzulegen.

Für die Messung der Kapazität größerer Kondensatoren wurde die Schaltung nach Abb. 134e entwickelt. Der Vorteil dieser Schaltung gegenüber der ersteren ist der, daß das Meßergebnis in höherem Maße unabhängig vom Verlustwinkel des zu messenden Kondensators ist, da im Instrument zu den C_X-Klemmen ein Ohmscher Widerstand parallel geschaltet ist, der um einige Dekadenwerte kleiner ist als der Verlustwiderstand und da leicht Apparate mit mehreren Meßbereichen gebaut werden können. Es wird ein Doppelinstrument angewendet, derart, daß je eine auf einer gemeinsamen Achse sitzende Drehspule (D_1 und D_2) sich im Felde einer der beiden Feldspulen (F_1 bzw. F_2) bewegt. Jede Feld- und Drehspule ist mit einem Widerstand in Serie an

[1] Walcher, E. u. M., **31**, 360, 1934.

die Stromquelle angeschaltet. Bei freien C_X-Klemmen geben die Ohmschen Widerstände den Nullpunkt der Skala an. Wird nun ein Kondensator C_x zu einem Teil des der Drehspule D_2 vorgeschalteten Widerstandes parallel angeschlossen, dann wird ein größerer Strom durch die Spule fließen, das bewegliche Organ wird sich verdrehen, bis das resultierende Drehmoment wieder Null ist. Um die Abhängigkeit der Anzeige von der Frequenz zu beseitigen, werden schon vor der eigentlichen Messung beide Drehspulen einerseits auf einen Widerstand R_N und andererseits auf einen Normalkondensator C_N in Serie mit einem Widerstand r_N umgeschaltet und nun der Zeiger auf eine bestimmte Marke auf der Skala durch Regelung des Widerstandes r eingestellt, ähnlich wie dies auch bei direkt zeigenden Ohmmetern geschieht. Das „Einstellen" braucht nur zu Beginn einer Serie von Messungen vorgenommen und zeitweise kontrolliert zu werden.

Allgemein kann nun über die Eigenschaften der direkt zeigenden Kapazitätsmesser folgendes gesagt werden: Die Anzeige der Instrumente ist von einer $\pm$ 10- bis 20%igen Spannungsschwankung unabhängig. Die vollständige Spannungs- und Frequenzunabhängigkeit ist zwar durch die Wahl der Schaltung bedingt, aber aus mechanischen Gründen, wie z. B. dem Zug der Stromzuführungsfolien, der Lagerreibung usw. praktisch nicht zu erreichen. Weiter ist die Anzeige dieser Apparate durchschnittlich von einer $\pm$ 5%igen Frequenzschwankung, einer $\pm$ 5%igen Abweichung der Kurvenform und von einem Verlustwinkel des zu messenden Kondensators von 3 bis 5° unabhängig.

V. Neueste Entwicklung für Sonderzwecke.

Bis vor kurzem schien die ausführliche Behandlung des Tantals neben dem Aluminium in diesem Buche keinen praktischen Sinn zu haben. Inzwischen hat hier jedoch eine neue Entwicklung eingesetzt. Nach einer kurzen Mitteilung der General Electric Review stellt die General Electric für Sonderzwecke, lies Wehrmacht, Elektrolytkondensatoren aus Tantal her. Sie haben verschiedene wesentliche Vorteile gegenüber den Aluminiumkondensatoren. Die bei diesen so unangenehme Gefahr der Störungen durch geringste Verunreinigungen besteht hier nicht, da Tantal in praktisch allen Elektrolyten unlöslich ist. Infolge dessen verträgt es auch viel höhere Übertemperaturen, also größere spezifische Belastung. Ferner können Elektrolyte verwendet werden, die bis zu tieferen Temperaturen brauchbar bleiben, wie die für Aluminium brauchbaren. Dazu kommen noch größere Lebensdauer, Lagerfestigkeit und Stabilität sowie kleinere Restströme. So läßt sich die Größe dieser Kondensatoren bis um 90% gegenüber Papierkondensatoren verringern.

Demgegenüber ist die größte zu überwindende Schwierigkeit die Bearbeitung des Tantals. Sowohl sein hoher Preis als auch das große spezifische Gewicht verlangen äußerste Ausnutzung, also die Herstellung dünnster Folien mit sehr stark vergrößerter Oberfläche. Tantal ist aber außerordentlich viel härter als Aluminium. Sein Schmelzpunkt ist so hoch, daß das Schoopsche Verfahren ebensowenig in Frage kommt wie das Aufdampfverfahren und eine chemische Aufrauhung stößt auch auf die größten Schwierigkeiten.

In einer noch neueren Veröffentlichung von Whitehead finden sich genauere Angaben. Es werden zwei Typen Tantalelektrolytkondensatoren hergestellt. Bei der einen Type für hohe Spannungen wird gewalzte Tantalfolie mit Papierzwischenlage und Glycolelektrolyten geringer Leitfähigkeit in Form von Wickelkondensatoren verwendet. Vorteilhaft ist dabei, daß gewalztes Tantal infolge größerer Rauheit an sich schon eine 10—20% größere Oberfläche hat als gewalztes Aluminium. Der Behälter für diese Type besteht aus einem innen versilberten Kupferrohr, das an beiden Enden um Gummikorken gebördelt ist.

Bei der zweiten Type wird ein aus Tantalpulver gepreßter Zylinder im Vakuum gesintert, wobei ein hochgradig poröser Körper mit einer Oberflächenvergrößerung auf das 40—50fache entsteht. Er wird axial in einen Hohlzylinder aus gezogenem Silber eingesetzt, der gleichzeitig als Gegenelektrode und als Behälter dient. Der Elektrolyt ist eine gut leitende, ziemlich konzentrierte wäßrige Lösung von LiCl. Die Grenzspannung ist 70 Volt. Silber hat einen geringen Kontaktwiderstand und katalysiert die Rekombination von etwa entstandenem Wasserstoff.

VI. Patente.

Allgemeines.

Die Patente über Elektrolytkondensatoren finden sich in Klasse 21g in der S. 10^{03} u. 10^{04}. Die folgende Zusammenstellung enthält sämtliche deutschen Patente, soweit sie bis Mai 1936 ausgegeben worden sind und darüber hinaus bis Ende des Krieges, soweit sie uns zugänglich waren.

Außer den deutschen Patenten sind auch noch die wichtigsten Patente der Vereinigten Staaten von Nordamerika berücksichtigt worden, da dort ein gut Teil der Entwicklungsarbeit der Kondensatoren geleistet worden ist.

Von den beiden auf die Patentnummer folgenden Daten ist das erste das Erteilungsdatum und das zweite das Datum, an dem die Bekanntmachung über die Erteilung des Patentes erfolgte.

388626 6. 10. 1922/16. 1. 1924.

Patent-Treuhand-Gesellschaft für elektr. Glühlampen m.b.H. in Berlin.

Kondensator, dessen leitende Beläge aus Al-Folien bestehen.

Patentanspruch:

Kondensator, dessen leitende Beläge aus Al-Folien bestehen, dadurch gekennzeichnet, daß die Al-Folien in an sich bekannter Weise oxydieren und auch die Oxydschichten derselben das Dielektrium des Kondensators bilden.

468787 27. 2. 1925/8. 11. 1928.

William Dubilier in Neuyork.

Elektrischer Kondensator, bestehend aus einem mit einem Elektrolyten gefüllten Behälter und hohlen Metallkörpern, z. B. Metallschlangen, als Elektroden, die von einer Kühlflüssigkeit durchflossen werden.

Patentanspruch:

Elektrolytischer Kondensator, bestehend aus einem mit einem Elektrolyten gefüllten Behälter und hohlen Metallkörpern, z. B. Metallschlangen, als Elektroden, die von einer Kühlflüssigkeit durchflossen werden, dadurch gekennzeichnet, daß diese Röhren einen Überzug aus festem Isoliermaterial besitzen und wechslseitig zusammengeschaltet sind.

491343 20. 7. 1928/23. 1. 1930.

Elektrizitäts-Akt.-Ges. Hydrawerk in Berlin-Charlottenburg.
Elektrolytischer Kondensator.

Patentansprüche:

1. Elektrolytischer Kondensator, dadurch gekennzeichnet, daß die Anschlußelektroden (3, 4) unterhalb des Elektrolytspiegels (5) durch die Gefäßwandungen herausgeführt sind.
2. Elektrolytischer Kondensator nach Anspruch 1, dadurch gekennzeichnet, daß die Anschlußelektroden (4) durch die Seitenwand des Gefäßes (2) herausgeführt sind.
3. Elektrolytischer Kondensator nach Anspruch 1 und 2, dadurch gekennzeichnet, daß die Amschlußelektroden (3) durch den Boden des Gefäßes (2) herausgeführt sind.

498794 12. 5. 1927/8. 5. 1930.

Elektrizitäts-Akt.-Ges. Hydrawerk in Berlin-Charlottenburg.
Elektrolytkondensator mit aufgerollten Metallbändern als Belegungen.

Patentansprüche:

1. Elektrolytkondensator mit aufgerollten Metallbändern als Belegung, dadurch gekennzeichnet, daß die Metallbänder unter Zwischenlegung von lediglich als Abstandhalter dienenden nichtmetallischen Bändern nach Art eines Wickelkondensators zusammengesetzt sind.
2. Kondensator nach Anspruch 1, dadurch gekennzeichnet, daß die als Abstandhalter dienenden nichtmetallischen Bänder aus Faserstoff, z. B. Papier oder Gewebe bestehen.
3. Kondensator nach Anspruch 1 oder 2, dadurch gekennzeichnet, daß die nichtmetallischen Bänder aus flüssigkeitsundurchlässigem Stoff bestehen und durchlocht sind.

504408 28. 11. 1925/17. 7. 1930.

Automatic Telephone Manufacturing Company Limited in Liverpool, England.
Als Kondensator großer Kapazität dienende elektrolytische Zelle mit Elektroden aus einem Material, das sich dem Elektrolyten gegenüber chemisch inert verhält.

Patentansprüche:

1. Als Kondensator großer Kapazität dienende elektrolytische Zelle mit Elektroden aus einem Material, das sich dem Elektrolyten gegenüber chemisch inert verhält, dadurch gekennzeichnet, daß die Elektroden in Gestalt dünner l-förmig gebogener, gelochter Platten mit ihrem kürzeren Schenkel mittels des Anschlußbolzens an den abnehmbaren Isolierdeckeln aufgehängt und die langen Schenkel in einem kürzeren Abstand voneinander an mehreren Punkten durch Abstandsisolation starr gehalten sind.

2. Elektrolytische Zelle nach Anspruch 1 oder 2, dadurch gekennzeichnet, daß beide Elektroden aus weichem Stahl bestehen und als Elektrolyt eine gesättigte wäßrige Lösung von sehr reinem Ätzkali verwendet ist.
3. Elektrolytische Zelle nach Anspruch 1 oder 2, gekennzeichnet durch ein Gehäuse aus Metallrohr, dessen Boden aus einer in das eine Ende des Rohres eingeschweißten Scheibe aus gleichem Material besteht und dessen Isolierdeckel in das andere Ende des Rohres einschraubbar ist.
4. Elektrolytische Zelle nach den Ansprüchen 1, 2 oder 3, dadurch gekennzeichnet, daß die Zelle mit einem Rückschlagventil versehen ist, das einen eine übermäßige Verdunstung verhindernden Verschluß bildet, aber den Austritt der während des Betriebes entstehenden Gase gestattet.

Erfindungsgemäß sind die Elektroden in Gestalt dünner, l-förmig gebogener, gelochter Platten mit ihrem kürzeren Schenkel mittels der Anschlußbolzen an dem abnehmbaren Isolierdeckel aufgehängt und die langen Schenkel in einem kurzen Abstand voneinander an mehreren Punkten durch Abstandsisolatoren starr gehalten.

Hierdurch große akt. Oberfläche bei gedrängter Bauart. Trotz bedingter dünnwandiger Elemente mechanisch widerstandsfähige Bauart.

515180 20. 7. 1928/11. 12. 1930.

Elektrizitäts-Akt.-Ges. Hydrawerk in Berlin-Charlottenburg.
Elektrolytischer Kondensator.

Patentansprüche:

1. Elektrolytischer Kondensator, dadurch gekennzeichnet, daß innerhalb des flüssigen Elektrolyten Füllkörper (3) aus dem Elektrolyten gegenüber chemisch inaktivem Material angeordnet sind.
2. Elektrolytischer Kondensator nach Anspruch 1, dadurch gekennzeichnet, daß die Füllkörper (3) auch den Behälterraum oberhalb des Elektrolytspiegels ausfüllen.
3. Elektrolytischer Kondensator nach Anspruch 1 oder 2, gekennzeichnet durch Füllkörper aus Glasperlen.
4. Elektrolytischer Kondensator nach Anspruch 1—3, dadurch gekennzeichnet, daß im unteren Teil des Kondensatorbehälters (1) größere, im oberen Teil kleinere Füllkörper angeordnet sind.
5. Elektrolytischer Kondensator nach Anspruch 2—4, dadurch gekennzeichnet, daß auf die oberste Schicht kleiner Füllkörper eine in warmem Zustand zähflüssige, im Betriebszustand aber erstarrte Vergußmasse (5) aufgegossen ist.
6. Elektrolytischer Kondensator nach Anspruch 1—5, dadurch gekennzeichnet, daß der die Kondensatorplatten (7), die Füllkörper und den Elektrolyten einschließende Behälter gasdicht abgeschlossen ist.

Die oberhalb des Elektrolyten befindlichen Zwischenräume des Füllkörpers bilden den Pufferraum für das während des Betriebes des Kondensators entwickelte Gas.

Durch Verwendung der Füllkörper kann der Kondensator, da er luftdicht abgeschlossen ist, auch schräg transportiert werden.

548966 28. 2. 1929/7. 4. 1932.

Telephon-Apparat-Fabrik E. Zwietusch & Co. G.m.b.H. in Berlin-Charlottenburg.
Elektrolytischer Wickelkondensator für Gleichstrom.

Anspruch:

Elektrolytischer Wickelkondensator für Gleichstrom, dadurch gekennzeichnet, daß lediglich seine Anode aus einem Metallstreifen von der gewünschten Kapazität entsprechenden Abmessungen besteht, der zusammen mit dem aus reinem Faser- oder breiartigem Stoff bestehenden Träger des Elektrolyten um einen Kern gewickelt ist und für den Elektrolyten eine Stromzuführung vorgesehen ist.

Als Kathode wird nicht wie sonst ein Blech von der Größe der Anode verwendet, sondern der Elektrolyt und der Kern, um den die Anode mit dem Elektrolytträger aufgewickelt ist, bilden die Kathode. Es wird angenommen, daß hierdurch der Reststrom niedriger bleibt, als wenn die Kathode von einem Blech, das genau so groß ist wie die Anode, gebildet wird.

Der Flüssigkeitsträger besteht aus einem Material, das leicht viel Flüssigkeit aufnimmt, sie aber schwer wieder abgibt.

563994 11. 2. 1932/27. 10. 1932.

Firma Adolf Thöl in Hamburg.
Verfahren zur Herstellung von festen Elektrolyten für Kondensatoren durch Emulgieren verflüssigter Paraffine.

Ansprüche:

1. Verfahren zur Herstellung von festen Elektrolyten für Kondensatoren durch Emulgieren verflüssigter Paraffine, dadurch gekennzeichnet, daß als Emulgiermittel Lezithin, besonders Pflanzenlezithin, verwendet wird, mit dem die Paraffine zu einer bei der Filmbildung gut haftenden Emulsion vereinigt werden.
2. Abänderung des Verfahrens nach Anspruch 1, dadurch gekennzeichnet, daß an Stelle gereinigter Paraffine rohes Montanwachs mit Lezithin emulgiert wird.
3. Verfahren nach den Ansprüchen 1 und 2, dadurch gekennzeichnet, daß zur Erhöhung der Haftfestigkeit der Emulsion noch Fluavilharze aus Guttapercha bzw. Balata einverleibt werden.

Zur Herstellung von festen Elektrolyten für Kondensatoren emulgierte man bisher verflüssigte Paraffine mit flüssigen Emulgiermitteln, vorzugsweise gelatinierenden Mitteln wie Agar-Agar, Tragantschleim, Akaziengummischleim mit Zusätzen von Seifen, besonders Alkalisalzen von Fettsäuren mit fünf oder mehr Kohlenstoffatomen, weiteren Zusätzen wasserbindender Mittel wie Glyzerin oder Äthylenglykol, und ferner Zusätzen von löslichen Ionisierungsmitteln wie Ammonium- oder Diäthylenborat. Die Schleime neigten zur Schimmelbildung trotz Boratzusätze. Glyzerin und Äthylenglykol verflüchtigen sich allmählich. Die Elektrolyte wurden nach gewisser Zeit unbrauchbar.

566233 11. 7. 1931/1. 12. 1932.

Dr. Hermann Beckmann in Berlin-Zehlendorf.

Elektrolytischer Kondensator mit Elektroden aus Aluminium- oder ähnlich wirkender Metallfolie, die durch poröse, mit dem Elektrolyten getränkte Zwischenlagen voneinander getrennt sind.

Patentanspruch:

Elektrolytischer Kondensator mit Elektroden aus Aluminium- oder ähnlich wirkender Metallfolie, die durch poröse, mit dem Elektrolyten getränkte Zwischenlagen voneinander getrennt sind, dadurch gekennzeichnet, daß die Zwischenlagen aus mikroporösem Gummi bestehen.

Die mikroporöse Gummizwischenlage ist auffallend stark porös. Das Porenvolumen, bezogen auf das Gesamtvolumen, beträgt 50—60%. Das poröse Gummi besitzt eine besonders hohe chemische Widerstandsfähigkeit. Durch die Kapillarbildung der Poren wird der Elektrolyt in diesen sehr festgehalten, so daß er langsamer verdunstet.

567987 24. 4. 1930/29. 12. 1932.

Jaroslaw's Erste Glimmerwarenfabrik in Berlin-Weißensee.

Verfahren zum Herstellen von elektrolytischen Kondensatoren.

Patentansprüche:

1. Verfahren zum Herstellen von elektrolytischen Kondensatoren, dadurch gekennzeichnet, daß Metallpapier (vorzugsweise Al-Papier) zu einem Stapel geschichtet wird und vor, bei oder nach der Schichtung mit dem Elektrolyten getränkt wird.
2. Herstellung von elektrolytischen Kondensatoren nach Anspruch 1, dadurch gekennzeichnet, daß das Schichten durch Wickeln geschieht.
3. Verfahren zum Herstellen von elektrolytischen Kondensatoren nach Anspruch 1, dadurch gekennzeichnet, daß zur Stromzuführung geeignete dünne Metallblätter bei oder nach dem Schichten mit den metallischen Belegungen in Berührung gebracht werden derart, daß sie zum Teil herausragen.

Metallpapiere können sowohl durch Spritzen als auch auf galvanischem Wege hergestellt werden, man kann aber auch besonders vorteilhaft die sogenannten papierkaschierten Metallfolien für den vorliegenden Zweck verwenden. Dabei verwendet man zweckmäßig solches Papier, das besonders saugfähig ist.

570241 6. 12. 1928/26. 1. 1933.

Elkon, Inc. in Weehawken, New Jersey, USA.

Elektrischer Kondensator, dessen Metallelektroden filmbildende Eigenschaften aufweisen und zwischen welchen ein trockenes, elektrolytisch leitendes Material eingeschaltet ist.

Patentansprüche:

1. Elektrischer Kondensator, dessen Metallelektroden filmbildende Eigenschaften aufweisen und zwischen welchen ein trockenes, elektrolytisch

leitendes Material eingeschaltet ist, dadurch gekennzeichnet, daß das Zwischenmaterial aus Kristallen von magnetischem Eisenoxyd und einem Bindemittel, vorzugsweise Borax oder Borsäure, besteht.

2. Elektrischer Kondensator nach Anspruch 1, dadurch gekennzeichnet, daß als Elektrodenmetall ein leichteres Element der zweiten oder dritten Gruppe des periodischen Systems, insbesondere Aluminium, verwendet wird.
3. Kondensator nach Anspruch 1 und 2, dadurch gekennzeichnet, daß in die Zwischenschicht ein Träger aus einem biegsamen, netzartigen Gewebe eingebettet ist.

Bei der Herstellung eines Wickelkondensators (nach Patentinhaber) wird die Oberfläche des Bleches mit dem filmbildenden Material, welches einen Elektrolyten darstellt und in festem Zustand mit der Elektrodenoberfläche unter Bildung eines dielektrischen Films ohne Mithilfe von freier Feuchtigkeit zu reagieren vermag, bedeckt. Aus Gründen der Raumersparnis ist es wünschenswert, daß das filmbildende Material über die Plattenoberfläche in einer dünnen, glatten Schicht aufgebracht und, soweit dies möglich, so angeordnet wird, daß es nicht aufbricht und Klumpen bildet, wenn der Kondensator auf den Dorn gewickelt wird. Mechanisch kann dies durch Zwischenschaltung eines elektrisch neutralen Trägers wohl erreicht werden. Ein Stück von verhältnismäßig feinem Musselin eignet sich für diesen Zweck, da die Zwischenräume in seiner Gewebestruktur mit dem filmbildenden Material gefüllt sind, so daß auf beiden Seiten gleich viel Material zur Verfügung steht. Auf die erste Platte wird nach Aufbringung der Zwischenschicht eine zweite Elektrodenplatte aufgelegt.

Dicken der Elektrodenplatten 0,02 cm.

Die Vermischung des Bindemittels, z. B. Borax und Borsäure, mit dem magnetischen Eisenoxyd kann durch Beimischung von Wasser in dem vorbereitenden Stadium erleichtert werden. Es ist jedoch dafür zu sorgen, daß nach dem Zusammenbau des Kondensators möglichst die gesamte freie Feuchtigkeit aus der Zwischenschicht ausgetrieben wird, um eine störende hydrolytische Wirkung zu vermeiden.

Mischungsbeispiel für einen Al-Kondensator:

Magnetisches Eisenoxyd	80 Gewichtsprozent
Borax	20 Gewichtsprozent

Der Gehalt an Bindemittel kann bis zu 30% erhöht werden, ohne daß die filmbildenden Eigenschaften des Kondensators nachteilig beeinflußt werden.

Nach Zusammenbau des Kondensators wird dieser mit Wechselstrom formiert.

574672 31. 10. 1931/30. 3. 1933.

Steatit-Magnesia Akt.-Ges. in Berlin-Pankow.

Elektrolytkondensator mit einem unter dem Druck des Elektrolyten sich öffnenden Rückschlagventil.

Patentansprüche:

1. Elektrolytkondensator mit einem unter dem Druck des Elektrolyten sich öffnenden Rückschlagventil, dadurch gekennzeichnet, daß das Ventil

durch eine mit Lufflöchern versehene abnehmbare Kappe abgedeckt und der Hohlraum zwischen Kappe und Ventil mit einer saugfähigen Masse gefüllt ist.

2. Elektrolytkondensator nach Anspruch 1, dadurch gekennzeichnet, daß das Ventil in an sich bekannter Weise nach Art eines Fahrradventils aufgebaut ist.
3. Elektrolytkondensator nach Anspruch 1 und 2, dadurch gekennzeichnet, daß das Ventil einen Anschlußkontakt des Elektrolytkondensators bildet.

Beim Gebrauch von Elektrolytkondensatoren erwärmt sich der Elektrolyt und dehnt sich infolgedessen aus. Um Raum für diese Ausdehnung zu schaffen, hat man allgemein auf dem Verschlußdeckel des Elektrolytkondensators ausdehnungsfähige Behälter aus Gummi oder dergleichen angeordnet. Derartige Behälter werden im Gebrauch allmählich brüchig. Dadurch haben diese Kondensatoren eine beschränkte Lebensdauer. Bei anderen Ausführungsformen hat man besondere Steigröhren für den erwärmten Elektrolyten angebracht. Diese Ausführungsform hat den Nachteil, daß bei verkehrter Stellung der Elektrolyt infolge seines Gewichts aus den Steigröhren herausfließt.

Die bisher übliche Anwendung von Rückschlagventilen (in Form von Fahrradventilen) hat den Nachteil, daß beim zufälligen Ausfließen des Elektrolyten weitere Apparatteile verschmutzt und verätzt werden.

Nach Erfindung wird der aus dem Ventilschlauch ausfließende Elektrolyt in jedem Falle von einer saugfähigen Masse absorbiert.

577883 20. 3. 1932/18. 5. 1933.

Telephon-Apparat-Fabrik E. Zwietusch & Co. G.m.b.H. in Berlin-Charlottenburg.
Elektrode, insbesondere für Elektrolytkondensatoren.

Patentansprüche:

1. Elektrode, insbesondere für Elektrolytkondensatoren, dadurch gekennzeichnet, daß die Sperrschicht durch Ausbildung eines beständigen Überzuges nach Art der in der Färberei bekannten Farblacke fixiert ist.
2. Elektrode nach Anspruch 1, dadurch gekennzeichnet, daß die Bildung des beständigen Überzuges durch Einwirkung von sogenannten Beizenfarbstoffen auf die nach der üblichen Methode zur Bildung einer Sperrschicht vorbehandelte Elektrode erfolgt ist.
3. Elektrode nach Anspruch 1 und 2, dadurch gekennzeichnet, daß als Beizenfarbstoff Verbindungen aus der Klasse der Alizarine, Phenolphthaleine, Galleine und beizeentziehende Natur- (Holz-) Farbstoffe verwendet sind.
4. Elektrode nach Anspruch 1, dadurch gekennzeichnet, daß das Fixierungsmittel dem Elektrolyten vor oder während der Formierung zugegeben ist.

Nach der Erfindung soll der Abbauprozeß der Formierungsschicht verhindert werden. Zu diesem Zweck wird die Sperrschicht durch Ausbildung eines beständigen Überzuges nach Art der in der Färberei bekannten Farblacke fixiert. Das Überführen der Oxydschicht in den Metallack kann sowohl nach erfolgter Formierung als auch während der Formierung stattfinden. Im ersten Falle bringt man die formierten Elektroden in eine Lösung oder wässerige Suspension des Farbstoffes und überläßt sie dann einige Zeit sich selbst. Im zweiten Falle setzt man den Farbstoff bereits dem Formierungsbad zu.

581460 13. 10. 1931/13. 7. 1933.

Telephon-Apparat-Fabrik E. Zwietusch & Co. G.m.b.H. in Berlin-Charlottenburg.
Elektrolytkondensator für Gleichstrom.

Patentansprüche:

1. Elektrolytkondensator für Gleichstrom, gekennzeichnet durch eine in Wickelrichtung in mehrere Streifen oder Drähte zerlegte Anode, bei der in die Zwischenräume zwischen den einzelnen Anodenstreifen Kathodendrähte verlegt sind, die durch Isolierstoffe mit den Anodenstreifen verbunden sind.
2. Elektrolytkondensator nach Anspruch 1, dadurch gekennzeichnet, daß die Kathodendrähte in der gleichen Ebene wie die Anodenstreifen oder in auch paralleler Ebene zur Anodenfläche liegen.
3. Elektrolytkondensator nach Anspruch 1 und 2, dadurch gekennzeichnet, daß die Anodenstreifen durch einen Isolierstreifen verbunden sind, auf dem der Kathodenstreifen befestigt ist.
4. Elektrolytkondensator nach Anspruch 1 und 2, dadurch gekennzeichnet, daß zwischen die Anodendrähte und die Kathodendrähte Textilfäden aus saugfähigem Stoff gelegt sind, die mit den Kathoden- und Anodendrähten und Textilfäden verwebt sind.

Nach der Erfindung soll eine möglichst gleichmäßige Strom- und Feldverteilung erzielt werden. Erfindungsgemäß wird diese dadurch erreicht, daß eine in Wickelrichtung in mehrere Streifen oder Drähte zerlegte Anode verwendet wird, bei der in die Zwischenräume zwischen den einzelnen Anodenstreifen Kathodenstreifen oder Drähte verlegt sind, die durch Isolierstoffe mit den Anodenstreifen verbunden sind.

Die Verwendung von Anodendrähten bringt gegenüber der Verwendung von Anodenblechen den Vorteil einer größeren Oberfläche bei gleicher Metallmenge, jedoch den Nachteil, daß das Gewebe eine geringere Steifigkeit besitzt als wie in der Ausführung mit Anodenblechen.

582792 25. 3. 1931/3. 8. 1933.

Elektrizitäts-Akt.-Ges. Hydrawerk in Berlin.
Elektrolytischer Kondensator.

Patentansprüche:

1. Elektrolytischer Kondensator, dadurch gekennzeichnet, daß der Elektrolyt aus Emulsionen besteht.
2. Elektrolytischer Kondensator nach Anspruch 1, gekennzeichnet durch Emulsionen aus emulgierbaren Ölen, wie Bohrölen und einer Salzlösung.
3. Elektrolytischer Kondensator nach Anspruch 1 und 2, dadurch gekennzeichnet, daß die Emulsion fettsaure Salze enthält.
4. Elektrolytischer Kondensator nach Anspruch 1—3, dadurch gekennzeichnet, daß die Emulsion stearinsaures Natrium enthält.

Man unterscheidet Flüssigkeits- und sogenannte Trocken-Elektrolytkondensatoren, wobei bei letzteren der Elektrolyt eingedickt ist. Das Eindickungsmittel muß nun so beschaffen sein, daß eine Austrocknung in weitgehendem

Maße verhindert wird. So sind beispielsweise zur Eindickung mit Wasser mischbare hygroskopische Substanzen, wie Glyzerin, benutzt worden. Da Glyzerin einen verhältnismäßig hohen Preis hat, werden derartige Kondensatoren relativ teuer.

Erfindungsgemäß wird eine weitgehende Verbilligung dadurch erzielt, daß man Emulsionen als Elektrolyten verwendet. Besonders geeignet sind Öle, insbesondere Mineralöle, die sich auf bekannte Weise mit Wasser bzw. Salzlösungen gut emulgieren lassen. Solche Öle sind unter der Bezeichnung Bohröle handelsüblich. Bohröle lassen sich beispielsweise mit den verschiedensten Salzlösungen gut emulgieren, insbesondere mit Salzen organischer Säuren. Als besonders geeignet für eine derartige Emulsion bewähren sich fettsaure Salze, z. B. stearinsaures Natrium.

586529 1. 11. 1933/5. 10. 1933.

Telephon-Apparat-Fabrik E. Zwietusch & Co. G.m.b.H. in Berlin-Charlottenburg.

Verfahren zur Herstellung elektrolytischer Kondensatoren, bei denen die Formierung der Elektroden in einem leichtflüssigen Elektrolyten vollzogen wird, der nach der Formierung gelatiniert wird.

Patentansprüche:

1. Verfahren zur Herstellung elektrolytischer Kondensatoren, bei denen die Formierung der Elektroden in einem leichtflüssigen Elektrolyten vollzogen wird, der nach der Formierung gelatiniert wird, dadurch gekennzeichnet, daß dem Elektrolyten vor der Formierung lösliche Kieselsäure zugesetzt wird, welche nach der Formierung durch Zusatz eines Gelatinierungsmittels, wie z. B. Pyridin, gelatiniert wird.
2. Verfahren nach Anspruch 1, dadurch gekennzeichnet, daß als lösliche Kieselsäure eine auf elektroosmotischem Wege hergestellte Kieselsäure verwendet wird.

Um das Verdampfen und Auslaufen des Elektrolyten aus den Kondensatoren zu vermeiden, werden gelatinöse Elektrolytmassen verwendet. Das Formieren in stark viskosen Elektrolyten bereitet wegen der während der Formierung auftretenden Gasblasen erhebliche Schwierigkeiten. Man formiert daher zunächst in flüssigen Elektrolyten und setzt diesen nach der Formierung ein Gelatinierungsmittel zu (z. B. Wasserglas). Durch den nachträglichen Zusatz des Gelatinierungsmittels wird aber die Zusammensetzung und die Konzentration des Elektrolyten wesentlich verändert. Dies hat zur Folge, daß an den Elektroden erneut chemische Reaktionen auftreten. Dadurch können die dielektrischen Eigenschaften der Oxydschichten gestört werden.

Nach Erfindung wird vor der Formierung des zum Beispiel aus Borax und Borsäure bestehenden Elektrolyten eine elektroosmotisch bereitete wässerige fünfprozentige Kieselsäurelösung zugesetzt. Nach der Formierung wird dem Elektrolyten ein Gelatinierungsmittel zugesetzt (z. B. Pyridin). Der vorher leichtflüssige Elektrolyt wird hierdurch in eine gallertartige Masse verwandelt. Die chemische Zusammensetzung des Elektrolyten wird hierdurch nicht verändert. Durch das Gelatinierungsmittel, wie z. B. Pyridin, das gewissermaßen als Katalysator wirkt, wird der Aggregatzustand der Kieselsäure vom flüssigen in den kolloidalen Zustand übergeführt.

586902 26. 10. 1930/12. 10. 1933.

Allgemeine Elektrizitätsgesellschaft in Berlin.

Elektrolytischer Kondensator.

Patentansprüche:

1. Elektrolytischer Kondensator, gekennzeichnet durch einen Elektrolyten aus einem Gemisch von Cupro- und Cuprisulfid.
2. Verfahren zur Herstellung des elektrolytischen Kondensators nach Anspruch 1, dadurch gekennzeichnet, daß die Elektroden zunächst verkupfert werden und der Kupferüberzug chemisch oder elektrolytisch sulfidiert wird.

Nach Erfindung handelt es sich um einen elektrolytischen Kondensator, der sich durch geringe dielektrische Verluste, durch hohe Durchschlagsfestigkeit und große spezifische Kapazität auszeichnet.

Als Elektrolyt dient ein Gemisch von Cu_2S und CuS. Es ist bekannt, elektrolytische Kondensatoren mit Cuprisulfid und Gleichrichterzellen, deren Elektrolyt aus Cuprosulfid besteht, herzustellen. Nun hat sich herausgestellt, daß die Leitfähigkeit eines Gemisches der beiden Sulfide wesentlich besser ist als die Leitfähigkeit der einzelnen Komponenten des Gemisches. Infolgedessen ist auch der Verlustwinkel des Kondensators geringer, dessen Elektrolyt aus dem Gemisch beider Sulfide besteht. Bei Kondensatoren für Wechslstrom bestehen die Elektroden aus Aluminium, bei Kondensatoren für Gleichstrom können die Elektroden auch aus anderen Metallen bestehen.

Die Herstellung der Kondensatoren kann auf verschiedene Weise erfolgen: Einmal kann das Gemisch der Sulfide auf die Elektroden mechanisch aufgepreßt werden. Bei Aluminiumelektroden kann man das Gemisch unmittelbar auf dem Al erzeugen. Zweckmäßig werden die Al-Elektroden hierbei verkupfert, worauf dann der Kupferüberzug chemisch oder elektrolytisch sulfidiert wird.

587445 4. 3. 1931/19. 10. 1933.

Allgemeine Elektrizitätsgesellschaft in Berlin.

Vorrichtung zum ununterbrochenen Formieren von das Formierungsbad durchlaufenden Metallstreifen, wie Al-Streifen, von elektrolytischen Kondensatoren, insbesondere solchen in Wickelform, elektrolyischen Ventilen oder dergleichen.

Patentansprüche:

1. Vorrichtung zum ununterbrochenen Formieren von das Formierungsbad durchlaufenden Metallstreifen, wie Al-Streifen, von elektrolytischen Kondensatoren, insbesondere solchen in Wickelform, elektrolytischen Ventilen oder dergleichen, dadurch gekennzeichnet, daß eine oder mehrere Zwischenwände im Formierungsbad derart angeordnet sind, daß eine Stromdichteverteilung zwischen Kathode und dem als Anode das Bad durchlaufenden Streifen herbeigeführt wird, bei welcher eine praktisch gleichbleibende Schicht auf der ganzen Streifenoberfläche erzeugt wird.
2. Vorrichtung nach Anspruch 1, dadurch gekennzeichnet, daß als Zwischenwände Blenden im Bad vorgesehen sind, durch deren Ausnehmungen der Streifen beim Durchlaufen des Bades hindurchgeführt wird.

3. Vorrichtung nach Anspruch 2, dadurch gekennzeichnet, daß die Blenden zur Verringerung des Reibungswiderstandes mit Rollen oder Walzen versehen sind.
4. Vorrichtung nach Anspruch 3, dadurch gekennzeichnet, daß die Rollen zur Fortbewegung des zu formierenden Streifens ausgebildet sind.

588172 31. 5. 1931/2. 11. 1933.

Telephon-Apparat-Fabrik E. Zwietusch & Co. G.m.b.H. in Berlin-Charlottenburg.
Elektrolytischer Wickelkondensator für Gleichstrom.

Patentansprüche:

1. Elektrolytischer Wickelkondensator für Gleichstrom nach Patent 548996, dadurch gekennzeichnet, daß der Träger aus nichtfaserigen, aber porösem (z. B. Gummischwamm, Viskoseschwamm) oder flüssigkeitsundurchlässigem (z. B. Zelluloid), aber perforiertem Stoff besteht.
2. Elektrolytischer Wickelkondensator nach Anspruch 1, dadurch gekennzeichnet, daß die Perforationen der ebenfalls perforierten Metallfolie so ausgebildet sind, daß sie innerhalb der einzelnen Perforationen des Elektrolytträgers liegen.

588779 29. 11. 1931/9. 11. 1933.

Telephon-Apparat-Fabrik E. Zwietusch & Co. G.m.b.H. in Berlin-Charlottenburg.
Elektrolytkondensator.

Patentansprüche:

1. Elektrolytkondensator, dadurch gekennzeichnet, daß der Elektrodenträger und der Deckel des Gefäßes, in dem sich der Kondensator befindet, aus dem gleichen Werkstoff bestehen und aus einem Stück gefertigt sind.
2. Elektrolytkondensator nach Anspruch 1, dadurch gekennzeichnet, daß der Deckel an dem Elektrodenträger angestaucht ist.
3. Elektrolytkondensator nach Anspruch 1 und 2, dadurch gekennzeichnet, daß der Deckel mit dem Bechermantel durch Einrollen unter Einfügung einer isolierenden Zwischenlage, z. B. Gummi, verbunden ist.
4. Elektrolytkondensator nach Anspruch 1—3, dadurch gekennzeichnet, daß der Becher einen Hohlboden besitzt, dessen innere Wand mit konzentrisch verlaufenden Eindrückungen versehen ist.
5. Elektrolytkondensator nach Anspruch 1—4, dadurch gekennzeichnet, daß die äußere Wand des Bodens Öffnungen besitzt.

Um die sehr schwierige Abdichtung zwischen Deckel und Anodenträger zu umgehen, wird nach Erfindung Deckel und Anodenträger aus einem Stück gefertigt. Als Pufferraum für die während des Betriebes auftretenden Gase hat man den Kondensatorbecher mit einem doppelten Boden versehen. Der innere Boden ist membranartig ausgebildet, so daß er sich leicht durchbiegen kann.

589321 29. 5. 1929/23. 11. 1933.

Süddeutsche Apparate-Fabrik G.m.b.H. in Nürnberg.
Trockenelektrolytkondensator.

Patentansprüche:

1. Trockenelektrolytkondensator, dadurch gekennzeichnet, daß die wirksame Elektrolytsubstanz in ihrer Zusammensetzung derjenigen einer Lösung von glyzerinphosphorsaurem Ammonium entspricht.
2. Trockenelektrolytkondensator nach Anspruch 1, dadurch gekennzeichnet, daß sich das glyzerinphosphorsaure Ammonium in Mischung mit Glyzerin befindet.

Kondensatoren, die mit glyzerinphosphorsaurem Ammonium hergestellt sind, zeigen verhältnismäßig sehr hohe Kapazität pro Flächeneinheit und gleichzeitig sehr hohen Verlustwiderstand, so daß der Verlust bei gegebener Spannung verhältnismäßig gering ist. Auch bei länger dauernder Außerbetriebsetzung sinkt der Widerstand gegen Gleichspannung verhältnismäßig wenig, und der ursprüngliche Zustand wird bei Inbetriebnahme immer schnell wieder erreicht. Die Verdunstung eines solchen Elektrolyten ist äußerst gering.

Ammonium-Glyzerin-Phosphorsäure wird mit einem Überschuß von Glyzerin als zähflüssige Masse zwischen die Kondensatorelektroden gebracht, indem beispielsweise Papierlagen, die sich zwischen den Elektroden befindet, damit getränkt werden.

594265 3. 8. 1929/1. 3. 1934.

Süddeutsche Apparate-Fabrik G.m.b.H. in Nürnberg.
Elektrolytischer Kondensator mit zwischen den Kondensatorelektroden angeordneten, mit einer elektrolytisch wirkenden Masse getränkten porösen Schichten.

Patentansprüche:

1. Elektrolytischer Kondensator mit zwischen den Kondensatorelektroden angeordneten, mit einer elektrolytisch wirkenden Masse getränkten porösen Schichten, dadurch gekennzeichnet, daß die elektrolytisch wirkende Masse in der Hauptsache Alkalimetallsalze der Glyzerin-Phosphorsäure enthält.
2. Elektrolytischer Kondensator nach Anspruch 1, dadurch gekennzeichnet, daß die elektrolytisch wirkende Masse eine Auflösung eines Alkalimetallsalzes der Glyzerin-Phosphorsäure in Glyzerin enthält.

595325 9. 6. 1932/22. 3. 1934.

Telephon-Apparate-Fabrik E. Zwietusch & Co. G.m.b.H. in Berlin-Charlottenburg.
Trägerelektrode mit Ventilmetallüberzug, insbesondere für elektrolytische Kondensatoren und Gleichrichter.

Patentansprüche:

1. Trägerelektrode mit Ventilmetallüberzug, insbesondere für elektrolytische Kondensatoren und Gleichrichter, dadurch gekennzeichnet, daß die Trägerelektrode aus Kupfer oder Kohle besteht und auf dieser in an sich bekannter Weise ein Tantal- oder Al-Überzug aufgetragen ist.

2. Trägerelektrode mit Ventilmetallüberzug nach Anspruch 1, dadurch gekennzeichnet, daß auf die Trägerelektrode ein Überzug aus Aluminium und darauf ein Überzug aus Tantal aufgebracht wird.
3. Trägerelektrode mit Ventilmetallüberzug nach Anspruch 1 und 2, dadurch gekennzeichnet, daß die Überzüge auf die Trägerelektrode auf galvanischem Wege aufgebracht sind.
4. Trägerelektrode mit Ventilmetallüberzug nach Anspruch 1—3, dadurch gekennzeichnet, daß die Überzüge durch Kathodenzerstäubung aufgebracht sind.
5. Trägerelektrode mit Ventilmetallüberzug, dadurch gekennzeichnet, daß die Überzüge einer nachträglichen Oberflächenbearbeitung unterworfen sind.

Nach Erfindung wird eine Trägerelektrode (Kohle oder Kupfer) mit einem Überzug aus Aluminium oder Tantal verwendet. Der Überzug muß völlig dicht und ohne Poren auf die Trägerelektrode aufgetragen sein. Dies geschieht nach verschiedenen Methoden, vor allem durch galvanische Abscheidung bzw. durch Kathodenzerstäubung. Zur Erreichung einer größeren Dichte der Auftragsschicht empfiehlt sich eine nachträgliche Oberflächenbehandlung (Schleifen, Polieren).

Nach Mitteilung der derzeitigen Inhaberin dieses Patentes wird das geschützte Verfahren zur Zeit nicht angewandt.

595582 4. 4. 1933/29. 3. 1934.

Telephon-Apparat-Fabrik E. Zwietusch & Co. G.m.b.H. in Berlin-Charlottenburg.

Elektrolytischer Kondensator mit unter Zwischenlegung eines Abstandhalters zusammengewickelten oder -gefalteten Elektroden.

Patentansprüche:

1. Elektrolytischer Kondensator mit unter Zwischenlegung eines Abstandhalters zusammengewickelten oder -gefalteten Elektroden, dadurch gekennzeichnet, daß die die inneren Lagen des Wickels bildenden Teile des Abstandhalters mit einem Elektrolyten anderer Zusammensetzung imprägniert sind als die äußeren Lagen.
2. Elektrolytischer Kondensator nach Anspruch 1, dadurch gekennzeichnet, daß die im Innern des Wickels liegenden Teile des Abstandhalters mit einem Elektrolyten getränkt sind, der ansteigende Mengen an leicht flüchtigen bzw. veränderlichen Substanzen enthält, während die äußeren Lagen mit einem Elektrolyten geringerer Konzentration an veränderlichen oder verflüchtigbaren Stoffen imprägniert sind.

Während der Formierung eines Wickelkondensators tritt infolge seiner Bauart im Innern eine höhere Temperatur auf als im äußeren Teil des Kondensators. Da bekanntlich ein Elektrolyt je nach seiner Erwärmung verschieden verändert wird, da der Elektrolyt aus Stoffen zusammengesetzt ist, die verschiedene Verdampfungs- bzw. Zersetzungspunkte haben, tritt auch bei den Wickelkondensatoren infolge der verschiedenen Erwärmung des Wickels eine unterschiedliche Veränderung des Elektrolyten in den einzelnen Lagen des

Wickels ein. Nach Erfindung wird dieser Mangel dadurch beseitigt, daß die inneren Lagen des Wickels mit einem Elektrolyten anderer Zusammensetzung imprägniert sind als die äußeren Lagen. Auf diese Weise wird der ungleichmäßigen Veränderung der elektrischen Werte des Elektrolyten während der Formierung bzw. nach der Formierung entgegengearbeitet.

596314 5. 4. 1929/12. 4. 1934.

Dr.-Ing. Hans Thoma in Karlsruhe.

Elektrostatischer Kondensator mit oxydisolierenden Metallfolien.

Patentansprüche:

1. Elektrostatischer Kondensator mit oxydisolierenden Metallfolien, dadurch gekennzeichnet, daß zwischen die Folien ein halbleitend gemachtes Papier mit eingewickelt ist.
2. Elektrostatischer Kondensator nach Anspruch 1, dadurch gekennzeichnet, daß die Bänder des mit eingewickelten Papieres nichtleitend sind.

Nach Erfinder haben elektrostatische Oxydschichtkondensatoren den Mangel, daß schon kleine Beschädigungen der oft etwas brüchigen Oxydschicht einen völligen Kurzschluß des Kondensators herbeiführen könne.

Nach Erfindung wird zwischen die Folien ein halbleitend gemachtes Papier mit eingewickelt. Der Halbleiter besteht aus etwas mit Ruß oder Graphit bestrichener Papierschicht. Die Leitfähigkeit derartiger Kohlepapiere ist gering, sie genügt jedoch, um auf der vollen Querschnittfläche des Kondensators den Verschiebungsstrom ohne allzu große störende Nebenwirkungen zu transportieren.

596339 15. 11. 1931/12. 4. 1934.

Jaroslaws Erste Glimmerwarenfabrik in Berlin, Berlin-Weißensee.

Elektrolytischer Kondensator mit flüssigem Elektrolyten.

Patentansprüche:

1. Elektrolytischer Kondensator mit flüssigem Elektrolyten, dadurch gekennzeichnet, daß nur der obere Teil des Elektrolyten, insbesondere der über den Elektroden befindliche, durch geeignete Zusätze wie Gelatine oder dergleichen eingedickt ist.
2. Elektrolytischer Kondensator nach Anspruch 1, dadurch gekennzeichnet, daß die eingedickte Schicht von dem flüssigen Elektrolyten durch eine Schicht aus einem neutralen Material wie Pappe, Glimmer oder dergleichen getrennt ist.

Um eine Berührung des Elektrolyten mit dem Deckel des Kondensators, der nicht immer aus chemisch inaktivem Material besteht, zu vermeiden, wird nach Erfindung der obere Teil des flüssigen Elektrolyten eingedickt. Zur Erleichterung kann man nach Erfindung über dem flüssigen Elektrolyten zunächst eine Platte aus Glimmer, Pappe oder dergleichen anbringen und hierauf den späterhin erstarrenden Elektrolyten in geeigneter Weise aufbringen.

597073 12. 4. 1933/26. 4. 1934.

Allgemeine Elektrizitäts-Aktiengesellschaft in Berlin.

Veränderbarer Elektrolytkondensator, bei dem die Veränderung der Kapazität durch mehr oder weniger tiefes Eintauchen einer oder beider Elektroden in den Elektrolyten bewirkt wird.

Patentansprüche:

1. Veränderbarer Elektrolytkondensator, bei dem die Veränderung der Kapazität durch mehr oder weniger tiefes Eintauchen einer oder beider Elektroden in den Elektrolyten bewirkt wird, dadurch gekennzeichnet, daß ein oder beide Elektrodenkörper so ausgebildet sind, daß von ihrer eingetauchten Gesamtfläche nur ein kleiner Teil wirksam ist.
2. Elektrolytkondensator nach Anspruch 1, dadurch gekennzeichnet, daß mindestens ein Elektrodenkörper aus einem Metallstück, beispielsweise aus einer Platte aus Aluminium besteht, das mit einer Schicht aus Isolierstoff überzogen ist, in die Rillen entsprechend der gewünschten wirksamen Elektrodenfläche eingeritzt sind.
3. Elektrolytkondensator nach Anspruch 1, dadurch gekennzeichnet, daß mindestens ein Elektrodenkörper aus einem Isolierstoffkörper besteht, in den einzelne Metallstücke eingelassen sind.
4. Elektrolytkondensator nach Anspruch 1, dadurch gekennzeichnet, daß mindestens ein Elektrodenkörper durch Metallstücke, beispielsweise Metallfolie, gebildet wird, die zwischen Isolierstoffplatten oder -leisten gefaßt sind.
5. Elektrolytkondensator nach Anspruch 1—4, dadurch gekennzeichnet, daß er eine bestimmte gewünschte Abhängigkeit der Kapazität von der Eintauchtiefe besitzt.
6. Elektrolytkondensator nach Anspruch 2, 3 oder 4, dadurch gekennzeichnet, daß die in die Isolierstoffschicht eingeritzten Rillen bzw. die eingelassenen Metallstücke derart angebracht sind, daß bei Eintauchen die Zahl der wirksamen Rillen bzw. der wirksamen Metallstücke wächst.
7. Elektrolytkondensator nach Anspruch 2, 3 oder 4, dadurch gekennzeichnet, daß der bewegliche Elektrodenkörper Kegelform besitzt und in ein hohlkegelförmiges Gefäß eintaucht.
8. Elektrolytkondensator nach Anspruch 2, 3 oder 4, dadurch gekennzeichnet, daß die Elektrodenkörper aus konzentrischen Zylindern bestehen.
9. Elektrolytkondensator nach Anspruch 1 und folgenden, dadurch gekennzeichnet, daß die bewegliche Elektrode in einer langausgezogenen feinen Spitze endigt.

599558 2. 2. 1932/14. 6. 1934.

Jaroslaw's Erste Glimmerwaren-Fabrik in Berlin, Berlin-Weißensee.

Verfahren zur Formierung von Elektrolytkondensatoren, die in Wechselstromkreisen während des Betriebes erfolgt.

Patentansprüche:

1. Verfahren zur Formierung von Elektrolytkondensatoren, die in Wechselstromkreisen ohne Benutzung einer besonderen Gleichstromspannungs-

quelle während des Betriebes erfolgt, dadurch gekennzeichnet, daß die Formierung durch den Arbeitsstrom selbst erfolgt in der Weise, daß die Gesamtkapazität in Teilkapazitäten aufgelöst ist, die derartig in Reihe, parallel oder in Reihe und parallel geschaltet sind, daß immer zwei Elektrolytkondensatoren oder Kondensatorgruppen gegeneinander geschaltet sind, und daß zu jedem Kondensator bzw. zu jeder Kondensatorgruppe ein Ventil parallel liegt, derart, daß die Einwirkung der in der Formierungsrichtung wirkenden Halbwelle unterstützt bzw. der entgegengesetzt wirkenden Halbwelle geschwächt wird.

2. Anordnung zur Ausübung des Verfahrens nach Anspruch 1, dadurch gekennzeichnet, daß in die einzelnen Zweige der Schaltung mit Rücksicht auf Strom- und Spannungsverhältnisse zusätzliche Impedanzen eingeschaltet sind.

Bisher waren Schaltungen bekannt, mit Hilfe derer es möglich war, Elektrolytkondensatoren auch in Wechselstromkreisen zu verwenden. Das Prinzip dieser Schaltungen war entweder das, daß die Gesamtkapazität in einzelne Teilkondensatoren aufgeteilt wird, die gegeneinandergeschaltet werden, und daß nun von einer besonderen Gleichstromquelle, gegebenenfalls über Ventile, durch diese Kondensatoren ein Gleichstrom durchgetrieben wird, der sich dem die Kondensatoren durchfließenden Wechselstrom überlagert und im Sinne der Formierung der Kondensatoren wirkt. Statt räumlich getrennte Teilkondensatoren zu verwenden, wurde auch vorgeschlagen, besondere Hilfskathoden einzubauen, über die der Formierungsgleichstrom in die Kondensatoren eingeleitet wird. Als Gleichstromquellen wurden Gleichrichteraggregate verwendet, die aus einem Transformator und einem Gleichrichter bestanden. Mit dem Transformator wurde die Netzspannung zunächst etwas höher transformiert, um alsdann den höhergespannten Strom nach der Gleichrichtung dem durch die Kondensatoren durchfließenden Wechselstrom überlagern zu können.

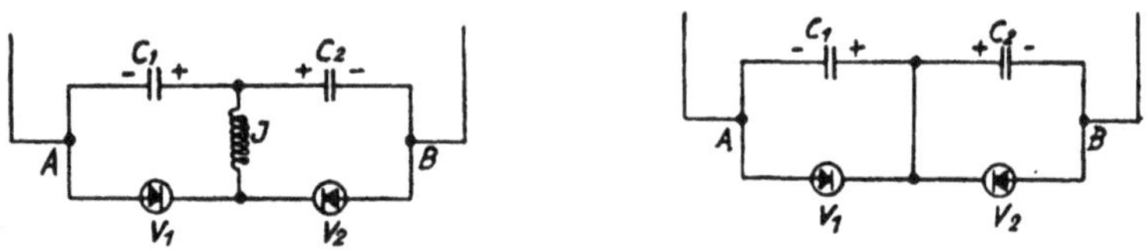

Abb. 135[1]. Schaltungen für die Formierung von Elektrolytkondensatoren in Wechselstromkreisen.

Nach Erfindung wird der Arbeitsstrom der Kondensatoren selbst zur Formierung der Kondensatoren verwendet. Die gesamte Kapazität wird auch hier unterteilt. Parallel zu jedem Kondensator liegt ein Ventil.

Kondensatoren und Ventile sind so zusammengeschaltet, daß die Kondensatoren von schädlichen Stromwellen entlastet sind und die zur Formierung beitragenden Wellen verstärkt werden.

Außerdem kann man auch noch eine Induktivität einschalten. Hierbei brauchen die Ventile die schädlichen Halbwellen nicht vollkommen zu übernehmen und können infolgedessen kleiner sein.

[1] Aus: DRP. 599558, 21 g.

599559 20. 11. 1931/14. 6. 1934.

Telephon-Apparat-Fabrik E. Zwietusch & Co. G.m.b.H. in Berlin-Charlottenburg.
Elektrolytischer Kondensator mit einem Expansionsraum innerhalb des Bechers.

Patentanspruch:

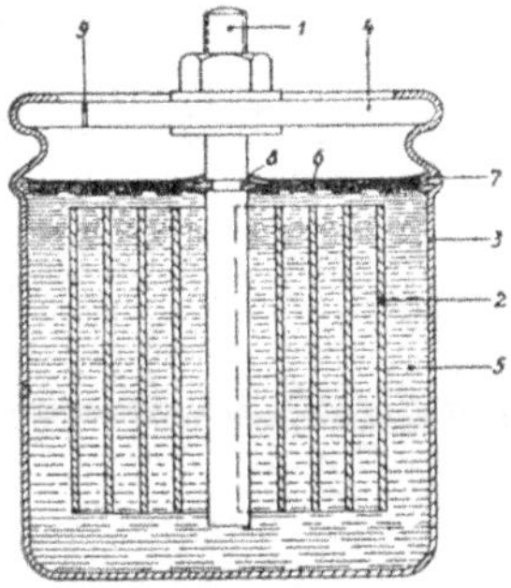

Abb. 136[1]. Elektrolytischer Kondensator mit Expansionsraum innerhalb des Bechers.

Elektrolytischer Kondensator mit einem Expansionsraum innerhalb des Bechers, dadurch gekennzeichnet, daß die Trennschicht zwischen Elektrolyt und Expansionsraum durch eine elastische Gummihaut gebildet wird.

Die Bauart des Kondensators nach der Erfindung hat den Vorteil, daß besondere, den Deckel und Elektrolytträger abdichtende Bauteile entbehrlich werden. Damit sich die Haut innig und feuchtigkeitsdicht an die Becherwandung und an die Anodentragachse anlegt, sind sowohl in der Becherwandung als auch in der Anodentragachse Einkerbungen vorgesehen, in die sich die elastische Haut legt. In gewissem Abstand von der elastischen Haut ist der Becherdeckel eingesetzt. Dieser Zwischenraum bildet den Expansionsraum.

600156 16. 2. 1932/28. 6. 1934.

Telephon-Apparat-Fabrik E. Zwietusch & Co. G.m.b.H. in Berlin-Charlottenburg.
Elektrolytkondensator.

Patentansprüche:

1. Elektrolytkondensator nach Patent 588779, dadurch gekennzeichnet, daß die bauliche Einheit aus Elektrodenträger und Deckel aus Ventilmetall besteht und formiert ist.
2. Elektrolytkondensator nach Anspruch 1, dadurch gekennzeichnet, daß das Formieren des Elektrodenträgers einschließlich des Deckels vor dem Zusammenbau des Kondensators stattfindet.

Nach Erfindung wird vermieden, daß der Elektrolyt mit unformierten Teilen, zum Beispiel dem als Deckel dienenden Elektrodenträger, zusammenkommt. Dies ist sehr wichtig, da sonst erhebliche Ströme auftreten können.

601054 5. 6. 1931/19. 7. 1934.

Telephon-Apparate-Fabrik E. Zwietusch & Co. G.m.b.H. in Berlin-Charlottenburg.
Elektrolytischer Wickelkondensator für Gleichstrom.

Patentansprüche:

1. Elektrolytischer Wickelkondensator für Gleichstrom nach Patent 548966, dadurch gekennzeichnet, daß zwei oder mehrere Anoden zusammen mit dem Träger des Elektrolyten um einen Kern gewickelt sind, so daß zwei oder mehrere Kapazitäten eine Einheit bilden.

[1] Aus: DRP. 599559, 21 g.

2. Elektrolytischer Wickelkondensator nach Anspruch 1, dadurch gekennzeichnet, daß die gemeinsame Kathode zentral oder peripher angeordnet ist.
3. Elektrolytischer Wickelkondensator nach Anspruch 1 und 2, dadurch gekennzeichnet, daß als gemeinsame Kathode das Gehäuse verwendet ist.

Nach Erfindung werden zwei oder mehrere Anoden zusammen mit dem Träger des Elektrolyten um einen Kern gewickelt, so daß zwei oder mehrere Kapazitäten eine Einheit bilden. Der Kern kann gleichzeitig die als Stromzuführung vorgesehene Kathode sein oder es dient das metallische Gehäuse selbst als Anschluß und gemeinsame Kathode.

601605 9. 8. 1932/2. 8. 1934.

Telephon-Apparate-Fabrik E. Zwietusch & Co. G.m.b.H. in Berlin-Charlottenburg.
Trockener Elektrolytkondensator mit aus draht- oder bandförmigen Gebilden bestehender Anode und Kathode.

Patentansprüche:

1. Trockener Elektrolytkondensator mit aus draht- oder bandförmigen Gebilden bestehender Anode und Kathode, dadurch gekennzeichnet, daß die eine Elektrode die andere schlauchartig umgibt.
2. Elektrolytkondensator nach Anspruch 1, dadurch gekennzeichnet, daß eine mit Faserstoff umsponnene, umflochtene oder umklöppelte Kernbelegung durch eine in gleicher Weise erzeugte Metallbelegung bedeckt ist.
3. Elektrolytkondensator nach Anspruch 1 und 2, dadurch gekennzeichnet, daß abwechselnd zwei oder mehrere Abstandshalter und Belegungen schlauchartig übereinander angeordnet sind.
4. Elektrolytkondensator nach Anspruch 1—3, dadurch gekennzeichnet, daß die Belegungen und der Abstandhalter aus übereinandergewalzten oder -gezogenen Rohren bestehen.
5. Elektrolytkondensator nach Anspruch 1—3, dadurch gekennzeichnet, daß die umsponnenen, umflochtenen oder umklöppelten Belegungen aus Kupfer oder dergleichen bestehen und mit Ventilmetall überzogen sind.

Abb. 137[1]. Schlauchartiger Kondensatorkörper. 1 Kernbelegung (evtl. aus Ventilmetall). 3 Elektrolytträger. 4 Gegenbelegung. 5 Isolierband.

Ein besonderer Vorteil dieser Kondensatorart besteht darin, daß sie in laufenden Längen, und zwar fast ausschließlich maschinell hergestellt werden können. Ebenso kann man auch die Tränkung der Elektrolytträger sowie das Formieren der Belegungen durch Zwischenschaltung der entsprechenden Bäder und Formierungseinrichtungen bei der Herstellung vorsehen, so daß der fertige Kondensatorkörper nach einem Durchgang durch die einzelnen auf-

[1] Aus: DRP. 601605, 21 g.

einanderfolgenden Maschinen und Arbeitsvorrichtungen diese in laufender Länge fertig verläßt.

Nach Erfindung wird vorgeschlagen, an Stelle dünner Al-Drähte (wegen Sprödigkeit) Kupferdrähte mit Ventilmetallüberzügen zu verwenden.

602333 23. 3. 1933/23. 8. 1934.

Telephon-Apparate-Fabrik E. Zwietusch & Co. G.m.b.H. in Berlin-Charlottenburg.

Elektrolytischer Kondensator mit pastenförmigen Elektrolyten.

Patentanspruch:

Elektrolytischer Kondensator mit pastenförmigen Elektrolyten, dadurch gekennzeichnet, daß dem in bekannter Weise zum Beispiel aus Borsäure und Boraten in Wasser oder einem Alkohol (z. B. Glyzerin) oder Alkoholgemischen oder Alkohol-Wassergemischen bestehenden Elektrolyt ein kolloidaler Ton, wie z. B. Betonit, zugesetzt ist.

Nach Erfindung wird die Viskosität eines in üblicher Weise zusammengesetzten Elektrolyten durch Zusatz von Betonit, ein Mineral, das im wesentlichen aus Aluminiumsilikaten besteht, fast temperaturunabhängig. Betonit verhält sich vollkommen inert.

Der Betonit wird mit einem Teil des Lösungsmittels (Glyzerin oder Glykol oder andere Alkohole oder Wasser) zu einer dicken Paste angerührt. Diese Paste wird dann dem bereits angesetzten Elektrolyten zugesetzt. Der Elektrolyt ist zunächst noch verhältnismäßig dünnflüssig, so daß das Auftragen des Elektrolyten auf die Elektroden bzw. das Imprägnieren der Wickel ohne Schwierigkeiten erfolgen kann. Nach einiger Zeit tritt eine Verdickung infolge der Solvatisierung des Betonits ein.

Die auf diese Weise hergestellten Elektrolyten benötigen keine dichten Metallbecher. Es können auch einfache Papphülsen verwendet werden.

604881 15. 11. 1932/11. 10. 1934.

Richard Jahre, Spezialfabrik für Kondensatoren in Berlin.

Elektrolytische Zelle, insbesondere elektrolytischer Kondensator.

Patentansprüche:

1. Elektrolytische Zelle, insbesondere elektrolytischer Kondensator, deren ganzer Elektrolyt in entsprechend aufsaugfähigen Zwischenlagen enthalten ist und bei welcher der Belegungsblock in ein Gehäuse eingepaßt ist, dadurch gekennzeichnet, daß das Gehäuse durch Trennwände in mehrere Abteilungen unterteilt ist, von denen die eine zur Aufnahme des Belegungsblockes und die zweite, gegebenenfalls weiter unterteilte, zur Unterbringung der Verbindungsstellen zwischen den Verbindungsfahnen der Belegungsfolien und den Anschlußteilen dient, und daß die Trennwände derart geformt sind, daß die in die zweite Kammer hereinragenden Verbindungsfahnen der Folien eine Knickung und fächerartige Verlagerung erfahren, so daß überschüssiger Elektrolyt nicht mehr durch Kapillarwirkung zwischen ihnen hochsteigen kann.
2. Elektrolytische Zelle nach Anspruch 1, dadurch gekennzeichnet, daß in die Gehäuseabteilung für die Verbindungsfahnen der Folien Metalldorne

eingesetzt sind, auf welche die Anschlußfahnen aufgeschoben werden, und die mit je einem durch das Gehäuse hindurchgehenden Anschlußteil leitend verbunden sind oder mit diesem ein Stück bilden.

3. Elcktrolytische Zelle nach Anspruch 2, dadurch gekennzeichnet, daß zum Festhalten der Fahnen auf den Dornen an sich bekannte, federnde Stahlklammern auf die Dorne aufgeschoben sind.
4. Elektrolytische Zelle nach Anspruch 1—3, dadurch gekennzeichnet, daß in dem Gehäuse eine besondere Kammer zur Aufnahme und Abführung sich etwa bildender Gase vorgesehen ist.
5. Elektrolytische Zelle nach Anspruch 4, dadurch gekennzeichnet, daß in dem Gehäuse Vorsprünge und Anlagekanten vorgesehen sind, die eine Führung für die einzelnen Belegungs- und Zwischenlageschichten bilden.

Nach Erfindung soll eine Korrosion an den Verbindungsstellen, Belege- und Anschlußleitungen dadurch verhindert werden, daß das Hochsteigen des Elektrolyten infolge Kapillarwirkung an den Anschlußfahnen durch Einführen von Trennwänden, Knickungen der Anschlußfahnen usw unterbunden wird.

607519 16. 6. 1932/13. 12. 1934.

Siemens & Halske, Akt.-Ges. in Berlin-Siemensstadt.

Elektrolytischer Kondensator für Gleichstrom.

Patentansprüche:

1. Elektrolytischer Kondensator für Gleichstrom, dadurch gekennzeichnet, daß der in bekannter Weise unter Zwischenlegung eines Abstandshalters zu einer bandförmigen Spirale aufgewickelten Elektrode eine plattenförmige Gegenelektrode gegenübergestellt ist, die senkrecht und zentrisch zur Achse der Spirale angeordnet ist.
2. Elektrolytkondensator nach Anspruch 1, dadurch gekennzeichnet, daß die plattenförmige Kathode und die zu einer Spirale aufgewickelte Anode an einem Stab aus Isolierstoff befestigt sind.
3. Elektrolytkondensator für Gleich- und Wechselstrom, dadurch gekennzeichnet, daß jede Elektrode aus einer großflächigen Spirale und einer Platte besteht, und daß der plattenförmige Elektrodenteil der einen Elektrode dem spiralförmigen Elektrodenteil der anderen Elektrode gegenübergestellt ist.
4. Elektrolytkondensator nach Anspruch 3, dadurch gekennzeichnet, daß die einzelnen Elektrodenteile an einem gemeinsamen Stab befestigt sind.
5. Elektrolytkondensator nach Anspruch 3, dadurch gekennzeichnet, daß der spiralige Teil der einen Elektrode und der plattenförmige Teil der anderen Elektrode an je einem Stab befestigt und mit einer aus gleichen Teilen bestehenden zweiten Elektrodenanordnung in ein gemeinsames Gehäuse eingesetzt sind, und daß die Anschlußdrähte der einzelnen Elektrodenteile aus dem Gehäuse herausgeführt und außerhalb des Gehäuses je ein Plattenteil und Spiralteil miteinander verbunden sind.

Es ist bekannt, Anode und Kathode gemeinsam mit einer Zwischenlage spiralförmig aufzuwickeln. Diese Methode hat den Nachteil, nur beschränkt kurzschlußsicher zu sein. Weiter ist bekannt, als Kathode das Gehäuse bzw.

den stabförmigen Anodenträger zu verwenden. Diese Ausführungsform hat den Nachteil, daß die Stromverteilung sehr ungleichmäßig ist.

Nach Erfindung werden diese Nachteile dadurch beseitigt, daß der in bekannter Weise unter Zwischenlegung eines Abstandhalters zu einer bandförmigen Spirale aufgewickelten Elektrode eine plattenförmige Gegenelektrode gegenübergestellt ist, die senkrecht und zentrisch zur Achse der Spirale angeordnet ist.

An einem Stab aus keramischem Material sind am oberen und unteren Ende die plattenförmigen Kathoden angebracht. Dazwischen ist senkrecht zu der Kathode die Anode angeordnet.

607652 24. 6. 1931/13. 12. 1934.

Siemens & Halske, Akt.-Ges. in Berlin-Siemensstadt.
Elektrolytischer Kondensator, dessen Elektroden aus Metalldrähten bestehen.

Patentansprüche:

1. Elektrolytischer Kondensator, dessen Elektroden aus Metalldrähten bestehen, dadurch gekennzeichnet, daß jeder Metalldraht für sich mit einem Faserstoff, z. B. Baumwolle, Seide, Papier, umsponnen ist.
2. Elektrolytischer Kondensator nach Anspruch 1, dadurch gekennzeichnet, daß zur Vermeidung von Induktivitäten die Metalldrähte bifilar gewickelt sind.
3. Elektrolytischer Kondensator nach Anspruch 1 und 2, dadurch gekennzeichnet, daß zur Vermeidung von Leitungsverlusten und damit zur Verbesserung des Verlustfaktors an zwei oder mehreren Stellen der Elektroden Zuleitungsanschlüsse angebracht sind.
4. Elektrolytischer Kondensator nach Anspruch 1—3, dadurch gekennzeichnet, daß zur Verringerung des Verlustwiderstandes mehrere Wicklungen, die unabhängig voneinander sind und parallel geschaltet sein können, die Elektrode bilden.

609703 11. 6. 1932/31. 1. 1935.

N. V. Philips' Glöeilampenfabrieken in Eindhoven, Holland.

Elektrolytischer Kondensator, dessen Elektrolyt aus einer Lösung von wenigstens einem der Primär- und/oder Sekundärphosphate in einem Alkohol besteht.

Patentansprüche:

1. Elektrolytischer Kondensator, dessen Elektrolyt aus einer Lösung von wenigstens einem der Primär- und/oder Sekundärphosphate, z. B. Primärkaliumphosphat, in einem Alkohol, z. B. Glyzerin besteht, dadurch gekennzeichnet, daß dem Elektrolyten eine Säure, z. B. Zitronensäure, in solcher Menge zugesetzt ist, daß der Säuregrad der Lösung auf einen zwischen $p_H = 2$ und $p_H = 4$ liegenden Wert gebracht ist.
2. Elektrolytischer Kondensator nach Anspruch 1, dadurch gekennzeichnet, daß zum Einstellen des richtigen Säuregrades ein basischer Stoff zugesetzt wird.
3. Elektrolytischer Kondensator nach Anspruch 2, dadurch gekennzeichnet, daß als basischer Stoff ein Karbonat, z. B. Natriumkarbonat, zugesetzt ist.

4. Elektrolytischer Kondensator nach einem der Ansprüche 1 und 2, dadurch gekennzeichnet, daß der Säuregrad auf einen Wert $p_H = 3{,}5$ gebracht ist.
5. Elektrolytischer Kondensator nach einem der Ansprüche 1—4, dadurch gekennzeichnet, daß der Elektrolyt aus einem Gemisch von Primär- oder Sekundärkaliumphosphat, Zitronensäure, Glyzerin, Ammoniak und Wasser besteht.

Bei Verwendung eines Elektrolyten, der aus einem der Primär- und/oder Sekundärphosphate, z. B. Primärkaliumphosphat, in einem Alkohol, z. B. Glyzerin, besteht, ist die angreifende Wirkung des Elektrolyten auf die Oxydschicht gering. Zunächst glaubte man, die beste Wirkung durch Verwendung einer neutralen Lösung zu erreichen. Man neutralisierte demzufolge die an sich saure Lösung von Primärkalium- oder Natriumphosphat durch Zusatz eines basischen Phosphats, um einen einwandfreien Schutz der Elektroden gegen angreifende Einwirkungen des Elektrolyten zu erzielen. Im selben Sinne glaubte man auch schon früher verfahren zu müssen. Gegenüber der früher bestehenden Ansicht hat sich jedoch gezeigt, daß die schädliche angreifende Einwirkung des Elektrolyten auf die Oxydhaut der Elektroden noch viel weitgehender ausgeschaltet werden kann, wenn dem Elektrolyten bewußt eine Säure zugesetzt wird. Es zeigt sich dann bei einem in dieser Weise bewußt sauer gemachten Elektrolyten eine bessere Wirkung als bei einem gerade neutral oder schwach sauer oder basisch gehaltenen Elektrolyten. Zum Einstellen des richtigen Säuregrades kann dann noch ergänzend ein basischer Stoff zugesetzt werden, wie etwa Natriumkarbonat.

Zwei Beispiele des nach Erfindung zusammengesetzten Elektrolyten.

Beispiel I:

1 l Glyzerin
40 g Primärkaliumphosphat (KH_2PO_4)
40 g Zitronensäure
17 cm³ Ammoniak (NH_4OH) 6 norm.

Es wird sodann etwa 10% Wasser zugesetzt, worauf die Lösung einen spezifischen Widerstand von 5000 Ohm, cm besitzt.

Statt NH_4OH könnte man zum Beispiel auch $NaHCO_3$ oder Na_2CO_3 verwenden, wobei jeweils so viel zugesetzt wird, bis der Säuregrad der Lösung einen Wert von 3,5 erreicht.

Beispiel II:

1 l Glyzerin
40 g Sekundärnatriumphosphat (Na_2HPO_4)
40 g Zitronensäure
10—12% H_2O
(Der Säuregehalt ist nun etwa 3,7).

Die Elektrode des Kondensators besteht aus Al, das vorzugsweise weniger als 0,05% Cu enthält. (Wichtig, damit ein chemisches Aufrauhen möglich ist.) Zur Vergrößerung der Oberfläche sind die Elektroden mit einer Anzahl Flossen versehen.

611654 18. 3. 1932/14. 3. 1935.

Radioaktiengesellschaft D. S. Loewe in Berlin-Steglitz, und Dipl.-Ing. Michael von Hirschberg in Berlin-Pankow.

Elektrolytkondensator, dessen Anode aus einer Mehrzahl von Elementen besteht.

Patentansprüche:

1. Elektrolytkondensator, dessen Anode aus einer Mehrzahl von Elementen besteht, dadurch gekennzeichnet, daß die scheibenförmigen Anodenelemente in Verbindung mit geeigneten Abschlußplatten gleichzeitig das Kondensatorgehäuse bilden.
2. Elektrolytkondensator nach Anspruch 1, dadurch gekennzeichnet, daß die Außenseite der Anode mit einer gleichmäßigen, zusammenhängenden, wasserdichten Schicht einer organischen oder anorganischen Substanz, welche durch Aufstreichen, Aufspritzen oder dergleichen aufgebracht sein kann, überzogen ist.
3. Elektrolytkondensator nach Anspruch 1 und 2, dadurch gekennzeichnet, daß der Elektrolyt im Innern der Schichtanode angeordnet ist.
4. Verfahren zur Herstellung von Kondensatoren nach Anspruch 1—3, dadurch gekennzeichnet, daß die einzelnen Elemente zunächst in der richtigen Anzahl und Reihenfolge aufeinandergelegt, sodann unter zweckmäßig hohem Druck, beispielsweise mit Hilfe eine Preßstempels, sehr stark gegeneinander gepreßt, und daß die Verbindungsbolzen bzw. -muttern während des Preßdruckes angezogen werden.
5. Verfahren zur Herstellung von Kondensatoren nach Anspruch 4, dadurch gekennzeichnet, daß der fertig zusammengesetzte Kondensator durch Tauchen in eine Gummilösung und nachträgliches Vulkanisieren mit einem Überzug aus Gummi versehen wird.
6. Verfahren nach Anspruch 4, dadurch gekennzeichnet, daß auf die Außenseite des Kondensators eine keramische Masse, beispielsweise Kaolin, aufgebracht und durch Erhitzen auf geeignete Temperatur festgesintert wird.
7. Elektrolytkondensator nach einem oder mehreren der vorhergehenden Ansprüche, dessen Bolzen als Stromzuführungen ausgebildet sind, dadurch gekennzeichnet, daß die einzelnen Bolzen nur mit einem Teil der Anodenplatten in leitender Verbindung stehen, so daß es möglich ist, an den verschiedenen Bolzen verschiedene Kapazitätswerte abzunehmen.
8. Elektrolytkondensator nach einem oder mehreren der vorhergehenden Ansprüche, dadurch gekennzeichnet, daß die Al-Plättchen eine Dicke von ½—1 mm aufweisen und die aus Isolationsmaterial bestehenden Deckplatten etwa 3—5 mm Dicke haben.

611812 15. 10. 1931/21. 3. 1935.

Siemens & Halske, Akt.-Ges. in Berlin-Siemensstadt.

Elektrolytkondensator mit gewickelten Elektroden.

Patentansprüche:

1. Elektrolytkondensator mit gewickelten Elektroden, dadurch gekennzeichnet, daß die eine Elektrode aus einem Metallband und die zweite

Elektrode aus einem Gewebe aus saugfähigem Textilstoff mit eingelegten Metalldrähten (1) bestehen.

2. Elektrolytkondensator nach Anspruch 1, dadurch gekennzeichnet, daß die Metalldrähte (1) eine Umspinnung (2) aus saugfähigem Isolierstoff, z. B. Baumwolle, besitzen.

Es ist bekannt, die Elektroden eines Kondensators als Metallbänder auszubilden, die unter Zwischenschaltung eines Abstandshalters zusammengerollt werden. Nach Erfindung wird der besondere Abstandshalter vermieden. Die eine Elektrode besteht aus einem Metallband und die zweite Elektrode aus einem Gewebe aus saugfähigem Textilstoff mit eingelegten Metalldrähten. Letztere bildet zweckmäßig wegen der größeren wirksamen Oberfläche die Anode. Die Gewebeelektrode besteht aus einer Anzahl Al-Drähte (1), die eine lockere Umspinnung (2) aus Textilstoffen, z. B. Baumwolle oder porösem Papier, besitzen. Die Al-Drähte sind mit dem Stromzuführungsdraht (3) fest verbunden. Zwischen die einzelnen Leiter (1) sind noch Kettenfäden (4) aus Textilstoff gelegt, die durch die Schußfäden (5) aus Textilstoff miteinander verbunden sind. Zweckmäßig werden in bestimmten Abständen

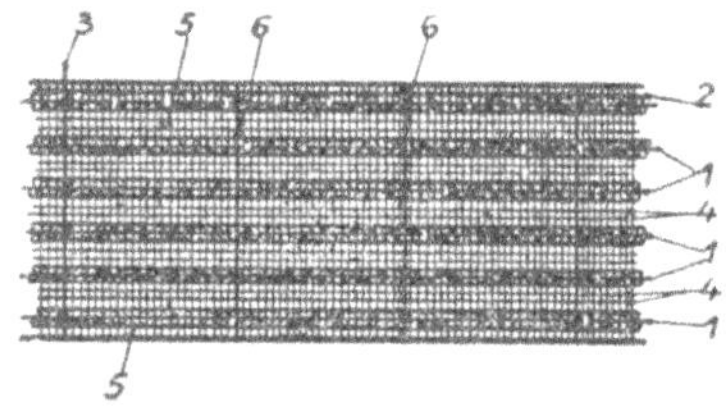

Abb. 138[1]. Gewebeelektrode.

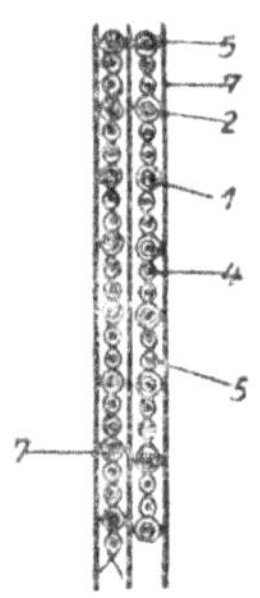

Schnitt durch den spiralförmig aufgewickelten Kondensatorkörper senkrecht zur Wickelrichtung.

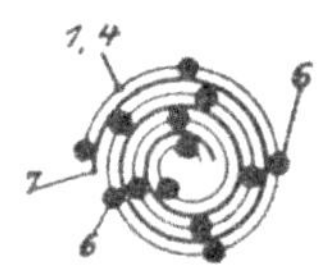

Schnitt durch den spiralförmig aufgewickelten Kondensatorkörper Wickelrichtung.

Abb. 139[1]. Anordnung von Gewebeelektrode und Gegenelektrode.

die Schußfäden (5) verstärkt. Sie bilden auf der Gewebeelektrode Verstärkungsrippen (6), die als Abstandshalter für die Windungen der zweiten als Metallband (7) ausgebildeten Elektrode bilden.

611933 13. 3. 1932/21. 3. 1935.

N. V. Philips' Glöeilampenfabrieken in Eindhoven, Holland.

Elektrolytische, mit einem Ventil versehene Zelle, insbesondere elektrolytischer Kondensator.

[1] Aus: DRP. 611 812, 21 g.

Patentansprüche:

1. Elektrolytische Zelle, insbesondere elektrolytischer Kondensator mit einem als Klappe ausgebildeten Ventil, das eine Öffnung in der Gefäßwand abdeckt, dadurch gekennzeichnet, daß die aus elastischem Baustoff bestehende Klappe an der Wand des Gefäßes mit Hilfe einer oder mehrerer durch Öffnungen der Wand hindurchgezogene Ansätze befestigt ist, die mit der Klappe eine Einheit bilden.
2. Elektrolytische Zelle nach Anspruch 1, dadurch gekennzeichnet, daß die Klappe pilzförmig ausgebildet und derart angeordnet ist, daß der Stiel des pilzförmigen Körpers durch eine Öffnung in der Wand des Kondensators hindurchgezogen ist, während der Hut auf der Außenfläche der Wand liegt und dabei eine kleine Öffnung in dieser Wand abschließt.

Das obere Ende des Kondensators ist durch einen Deckel abgeschlossen, der eine Öffnung besitzt, durch die entbundene Gase entweichen können. Diese Öffnung ist durch den Kopf einer pilzförmigen Klappe aus Gummi abgeschlossen. Der Stiel der Klappe ist durch eine Öffnung im Deckel hindurchgezogen. Diese Öffnung ist etwas enger als der ursprüngliche Durchmesser dieses Stiels. Um das Anbringen zu erleichtern, ist der Stil ursprünglich länger, so daß er beim Anbringen der Klappe leicht festgehalten werden kann. Er läuft spitz zu, so daß das Ende leicht durch die Öffnung geht. Der größere Teil des Stieles wird nach dem Anbringen der Klappe abgeschnitten. Dadurch, daß der Stiel mehr oder weniger stark angezogen wird, kann der Druck der Scheibe auf die Öffnung geregelt werden.

614050 13. 3. 1932/9. 5. 1935.

N. V. Philips' Glöeilampenfabrieken in Eindhoven, Holland.

Elektrolytische Zelle, insbesondere elektrolytischer Kondensator.

Patentansprüche:

1. Elektrolytische Zelle, insbesondere elektrolytischer Kondensator mit einem Ventil, das in einer mit einem vorstehenden Rand versehenen Endwand des Zellengefäßes angebracht ist, dadurch gekennzeichnet, daß der durch den vorstehenden Rand der Endwand gebildete Hohlraum mit einer das Ventil umgebenden saugfähigen Masse angefüllt und von einem sich über die ganze Oberfläche der Endwand erstreckenden Deckel abgeschlossen ist.
2. Elektrolytischer Kondensator nach Anspruch 1, dadurch gekennzeichnet, daß als saugfähiger Stoff Holz- oder Glaswolle benutzt ist.

614768 12. 3. 1932/23. 5. 1935.

Elektrizitäts-Akt.-Ges. Hydrawerk in Berlin.

Umhüllung für einen Elektrolytkondensator.

Patentanspruch:

Die Verwendung eines Kondensatorüberzuges nach Patent 560015 als Umhüllung für einen Elektrolytkondensator, insbesondere einen solchen, dessen Elektrolyt von einer porösen Masse aufgesaugt ist.

Nach Erfindung hat der luftabschließende Überzug nicht nur die Aufgabe, ein Eindringen von Feuchtigkeit in den Kondensatorkörper von außen her zu verhindern, wie bei einem elektrischen Schicht- oder Wickelkondensator mit Papier oder Faserstoffdielektrikum, sondern er verhindert auch wirksam ein Austrocknen oder Auslaufen des Elektrolyten, welches bisher besondere Maßnahmen erforderte.

Der Überzug besteht aus Zellulose und/oder deren Derivaten.

615021 12. 3. 1932/29. 5. 1935.

N. V. Philips' Gloeilampenfabrieken in Eindhoven, Holland.

Elektrolytische Zelle mit flüssigem Elektrolyten, insbesondere elektrolytischer Kondensator.

Patentansprüche:

1. Elektrolytische Zelle mit flüssigem Elektrolyten, insbesondere elektrolytischer Kondensator mit mindestens einer mittels eines Ventils abgeschlossenen Auspufföffnung in der Außenwand, dadurch gekennzeichnet, daß die Wand des Gefäßes rings um die Öffnung und in deren unmittelbarer Nähe mit einer Bekleidung aus einem von der Flüssigkeit nicht benetzbaren Stoff versehen ist, die jeden Kriechweg, der sich von der Oberfläche der Flüssigkeit bis an die Öffnung erstreckt, sperrt.
2. Elektrolytische Zelle nach Anspruch 1, dadurch gekennzeichnet, daß eine Wachsschicht als Bekleidung benutzt ist.
3. Elektrolytische Zelle nach Anspruch 1 oder 2, dadurch gekennzeichnet, daß die in der Gefäßwand vorgesehene Öffnung durch einen aus porösem Stoff bestehenden Pfropfen abgeschlossen ist, wobei die Begrenzungsflächen der diesem Pfropfen entsprechenden Öffnung mit einem Stoff überzogen sind, der durch den Elektrolyten nicht benetzt wird.
4. Elektrolytische Zelle nach Anspruch 3, dadurch gekennzeichnet, daß der Pfropfen selbst aus einem Material besteht, das durch die Elektrolytflüssigkeit nicht benetzt wird.

Um zu verhindern, daß durch die Auspufföffnung infolge Kapillarwirkung Elektrolyt nach außen gelangt, wird die Wand des Gefäßes rings um die Öffnung und in deren unmittelbarer Nähe erfindungsgemäß mit einem nicht benetzbaren Überzug versehen.

615704 13. 8. 1931/20. 6. 1935.

Siemens Schuckertwerke, Akt.-Ges. in Berlin-Siemensstadt.

Elektrolytkondensator für zeitlich veränderliche Gleichspannungen mit Vorspannung zwischen den beiden Elektroden.

Patentansprüche:

1. Elektrolytkondensator für zeitlich veränderliche Gleichspannungen mit Vorspannung zwischen den beiden Elektroden, dadurch gekennzeichnet, daß die in der Kapazitätszelle vorhandene Flüssigkeit als Elektrolyt für das die Vorspannung liefernde Element dient.
2. Kondensator nach Anspruch 1, dadurch gekennzeichnet, daß die eine Elektrode des Elementes außerhalb der Zellenelektroden angeordnet

ist, während die andere Elektrode des Elementes mit einer Zellenelektrode vereinigt ist.

3. Kondensator nach Anspruch 1, dadurch gekennzeichnet, daß in dem Gleichstromkreis ein Widerstand, eine Selbstinduktion oder eine Kombination beider liegt.

Um bei Elektrolytkondensatoren eine zeitlich unveränderliche Schicht an der aktiven Elektrode, das heißt eine konstante Kapazität zu erhalten, ist es notwendig, den Kondensator an eine konstante Gleichspannung zu legen. Wird der Kondensator in einer Anlage mit zeitlich veränderlicher Gleichspannung verwendet, so treten Kapazitätsschwankungen auf. Diese Schwankungen kann man zum Teil beheben, wenn man in den Stromkreis des Kondensators eine Gleichspannungsquelle einschaltet.

Es ist bekannt, Elektrolytkondensatoren für veränderliche Gleichspannung eine Gleichstromvorspannung zu geben. Es ist weiter bekannt, das für die Vorspannung notwendige Gleichspannungselement mit in die Kapazitätszelle einzubauen. Nach Erfindung wird eine Vereinfachung dadurch erzielt, daß die in der Kapazitätszelle vorhandene Flüssigkeit als Elektrolyt für das die Vorspannung liefernde Element dient.

621988 20. 5. 1934/31. 10. 1935.

Siemens & Halske, Akt.-Ges. in Berlin-Siemensstadt.

Verfahren zur Herstellung von Elektrolytkondensatoren mit Papier als Zwischenlage.

Patentansprüche:

1. Verfahren zur Herstellung von Elektrolytkondensatoren mit Papier als Zwischenlage, dadurch gekennzeichnet, daß die Fortbewegung der Papierbänder (2, 2a, 10, 10a) auf ihrem Wege durch den mit Elektrolyt (3, 3a, 14) gefüllten Behälter (9, 9a, 16) durch mit annähernd gleicher Geschwindigkeit wie die Wickelzelle angetriebene Fördermittel (4, 4a, 13) unterstützt wird und die Bänder zugleich geführt werden.
2. Verfahren nach Anspruch 1, dadurch gekennzeichnet, daß die Führung durch ein- oder zweiseitig anliegende Förderbänder (4, 4a, 5, 5a, 13) erfolgt und bei Anordnung mehrerer Förderbänder diese zwangsläufig mit gleicher Geschwindigkeit laufen.
3. Verfahren nach Anspruch 1 und 2, dadurch gekennzeichnet, daß wanderrostartige Gebilde zur Führung und zur Förderung der Papierbänder (2, 2a, 10, 10a) verwendet werden.
4. Verfahren nach Anspruch 1—3, dadurch gekennzeichnet, daß an die imprägnierten Papierbänder (2, 2a), unmittelbar nachdem sie die Fördereinrichtung (4, 4a) verlassen, die Metallfolienbänder (6, 6a) herangeführt werden und anschließend durch Druckrollen (7, 7a) laufen.
5. Verfahren nach Anspruch 1, dadurch gekennzeichnet, daß die Papierbänder (10, 10a) gemeinsam mit der Metallfolie (12) durch den Elektrolyten (14) laufen.
6. Verfahren nach Anspruch 1—5, dadurch gekennzeichnet, daß die Elektrolytbehälter (9, 9a, 16) gegenüber der Fördereinrichtung (4, 4a, 13) verstellbar angeordnet sind.

Das Verwenden von saugfähigem Papier an Stelle von saugfähigem Gewebe als Abstandshalter hat den Vorteil einer größeren Raumersparnis und der geringeren Herstellungskosten. Es bestehen jedoch bei Papier erhebliche Imprägnierungsschwierigkeiten, da das beste saugfähige Papier viel weniger saugfähig ist als das bisher verwendete Gewebe.

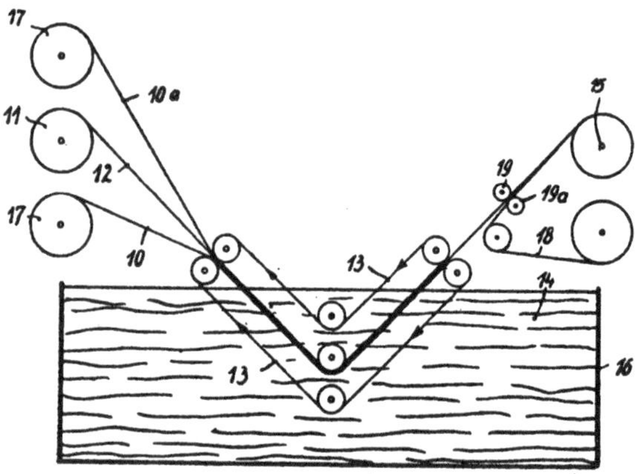

Abb. 140[1]. Anordnung zur Herstellung von Elektrolytkondensatoren mit Papier als Zwischenlagen nach Siemens & Halske.

Nach Erfindung wird das für die Imprägnierung des Papieres am besten geeignete Verfahren, nämlich das Durchziehen des Papierbandes durch mit Elektrolyt gefüllte Behälter, dadurch ermöglicht, daß die Fortbewegung der Papierbänder auf ihrem Wege durch den mit Elektrolyt gefüllten Becher durch mit annähernd gleicher Geschwindigkeit wie die Wickelzelle angetriebene Fördermittel unterstützt wird und die Bänder zugleich geführt werden. Diese Fördermittel sind so weitmaschig, daß zwar noch eine genügende mechanische Stützung des Papierbandes gewährleistet ist, daß aber auch der Elektrolyt selbst ausreichend zutreten kann.

624 066 3. 11. 1931/19. 12. 1935.

Siemens & Halske, Berlin-Siemensstadt.

Elektrolytischer Kondensator mit einem Ventil aus einer düsenartigen Öffnung und einer Abdichtung aus elastischem Material.

Patentansprüche:

1. Elektrolytischer Kondensator mit einem Ventil aus einer düsenartigen Öffnung und einer Abdichtung aus elastischem Material, vorzugsweise Gummi, dadurch gekennzeichnet, daß diese düsenartigen Öffnungen sich in einer Sicke des Kondensatorbechers befinden und durch Ringe aus oxydischem Material abgedichtet sind.
2. Elektrolytischer Kondensator nach Anspruch 1, dadurch gekennzeichnet, daß an beiden Enden des Kondensatorbehälters derartige Sicken mit düsenartigen Öffnungen vorgesehen sind.
3. Elektrolytischer Kondensator nach Anspruch 1 und 2, dadurch gekennzeichnet, daß die mit den düsenartigen Öffnungen versehenen Sicken gleichzeitig als Auflage für die Verschlüsse des Behälters dienen.
4. Elektrolytischer Kondensator nach Anspruch 1—3, dadurch gekennzeichnet, daß auf dem Umfang der Sicken mehrere, vorzugsweise drei, um 120° versetzte düsenartige Öffnungen vorgesehen sind.

[1] Aus: DRP. 621 988, 21 g.

624434 3. 5. 1931/24. 12. 1935.

N. V. Philips' Gloeilampenfabrieken in Eindhoven, Holland.

Elektrolytkondensator mit als Stromzuführung dienendem Gefäß und einer schraubenlinienförmig freitragenden Gegenelektrode aus Al.

Patentansprüche:

1. Elektrolytischer Kondensator mit als Zuführungselektrode dienendem Gefäß und einer schraubenlinienförmig gewundenen oder wellenförmig gebogenen freitragenden Gegenelektrode, insbesondere aus Al oder Al-Legierungen, dadurch gekennzeichnet, daß die freitragende Elektrode aus in der Längsrichtung profiliertem (U, Doppel-T, Kreuzprofil) Material besteht.
2. Elektrolytischer Kondensator nach Anspruch 1, dadurch gekennzeichnet, daß der Draht in mehrere ineinanderliegende Schrauben gewunden ist.

Wird ein derartiger Kondensator für Wechselstrom verwendet, so müssen zwei Zellen gegeneinander geschaltet werden.

Bekannt ist, einem solchen Kondensator durch Verbindungsplatten oder bandförmige Elektroden eine große Oberfläche zu geben.

Nach der Einführung besteht die freitragende Elektrode aus einem in der Längsrichtung profiliertem Material. Es kann sehr einfach hergestellt werden und hat den Vorteil, daß zur Befestigung das nach außen geführte Ende benutzt werden kann. Durch die Profilierung wird die Festigkeit und die Oberfläche groß. Kondensatorgehäuse aus Cu. Elektrolyt eine wässerige Lösung von Borsäure, Borat, Zitrat usw. Das Wasser kann in vielen Fällen vorteilhaft ganz oder teilweise durch einen mehrwertigen Alkohol, z. B. Glyzerin, ersetzt werden. Durchführung nach unten, damit kein Durchtritt aus der Flüssigkeit in die Luft. Ventil zum Entweichen der Gase.

U. S. P. 1672899 vom 12. 6. 1928.

Elektrolytischer Kondensator und Elektrolyt dafür von Edward Andrews.

Trockenkondensator. Elektrolyt-Gelatinelösung. Die vorher formierten Al-Platten werden in die heiße Lösung getaucht, so daß eine 1,5 mm dicke Schicht auf ihnen haften bleibt. Diese dient zugleich als Abstandshalter.

Die Gelatine kann auch auf Glasplatten ausgegossen und nach dem Festwerden in Scheiben geeigneter Größe zerschnitten und zwischen die Elektroden gebracht werden.

Oder es wird ein Streifen Papier oder Gewebe mit der Gelatinelösung getrocknet und zwischen die Elektroden gelegt.

U. S. P. 1673434 vom 12. 6. 1928.

Elektrolytischer Kondensator von Edward F. Andrews.

Elektroden Nickelstahl mit 10% Nickel. Elektrolyt KOH oder NaOH, keine isolierende Schicht. Werden 10 Platten hintereinander geschaltet, so ergeben sich etwa 20 Volt und dabei sehr große Kapazitäten. Soll sehr geeignet sein zur Stromglättung. Naßkondensator.

U. S. P. 1714191 vom 21. 5. 1929.

Elektrischer Kondensator von Samuel Ruben.

Trockenkondensator mit hygroskopischem Material, das ist eine Paste. Gewebe als Abstandshalter. Druck für guten Kontakt. Al_2O_3-Schicht vor dem Zusammenbau aufgebracht. Elektrolyt: Glyzerin mit wenig Wasser und $NaHCO_3$ sowie etwas H_3BO_3.

Für Formierung wird ein Bad von Ammoniumsulfat empfohlen. Formierungsspannung 10 V. Andererseits wird auch empfohlen: Mg-Elektroden und als Elektrolyt pulverisiertes K_2F_2 mit Glyzerin und einer geringen Menge $Ca(OH)_2$.

U. S. P. 1747915 vom 18. 2. 1930.

Elektrolytischer Kondensator von Henry R. van Deventer.

Elektroden hohl, so daß scharfe Kühlung möglich ist. 2 oder mehr Röhrenwindungen, die die Elektroden bilden. Zur Kühlung fließt Öl hindurch. (Abb. 141.)

Der Behälter erhält unangreifbaren Überzug. Die Röhren tragen einen isolierenden Überzug.

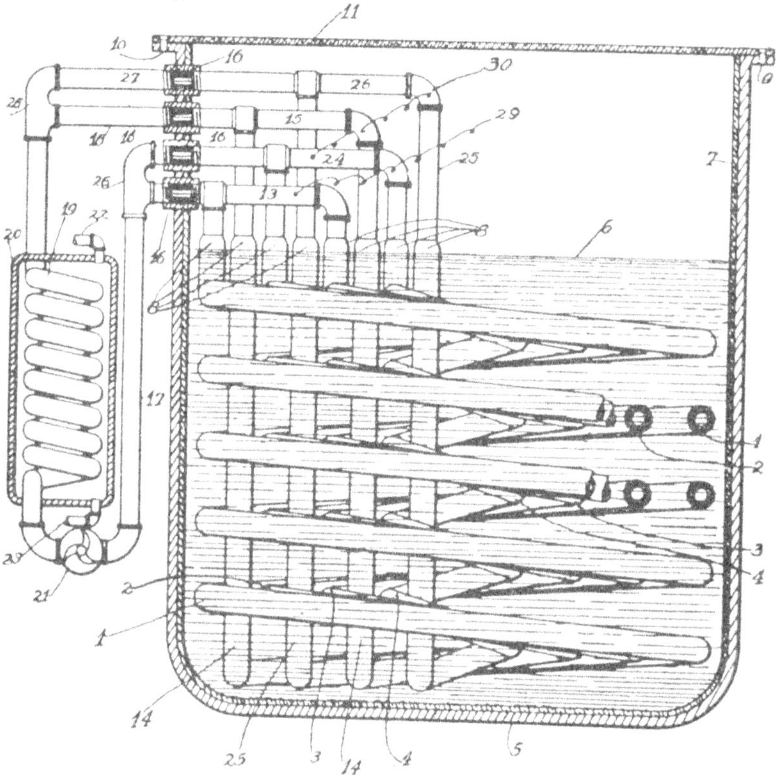

Abb. 141. Elektrolytkondensator nach H. R. van Deventer.

Es ist weder irgendwie gesagt, was für eine leitende Flüssigkeit verwendet werden soll, noch woraus der isolierende Überzug besteht. Die Elektroden sollen aus „Metall" bestehen.

U. S. P. 1770465 vom 15. 7. 1930.

Elektrischer Kondensator von Philip E. Edelman.

Soll bis 52° C brauchbar sein. Al-Folie wird überzogen mit einer Mg-Legierung, darauf ein dielektrischer Überzug. Verfahren 1: Die Al-Elektrode wird formiert in 18 Liter destilliertem Wasser, 12 kg Natriumphosphat, 0,3 kg Magnesium-Monophosphat, 1 ½ kg Phosphorsäure, 5 ½ kg Ammoniumbichromat. Soll bei Zimmertemperatur benutzt werden. Bei der Formierung soll sich zunächst eine Legierung oder Verbindung von Mg auf dem Al niederschlagen, und dann soll sich darauf ein chemischer Film, reich an schützenden Oxyden, bilden.

Verfahren 2: Das formierte Al aufgewickelt mit Abstandshalter, der mit der Dauerlösung getränkt ist. Der feste Elektrolyt besteht aus Natriumphosphat mit saurem Ammoniumphosphat, Ammoniumbichromat und kristalliner Apfelsäure.

Das Ammoniumbichromat beweist, daß die Betriebsspannung nicht viel über 100 V. liegen kann.

U. S. P. 1814174 vom 14. 7. 1931.

Methode zum Betreiben elektrolytischer Apparate von Ralph D. Mershon.

Erfindung: Die Zusammensetzung des Al und des Elektrolyten wird so gewählt, daß die gewünschte Spannung die Maximalspannung ist. Bis zu dieser wird formiert. Dann ist die Kapazität zeitlich konstant. Höhere Harmonische überschreiten dann die Maximalspannung und sterben. Weiter werden einige Schaltungen für Elektrolytkondensatoren angegeben. Es kann dann auch hintereinander geschaltet werden, ohne daß zu befürchten ist, daß der eine Kondensator mehr Spannung aufnimmt als der andere.

U. S. P. 1916586 vom 4. 7. 1933.

Elektrolytische Anordnung von Preston Robinson & Joseph L. Collins.

Wenn die Konzentration der OH-Ionen einen bestimmten Mindestbetrag überschreitet, greift sie die Oxydschicht an und bildet $Al_2O_3 + 2\,OH = 2\,AlO_2 + H_2O$. Dieser Vorgang soll nach der Erfindung unterdrückt werden. Verfahren 1: Dem Elektrolyten des endgültigen Kondensators wird $Al(OH)_3$ zugesetzt.

Als Elektrolyt sind am besten geeignet schwache Säuren, wie Borsäuren Zitronensäure, Apfelsäure, Weinsäure, Phosphorsäure, Cyanwasserstoffsäure und deren Salze.

Borax mit Borsäure bestimmter Konzentration hat 430 V Maximalspannung im Kondensator jedoch nur 415 V. Behauptung: kommt von Überschuß an Hydroxylionen.

Erfindung: Borax wird in Stufen oder kontinuierlich in fester Form oder als gesättigte Lösung dem Elektrolyten so zugesetzt, daß sein p_H während der

Formierung dauernd auf 6,0 bleibt.. Verwendung der formierten Elektroden in einem Elektrolyten, dessen p_H ebenfalls 6,0 ist. Dann Maximalspannung auf 430 V getrieben. Solche Kondensatoren haben weitere wertvolle Eigenschaften: Die Maximalspannung nimmt während des Betriebes nicht ab, sondern langsam dauernd zu. Die Kapazität ist größer als der Maximalspannung entspricht und nimmt im Betriebe langsam zu. Der Leistungsfaktor ist kleiner als der Maximalspannung entspricht und nimmt ab.

Je geringer das p_H ist, um so mehr wird der Film hydratisiert. Wird ein Kondensator mit $p_H = 6{,}0$ bis 430 V Maximalspannung formiert und dann mit $p_H = 5{,}5$ verwendet, so steigt seine Maximalspannung im Betrieb bis auf 485 V. Gleichzeitig nimmt die Kapazität zu (? ?) um 3—5% und der Leistungsfaktor um 8—12% ab. Mit p-- r 4,5 kommt man sogar bis 535 V.

U. S. P. 1918717 vom 18. 7. 1933.

Elektrischer Kondensator von Samuel Ruben.

Oxydschicht wird in Boraxlösung hergestellt und dann gewaschen, dann kommt darauf ein stromleitender Lack mit einem Grundstoff wie synthetische Harze und Zellulosederivate wie Nitrozellulose oder Zelluloseazetat, gemischt

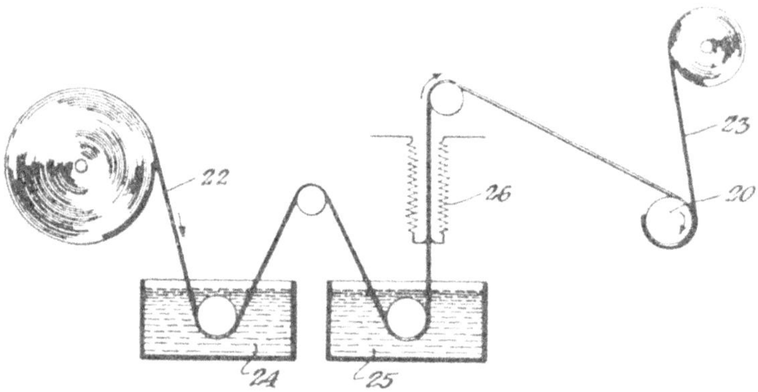

Abb. 142. Anordnung zum Aufbringen einer Lackschicht auf formiertes Al-Blech nach Ruben.

mit Triazetin, Glykoldiazetat, Dibutylphthalat, Diäthylphthalat, Triphenylphosphat und Triresylphosphat. Ist ein geringer Widerstand erwünscht, so wird eine geringe Menge organische Säure zugesetzt, wie Ameisensäure, Milchsäure und Essigsäure. Geringe Mengen eines inaktiven Füllstoffes wie Titanoxyd, Chromoxyd, Zinkoxyd, können zur Eindickung hinzugefügt werden.

Über diese Schicht kommt dann eine Metallfolie wie Staniol. Bei Wechselstrom werden zwei gleiche Al-Elektroden verwendet. Die Kanten werden mit Zellophanstreifen überdeckt, um Überschläge an den Kanten zu verhindern. Die Fläche der zweiten Elektrode wird dann kleiner gemacht.

Rezept für den Lack: 35% einer „16-Unzen"-Lösung von Nitrozellulose, 15% Triazetin, Rest geeignetes Lösungsmittel wie Amylazetat. Die Elektrode wird dann getrocknet, um das Lösungsmittel zu verringern (bei 110^0 C).

Abb. 142 gibt den Fabrikationsgang. Ein Streifen formiertes Al-Blech geht zuerst durch ein Reinigungsbad, dann durch das Lackbad, den Erhitzer und wird dann zusammen mit dem Staniolstreifen auf die Holzrolle aufgewickelt.

Der Kondensator kann dann zum Schluß außen mit Isoliermaterial wie Pech oder einer Mischung von Bienenwachs und Harz überzogen werden.

Der Zusatz zum Lack, der ihn plastisch macht, soll mindestens 10%, höchstens 25% betragen. Die Nitrozellulose soll im Verhältnis 1 : 3 bis 1 : 8 dazu vorhanden sein. Organische Säuren können bis zu 5% hinzugefügt werden. Füllstoff 2—5%. Durchschläge infolge von Überlastung heilen sich selbst aus.

Bei Stromumkehr behalten derartige Kondensatoren bis 60% ihrer Kapazität ziemlich lange.

U. S. P. 1935395 vom 14. 11. 1933.

Filmbildung auf Ventilmetallen von Edgar W. Engle.

1. Zur Beseitigung von Verunreinigungen Behandlung mit heißer gesättigter Lösung von Natriumkarbonat, erforderlichenfalls ergänzt durch Schruppen: Dauer mindestens 5 Minuten.

2. Gründliches Spülen. Dann in Säurelösung, 25% HNO_3, zur Beseitigung fremder Metalle.

3. Gründlich waschen und spülen. Einsetzen in einen Halter.

4. Eintauchen des Ganzen in den Elektrolyten, 1—2%-Lösung von $NaHCO_3$ mit etwas Glyzerin. Badgefäß aus Eisen dient als Elektrode. Zuerst wird Wechselspannung bis 325 V angelegt. Formierungsstrom so, daß die Platten nicht über 60° C kommen, Dauer bis 6 Minuten. Dann Gleichstromformierung mit 280 V. 2 Stunden, bis Reststrom sehr gering geworden.

5. Dann Spülen der Platten und gründlich trocknen.

6. Lösen von 28 g $NaHCO_3$ in einem Liter Glyzerin. 250 V Gleichspannung, Dauer im allgemeinen 6 Stunden, bis Gasbläschen aufhören. Dann läßt man die Platten ablaufen und bringt sie mit dem noch anhaftenden Glyzerin in den endgültigen Kondensator. Lösung ebenfalls Glyzerin und $NaHCO_3$. Auf der Lösung Ölschicht, gegen Wasseraufnahme.

Al in wässeriger Lösung formiert und dann in Glyzerin eingeführt, gibt größeren Reststrom, der erst wieder geringer werden muß.

628283 9. 2. 1933/19. 3. 1936.

Hydrawerk Akt.-Ges. in Berlin.

Litze oder Mehrfachdraht für elektrische Verbindungen bei Elektrolytkondensatoren.

Patentansprüche:

1. Litze oder Mehrfachdraht für elektrische Verbindungen bei Elektrolytkondensatoren, dadurch gekennzeichnet, daß die Litze aus Drähten verschiedener Metalle, deren einer Teil chemisch inaktiv gegen den Elektrolyten und deren anderer Teil gut lösbar ist, zusammengesetzt ist, und daß im Innern des Kondensators diejenigen Drähte, die gegenüber dem Elektrolyten chemisch besonders aktiv sind, und an der Anschlußklemme diejenigen Drähte, die sich nicht gut löten lassen, entfernt sind.

2. Litze und Mehrfachdraht nach Anspruch 1, dadurch gekennzeichnet, daß der eine Teil der Drähte aus Aluminium (4) und der andere Teil aus Kupfer (3) besteht.

629793 3. 11. 1931/23. 4. 1936.

Siemens & Halske Akt.-Ges. in Berlin-Siemensstadt.

Elektrolytischer Kondensator mit Ventilanordnung.

Patentansprüche:

1. Elektrolytischer Kondensator mit Ventilanordnung, bei welchem der Ventilkörper unmittelbar aus dem den Kondensatorkörper einschließenden Behälter oder aus dem Deckel desselben herausgearbeitet ist, dadurch gekennzeichnet, daß der mit einer Durchtrittsöffnung (7) versehene Elektrodenträger (8) in dem Ventilkörper (3) z. B. durch Einschrauben oder Einsicken befestigt ist.
2. Elektrolytischer Kondensator nach Anspruch 1, dadurch gekennzeichnet, daß die Öffnung (4) im Ventilkörper (3) durch einen Ventilschlauch (5) abgeschlossen ist.
3. Elektrolytischer Kondensator nach Anspruch 1 und 2, dadurch gekennzeichnet, daß der Ventilkörper (3) mit einer Schutzkappe (6) abgedeckt ist.
4. Elektrolytischer Kondensator nach Anspruch 1—3, dadurch gekennzeichnet, daß der Ventilkörper (3) gleichzeitig als leitende Verbindung für das Anschlußstück (10) und den Elektrodenträger (8) dient.

631001 29. 7. 1932/20. 5. 1936.

Richard Jahre Spezialfabrik für Kondensatoren in Berlin.

Elektrolytischer Kondensator, dessen Gehäuse durch eine Deckschicht aus Vergußmasse abgeschlossen ist, durch welche die mit der Belegung verbundenen Zwischenleitungen geführt sind.

Patentansprüche:

1. Elektrolytischer Kondensator, dessen Gehäuse durch eine Deckschicht aus Vergußmasse abgeschlossen ist, durch welche die mit der Belegung verbundenen Zwischenleitungen geführt sind, dadurch gekennzeichnet, daß die Verbindungsstellen der Zwischenleitungen mit den eigentlichen Anschlußleitungen in der Grenzfläche zwischen der das Gehäuse abschließenden Deckschicht und einer zweiten Deckschicht aus Vergußmasse angeordnet sind.
2. Elektrolytischer Kondensator nach Anspruch 1, dadurch gekennzeichnet, daß die untere Schicht aus Vergußmasse einen niedrigeren Schmelzpunkt als die obere Schicht hat.
3. Elektrolytischer Kondensator nach den Ansprüchen 1 und 2, dadurch gekennzeichnet, daß das Verbindungsstück zwischen der Belegung und der eigentlichen Anschlußleitung aus einem korrosionsfesten Material besteht.

630 215 9. 8. 1933/30. 4. 1936.

William Dubilier und Dr. Josef Oppenheimer in New York.

Verfahren zum Imprägnieren von faserigen, porösen oder anderen imprägnierbaren Stoffen mit elektrolytischen Lösungen bei verringertem Luftdruck und Siedetemperatur des Imprägniermittels(Elektrolyten), insbesondere von elektrolytischen Kondensatoren.

Patentansprüche:

1. Verfahren zum Imprägnieren von faserigen, porösen oder anderen imprägnierbaren Stoffen mit elektrolytischen Lösungen bei verringertem Luftdruck und Siedetemperatur des Imprägniermittels (Elektrolyten) insbesondere von elektrolytischen Kondensatoren, dadurch gekennzeichnet, daß im Imprägnierungsbad auf dem Imprägnierungsmittel (Elektrolyten) eine Schicht einer spezifische leichteren Flüssigkeit höheren Siedepunktes, die mit dem Imprägnierungsmittel gar nicht oder in nicht nennenswertem Maße reagiert oder sich mischt, aufgebracht wird.
2. Verfahren nach Anspruch 1, gekennzeichnet durch eine Deckschicht aus Kohlenwasserstoffen, wie Öl, Paraffin o. dgl.

631 691 26. 8. 1933/4. 6. 1936.

Hydrawerk Akt.-Ges. in Berlin.

Elektrolytischer Wickelkondensator für höhere Spannungen.

Patentansprüche:

1. Elektrolytischer Wickelkondensator für höhere Spannungen mit den Elektrolyten aufnehmenden saugfähigen Abstandshaltern mit einer gemeinsamen durchlaufenden Elektrode für wenigstens zwei Teilkapazitäten innerhalb eines Wickelelementes, deren oxydiertem Teil eine blanke und deren unoxydiertem Teil eine oxydierte Elektrode gegenübersteht, dadurch gekennzeichnet, daß an der Übergangsstelle der gemeinsamen Elektrode von einem Wickel zum benachbarten ein den Wickel in der Breite überragender Streifen aus einem im Elektrolyt unlöslichen, nicht saugfähigen Material, z. B. Cellophan, Celluloid o. dgl., eine oder mehrere Windungen mitgewickelt ist.
2. Elektrolytischer Wickelkondensator nach Anspruch 1, dadurch gekennzeichnet, daß der Wickel durch Tauchen mit einem Überzug versehen ist, aus dem die beiden Anschlußelektroden und der Streifen herausragen.

638 495 3. 12. 1930/29. 10. 1936.

Hydrawerk Akt.-Ges. in Berlin.

Elektrolytischer Kondensator.

Patentanspruch:

Elektrolytischer Kondensator, dadurch gekennzeichnet, daß der Elektrolyt aus milchsauren Alkalisalzen, z. B. Natriumlaktat, in dickflüssiger oder zäher Beschaffenheit besteht, ohne sonstige Eindickungsmittel zu enthalten.

638829 30. 6. 1934/5. 11. 1936.

Siemens & Halske Akt.-Ges. in Berlin-Siemensstadt.

Verfahren zur Herstellung von elektrolytischen Kondensatoren mit saugfähigen Papierbändern als Abstandhalter und einem eingedickten Elektrolyten, bei dem die Metall- und Papierbänder in dem Elektrolyten aufgewickelt werden.

Patentansprüche:

1. Verfahren zur Herstellung von elektrolytischen Kondensatoren mit saugfähigen Papierbändern als Abstandhalter und einem eingedickten Elektrolyten, bei dem die Metall- und Papierbänder in dem Elektrolyten aufgewickelt werden, dadurch gekennzeichnet, daß die Papierbänder (4,5) beim Durchtreten durch den Elektrolytspiegel (3) durch Führungen (6,7) geleitet werden, die so ausgebildet sind, daß ihre in einiger Entfernung von dem Elektrolytspiegel liegenden unteren Öffnungen der Stärke der Papierbänder angepaßt sind.
2. Verfahren nach Anspruch 1, dadurch gekennzeichnet, daß die Führungen (6,7) für die Papierbänder (4,5) flachdüsenartig ausgebildet sind.

644280 26. 9. 1934/8. 4. 1937.

Hydrawerk Akt.-Ges. in Berlin.

Verfahren zur Herstellung von Trockenelektrolytkondensatoren mit Papier oder ähnlichen Faserstoffen als Abstandhalter.

Patentansprüche:

1. Verfahren zur Herstellung von Trockenelektrolytwickelkondensatoren mit Papier oder ähnlichen Faserstoffen als Abstandshalter, dadurch gekennzeichnet, daß ein Teil der Bahn des oder der Abstandshalter bereits während des Wickelns mit Elektrolyt vorgetränkt wird.
2. Verfahren nach Anspruch 1, dadurch gekennzeichnet, daß die Mittelbahn des oder der Abstandhalter vorgetränkt wird.

645124 3. 7. 1934/29. 4. 1937.

Siemens & Halske Akt.-Ges. in Berlin-Siemensstadt.

Verfahren zur Herstellung von elektrolytischen Kondensatoren mit Papier als Zwischenlage.

Patentansprüche:

1. Verfahren zur Herstellung von elektrolytischen Kondensatoren mit Papier als Zwischenlage nach Patent 621988, dadurch gekennzeichnet, daß die Führung und Fortbewegung der Papierbänder (1) annähernd über ihre ganze Länge im Imprägnierbad durch ein walzenförmiges Fördermittel (6) erfolgt.
2. Verfahren nach Anspruch 1, dadurch gekennzeichnet, daß das walzenförmige Fördermittel Durchbrechungen (9), z. B. in Form eines Drahtgeflechtes, besitzt.
3. Verfahren nach Anspruch 1, dadurch gekennzeichnet, daß das walzenförmige Fördermittel zahnradartig ausgebildet ist.

647242 22. 5. 1928/10. 6. 1937.

Fansteel Products Company, Inc. in Chikago, Ill., V. St. A.

Elektrolytischer Kondensator mit einer oder mehreren in einen Elektrolyten eingetauchten Deckschichtelektroden.

Patentansprüche:

1. Elektrolytischer Kondensator mit einer oder mehreren in einen Elektrolyten eingetauchten Deckschichtelektroden, dadurch gekennzeichnet, daß der Elektrolyt aus einem Alkohol und einem in diesem gelösten Ionogen besteht, und daß das Ionogen und der Alkohol und daher auch der daraus gebildete Elektrolyt wasserfrei ist oder höchstens einen Wassergehalt von 5% besitzt.
2. Elektrolytischer Kondensator nach Anspruch 1, dadurch gekennzeichnet, daß ein polyhydrischer Alkohol wie Glyzerin verwendet ist.
3. Elektrolytischer Kondensator nach Anspruch 1, dadurch gekennzeichnet, daß die Deckschichtelektrode aus einer Stange eines eine Sperrhaut bildenden Metalls besteht, welche eine Anzahl in Abstand gehaltener, aus dem gleichen Metall bestehender Scheiben trägt, die auf der Stange durch einen ein Stück mit ihr bildenden Teil gehalten werden, und daß die Elektrode im Kondensator durch ein überkümpeltes Ende der Stange gehalten wird, das auch zur Befestigung einer Endklemme an der Stange dient.
4. Elektrolytischer Kondensator nach Anspruch 3, dadurch gekennzeichnet, daß die Stange einen Zwischenbund hat, zwischen dem und einem der Enden der Stange die in Abstand gehaltenen Scheiben durch Überkümpelung eines Endes der Stange befestigt sind, während das andere Ende der Stange in einer stützenden und schützenden Buchse durch Überkümpelung des anderen Endes der Stange befestigt ist, um diese Buchse zwischen dem Bund und dem umgekümpelten Ende festzuklemmen.
5. Elektrolytischer Kondensator nach Anspruch 1, dessen Elektroden durch eine Stütze gehalten sind, die unter die Oberfläche des Elektrolyten ragt, dadurch gekennzeichnet, daß ein inerter Abstandshalter zwischen die Elektrode und die Stütze eingeschaltet ist, um chemische Wirkung zwischen beiden zu verhindern.
6. Elektrolytischer Kondensator nach Anspruch 5, dadurch gekennzeichnet, daß die Stütze für jede Elektrode eine Buchse aus einem Phenolkondensat darstellt, welche die Elektrode umgibt und unter den Spiegel des Elektrolyten ragt, und daß der inerte Isolator, z. B. eine Glimmerscheibe, zwischen der Buchse und der Elektrode dort angebracht ist, wo ihre Vereinigung dem Elektrolyten ausgesetzt ist.
7. Elektrolytischer Kondensator nach Anspruch 5 oder 6, dadurch gekennzeichnet, daß die Elektrodenstütze bzw. Stützen durch den Deckel, oder als ein Teil eines Deckels für das Elektrolytgefäß gebildet werden, das vorzugsweise aus einem nicht eine Deckschicht bildenden Metall besteht, und daß der Deckel an dem Behälter flüssigkeitsdicht befestigt ist.
8. Elektrolytischer Kondensator nach Anspruch 7, dadurch gekennzeichnet, daß der Behälter einen Ringflansch zum Stützen des Deckels hat, und

oben über den Deckel gefalzt ist, um einen dichten Abschluß zwischen Deckel und Behälter zu sichern.

9. Elektrolytischer Kondensator nach Anspruch 8, dadurch gekennzeichnet, daß die Abdichtung zwischen dem Gehäuse und einem Deckel dafür durch eine Asbestgummischeibe gebildet wird, die zwischen Gehäuse und Deckel festgeklemmt ist.
10. Elektrolytischer Kondensator nach Ansprüchen 7, 8 oder 9, dadurch gekennzeichnet, daß sein Deckel aus Isoliermasse besteht, und eine Anzahl verteilter Rippen und Nuten zur Verringerung der Oberflächenleitung und/oder des Kriechens des Elektrolyten hat.
11. Elektrolytischer Kondensator nach Anspruch 1 oder 6, dadurch gekennzeichnet, daß an der aus Aluminium bestehenden Elektrode ein aus Aluminium bestehender Anschlußarm befestigt ist, an dem eine Öse aus einem mit Leitungen leicht verlötbaren Metall sitzt.
12. Verfahren zur Herstellung einer Deckschicht an einer Elektrode für elektrolytische Kondensatoren, dadurch gekennzeichnet, daß man die Elektrode in einen Elektrolyten gemäß Anspruch 1 und 2 eintaucht und die Elektrode und die Lösung entsprechend mit den Polen einer Stromquelle verbindet.
13. Verfahren nach Anspruch 12, dadurch gekennzeichnet, daß die Elektrode zuerst in eine wässerige Lösung eines Ionogens eingetaucht wird und die Elektrode und die Lösung mit den Polen einer Stromquelle verbunden werden.
14. Verfahren nach Anspruch 13, dadurch gekennzeichnet, daß die Elektrode und der wässerige Elektrolyt, in den sie zunächst eingetaucht wird, zuerst eine Zeitlang mit den Polen einer Wechselstromquelle und dann eine Zeitlang mit den Polen einer Gleichstromquelle verbunden werden.
15. Verfahren zur Herstellung einer Deckschicht an Elektroden von elektrolytischen Kondensatoren, dadurch gekennzeichnet, daß man das Verfahren nach Anspruch 15 ein- oder mehrmals wiederholt, bevor man dasjenige nach Anspruch 12 anwendet.
16. Verfahren nach Anspruch 12 zur Herstellung einer Deckschicht an einer Elektrode für elektrolytische Kondensatoren, die einen relativ zähen Elektrolyten verwenden, dadurch gekennzeichnet, daß man die Formierung der Deckschicht in einem Elektrolyten bewirkt oder beendet, der dem im Kondensator verwendeten Elektrolyten gleich ist, und daß man die Elektrode aus dem Formierungsbade zum Kondensator überführt, ohne die anhaftende Formierungslösung zu entfernen.
17. Die Verwendung eines elektrolytischen Kondensators nach Anspruch 1 und folgenden in einem Filterkreis für gleichgerichteten Wechselstrom, um Anstiege übermäßigen Potentiales in dem Stromkreise zu hindern, zu dem der Kondensator in Nebenschluß liegt.

651665 4. 4. 1935/30. 9. 1937.

Richard Jahre, Spezialfabrik für Kondensatoren in Berlin.

Verfahren zur Herstellung von elektrolytischen Zellen, insbesondere von Elektrolytkondensatoren.

Patentansprüche:

1. Verfahren zur Herstellung von elektrolytischen Zellen, insbesondere von Elektrolytkondensatoren, mit allein durch den Elektrolyten getrennten Belägen, deren Elektrolyt mit elektrisch indifferenter Nitrozellulose gemischt wird, die ihn haftfähig macht, dadurch gekennzeichnet, daß anorganische Ionogene in wässeriger Lösung in der Wärme unter gleichmäßigem Rühren in die Lösung der Nitrozellulose, insbesondere von Zelluloid, eingetragen werden.
2. Verfahren nach Anspruch 1, dadurch gekennzeichnet, daß als Ionogene eine wässerige, erhitzte Lösung aus 60 g Borsäure, 60 g Glykol und 7 g Ammoniak von 0,91 spezifischem Gewicht in eine Lösung von 60 g trockenem Zelluloid in 250 g Azeton unter gleichmäßigem Rühren im dünnen Strahl eingetragen werden.

654088 2. 6. 1934/25. 11. 1937.

Steatit-Magnesia Akt.-Ges. in Berlin-Pankow.

Elektrolytkondensator, bei dem ungleichnamige Elektrodenfolien zusammengewickelt sind.

Patentanspruch:

Elektrolytkondensator, bei dem ungleichnamige Elektrodenfolien zusammengewickelt sind, dadurch gekennzeichnet, daß die in an sich bekannter Weise durch Formänderung der Elektrodenfolien gebildeten Erhöhungen an ihrem hervorragendsten Teil mit selbsthaftender Isoliermasse, Lack, Glasur o. dgl., überzogen sind.

656 376 6. 10. 1935/20. 1. 1938.

Hydrawerk Akt.-Ges. in Berlin.

Elektrolytischer Kondensator mit Ventil.

Patentansprüche:

1. Elektrolytischer Kondensator mit Ventil, dadurch gekennzeichnet, daß das Ventil aus einer mit einer elastischen Hülle versehenen Feder besteht, die bei normalem Gasdruck im Innern des Kondensators eine Öffnung im Gehäuse verschließt und durch federndes Nachgeben diese Öffnung bei Überdruck freigibt.
2. Elektrolytischer Kondensator nach Anspruch 1, dadurch gekennzeichnet, daß die Feder in einer Kappe festgehalten ist, die über das Gehäuse des Kondensators gestülpt ist.
3. Elektrolytischer Kondensator, dadurch gekennzeichnet, daß die Feder frei ruhend angeordnet und lediglich durch Abstandshalter gehalten ist.

657212 16. 8. 1935/10. 2. 1938.

Siemens & Halske Akt.-Ges. in Berlin-Siemensstadt.

Gehäuse für elektrolytische Kondensatoren.

Patentansprüche:

1. Gehäuse für elektrolytische Kondensatoren, bestehend aus einem Isolierstoffteil und einem Metallverschlußstück, dadurch gekennzeichnet,

daß das Metallverschlußstück (3, 15) das als massiver Metallteil ausgebildet sein kann oder aus einem geschlossenen Blechstück besteht, eine Nut (4) aufweist, in die der Rand des Isolierstoffteiles (2, 13) eingesetzt und eingebördelt ist.

2. Gehäuse nach Anspruch 1, gekennzeichnet durch ein Papprohr (2) als Isolierstoffteil und einen Aluminiumfuß (3) als Verschlußstück.
3. Gehäuse nach den Ansprüchen 1 und 2, dadurch gekennzeichnet, daß zwecks Einbördelung der Rand (5) des Verschlußstückes (3) an das Papprohr (2) herangedrückt ist.
4. Gehäuse nach den Ansprüchen 1 bis 3, dadurch gekennzeichnet, daß der Ansatz des Verschlußstückes (3), auf den das Papprohr (2) aufgeschoben wird, kegelförmig verläuft, wobei vorteilhaft der kleinere Durchmesser des Ansatzes dem Innendurchmesser des Papprohres (2) entspricht.
5. Gehäuse nach den Ansprüchen 1 bis 4, dadurch gekennzeichnet, daß die Oberfläche des anzubördelnden Randes des Verschlußstückansatzes, auf den das Papprohr (2) aufgeschoben wird, zweckmäßig durch Riffelung oder Körnung aufgerauht ist.
6. Gehäuse nach den Ansprüchen 1 bis 5, dadurch gekennzeichnet, daß das Papprohr (2) in das Verschlußstück (3) eingeklebt ist.
7. Gehäuse nach den Ansprüchen 1 bis 6, dadurch gekennzeichnet, daß das metallische Verschlußstück nach dem Kalt- oder Warmpreßverfahren hergestellt ist.
8. Gehäuse nach Ansprüchen 1 und folgenden, dadurch gekennzeichnet, daß in die Bohrung (8) des metallischen Verschlußstückes ein Isolierrohr (11) eingesetzt ist.

658122 22. 9. 1935/10. 3. 1938.

Dipl. Ing. Karl Georg Hengel in Berlin.

Einrichtung zur betriebsmäßigen Regenerierung eines infolge Überspannung schadhaft gewordenen elektrolytischen Kondensators.

Patentansprüche:

1. Einrichtung zur betriebsmäßigen Regenerierung eines infolge Überspannung schadhaft gewordenen elektrolytischen Kondensators, dadurch gekennzeichnet, daß der elektrolytische Kondensator mit einer Sicherung, insbesondere Schmelzsicherung, der ein strombegrenzender Widerstand parallel geschaltet ist, in Reihe liegt.
2. Einrichtung nach Anspruch 1, dadurch gekennzeichnet, daß der strombegrenzende Widerstand aus einem Ohmschen Widerstand besteht.
3. Einrichtung nach Anspruch 1, dadurch gekennzeichnet, daß der strombegrenzende Widerstand ein induktiver Widerstand ist.
4. Einrichtung nach Anspruch 1, dadurch gekennzeichnet, daß der strombegrenzende Widerstand im Sekundärstromkreis eines Transformators liegt, der die Formierungsspannung erzeugt.
5. Einrichtung nach Anspruch 4, dadurch gekennzeichnet, daß die Primärwicklung des Transformators zur Sicherung parallel geschaltet ist.

6. Einrichtung nach Anspruch 4 und 5, dadurch gekennzeichnet, daß die Sekundärwicklung des Transformators in zwei Wicklungen (20, 21) aufgetrennt ist, wobei die äußeren Enden dieser Wicklungen mit den beiden Kondensatorbelegungen verbunden sind und die innenliegenden Wicklungsenden zu voneinander getrennt liegenden Gleichrichterkathoden (25) führen, deren zugehörige Anoden (27) über den strombegrenzenden Widerstand (23) mit einer zwischen den beiden Kondensatorbelegungen liegenden gitterförmigen Hilfselektrode (24) verbunden sind.
7. Einrichtung nach Anspruch 1 bis 6, dadurch gekennzeichnet, daß das Sicherungselement der Sicherung zugleich einen elektrischen Schalter bildet.

660 626 9. 5. 1933/5. 5. 1938.

Hydrawerk Akt.-Ges. in Berlin.
Trockenelektrolytkondensator, bestehend aus spiralig zusammengewickelten Belegungen und dazwischenliegenden Abstandshaltern.

Patentansprüche:
1. Trockenelektrolytkondensator, bestehend aus spiralig zusammengewickelten Belegungen und dazwischenliegenden Abstandhaltern, dadurch gekennzeichnet, daß alle Belegungen im Mittelteil der Wickelbreite einen oder mehrere sich über die ganze Länge der Belegungen erstreckende Schlitze bzw. Spalte aufweisen.
2. Trockenelektrolytkondensator nach Anspruch 1, dadurch gekennzeichnet, daß die Schlitze durch Stege unterbrochen sind.
3. Trockenelektrolytkondensator nach Anspruch 1, dadurch gekennzeichnet, daß alle Belegungen aus zwei oder mehreren mit geringem Abstand axial nebeneinanderliegenden Metallfolien bestehen.

660 945 21. 6. 1934/12. 5. 1938.

Siemens & Halske Akt.-Ges. in Berlin-Siemensstadt.
Verfahren zur Herstellung von elektrolytischen Wickelkondensatoren.

Patentansprüche:
1. Verfahren zur Herstellung von elektrolytischen Wickelkondensatoren, bei denen sich zwischen den bandförmigen Elektroden als Abstandshalter und Elektrolytträger ein saugfähiges Material befindet, dadurch gekennzeichnet, daß vor dem Tränken mit dem Elektrolyten mindestens eine der bandförmigen Elektroden mit dem Abstandshalter schraubenförmig nach Art einer Bandagierung umwickelt wird.
2. Verfahren nach Anspruch 1, dadurch gekennzeichnet, daß die bandagierte Elektrode, vorzugsweise die Anode, zusammen mit der zweiten Elektrode aufgewickelt und sodann der fertige Wickelkörper mit dem Elektrolyten getränkt wird.
3. Verfahren nach Anspruch 1 und 2, dadurch gekennzeichnet, daß die bandagierte Anode vor dem Bandagieren vorformiert wird.

4. Verfahren nach Anspruch 1, dadurch gekennzeichnet, daß beide bandagierte Elektroden gemeinsam durch ein Elektrolytbad hindurchgeführt und aufgewickelt werden.
5. Verfahren nach Anspruch 1, dadurch gekennzeichnet, daß nur die eine bandagierte Elektrode, vorzugsweise die Kathode, durch das Elektrolytbad hindurchgeführt und dann mit der zweiten nicht bandagierten Elektrode aufgewickelt wird.
6. Verfahren nach Anspruch 1 bis 5, dadurch gekennzeichnet, daß durch Änderung der Steigung bzw. des Überlappens bei Bandagieren der Elektroden die saugfähige Schicht in ihrer Stärke verändert wird.
7. Verfahren nach Anspruch 1 bis 6, dadurch gekennzeichnet, daß die Formierung der Elektroden erst nach Fertigstellung des Kondensatorkörpers erfolgt.

665501 25. 3. 1932/8. 9. 1938.

Siemens & Halske A.-G. in Berlin-Siemensstadt.

Ventilstöpsel für elektrolytische Kondensatoren.

Patentansprüche:

1. Ventilstöpsel für elektrolytische Kondensatoren, dadurch gekennzeichnet, daß der Körper aus Holzkohle besteht und durch Behandeln mit einer Lösung feuchtigkeitsabweisender Stoffe in an sich bekannter Weise für Gase durchlässig, für wäßrige Flüssigkeiten jedoch undurchlässig gemacht ist.
2. Ventilstöpsel für elektrolytische Kondensatoren nach Anspruch 1 dadurch gekennzeichnet, daß die Holzkohle mit Metallseifen oder peptisierenden Stoffen behandelt ist.
3. Ventilstöpsel für elektrolytische Kondensatoren nach Anspruch 1, dadurch gekennzeichnet, daß die Holzkohle mit einer Lösung von Paraffin in Benzin getränkt ist.

655 567 23. 8. 1935/30. 12. 1937.

Nürnberger Schraubenfabrik und Façondreherei in Nürnberg.

Ätzverfahren zur Vergrößerung der wirksamen Oberfläche von Elektroden für Kondensatoren, Sperrzellen, Gleichrichter sowie für sonstige elektrische Zwecke.

Patentansprüche:

1. Ätzverfahren zur Vergrößerung der wirksamen Oberfläche von Elektroden für Kondensatoren, Sperrzellen, Gleichrichter sowie für sonstige Zwecke, dadurch gekennzeichnet, daß während der Behandlung in der Ätzlösung auf die Elektroden ein Drahtnetz oder ein ähnliches Gebilde aus einem solchen Metall aufgelegt wird, das edler als das zu ätzende Metall ist und durch elektrochemische Wirkung eine verstärkte Ätzung der durch das Drahtnetz nicht abgedeckten Teile der Elektrodenoberfläche hervorruft.
2. Vorrichtung zur Durchführung des Verfahrens nach Anspruch 1, gekennzeichnet durch eine teilweise in das Ätzbad eintauchende drehbare Trom

mel, um welche die zu ätzende, als Elektrode bestimmte Folie durch das Bad geführt wird, eine Leitrolle, die die Folie der Trommel zuführt, ferner durch Spannrollen, von denen je eine seitlich der Trommel und die dritte unterhalb der Trommel derart angeordnet sind, daß ein um die Spannrollen geführtes in sich geschlossenes Band aus einem Drahtnetz oder einem ähnlichen Gebilde sich unter Druck auf den auf der Trommelwandung aufliegenden Teil der zu ätzenden Folie auflegt.

665 980 16. 6. 1932/15. 9. 1938.

Radioaktiengesellschaft D. S. Loewe in Berlin-Steglitz.
Elektrolytkondensator mit spiralförmig ausgebildeter Anode.

Patentansprüche:

1. Elektrolytkondensator mit spiralförmig ausgebildeter Anode, dadurch gekennzeichnet, daß der vorzugsweise in an sich bekannter Weise aus einem aus der Spirale selbst herausgeschnittenen Streifen bestehende Anodenanschluß unter Verwendung mindestens zweier Dichtungsscheiben mit gegeneinander verschobenen Schlitzen aus dem Kondensatorbecher nach außen herausgeführt ist.
2. Elektrolytkondensator nach Anspruch 1, dadurch gekennzeichnet, daß die Dichtungsscheiben mit Hilfe von ringförmigen Elementen gegeneinandergepreßt sind.
3. Elektrolytkondensator nach Anspruch 1 und 2, dadurch gekennzeichnet, daß in dem Halterungsstab der Spirale ein Austrittskanal für die während des Betriebes entstehenden Gase vorgesehen ist.
4. Elektrolytkondensator nach Anspruch 1 bis 3, dadurch gekennzeichnet, daß zusätzliche Halterungen für die Anodenspirale vorzugsweise in Form einer größeren Anzahl von an einer gemeinsamen Platte befestigten Klötzchen vorgesehen sind.

667 134 15. 9. 1935/13. 10. 1938.

Siemens & Halske Akt.-Ges. in Berlin-Siemensstadt.
Verfahren zur Herstellung eines elektrolytischen Kondensators.

Patentansprüche:

1. Verfahren zur Herstellung eines elektrolytischen Kondensators, dadurch gekennzeichnet, daß zum Einbringen eines zähflüssigen, insbesondere pastenförmigen Elektrolyten in den aus Papier, Gewebe o.dgl. bestehenden und zwischen den Elektroden befindlichen Elektrolytträger dieser zusammen mit einer oder mehreren Elektroden oder gleichartigen Begleitbändern ganz oder annähernd senkrecht durch den Elektrolyten und durch eine Paßöffnung hindurch geführt wird, die sich am Boden eines annähernd trichterförmigen Elektrolytbehälters befindet.
2. Verfahren nach Anspruch 1, dadurch gekennzeichnet, daß der Elektrolytträger und die Begleitbänder strahlenförmig durch den Elektrolyten zu der Paßöffnung hin geführt werden.
3. Verfahren nach Anspruch 1 und 2, dadurch gekennzeichnet, daß der Elektrolytträger zwischen den beiden Begleitbändern geführt wird.

4. Verfahren nach Anspruch 1 bis 3, dadurch gekennzeichnet, daß die Paßöffnung den Elektrolytträger und die Begleitbänder zusammenpreßt.
5. Vorrichtung zur Ausführung des Verfahrens nach Anspruch 1, dadurch gekennzeichnet, daß der den Elektrolyten enthaltende, annähernd trichterförmige Behälter mehrere Öffnungen besitzt, die am Boden und/oder seitlich versetzt dazu angebracht sind.
6. Vorrichtung nach Anspruch 5, gekennzeichnet durch einen z. B. den ganzen Behälter umgebenden Heizmantel, der mit einer Heizflüssigkeit, vorzugsweise Glyzerin oder Glykol, gefüllt ist.
7. Vorrichtung nach Ansprüchen 5 und 6, gekennzeichnet durch ein Rührwerk, das den im Behälter befindlichen Elektrolyten bewegt.
8. Vorrichtung nach Ansprüchen 5 bis 7, gekennzeichnet durch Zählwerke, die auf den Elektroden nach bestimmten Längen Marken zwecks Kennzeichnung des gewünschten Zuschnitts anbringen.
9. Vorrichtung nach Ansprüchen 5 bis 8, gekennzeichnet durch eine den Elektrolyten in die Maschen des Elektrolytträgers einbringende Abstreifeinrichtung, die sich an den Ausgangsöffnungen des annähernd trichterförmigen Behälters befindet.
10. Abstreifeinrichtung für eine Vorrichtung nach Ansprüchen 5 bis 9, gekennzeichnet durch z. B. feststehende, belegte Walzen, Rollen o. dgl., deren gegenseitiger Abstand einstellbar sein kann.
11. Abstreifeinrichtung für eine Vorrichtung nach Ansprüchen 5 bis 9, gekennzeichnet durch mindestens eine drehbare Rolle oder Walze, deren Bewegung entgegengesetzt gerichtet ist zu der Bewegung der Elektroden und/oder Abstandhalter, die durch den mit der Abstreifeinrichtung versehenen Behälter geführt werden.
12. Abstreifeinrichtung nach Ansprüchen 10 und 11, dadurch gekennzeichnet, daß die Walzen oder Rollen mit einem elastischen Material, z. B. Gummi, belegt sind.
13. Abstreifeinrichtung für eine Vorrichtung nach Ansprüchen 5 bis 9, dadurch gekennzeichnet, daß die Ausgangsöffnung selbst als Abstreifer dient, und zwar derart, daß die Wandung der Öffnung kurvenförmig ausgebildet ist und vorzugsweise aus einem elastischen Stoff, wie Gummi, bestehende Einlagen besitzt, die entsprechend der Stärke der Elektroden und/oder Abstandhalter einstellbar sein können.

667316 3. 7. 1935/13. 10. 1938.

Siemens & Halske Akt.-Ges. in Berlin-Siemensstadt.

Elektrolytischer Kondensator mit pastenförmigem Elektrolyt.

Patentansprüche:

1. Die Verwendung eines durch vorangehende Dialyse bzw. Elektrodialyse ganz oder auch nur teilweise von seinen alkalischen Bestandteilen befreiten und auf den jeweils gewünschten (neutralen bzw. sauren) p_H-Wert gebrachten sogenannten Wasserstoffbentonits in einem elektrolytischen Kondensator mit pastenförmigem Elektrolyt nach Patent 602333.
2. Verfahren zur Herstellung eines Bentonits zur Verwendung in einem elektrolytischen Kondensator nach Anspruch 1, dadurch gekennzeichnet,

daß die Elektrodialyse in einer Elektrodialysierzelle zwischen Pergamentmembranen unter Einhaltung einer konstanten Spannung, etwa 220 Volt. und evtl. mechanischen Rühren vorgenommen wird.

3. Verfahren nach Anspruch 2, dadurch gekennzeichnet, daß die dialysierte Suspension zur Abtrennung des alkaliarmen bzw. reinen Bentonits oder Wasserstoffbentonits zentrifugiert wird und daß gegebenenfalls der Bodensatz getrocknet und nachgemahlen wird.

667530 15. 5. 1935/20. 10. 1938.

Radio Patents Corporation in New York, V. St. A.

Verfahren zur Herstellung eines elektrolytischen Kondensators.

Patentanspruch:

Verfahren zur Herstellung eines elektrolytischen Kondensators, dessen Elektroden, zumindest aber eine positive Belegung (Anode), zwecks Oberflächenvergrößerung in einer Ätzsäure geätzt werden, dadurch gekennzeichnet, daß in der Ätzsäure vor ihrer Ingebrauchnahme ein Metall, das demjenigen der Elektroden entspricht, z. B. Aluminium, aufgelöst wird und sie vorteilhaft während ihres Gebrauches durch Zusatz von Ätzsäure ohne solchen Metallgehalt ergänzt wird.

668830 14. 11. 1935/17. 11. 1938.

Philips Patentverwaltung G.m.b.H., in Berlin.

Elektrolytkondensator, der aus mehreren Einheiten besteht.

Patentansprüche:

1. Elektrolytkondensator, der aus mehreren Einheiten besteht, die als selbständige Kondensatoren mit eigenem Behälter und eigenen Anschlüssen ausgebildet sind, dadurch gekennzeichnet, daß jeder Einzelkondensator einen über einer Endabschlußwand angeordneten Deckel aufweist, und daß in dem Raum unterhalb des Deckels jeder Einheit Befestigungsmittel angeordnet sind, die die Verbindung zwischen den Einheiten ermöglichen, indem z. B. die Einheiten in Längsrichtung aufeinandergeschraubt oder -geschoben sind.
2. Elektrolytkondensator nach Anspruch 1, dadurch gekennzeichnet, daß die mit den unterhalb des Deckels einer Kondensatoreinheit angeordneten Befestigungsmitteln korrespondierenden Befestigungsmittel einer darunter angeordneten zweiten Kondensatoreinheit an dem hohl ausgebildeten Hals des Bodenstückes des am unteren Kondensator zu befestigenden oberen Kondensators so angeordnet sind, daß in dem Hals zugleich der Anodenstiel des oberen Kondensators getragen wird.
3. Elektrolytischer Kondensator nach Anspruch 2, dadurch gekennzeichnet, daß bei jeder Kondensatoreneinheit der Hals des Bodenstückes auf der Außenseite mit Schraubengewinde ausgestattet ist und der Deckel an der Oberseite des Gefäßes eine Bohrung aufweist, deren Durchmesser dem Durchmesser des Halses des Bodenstückes entspricht, und unterhalb dieser Bohrung ein mutterförmiger Teil vorgesehen ist, dessen Gewinde dem Gewinde des Halses entspricht.

4. Elektrolytischer Kondensator nach einem der Ansprüche 1 bis 3, dadurch gekennzeichnet, daß zur Befestigung des Ganzen auf einer Montageplatte der am Bodenstück der unteren Einheit befindliche, mit Schraubengewinde versehene Hals durch ein Loch in die Platte gesteckt und auf ihm eine Mutter angezogen ist.
5. Elektrolytischer Kondensator nach einem der Ansprüche 1 bis 4, dadurch gekennzeichnet, daß der Behälter jeder Einheit aus einem Stück gezogen ist und auf der oberen Seite ein Dom gebildet ist, dessen Seitenwand mit Löchern versehen ist und der von einem Gummiband als Auslaßventil umgeben ist.
6. Elektrolytischer Kondensator nach einem der Ansprüche 1 bis 5, dadurch gekennzeichnet, daß der Raum zwischen der oberen Wand des Behälters jeder Einheit und dem auf ihm befestigten Deckel mit einem flüssigkeitsabsorbierenden Stoff ausgefüllt ist.
7. Elektrolytischer Kondensator nach einem der Ansprüche 1 bis 6, dadurch gekennzeichnet, daß der Deckel jeder Einheit mit einer oder mehreren Öffnungen versehen ist, durch welche Gas entweichen kann, und durch welche außerdem der Anodenanschlußdraht einer auf der unteren Einheit angeordneten oberen Einheit zu dem diesbezüglichen Pol geführt ist.
8. Elektrolytischer Kondensator nach einem der Ansprüche 1 bis 7, dadurch gekennzeichnet, daß die elektrische Verbindung zwischen zwei Einheiten dadurch zustande gebracht ist, daß die Anodenausführung, welche als Draht oder Streifen durch den am Bodenstück befindlichen Hals nach außen geführt ist, beim Verschrauben zweier Einheiten zwischen den Hals der oberen und das leitende Metallgefäß der unteren Einheit geklemmt ist.
9. Elektrolytischer Kondensator nach einem der Ansprüche 1 bis 8, dadurch gekennzeichnet, daß die Einheiten isoliert voneinander angeordnet sind, indem die Fläche der unteren Einheit, die beim Festschrauben der oberen Einheit von dem Anodenanschluß berührt wird, mit einer Isolierschicht versehen ist, die z. B. aus mit Kunstharz getränktem, mit diesem Stoff zusammengehaltenen und aufgestapeltem Papier besteht.

672 596 8. 1. 1935/16. 2. 1939.

Philips Patentverwaltung G.m.b.H. in Berlin.
Kondensator mit flüssigem Elektrolyten.

Patentansprüche:

1. Elektrolytischer Flüssigkeitskondensator mit an der Unterseite seines Gefäßes herausgeführtem Anodenanschluß, bei dem über die Oberseite des eigentlichen Kondensatorgefäßes ein Deckel geschoben und mit diesem mechanisch fest verbunden ist, dadurch gekennzeichnet, daß der Raum zwischen der Gefäßoberseite und dem Deckel eine oder mehrere im Deckel befestigte, z. B. mutterförmige Teile zur Befestigung des Kondensatorgefäßes an einer Montageplatte enthält.
2. Elektrolytischer Flüssigkeitskondensator nach Anspruch 1, dadurch gekennzeichnet, daß die Oberseite des Gefäßes mit einem Dom mit

Auspuffventil versehen und der verbleibende Hohlraum zwischen Deckel und Dom mit einem flüssigkeitsabsorbierenden Stoff ausgefüllt ist.

673646 1. 6. 1935/9. 3. 1939.

Radio Patents Corporation in New York, V. St. A.
Elektrolytischer Kondensator und Verfahren zu seiner Herstellung.

Patentansprüche:

1. Aus Metallbelegungen und mindestens einer saug- und quellfähigen Trennschicht zwischen diesen bestehender, vorzugsweise gewickelter elektrolytischer Kondensator, in welchem vor dem Tränken mit dem Elektrolyten von Belegungen und Trennschichten freie, mindestens nach einer Stirnseite hin offene Räume ausgebildet sind, dadurch gekennzeichnet, daß die offenen Räume durch Einlegung mindestens eines weiteren Abstandshalters, der aus dichtem oder saugfähigem Material besteht und sich nur über einen Teil der Breite einer Trennschicht bzw. einer Belegung erstreckt, erzielt wird.
2. Elektrolytischer Kondensator nach Anspruch 1, gekennzeichnet durch mindestens zwei Trennschichten untereinander verschiedener Saugfähigkeit zwischen zwei einander gegenüberliegenden Belegungen und einem Abstandshalter geringerer Breite als diejenige einer Trennschicht bzw. einer Belegung an mindestens einer Seite einer Trennschicht größerer Saugfähigkeit.
3. Verfahren zur Herstellung eines elektrolytischen Kondensators nach Anspruch 1 oder 2, dadurch gekennzeichnet, daß man von entsprechenden Vorräten mindestens zwei streifenförmige Metallbelegungen, von denen eine durch Vorformierung mit einer dielektrischen Schicht versehen sein kann, ferner mindestens eine saugfähige streifenförmige Trennschicht und mindestens einen streifenförmigen Abstandshalter, der erheblich geringere Breite als eine Belegung oder Trennschicht besitzt, fortlaufend abnimmt, den Abstandshalter auf eine Seite der Trennschicht und diese beiden zwischen die Belegungen einführt, das Ganze zu einem Wickel gewünschter Größe rollt, diesen letzteren sodann abteilt und imprägniert, wobei oder worauf eine Schlußformierung einer Belegung vorgenommen werden kann.

673647 31. 8. 1930/9. 3. 1939.

Radio Patents Corporation in New York. V. St. A.
Verfahren zur Formierung der Elektroden für elektrolytische Kondensatoren.

Patentansprüche:

1. Verfahren zur Formierung der Elektroden für elektrolytische Kondensatoren, die mindestens eine formierte Belegung aufweisen, dadurch gekennzeichnet, daß man die Formierung der Elektroden in Gruppen vornimmt, derart, daß man zuerst eine erste Gruppe der Strombehandlung in einem Elektrolyten unter Beobachtung der fließenden Stromstärke

unterwirft und sodann auf einanderfolgend weitere nichtformierte Gruppen abschaltet, ersteres, sobald die Stromstärke bei Behandlung bereits eingesetzter Gruppen unter ein vorbestimmtes Maß absinkt.

2. Verfahren nach Anspruch 1, dadurch gekennzeichnet, daß man die Konzentration und Zusammensetzung des Formierungselektrolyten während der Behandlung aufrecht erhält.
3. Verfahren nach Anspruch 1, dadurch gekennzeichnet, daß die in an sich bekannter Weise durch Einschneiden des Randes der Elektrode erhaltene Fahne, die später als Stromzuführung dient, zum Halten der Elektrode in der Formierungsflüssigkeit verwendet wird.
4. Verfahren nach Anspruch 3, dadurch gekennzeichnet, daß die Fahne U-förmig gestaltet und nach erfolgter Formierung verkürzt wird.
5. Verfahren nach Anspruch 3, dadurch gekennzeichnet, daß die Fahne während des Formierens außerhalb der Formierungsflüssigkeit gehalten wird.

676 571 21. 7. 1935/17. 5. 1939.

Schoeller & Hoesch G.m.b.H. in Gernsbach, Baden.
Elektrolytischer Kondensator.

Patentanspruch:

Elektrolytischer Kondensator, dadurch gekennzeichnet, daß als Abstandshalter und Speicher für den Elektrolyten gekrepptes Papier verwendet ist.

677 287 23. 2. 1936/25. 5. 1939.

Philips Patentverwaltung G.m.b.H., in Berlin.
Elektrolytischer Kondensator:

Patentansprüche:

1. Elektrolytischer Kondensator mit einer becherförmigen Anode, die innerhalb eines becherförmigen, als Kathode dienenden Gefäßes angeordnet ist, dadurch gekennzeichnet, daß die Anode im Boden des Gefäßes befestigt ist und der Gefäßdeckel einen in die Anode hineinragenden ebenfalls becherförmigen oder zylindrischen Teil besitzt, welcher praktisch den ganzen Raum innerhalb der Anode einnimmt, so daß der Abstand von der Anode zum Kathodengefäß und zum hineinragenden Teil an jeder Stelle der Anode gleich groß ist.
2. Elektrolytischer Kondensator nach Anspruch 1, dadurch gekennzeichnet, daß sich in der vertieften Endwand des Gefäßes oberhalb des Flüssigkeitsspiegels ein oder mehrere Löcher befinden, die mit einem Weichgummiband, das im Inneren des Gefäßes angeordnet ist, abgedeckt sind.
3. Elektrolytischer Kondensator nach Anspruch 1, dadurch gekennzeichnet, daß in der vertieften Endwand des Gefäßes ein zweiter Kondensator angeordnet ist.
4. Elektrolytischer Kondensator nach Anspruch 3, dadurch gekennzeichnet, daß der zweite Kondensator an der den Innenraum des äußeren Kondensators abschließenden Deckplatte befestigt ist.

5. Vorrichtung zum Abflachen eines pulsierenden Gleichstromes, dadurch gekennzeichnet, daß diese Vorrichtung eine Kondensatoreinheit nach Anspruch 3 oder 4 enthält, deren beide Kathoden elektrisch miteinander verbunden und zusammen nach außen geführt sind und die becherförmige Anode vor, die Anode des zweiten Kondensators hinter einer Drosselspule bzw. der Erregerspule eines Lautsprechers geschaltet ist.

678112 25. 5. 1934/15. 6. 1939.

Hydrawerk Akt. Ges. in Berlin.

Verfahren zur Herstellung von Elektrolytkondensatoren für hohe Spannungen.

Patentanspruch:

Verfahren zur Herstellung von Elektrolytkondensatoren für derart hohe Spannungen, daß im Hinblick auf die gleichzeitige thermische Beanspruchung des Dielektrikums ihre Unterbringung in einem einzigen Kondensatorelement nicht möglich ist, bestehend aus mehreren Teilkapazitäten in Reihenschaltung, dadurch gekennzeichnet, daß die einzelnen Elemente nach dem Zusammenbau zu einem Gesamtkondensator einzeln oder in Parallelschaltung an die gleiche bzw. nahezu gleiche Formierungsspannung gelegt werden.

679013 31. 1. 1936/6. 7. 1939.

Radio Patents Corporation in Neu York. V. St. A.

Verfahren zur Herstellung eines Elektrolyten, insbesondere für Elektrolytkondensatoren, und Einrichtung zur Durchführung des Verfahrens, sowie Elektrolyt.

Patentansprüche:

1. Verfahren zur Herstellung eines Elektrolyten vorbestimmten Flüssigkeits- (Zähflüssigkeits-) Grades aus einem Elektrolytansatz, der Flüssigkeit, insbesondere Wasser, enthält und/oder während fortschreitender Reaktion der Bestandteile des Ansatzes entwickelt, insbesondere für Elektrolytkondensatoren, dadurch gekennzeichnet, daß das Wasser des Elektrolytansatzes während der Reaktion der Bestandteile des Elektrolyten bei seiner Herstellung durch Zuführung eines besonderen Trocknungsmittels entfernt wird.
2. Verfahren nach Anspruch 1, dadurch gekennzeichnet, daß das Trocknungsmittel gasförmig ist, insbesondere aus Luft besteht, das durch und/oder über den Elektrolytansatz wahrend der Reaktion geleitet wird.
3. Verfahren nach Anspruch 1 und 2, dadurch gekennzeichnet, daß man das Trocknungsmittel vorwärmt bzw. erhitzt oder aber kühlt, bevor es mit dem Elektrolytansatz in Berührung gelangt.
4. Verfahren nach Anspruch 3, dadurch gekennzeichnet, daß man das Trocknungsmittel zuerst erhitzt, insbesondere um hierdurch den Beginn der Reaktion zu beschleunigen, und darauffolgend die Temperatur entweder gleich hoch hält oder zwecks weiterer Unterstützung der Reak-

tion erhöht oder aber erniedrigt, um frei werdende Reaktionswärme abzuführen.

5. Verfahren nach Anspruch 1 oder folgenden, dadurch gekennzeichnet, daß man den Elektrolytansatz während fortschreitender Reaktion durch das Trocknungsmittel aufrührt.
6. Verfahren nach Anspruch 1 oder folgenden, dadurch gekennzeichnet, daß man das Elektrolytgemisch während der Reaktion mechanisch durchrührt, insbesondere um die Verteilung des Trocknungsmittels im Elektrolytgemisch zu unterstützen.
7. Anwendung eines Verfahrens nach einem der vorangehenden Ansprüche auf einen Elektrolyten, der aus angenähert gleich großen Gewichtsteilen eines mehrwertigen Alkohols und einer schwachen Säure oder Säureanhydride sowie einigen Gewichtsprozenten eines Alkalis einschließlich einer Ammoniumverbindung sowie gegebenenfalls einigen Gewichtsprozenten eines Füllstoffes besteht.
8. Einrichtung zur Durchführung eines Verfahrens nach Anspruch 1 oder folgenden, gekennzeichnet durch einen Behälter für das Elektrolytgemisch, in den ein strömendes Trocknungsmittel unter dem Niveau des Elektrolytgemisches eingeführt wird.

679014 4. 1. 1935/6. 7. 1939.

Siemens & Halske Akt.-Ges. in Berlin-Siemensstadt.

Elektrolyt, insbesondere für elektrolytische Kondensatoren.

Patentansprüche:

1. Elektrolyt, insbesondere für elektrolytische Kondensatoren, dadurch gekennzeichnet, daß die dissoziierenden Bestandteile der vorzugsweise wäßrigen und/oder alkoholischen Lösung ganz oder teilweise aus Stoffen bestehen, welche Zwitterionen bilden.
2. Elektrolyt nach Anspruch 1, dadurch gekennzeichnet, daß als zwitterionenbildende Stoffe Aminosäuren bzw, deren Salze oder Ester verwendet werden.
3. Elektrolyt nach Anspruch 1 und 2, dadurch gekennzeichnet, daß als zwitterionenbildende Stoffe aliphatische Aminosäuren bzw. deren Salze oder Ester verwendet werden.
4. Elektrolyt nach Anspruch 1 bis 3, dadurch gekennzeichnet, daß als aliphatische Aminosäure Glykokoll verwendet wird.
5. Elektrolyt nach Anspruch 1 und 2, dadurch gekennzeichnet, daß Aminobenzoësäuren insbesondere in ihrer ortho-Form verwendet werden, allein oder im Gemisch mit ihren Derivaten, z. B. mit den sog. Benzbetainen.
6. Elektrolyt nach Anspruch 1 und 2, dadurch gekennzeichnet, daß Derivate der Aminobenzoësäuren, z. B. Benzbetaine, verwendet werden.
7. Elektrolyt nach Anspruch 1, dadurch gekennzeichnet, daß Ester von Aminoalkoholen verwendet werden, z. B. ein Ester aus Borsäure und Aminoglykol.
8. Elektrolyt nach Anspruch 1, dadurch gekennzeichnet, daß Aminosulfosäuren verwendet werden, insbesondere Aminobenzolsulfosäuren.

679 186 27. 11. 1934/6. 7. 1939.

Siemens & Halske Akt.-Ges. in Berlin-Siemensstadt.

Elektrode mit poröser oder aufgerauhter Oberfläche, insbesondere für elektrolytische Kondensatoren, und Verfahren zur Herstellung einer solchen Elektrode.

Patentansprüche:

1. Elektrode mit poröser oder aufgerauhter Oberfläche, insbesondere für Elektrolytkondensatoren, dadurch gekennzeichnet, daß die Oberfläche der Elektrode nicht überall gleichmäßig dem Angriff des aufrauhenden oder porös machenden Mittels, z. B. der Ätzflüssigkeit, ausgesetzt wird, sondern nur stellenweise.
2. Elektrode nach Anspruch 1, dadurch gekennzeichnet, daß die dem Angriff des aufrauhenden Mittels ausgesetzten Teile der Elektroden netzartig angeordnet sind.
3. Verfahren zur Herstellung einer Elektrode nach Anspruch 1 und 2, dadurch gekennzeichnet, daß die Elektrode mit einem rasterartigen Schutzüberzug versehen wird, der nach dem Aufrauhungsvorgang wieder entfernt wird.

679 264 3. 10. 1935/6. 7. 1939.

Siemens & Halske Akt.-Ges. in Berlin-Siemensstadt.

Aufgerauhte Elektrode, insbesondere für elektrolytische Kondensatoren.

Patentanspruch:

Die Verwendung des im Aluminiumdruck bekannten Verfahrens zum Schleifen oder Körnen des Aluminiums mittels Sand- oder Bimssteinpulvers und Kugeln aus Glas oder Porzellan im Schleifkasten für die Aufrauhung von Elektroden, insbesondere für elektrolytische Kondensatoren.

679 884 19. 8. 1934/27. 7. 1939.

Siemens & Halske Akt.-Ges. in Berlin-Siemensstadt.

Verfahren zur Herstellung eines elektrolytischen Kondensators.

Patentanspruch:

Verfahren zur Herstellung eines elektrolytischen Kondensators, dadurch gekennzeichnet, daß mindestens eine seiner Belegungen nacheinander durch mehrere mit Elektrolyten gefüllte Behälter geführt wird und daß jedesmal nach dem Verlassen eines Behälters eine Festlegung des Elektrolyten z. B. durch Trocknung stattfindet.

680 793 23. 12. 1936/17. 8. 1939.

Siemens & Halske Akt.-Ges. in Berlin-Siemensstadt.

Verfahren zur Reinigung von geätzten Elektroden, insbesondere zur Verwendung in elektrolytischen Kondensatoren.

Patentansprüche:

1. Verfahren zur Reinigung von geätzten Elektroden, insbesondere zur Verwendung in elektrolytischen Kondensatoren, dadurch gekennzeichnet,

daß die zu reinigenden Elektroden vorzugsweise unter Verwendung mindestens eines Diaphragmas der Wirkung eines elektrischen Gleichstromes oder Wechselstromes sehr niedriger Frequenz ausgesetzt werden, d. h. daß die Erscheinung der Elektrodialyse bzw. der Elektroosmose oder Elektrophorese zur Entfernung der Ätzprodukte angewendet wird.

2. Verfahren nach Anspruch 1, gekennzeichnet durch ein zusätzliches Spülverfahren.
3. Verfahren nach Anspruch 1 und 2, dadurch gekennzeichnet, daß als zusätzliches Spülmittel eine Flüssigkeit verwendet wird, die weitgehend frei von Fremdionen ist, z. B. destilliertes oder elektroosmotisch gereinigtes Wasser, Glyzerin oder Glykol.
4. Verfahren nach Anspruch 1, gekennzeichnet durch die Vereinigung der Elektrodialyse mit einem chemischen oder kolloidchemischen Vorgang zur Beseitigung der Ionen oder Kolloide.
5. Verfahren nach Anspruch 4 zur Reinigung von Elektroden, die in einem Salzsäure enthaltenden Bade geätzt wurden, gekennzeichnet durch Fällung der auf der geätzten Elektrode befindlichen Chlorionen.
6. Verfahren nach Anspruch 5, gekennzeichnet durch Fällen der Chlorionen als Chlorsilber AgCl dadurch, daß die Gegenelektrode aus Silber besteht oder daß dem Bade Silberhydroxyd in Form von in Wasser suspendiertem Silberoxyd Ag_2O zugefügt wird.
7. Verfahren nach Anspruch 5, dadurch gekennzeichnet, daß zur Fällung der Chlorionen als Antimonoxydchlorid SbOCl die Gegenelektrode aus Antimon besteht.
8. Verfahren nach Anspruch 6, dadurch gekennzeichnet, daß zur Fällung der Chlorionen als Mercurochlorid dem Bade Quecksilbernitrat $Hg(NO_3)_2 + 8\,H_2O$ zugesetzt wird bzw. andere lösliche Quecksilbersalze.
9. Verfahren nach Anspruch 5, dadurch gekennzeichnet, daß zur Fällung von Bleichlorid die Gegenelektrode aus Blei besteht oder daß dem Bade Bleinitrat $Pb(NO_3)_2$ oder Bleiacetat $Pb(C_2H_3O_2)_2 + 3\,H_2O$ zugesetzt wird bzw. andere lösliche Bleisalze.
10. Verfahren nach Anspruch 5, dadurch gekennzeichnet, daß zur Fällung von Wismutoxydchlorid BiOCl oder $BiCl(OH)_2$ die Gegenelektrode aus Wismut besteht.
11. Verfahren nach Anspruch 6, 7, 9, 10, dadurch gekennzeichnet, daß die Gegenelektrode nur teilweise aus Silber, Antimon, Blei oder Wismut besteht.
12. Verfahren nach Anspruch 4, gekennzeichnet durch Umwandlung von dem Bade zugesetzten Substanzen in Komplexverbindungen.
13. Verfahren nach Anspruch 12 zur Reinigung von Elektroden, die in einem Salzsäure enthaltenden Bade geätzt wurden, gekennzeichnet durch einen Zusatz zum Reinigungsbad von Platinchlorid PtCl, Chromhydroxyd $Cr(OH)_3$ oder gelben Palladosamminchlorid $(NH_3)_2PdCl_2$ bzw. Palladiumchlorür $PdCl_2 + 2\,H_2O$.
14. Verfahren nach Anspruch 4, gekennzeichnet durch Umwandlung der Substanzen ionogenen Charakters in Substanzen nicht ionogenen Charakters.

15. Verfahren nach Anspruch 14 zur Reinigung von Elektroden, die in einem Salzsäure enthaltenden Bade geätzt wurden, dadurch gekennzeichnet, daß dem Reinigungsbade eine Verbindung zugegeben wird, die ein höheres Radikal des Benzols oder seiner Homologen enthält, z. B. Benzoldiazoniumhydroxyd $C_6H_5N_2(CH)$, und zwar vorzugsweise derart, daß diese Verbindung tropfenweise dem Raum, in dem sich die Gegenelektrode befindet, zugegeben wird.
16. Verfahren nach Anspruch 4, dadurch gekennzeichnet, daß die auf der geätzten Elektrode befindlichen Ionen des Ätzmittels durch Kolloide ausgeflockt werden.
17. Verfahren nach Anspruch 16 zur Reinigung von Elektroden, die in einem Salzsäure enthaltenden Bade geätzt wurden, dadurch gekennzeichnet, daß dem Reinigungsbade folgende Kolloide einzeln oder in Mischung zugesetzt werden: Eisenhydroxyd $Fe(OH)_3$, Aluminiumhydroxyd $Al(OH)_3$, Chromhydroxyd $Cr(OH)_3$, Titandoxyd TiO_2 oder Zirkondioxyd ZrO_2.

682 517 28. 12. 1935/28. 9. 1939.

Nürnberger Schraubenfabrik G.m.b.H. in Nürnberg.
Verfahren zum Ätzen der Elektroden von Elektrolytkondensatoren.

Patentansprüche:

1. Verfahren zum Ätzen der Elektroden von Elektrolytkondensatoren, deren in der Oberfläche zu vergrößernde Elektroden in eine Ätzflüssigkeit gebracht werden, dadurch gekennzeichnet, daß die Ätzflüssigkeit mit feinen Metallteilchen aus einem solchen Metall versetzt ist, das während des Ätzverfahrens gegenüber der zu behandelnden Elektrode ein elektrochemisches Spannungsgefälle befindet, so daß die Elektrode punktförmig und stark in die Tiefe gehend eingeätzt wird.
2. Verfahren nach Anspruch 1, dadurch gekennzeichnet, daß nach Durchführung des Ätzverfahrens etwa an oder in der Oberfläche steckende Metallkörperchen mechanisch, thermisch oder chemisch entfernt werden, so daß die Gesamtoberfläche wirksam wird.
3. Verfahren nach Anspruch 1 und 2, dadurch gekennzeichnet, daß sowohl der Ätzprozeß selbst als auch die Nachbehandlung bei Siedetemperatur stattfindet.

684 298 14. 3. 1936/2. 11. 1939.

Siemens & Halske Akt.-Ges. in Berlin-Siemensstadt.
Verfahren zur Herstellung von elektrolytischen Kondensatoren.

Patentansprüche:

1. Verfahren zur Herstellung von elektrolytischen Kondensatoren nach Patent 660945, dadurch gekennzeichnet, daß mehrere aufeinanderliegende Abstandhalter gemeinsam mit mindestens einem weiteren Abstandshalter schraubenförmig nach Art einer Bandagierung umwickelt werden.
2. Verfahren nach Anspruch 1, dadurch gekennzeichnet, daß zwei aus Papier bestehende Abstandshalter (2 und 3) gemeinsam mit einer dazwischen befindlichen bandförmigen Elektrode, vorzugsweise der Ka-

thode (1), mit einem aus Gewebe bestehenden Abstandshalter (4) schraubenförmig nach Art einer Bandagierung umwickelt werden.

3. Verfahren nach Anspruch 1 und 2, dadurch gekennzeichnet, daß die Tränkung der Abstandshalter mit dem Elektrolyten nach der schraubenförmigen Umwicklung des einen Abstandshalters vorgenommen wird.
4. Verfahren nach Anspruch 1 und 2, dadurch gekennzeichnet, daß sämtliche Abstandshalter mit dem Elektrolyten vor der Bandagierung getränkt werden.
5. Verfahren nach Anspruch 1 bis 4, dadurch gekennzeichnet, daß die nicht bandagierte Elektrode, z. B. die Anode, gemeinsam mit der bandagierten Elektrode durch den Elektrolyten geführt wird.
6. Verfahren nach Anspruch 1 bis 4, dadurch gekennzeichnet, daß die zweite Elektrode, z. B. die Anode, erst nach dem Tränken der Abstandshalter und vor oder während des eigentlichen Aufwickelprozesses der bandagierten Elektrode zugeführt wird.

684 521 1. 5. 1937/9. 11. 1939.

Richard Jahre Spezialfabrik für Kondensatoren in Berlin.

Anordnung zur fortlaufenden Formierung von Metallfolien für elektrolytische Kondensatoren.

Patentansprüche:

1. Anordnung zur fortlaufenden Formierung von Metallfolien für elektrolytische Kondensatoren, in der die zu formierende Folie, an den positiven Pol einer Stromquelle angeschlossen, durch ein elektrolytisches Bad geführt wird, das mit dem negativen Pol der Stromquelle verbunden ist, dadurch gekennzeichnet, daß im Bade längs durch das Bad geführten Folie eine Anzahl Elektroden mit negativer Spannung verteilt sind, deren negative Spannung in der Richtung der Folienbewegung bis zur Erreichung der gewünschten Formierungsendspannung zunimmt.
2. Anordnung nach Anspruch 1 und/oder den folgenden, dadurch gekennzeichnet, daß eine in Abhängigkeit von der mittleren Stromaufnahme über die Folie gesteuerte elektrische Bremseinrichtung, z. B. eine Wirbelstrombremse, vorgesehen ist, welche die Geschwindigkeit des Antriebes für die Folie konstant hält.
3. Anordnung nach Anspruch 1 und/oder den folgenden, dadurch gekennzeichnet, daß das die Waschflüssigkeit für die Folie enthaltende Gefäß oberhalb des Behälters für das elektrolytische Bad angeordnet und derart ausgebildet ist, daß sein Boden gleichzeitig als Abschluß des Badbehälters und als gekühlte Kondensationsfläche für die aus dem Badbehälter verdunstete Flüssigkeit dient.
4. Anordnung nach Anspruch 1 und/oder den folgenden, dadurch gekennzeichnet, daß der Elektrolyt aus einer wässerigen Lösung von Ammoniumborat besteht.
5. Verfahren zur Durchführung der Formierung mit einer Anordnung nach Anspruch 1 und/oder den folgenden, dadurch gekennzeichnet, daß die Folie mehrmals in zeitlichen Abständen der Formierungsbehandlung unterworfen wird.

686 405 30. 5. 1937/14. 12. 1939.

Siemens & Halske Akt.-Ges. in Berlin-Siemensstadt.
Elektrode, insbesondere für Elektrolytkondensatoren.

Patentansprüche:

1. Elektrode, insbesondere für Elektrolytkondensatoren, dadurch gekennzeichnet, daß dieselbe aus mehreren ineinandergestellten, stirnseitig und seitlich offenen konzentrischen Zylindern besteht, die untereinander durch Stege fest und elektrisch leitend verbunden sind.
2. Elektrode nach Anspruch 1, dadurch gekennzeichnet, daß die Zylinderflächen aus Blech ausgeschnitten und nachträglich zu Zylindern geformt sind.
3. Elektrode nach Anspruch 1 und 2, dadurch gekennzeichnet, daß die Oberflächen der Elektroden durch mechanische Behandlung oder chemische Ätzung in bekannter Weise vergrößert sind.
4. Verfahren zur Herstellung einer Elektrode nach Anspruch 1 bis 3, dadurch gekennzeichnet, daß die Zylinderflächen und Verbindungsstege aus einem zusammenhängenden Stück bestehen und als solches ausgestanzt werden.
5. Elektrolytischer Kondensator mit einer oder mehreren Elektroden nach Anspruch 1 bis 3, dadurch gekennzeichnet, daß die Elektroden ineinandergestellt sind und eine derselben als Anode, die andere als Kathode geschaltet ist.
6. Elektrolytischer Kondensator nach Anspruch 5, dadurch gekennzeichnet, daß die Elektroden durch nichtmetallische Zwischenlagen voneinander getrennt sind.
7. Elektrode nach Anspruch 1 bis 6, dadurch gekennzeichnet, daß dieselbe mit dem Ableitungsbolzen fest verbunden ist.

688426a 6. 6. 1934/1. 2. 1940.

Siemens & Halske Akt.-Ges. in Berlin-Siemensstadt.
Ventilstöpsel für elektrolytische Kondensatoren.

Patentanspruch:

Ventilstöpsel für elektrolytische Kondensatoren, dadurch gekennzeichnet, daß der Körper des Stöpsels aus einem porösen Körper, jedoch nicht aus Holzkohle besteht, auf den eine Hülle von Holzkohlepulver aufgebracht ist.

690445 10. 12. 1936/4. 4. 1940.

Radio Patents Corporation in New York V. St. A.
Verfahren zur künstlichen Oberflächenvergrößerung der Elektroden elektrolytischer Kondensatoren oder ähnlicher Geräte und Einrichtung zur Ausübung des Verfahrens.

Patentansprüche:

1. Verfahren zur künstlichen Oberflächenvergrößerung der Elektroden elektrolytischer Kondensatoren und ähnlicher Geräte, dadurch gekenn-

zeichnet, daß man die Elektroden vorzugsweise in Form von Streifen oder Folien unter Zwischenfügung feiner, harter Partikel gegen ein Widerlager preßt.

2. Verfahren nach Anspruch 1, dadurch gekennzeichnet, daß man die zu verändernde Elektrodenfläche und das Widerlager gegeneinander bewegt, wobei entweder das Widerlager fest steht und nur die Elektrode bewegt wird oder die Elektrode feststeht und das Widerlager bewegt wird oder schließlich sowohl Elektrode als auch Widerlager bewegt werden in gleichem oder entgegengesetztem Sinn mit gleicher oder untereinander verschiedener Geschwindigkeit.
3. Verfahren nach Anspruch 1 oder 2, dadurch gekennzeichnet, daß man die festen Partikel in einer Lösung, welche aber die Reibung zwischen den Partikeln und der Elektrodenfläche nicht wesentlich ändert, zum Anhaften an der zu verändernden Elektrodenoberfläche bringt und nach erfolgter Bearbeitung der Elektrodenoberfläche von dieser mit Flüssigkeiten oder Abstreifern wieder entfernt.
4. Verfahren nach Anspruch 1 oder folgenden, dadurch gekennzeichnet, daß man ein Band aus Elektrodenmaterial fortlaufend durch einen Behälter hindurchführt, in welchem die zu behandelnde Elektrodenfläche harte Partikel haftend aufnimmt und sodann über eine oder mehrere Rollen führt, die sich gleich- oder gegensinnig mit gleicher oder verschiedener Geschwindigkeit wie das Elektrodenband bewegen, wodurch die Partikel in die Elektrodenfläche eingepreßt und außerdem gegebenenfalls eine Schleifwirkung erzielt wird, worauf das Elektrodenband durch Vorrichtungen geführt wird, welche auf trockenem oder flüssigem Wege die Entfernung etwa anhaftender Partikel von der Elektrodenfläche bewirken.
5. Einrichtung zur Ausübung eines Verfahrens nach Anspruch 4, dadurch gekennzeichnet, daß die Rollen mit Quer- und/oder Längsrillen versehen sind, von denen die ersteren zur Mitnahme harter Partikel dienen, während die letzteren Vertiefungen oder Riefen in dem Elektrodenband erzeugen.

691254 1. 10. 1938/25. 4. 1940

Siemens & Halske Akt.-Ges. in Berlin-Siemensstadt.

Verfahren zur fortlaufenden elektrolytischen Aufrauhung von Elektroden

Patentansprüche:

1. Verfahren zur fortlaufenden elektrolytischen Aufrauhung von Elektroden, insbesondere für elektrolytische Kondensatoren, dadurch gekennzeichnet, daß das Verfahren in zwei oder mehr Bädern durchgeführt wird, wobei zur Vermeidung einer Stromzuführung von der Stromquelle an die aufzurauhende Belegung direkt der eine Pol der Stromquelle an ein Bad, der andere an ein anderes Bad gelegt wird, so daß der Strom von den in den Bädern vorhandenen Elektrolyten von und zur aufzurauhenden Belegung geleitet und durch die aufzurauhende Belegung selbst von einem Bad zum anderen geleitet wird.

2. Verfahren nach Anspruch 1, dadurch gekennzeichnet, daß das an dem positiven Pol angeschlossene Bad (4), in welchem die aufzurauhende Belegung gegen das Bad negativ ist, als Entfettungsbad ausgeführt wird.
3. Verfahren nach Anspruch 1 und 2, dadurch gekennzeichnet, daß das an dem negativen Pol angeschlossene Bad (5) als Ätzbad ausgeführt wird.
4. Verfahren nach Anspruch 1 bis 3, dadurch gekennzeichnet, daß das eine Bad, vorzugsweise das Entfettungsbad, mit einem an sich bekannten alkalischen Medium, und das andere Bad, vorzugsweise das Ätzbad, mit einem an sich bekannten sauren Medium gefüllt ist.
5. Verfahren nach Anspruch 1 bis 4, dadurch gekennzeichnet, daß zwischen den einzelnen Bädern (4, 5) eine Spülung der aufzurauhenden Elektrode, z. B. mit fließendem Wasser, vorgenommen wird.

691337 27. 5. 1933/25. 4. 1940.

Siemens & Halske Akt.-Ges. in Berlin-Siemensstadt.

Verfahren zur Herstellung einer Elektrode mit poröser Oberfläche für elektrolytische Kondensatoren.

Patentanspruch:

Verfahren zur Herstellung einer Elektrode mit poröser Oberfläche für elektrolytische Kondensatoren, dadurch gekennzeichnet, daß die Porosität der Elektrode durch Glimmentladungen hervorgebracht wird.

692202 23. 3. 1937/16. 5. 1940.

Radio Patents Corporation in Newyork, V. St. A.

Elektrolytischer Kondensator mit einer Schmelzsicherung.

Patentansprüche:

1. Elektrolytischer Kondensator mit Gehäuse aus Metall oder sonst gut wärmeleitendem Material mit einer Schmelzsicherung zwischen mindestens einer Anschlußklemme und einem Pol des Kondensatorkörpers, dadurch gekennzeichnet, daß die Schmelzsicherung so angeordnet ist, daß sie einerseits vom Strom des Kondensators durchflossen wird, andererseits in wärmeübertragender Berührung mit dem Kondensatorgehäuse steht und dessen Temperatur erhält, und die so bemessen ist, daß sie bei vorbestimmter Überlastung, insbesondere bei Niederbruch des Kondensators und dementsprechender Überhitzung des Gehäuses, schmilzt und den Stromkreis des Kondensators unterbricht.
2. Elektrolytischer Kondensator nach Anspruch 1, dadurch gekennzeichnet, daß die Sicherung mittelbar oder unmittelbar mit der Innenseite des Kondensatorgehäuses in wärmeübertragender Berührung steht und mit der Anschlußklemme entweder innerhalb oder außerhalb des Kondensatorgehäuses verbunden ist.

692486 30. 7. 1935/23. 5. 1940.

Siemens & Halske Akt.-Ges. in Berlin-Siemensstadt.

Elektrolytischer Kondensator, dessen Elektrolyten kolloidale Stoffe zugegeben sind.

Patentansprüche:

1. Elektrolytischer Kondensator, dessen an sich bekanntem Elektrolyten kolloidale Stoffe zugegeben sind, dadurch gekennzeichnet, daß diese Stoffe in einer solchen Menge vorhanden sind, daß das entsprechende Gemisch thixotrope Eigenschaften aufweist.
2. Elektrolytischer Kondensator, nach Anspruch 1, dadurch gekennzeichnet, daß als kolloidaler Stoff ein kolloidaler Ton vom Montmorillonittyp, wie z. B. Bentonit, benutzt wird.
3. Elektrolytischer Kondensator nach Anspruch 1, dadurch gekennzeichnet, daß als kolloidaler Stoff Aluminiumhydroxyd benutzt wird.
4. Elektrolytischer Kondensator nach Anspruch 1, dadurch gekennzeichnet, daß als kolloidaler Stoff Eisenhydroxyd benutzt wird.
5. Elektrolytischer Kondensator nach Anspruch 1, dadurch gekennzeichnet, daß als kolloidaler Stoff sogenannter künstlicher Bentonit benutzt wird.
6. Elektrolytischer Kondensator nach Anspruch 1, dadurch gekennzeichnet, daß als kolloidaler Stoff Wasserstoffbentonit benutzt wird.
7. Elektrolytischer Kondensator nach Anspruch 1, dadurch gekennzeichnet, daß als kolloidaler Stoff Vanadiumpentoxyd benutzt wird.
8. Elektrolytischer Kondensator nach Anspruch 1, dadurch gekennzeichnet, daß als kolloidaler Stoff Manganphosphat benutzt wird.
9. Elektrolytischer Kondensator nach Anspruch 1, dadurch gekennzeichnet, daß als kolloidaler Stoff Lösungen von Kohlenwasserstoffen, wie z. B. Paraffin, Vaseline, in Benzol benutzt werden.
10. Elektrolytischer Kondensator nach Anspruch 1, dadurch gekennzeichnet, daß als kolloidaler Stoff Lösungen von Zellulosederivaten, z. B. Nitrozellulose in Äthylalkohol, benutzt werden.
11. Elektrolytischer Kondensator nach Anspruch 1, dadurch gekennzeichnet, daß als kolloidaler Stoff Suspensionen von Kautschuk-Kohlenwasserstoffen, wie natürliche oder künstliche Latexarten, benutzt werden.
12. Verfahren zur Herstellung eines elektrolytischen Kondensators nach Anspruch 1 bis 11, dadurch gekennzeichnet, daß dem Elektrolyten der kolloidale Stoff in Form einer Paste zugegeben wird, die vorzugsweise durch Verrühren des kolloidalen Stoffes mit einem Bestandteil des Elektrolyten hergestellt wird.

692 974 20. 6. 1936/6. 6. 1940.

Radio Patents Corporation in New York, V. St. A.

Elektrolytischer Kondensator.

Patentansprüche:

1. Elektrolytischer Kondensator mit mindestens zwei Elektroden, von denen eine, vorteilhaft die Kathode, röhrenförmig ausgebildet ist und die andere Elektrode, vorteilhaft Anode, innerhalb dieser röhrenförmigen Elektrode

angeordnet ist, dadurch gekennzeichnet, daß die Innenelektrode (Anode) aus einem Metallstreifen aus zweckmäßig schichtbildendem Metall von rechteckigem oder nahezu rechteckigem Querschnitt besteht, die derart längs einer Schraubenlinie gekrümmt ist, daß die größere Querschnittseite senkrecht oder nahezu senkrecht zur Schraubenachse liegt, wobei zwecks günstiger Raumausnutzung die Breite des Streifens geringer als die halbe Innenweite der röhrenförmigen Elektrode ist und die Innenelektrode gegenüber der röhrenförmigen Außenelektrode solche Außenabmessungen erhält, wie die elektrischen Verhältnisse zulassen.

2. Kondensator nach Anspruch 1, dadurch gekennzeichnet, daß mindestens eine Innenelektrode um einen Träger gewunden und an ihm befestigt ist, der vorteilhaft gleichzeitig als Stromableitung dient.
3. Kondensator nach Anspruch 1 oder 2, gekennzeichnet durch eine Mittelelektrode, deren Mittelträger mit einer dielektrischen Haut bedeckt ist, während ein vorzugsweise zylindrisches Metallgefäß die andere Elektrode bildet und an einem Ende durch eine isolierende Durchführung (3) des Gehäuses geführt wird, während das andere Gehäuseende durch einen Deckel (10) geschlossen ist.
4. Kondensator nach Anspruch 3, gekennzeichnet durch eine isolierende Trennschicht zwischen der Mittelelektrode und dem Gehäuse, welche aus einem vorzugsweise zylindrischen Isolierkörper (9) besteht, der mit Durchbrechungen zum Durchtritt des flüssigen oder halbfesten Elektrolyten versehen ist.

695 171 14. 7. 1936/18. 7. 1940.

Siemens & Halske Akt.-Ges. in Berlin-Siemensstadt.

Verfahren zum Vergrößern der Oberfläche von aus dünnen Metallfolien bestehenden Elektroden, insbesondere für elektrolytische Kondensatoren.

1. Verfahren zum Vergrößern der Oberfläche von aus dünnen Metallfolien bestehenden Elektroden, insbesondere für elektrolytische Kondensatoren, durch Bestrahlung mit Sand o. dgl., dadurch gekennzeichnet, daß die dünnen Metallfolien, z. B. dünne Aluminiumbänder, in einem fortlaufenden Verfahren über z. B. walzenförmig ausgebildete Fördermittel geführt werden, die während der Bestrahlung mit Sand o. dgl. als Gegendruckfläche für das bestrahlte Elektrodenband dienen.
2. Verfahren nach Anspruch 1, dadurch gekennzeichnet, daß die Förderwalzen (4 und 5) als Umlenkrollen ausgebildet und derart gegeneinander versetzt sind, daß das Elektrodenband (2) beim Überlaufen der einen Walze (5) von der einen Seite und beim Überlaufen der anderen Walze (4) von der anderen Seite bestrahlt wird.
3. Verfahren nach Anspruch 1 und 2, dadurch gekennzeichnet, daß das Überführen des Elektrodenbandes (2) über die walzenförmigen Fördermittel (4 und 5) unter Zug, vorzugsweise starkem Zug, und mit gleichmäßiger Geschwindigkeit, vorteilhaft 0,5 bis 5 m pro Minute, geschieht.
4. Verfahren nach Anspruch 1 und 3, dadurch gekennzeichnet, daß zweckentsprechend mehrere Sandstrahldüsen radial und seitlich versetzt angeordnet sind.

5. Verfahren nach Anspruch 1 bis 4, dadurch gekennzeichnet, daß die Bestrahlung mit Sand (6), in einem geschlossenen Gehäuse erfolgt.
6. Verfahren nach Anspruch 1 oder folgenden., dadurch gekennzeichnet, daß das Elektrodenband nach Verlassen des Sandstrahlgehäuses (6) einem Glühprozeß, z. B. in einem Durchlaufofen (8), unterzogen wird.
7. Verfahren nach Anspruch 1 oder folgenden, dadurch gekennzeichnet, daß das Elektrodenband nach dem Verlassen des Durchlaufofens (8) einem langsamen Abkühlungsprozeß unterworfen wird, bei dem z. B. ein Heizkanal (9) von etwa 250° C und eine besondere Abkühlstrecke, z. B. bei Zimmertemperatur, verwendet werden.
8. Verfahren nach Anspruch 1 oder folgenden, dadurch gekennzeichnet, daß das Elektrodenband (2) nach Verlassen des Sandstrahlgehäuses (6) und gegebenenfalls des Durchlaufofens (8) einem Beiz- und/oder Reinigungsbad ausgesetzt wird.
9. Verfahren nach Anspruch 1 oder folgenden, dadurch gekennzeichnet, daß in dem Reinigungsbad Lösungen verwendet werden, die an der Folie eine Gasentwicklung hervorrufen.
10. Verfahren nach Anspruch 1 oder folgenden, dadurch gekennzeichnet, daß als Beiz- und/oder Reinigungsbad eine 50 bis 60° C heiße, etwa 7,5%ige Sodalösung verwendet wird.
11. Verfahren nach Anspruch 1 oder folgenden, dadurch gekennzeichnet, daß als Beiz- und/oder Reinigungsbad Lösungen verwendet werden, die Alkalien, beispielsweise Natron- oder Kalilauge, oder Säuren, wie z. B. Salzsäure oder Schwefelsäure, enthalten.
12. Verfahren nach Anspruch 1 oder folgenden, dadurch gekennzeichnet, daß die im Anspruch 11 gekennzeichneten Lösungen in verhältnismäßig schwachen Konzentrationen benutzt werden.
13. Verfahren nach Anspruch 1 oder folgenden, dadurch gekennzeichnet, daß als Beiz- und/oder Reinigungsbad Lösungen von Natriumbikarbonat, Natriumsuperoxyd oder Wasserstoffsuperoxyd oder anderem, bei normaler oder erhöhter Temperatur gasabgebenden Stoffen verwendet werden.
14. Verfahren nach Anspruch 1 oder folgenden, dadurch gekennzeichnet, daß das Elektrodenband (2) nach dem Entstaubungs- und Reinigungsprozeß in einem weiteren Bad mit klarem Wasser abgespült und anschließend getrocknet wird.

695398 8. 1. 1937/25. 7. 1940.

Allgemeine Elektricitäts-Gesellschaft in Berlin.

Elektrolyt für elektrolytische Geräte, insbesondere für elektrolytische Kondensatoren.

Patentansprüche:

1. Elektrolyt für elektrolytische Geräte, insbesondere für elektrolytische Kondensatoren, dadurch gekennzeichnet, daß er ein Amid und wenigstens ein Ionogen enthält.

2. Elektrolyt nach Anspruch 1, dadurch gekennzeichnet, daß er aus einem Gemisch von Acetamid und einem Ammonsalz einer organischen Säure besteht.
3. Elektrolyt nach Anspruch 1, dadurch gekennzeichnet, daß er aus einem Gemisch von Acetamid, Ammonborat und Ammoniumlactat besteht.

695530 16. 4. 1936/25. 7. 1940.

Richard Jahre, Spezialfabrik für Kondensatoren in Berlin.

Verfahren zur Herstellung von Elektrolyt-Kondensatoren mit saugfähiger poröser Zwischenschicht.

Patentansprüche:

1. Verfahren zur Herstellung von Elektrolyt-Kondensatoren mit saugfähiger poröser Zwischenschicht unter Verwendung eines aus Borsäure, Glykol oder Glyzerin und Ammoniak bestehenden Elektrolyten, dadurch gekennzeichnet, daß zunächst der Elektrolyt in bekannter Weise durch Kochen einer Mischung von Borsäure, Glykol oder Glyzerin und Ammoniak hergestellt, dann so rasch auf Zimmertemperatur abgekühlt wird, daß eine unterkühlte Lösung entsteht, die im Vakuum den evakuierten Wickeln des Kondensators, diese bedeckend, zugeführt wird, worauf das Vakuum aufgehoben wird und die von dem Elektrolyten bedeckten Wickel zusammen mit diesem erhitzt werden.
2. Verfahren nach Anspruch 1, dadurch gekennzeichnet, daß der Elektrolyt zunächst bis zur Erreichung eines Siedepunktes von 125° C gekocht und nach Aufhebung des Vakuums eine erneute Erhitzung bis zur Erreichung eines Siedepunktes von 132° C durchgeführt wird.

700052 22. 7. 1937/14. 11. 1940.

Siemens & Halske Akt.-Ges. in Berlin-Siemensstadt.

Verfahren zur Reinigung von geätzten bandförmigen Elektroden, insbesondere zur Verwendung in elektrolytischen Kondensatoren.

Patentansprüche:

1. Verfahren zur Reinigung von geätzten bandförmigen Elektroden, insbesondere zur Verwendung in elektrolytischen Kondensatoren, nach Patent 680793, dadurch gekennzeichnet, daß der in einem Wanderbad befindliche Teil der zu reinigenden, insbesondere als Kathode geschalteten Elektrode (1) allseitig von einem vorzugsweise schlauchartig ausgebildeten Diaphragma (4) so umgeben ist, daß die bandförmige Elektrode das Wanderbad kontinuierlich durchlaufen kann.
2. Verfahren nach Anspruch 1, dadurch gekennzeichnet, daß das Diaphragma (4) auf einen aus Hartgummi, Holz, Kunstharz o. dgl. bestehenden Rahmen aufgespannt ist.

701427 22. 10. 1933/12. 12. 1940.

Radio Patents Corporation in New York, V. St. A.

Verfahren zur Herstellung elektrolytischer Kondensatoren, deren biegsame und dünne Belegungen durch imprägnierte Schichten voneinander getrennt sind.

Patentansprüche:

1. Verfahren zur Herstellung elektrolytischer Kondensatoren, deren biegsame und dünne Belegungen durch imprägnierte Schichten voneinander getrennt sind, dadurch gekennzeichnet, daß man die zweckmäßig streifenförmigen Metallbelegungen durch ein elektrolytisch wirksames Imprägnierungsmittel, das sich auf einem ausreichenden Zähigkeits- oder Flüssigkeitsgrad befindet oder auf diesen gebracht wird, hindurchführt und mit anhaftendem Imprägnierungsmittel zu einer oder mehreren Stellen weiterführt, an denen von einer oder beiden Seiten eine oder mehrere untereinander gleiche oder verschiedene Trennschichten an die Belegung angelegt werden, worauf die Belegung mit den angelegten Schichten entweder zu einem Vorrat angesammelt oder aber in die gewünschte Kondensatoreinheit weiterverarbeitet wird.
2. Verfahren nach Anspruch 1, dadurch gekennzeichnet, daß die Trennschicht (-schichten) unter geeignetem und zweckmäßig einstellbarem Druck an die Belegung angelegt wird.
3. Verfahren nach Anspruch 1 oder 2, dadurch gekennzeichnet, daß zumindest die an der Belegung unmittelbar anliegende Trennschicht porig (saugfähig) ist und vorteilhaft aus Faserstoff (Gaze, Seidenpapier) besteht.
4. Verfahren nach Anspruch 1 oder folgenden, dadurch gekennzeichnet, daß die Schichten gleiche oder verschiedene Dicke, gleiche oder verschiedene Breite, gleiche (Aufsaugen) oder verschiedene (z. B. Aufsaugen, mechanischen Schutz) Zweckbestimmung aufweisen.
5. Verfahren nach Anspruch 1 oder folgenden zur Herstellung elektrolytischer Kondensatoren, dadurch gekennzeichnet, daß bereits formierte Belegungen in das einen Elektrolyten darstellende Imprägniermittel eingeführt werden, wobei der als Imprägniermittel verwendete Elektrolyt gleichartig oder verschieden mit demjenigen sein kann, in welchem die Formierung vorher vorgenommen wurde.
6. Verfahren zur Herstellung von Elektrolytkondensatoren nach Anspruch 1 oder folgenden, bis 4, dadurch gekennzeichnet, daß eine Formierung während des Durchganges der Metallbelegung durch das Imprägniermittel durchgeführt wird.
7. Verfahren nach Anspruch 6, dadurch gekennzeichnet, daß der Formierungsstrom in Abhängigkeit von Maß und Beschaffenheit der Belegungen und der Beschaffenheit des Elektrolyten gewählt wird, derart, daß die bei Stromdurchgang auftretende Erhitzung dem Elektrolyten die erforderliche physikalische und/oder chemische Beschaffenheit, insbesondere eine gewünschte Zäh- oder Dünnflüssigkeit, erteilt.
8. Verfahren nach Anspruch 5, 6 oder 7, dadurch gekennzeichnet, daß eine elektrische und gegebenenfalls thermische Nachbehandlung (Nachformierung) stattfindet oder daß die mit imprägnierten Trennschichten bedeckten Metallbelegungen (-vorräte, Kondensatorelemente) einem elektrischen Formierungsprozeß, insbesondere einer Nachformierung unterworfen werden.
9. Verfahren zur Herstellung elektrolytischer Kondensatoren nach einem der vorangehenden Ansprüche, gekennzeichnet durch Anwendung eines

Elektrolyten, der aus Boroxyd oder einem anderen Oxyd oder Anhydrid einer schwachen Säure, ferner Ammoniumhydroxyd oder einem Hydroxyd eines Alkalimetalles oder einem Alkalimetalloxyd oder in Ammoniumoxyd selbst, ferner einem mehrwertigen Alkohol (Polyalkohol), wie etwa Äthylenglykol, besteht, denen Wasser oder ein Monohydroxalalkohol als Verdünnungsmittel zugesetzt ist.

10. Verfahren nach Anspruch 9, dadurch gekennzeichnet, daß die Mischung vorteilhaft vor dem Zusatz des Verdünnungsmittels erwärmt wird, und zwar entweder vor oder während Gebrauch.

11. Verfahren zur Herstellung von elektrolytischen Kondensatoren nach einem der vorangehenden Ansprüche unter Anwendung eines Elektrolyten, welcher erst durch Wärmebehandlung die gewünschte Beschaffenheit erhält oder beibehält, dadurch gekennzeichnet, daß die bei der elektrischen Formierung der Belegung in diesem Elektrolyten auftretende Stromwärme ganz oder teilweise zur Aufheizung des Elektrolyten benutzt wird.

706300 21. 12. 1935/17. 4. 1941.

Siemens & Halske Akt.-Ges. in *Berlin-Siemensstadt.*

Elektrolyt, insbesondere für elektrolytische Kondensatoren.

Patentansprüche:

1. Elektrolyt, insbesondere für elektrolytische Kondensatoren, dadurch gekennzeichnet, daß er im wesentlichen aus einer Lösung von Glykokolläthylester in Alkohol, vorzugsweise in Äthylenglykol, besteht.
2. Elektrolyt nach Anspruch 1, gekennzeichnet durch das Gemisch einer Lösung von Glykokolläthylester in Alkohol und einer Lösung einer Aminoessigsäure (Glykokoll oder Alanin) in einem Alkohol, vorzugsweise in Glyzerin, das zur Lösung auf 50 bis 60° C erwärmt werden kann.
3. Elektrolyt nach Anspruch 1 und 2, dadurch gekennzeichnet, daß der aus einer Aminoessigsäure und einem Alkohol bestehenden Lösung Formalin zugegeben ist.

Bei Elektrolyten, die im wesentlichen aus Borsäure, einem mehrwertigen Alkohol und einer basischen Gruppe bestehen, wird für letztere in den allermeisten Fällen Ammoniak verwendet. Es ist bekannt, daß das Arbeiten mit Ammoniak außerordentlich nachteilig ist, da es sehr unangenehm stechend riecht und das Arbeiten mit Ammoniak nur unter Benutzung von Gasmasken möglich ist.

Die vorliegende Erfindung bezieht sich auf einen Elektrolyten, bei dem die beim Arbeiten mit Ammoniak auftretenden Nachteile nicht vorhanden sind.

Der Elektrolyt besteht im wesentlichen aus einer Lösung von Glykokolläthylester in Alkohol, vorzugsweise in Äthylenglykoll.

Glykokolläthylester besitzt von Hause aus schon die basische Gruppe NH_2 und läßt sich in einwandfreier Weise ohne gesundheitliche Störungen oder Schutzmaßnahmen dagegen verarbeiten.

Der Elektrolyt besteht z. B. aus einer Lösung von 10 g Glykokolläthylester in 100 g Alkohol, z. B. Äthylenglykol. Die Herstellung des Glykokolläthylesters geschieht, z. B. nach den Angaben der „Berichte der Deutschen chemischen Gesellschaft" Bd. 34, 1901, S. 436. Diese Lösung kann allein verwendet werden. Es ist aber zweckmäßig, sie mit einer Lösung zu mischen, die aus etwa 100 g Glyzerin (1,23), das auf 50 bis 60° C erwärmt wurde, mit einer Zugabe von etwa 9 g Aminoessigsäure (Glykokoll) besteht.

Durch diese Zugabe erreicht man einen etwas saueren Charakter des Elektrolyten. Es hat sich nämlich gezeigt, daß ein Elektrolyt, lediglich bestehend aus einer Lösung von Glykokolläthylester in Alkohol, mitunter einen zu alkalischen Charakter aufweist.

Zur Erreichung einer beständigen und schnellen Lösung ist es zweckmäßig, der letztgenannten Lösung etwa 12g Formalin (DAB 6) zuzugeben. An Stelle des Glyzerins können hierfür auch entsprechende Mengen Alkohole, vorzugsweise Glykole, an Stelle von Glykokoll können andere Aminoessigsäuren, wie Alanin, verwendet werden.

708355 11. 7. 1934/12. 6. 1941.

Siemens & Halske Akt.-Ges. in Berlin-Siemensstadt.

Verfahren zur Vergrößerung der Aufsaugfähigkeit von aus Faserstoffmaterial bestehenden Abstandhaltern für elektrolytische Kondensatoren.

Patentansprüche:

1. Verfahren zur Vergrößerung der Aufsaugfähigkeit von aus Faserstoffmaterial bestehenden Abstandhaltern für die elektrolytische Kondensatoren, dadurch gekennzeichnet, daß die Abstandhalter mit solchen Netzmitteln behandelt werden, die keine freien Gruppen starker Säuren aufweisen.
2. Verfahren nach Anspruch 1, dadurch gekennzeichnet, daß das Netzmittel dem Elektrolyten zugesetzt wird.
3. Verfahren nach Anspruch 1, dadurch gekennzeichnet, daß der Abstandhalter mit einer Lösung des Netzmittels behandelt wird.
4. Verfahren nach Anspruch 1 bis 3, dadurch gekennzeichnet, daß als Netzmittel Ricinolsäure oder deren Salze verwendet werden.
5. Verfahren nach Anspruch 1 bis 3, dadurch gekennzeichnet, daß als Netzmittel sulfurierte Ricinolsäure oder deren Salze bzw. Ester verwendet werden.
6. Verfahren nach Anspruch 1 bis 3, dadurch gekennzeichnet, daß als Netzmittel Ester von Sulfosäuren aromatischer Kohlenwasserstoffe, evtl. noch substituiert, verwendet werden.
7. Verfahren nach Anspruch 1 bis 3, dadurch gekennzeichnet, daß als Netzmittel Derivate des Harnstoffs dienen.
8. Verfahren nach Anspruch 1 oder folgenden, dadurch gekennzeichnet, daß der Abstandhalter vor der Imprägnierung mit einer Lösung des Netzmittels im Überschuß behandelt wird und daß die überschüssige Menge des Netzmittels durch einen Waschprozeß vor der Imprägnierung wieder ausgewaschen wird.

708506 12. 6. 1936/12. 6. 1941.

Hydrawerk Akt.-Ges. in Berlin.

Anordnung zur Verbesserung der Kontaktgabe zwischen oxydierten Anschlußteilen von Elektrolytkondensatoren.

Patentansprüche:

1. Anordnung zur Verbesserung der Kontaktgabe zwischen oxydierten Anschlußteilen von Elektrolytkondensatoren, dadurch gekennzeichnet, daß sich zwischen den miteinander zu verbindenden Anschlußstellen Zwischenlagen aus blankem Metall befinden, die gegebenenfalls als Auflage auf die Anschlußstellen ausgebildet sind.
2. Anordnung nach Anspruch 1, dadurch gekennzeichnet, daß als Zwischenlagen Scheiben angeordnet sind.
3. Anordnung nach Anspruch 1, dadurch gekennzeichnet, daß als Zwischenlagen Metallstreifen, vorzugsweise ein ununterbrochenes Folienband, das um die zu verbindenden Anschlußstellen herum gefaltet ist, dienen.

708895 28. 5. 1938/26. 6. 1941.

Siemens & Halske Akt.-Ges. in Berlin-Siemensstadt.

Verfahren zur Herstellung eines elektrolytischen Kondensators, bei dem mindestens eine Elektrode ganz oder zum wesentlichen Teil aus gefrittetem oder gesintertem Material besteht, und nach diesem Verfahren hergestellter elektrolytischer Kondensator.

Patentansprüche:

1. Verfahren zur Herstellung eines elektrolytischen Kondensators, bei dem mindestens eine Elektrode ganz oder zum wesentlichen Teil aus gefrittetem oder gesintertem Material besteht, dadurch gekennzeichnet, daß dem Ausgangsmaterial der Elektrode das in an sich bekannter Weise aus einem filmbildenden Metall in körnigem Zustand besteht, zur Erzielung einer großen Porosität ein Auflockerungsmittel zugegeben wird, vorteilhaft von der Art, daß es sich leicht ausdampfen, auswaschen oder lösen läßt.
2. Verfahren nach Anspruch 1 unter Verwendung von Aluminium als Elektrodenmaterial, dadurch gekennzeichnet, daß Aluminium beliebiger Körnung mit Kampfer vermischt wird, das in einem Lösungsmittel, z. B. in Äther gelöst ist.
3. Verfahren nach Anspruch 1 und 2, gekennzeichnet durch einen gewichtsmäßigen Kampferzusatz, der zu 5 bis 20% des Aluminiums beträgt.
4. Verfahren nach Anspruch 1 bis 3, dadurch gekennzeichnet, daß im wesentlichen zwecks Entfernung der Oxydschichten der einzelnen Aluminiumteile der Anteil an Äther entsprechend dem Kampferzusatz so gewählt wird, daß die Mischung beim Ansetzen mit dem Metall einen leichtflüssigen Brei darstellt.
5. Verfahren nach Anspruch 1 bis 4, dadurch gekennzeichnet, daß nach erfolgter Trocknung des Gemisches dieses in die endgültige Elektrodenform gepreßt wird, vorzugsweise unter Anwendung von Drücken von 1,5 bis 3 t/cm^2.

6. Verfahren nach Anspruch 1 bis 5 dadurch gekennzeichnet, daß die Preßlinge nach Anspruch 5 vor dem Sintern, vorzugsweise langsam, auf die Verdampfungstemperatur des Kampfers gebracht und so lange auf dieser Temperatur gehalten werden, bis eine restlose Verdampfung des Kampfers stattgefunden hat.
7. Verfahren nach Anspruch 1 bis 6, dadurch gekennzeichnet, daß die gemäß Anspruch 6 vorbereiteten Elektroden bis auf Sintertemperatur erhitzt werden.
8. Verfahren nach Anspruch 1 bis 7, dadurch gekennzeichnet, daß die Sinterung in einer Schutzgasatmosphäre, z. B. aus Wasserstoff erfolgt.
9. Verfahren nach Anspruch 1 bis 8, dadurch gekennzeichnet, daß vor der Formierung eine Reinigung der Elektroden, z. B. in einer schwachen Lösung von Natronlauge, erfolgt.
10. Ein nach dem Verfahren nach Anspruch 1 bis 9 hergestellter elektrolytischer Kondensator, dadurch gekennzeichnet, daß im Innern der vorzugsweise zylindrisch geformten Anode ein Ableiter vorgesehen ist, der von dem porösem Metall der Anode umpreßt und z. B. durch Sinterung mit dieser verbunden ist.
11. Ein nach dem Verfahren gemäß Anspruch 1 bis 9 hergestellter elektrolytischer Kondensator, dadurch gekennzeichnet, daß das poröse Elektrodenmetall innerhalb des zugehörigen Ableiters liegt und von dem Ableiter umschlossen ist.
12. Elektrolytischer Kondensator nach Anspruch 11, dadurch gekennzeichnet, daß der Ableiter zwecks Erzielung eines guten Durchtrittes des Elektrolyten zur Elektrode Öffnungen aufweist.
13. Elektrolytischer Kondensator nach Anspruch 11, dadurch gekennzeichnet, daß der das poröse Elektrodenmetall umschließende Ableiter als Kondensatorbecher dient.
14. Elektrolytischer Kondensator nach Anspruch 11 und 13, dadurch gekennzeichnet, daß die von dem Ableiter umgebene Elektrode einen Hohlraum zur Aufnahme der zweiten Elektrode aufweist.
15. Ein nach dem Verfahren 1 bis 9 hergestellter elektrolytischer Kondensator, dadurch gekennzeichnet, daß der Ableiter der Elektrode in Gestalt eines gitterähnlichen Gerippes ausgebildet ist, dessen Zwischenräume mit dem porösen Elektrodenmetall ausgefüllt sind.
16. Elektrolytischer Kondensator, gekennzeichnet durch die abwechselnde Anordnung eines Anodenkörpers nach Anspruch 15 und eines an sich bekannten Kathodenkörpers.
17. Elektrolytischer Kondensator für Wechselstrom, dadurch gekennzeichnet, daß mindestens zwei Elektrodenkörper nach Anspruch 15 nebeneinander und in geeignetem Abstand voneinander angeordnet sind.
18. Elektrolytischer Kondensator für Wechselstrom, gekennzeichnet durch die Anordnung einer Elektrode nach Anspruch 10 und einer Elektrode nach Anspruch 11, die außerdem das Kennzeichen des Anspruches 14 aufweisen kann.
19. Elektrolytischer Kondensator nach Anspruch 18, dadurch gekennzeichnet, daß sich eine Elektrode nach Anspruch 10 innerhalb einer Elektrode nach Anspruch 11 befindet.

Bei den Elektroden für Elektrolytkondensatoren, die ganz oder zum wesentlichen Teil aus gefrittetem oder niedrig gesintertem Metall bestehen, hat sich gezeigt, daß in einigen Fällen, insbesondere bei Herstellung durch Wärmebehandlung, das Gefüge des Elektrodenmaterials nicht die gewünschte Porosität oder Schwammigkeit hat. Erfindungsgemäß wird dieser Nachteil durch Zugabe eines Auflockerungsmittels zum Ausgangsmaterial vermieden.

Aluminium beliebiger Körnung wird mit in Äther gelöstem Kampfer vermischt. Je nach der gewünschten Porosität erfolgt ein gewichtsmäßiger Kampferzusatz von 5 bis 20% des Aluminiums. Der Anteil an Äther ist entsprechend dem Kampferzusatz so zu wählen, daß die Mischung beim Ansetzen mit dem Metall einen leichtflüssigen Brei darstellt. Beim Rühren bis zum Verdunsten des Äthers erfolgt die Entfernung der in dieser Verfahrensstufe unerwünschten Oxydhaut der Aluminiumteilchen und die gleichmäßige Verteilung des Kampfers um und zwischen dem Aluminium. Nach erfolgter Trocknung des Pulvers kann sofort oder später das Pressen in die endgültige Elektrodenform vorgenommen werden. Die für die Versuche gewählten Drücke zeigen innerhalb der Grenzen von 1,5 bis 3 t/cm² gleichmäßige Ergebnisse. Es hat den Anschein, als ob eine Erhöhung des Druckes keine weitere Verdichtung des Preßlings zur Folge hat. Die Preßlinge sind vor dem Sintern langsam auf die Verdampfungstemperatur des Kampfers zu bringen und so lange im Ofen zu lassen, bis eine restlose Verdampfung des Kampfers aus den Preßlingen stattgefunden hat. Die Erhitzung hat in der Weise vor sich zu gehen, daß ein gleichmäßiges, stetiges Entweichen des Kampfers gewährleistet ist, ohne zu Blasenbildung zu führen. Die so vorbereiteten Elektroden sind in einem weiteren Wärmeprozeß bis auf Sintertemperatur zu erhitzen. Durch Schaffung einer besonderen Schutzgasatmosphäre, z. B. Wasserstoff, werden die elektrischen und mechanischen Eigenschaften noch verbessert. Die so gebildeten Elektroden sind durch eine geeignete Weiterbehandlung, d. h. z. B. Reinigung, in einer schwachen Lösung von Natronlauge, Formierung eventl. im Vakuum, oder auch in einem heißen Luftstrom usw. in Anoden für Elektrolytkondensatoren überzuführen.

Es wird natürlich mit Rücksicht auf die spätere Fertigung bezw. die handelsübliche Form zweckmäßig sein, die Preßlinge nach besonderen Gesichtspunkten auszubilden.

709217 24. 5. 1936/3. 7. 1941.

Siemens & Halske Akt.-Ges. in Berlin-Siemensstadt.

Verfahren zur Herstellung einer Elektrode mit aufgerauhter Oberfläche, insbesondere für Elektrolytkondensatoren.

Patentanspruch:

Verfahren zur Herstellung einer Elektrode mit aufgerauhter Oberfläche, insbesondere für Elektrolytkondensatoren, unter Anwendung eines rasterartigen Schutzüberzuges nach Patent 679186, dadurch gekennzeichnet, daß auf das Grundmetall ein Lackfilm aufgedruckt oder aufgespritzt wird, dem ein Füllstoff beigemischt wird, der sich bei der nachfolgenden Ätzung im Ätzmittel löst und somit dem Ätzmittel den Durchtritt zum Grundmetall gestattet.

709406 8. 11. 1936/10. 7. 1941.

Hydrawerk Akt.-Ges. in Berlin.

Gehäuseabschluß für Elektrolytkondensatoren.

Patentansprüche:

1. Gehäuseabschluß für Elektrolytkondensatoren, insbesondere für solche mit flüssigem Elektrolyten, gekennzeichnet durch einen Dichtungsring aus elastischem Stoff, der mittels Vorsprüngen, Nasen o. dgl. Öffnungen in einer Scheibe o. dgl. ventilartig verschließt, wobei der Ring außerdem, gegebenenfalls unter Zwischenfügen einer Scheibe, gegen eine Anlage des Gehäuses, dieses nach außen abdichtend, gepreßt ist.
2. Gehäuseabschluß für Kondensatoren nach Anspruch 1, dadurch gekennzeichnet, daß der Dichtungsring zwischen zwei mit Atmungslöchern versehenen Scheiben. von denen eine als Gehäusedeckel dient, eingepreßt ist, wobei die Vorsprünge oder Nasen des Dichtungsringes nur auf den Atmungslöchern der inneren Scheibe aufruhen.
3. Gehäuseabschluß für Kondensatoren nach Anspruch 1 und 2, dadurch gekennzeichnet, daß der obere Deckel Rillen oder Einkerbungen aufweist, die den dichtenden Teil des Ringes mit einer Keilwirkung gegen die Gehäusewand pressen.
4. Gehäuseabschluß für Kondensatoren nach Anspruch 1 bis 3, dadurch gekennzeichnet, daß der zwischen den beiden Deckeln vom Dichtungsring frei gelassene Raum mit einem Flüssigkeit aufsaugenden Stoff gefüllt ist.

710907 8. 4. 1933/14. 8. 1941.

Philips Patentverwaltung G.m.b.H., in Berlin.

Verfahren zur Herstellung einer elektrolytischen Zelle, insbesondere eines elektrolytischen Kondensators.

Patentansprüche:

1. Verfahren zur Herstellung einer elektrolytischen Zelle, insbesondere eines elektrolytischen Kondensators, mit einer durch Formierung des Elektrodenmaterials erzeugten Oxydhaut kristalliner Struktur, die an der Außenseite in eine aufliegende, isolierende Schicht amorpher Struktur übergeht, dadurch gekennzeichnet, daß die in an sich bekannter Weise durch elektrolytische Oxydation des Elektrodenmaterials erfolgende Bildung der zweiten Oxydhaut amorpher Struktur so lange fortgesetzt wird, bis diese eine wenigstens in der Größenordnung eines Hundertfachen liegende größere Stärke aufweist als die durch Formierung des Elektrodenmaterials erzeugte erste Oxydhaut kristalliner Struktur.
2. Verfahren nach Anspruch 1, dadurch gekennzeichnet, daß zunächst die amorphe Oxydhaut auf dem Elektrodenmaterial, z. B. Aluminium, durch elektrolytische Behandlung mit großer Stromstärke, z. B. 4 Amp./dm², in einer Säure, wie Oxalsäure, oder einem Gemisch von Schwefelsäure und Chromsäure, gebildet wird, wonach unter der amorphen Haut auf elektrolytischem Wege die das eigentliche Dielektrikum bildende Haut z. B. mittels eines Anfangsstromes von ½ Amp./dm² in einem aus einer Lösung von Borsäure und Borax in Wasser bestehenden Elektrolyten angebracht wird.

3. Nach dem Verfahren gemäß den Ansprüchen 1 und 2 hergestellte elektrolytische Zelle, insbesondere elektrolytischer Kondensator, in Wickelform mit einem pastenförmigen Elektrolyten, dadurch gekennzeichnet, daß die Elektroden der Zelle unmittelbar aufeinanderliegen und die amorphe Oxydhaut als Träger des Elektrolyten dient.

Bei Elektrolytkondensatoren zeigt sich häufig, daß an scharfen Rändern und Ecken der Elektroden, an Verbindungen und der Stelle, wo die Elektrode in den Elektrolyten eintaucht, also an der Luftflüssigkeitslinie, die Oxydhaut der Elektrode mechanisch oder chemisch angegriffen wird, wodurch die Lebensdauer der Kondensatoren vermindert wird.

Erfindungsgemäß werden diese Nachteile dadurch behoben, daß die in an sich bekannter Weise durch elektrolytische Oxydation des Elektrodenmaterials erfolgende Bildung einer aufliegenden, isolierenden Haut amorpher Struktur so lange fortgesetzt wird, bis diese eine wenigstens in der Größenordnung eines Hundertfachen liegende Formierung des Elektrodenmaterials erzeugte erste Oxydhaut kristalliner Struktur aufweist.

Wegen der verhältnismäßig großen Stärke der amorphen Schicht gegenüber der kristallinen bietet sie letzterer ebenfalls einen guten mechanischen Schutz.

Bei einer nach dem Verfahren gemäß der Erfindung hergestellten elektrolytischen Zelle werden die beiden Schichten zusammen für die Elektrode verwendet, so daß die äußere Schicht einen solchen Schutz gewährt, daß die vorgenannten Nachteile der bekannten Kondensatoren nicht auftreten. Da der Elektrolyt in die amorphe Haut eindringt, wird der innere Widerstand des Kondensators durch diese Haut im wesentlichen nicht erhöht.

Wie im folgenden näher erörtert wird, hat es sich gezeigt, daß sich die isolierende Oxydhaut aus kristallinem Aluminiumoxyd gut auf gewöhnliche Weise unter der amorphen Haut in einem der zu diesem Zweck bekannten elektrolytischen Bäder bilden läßt, nachdem die amorphe Haut vorher in einem anderen Bade angebracht werden ist.

Zur Bildung der Elektrode verfährt man, falls diese aus Aluminium besteht, wie folgt: Die Platte oder der Stab, welcher die Elektrode bildet, wird in eine 4%-Oxalsäurelösung eingetaucht, und durch das Bad wird ein Strom geführt, der eine solche Stärke hat, daß die die Anode bildende Elektrode mit einem Strom von 4 Amp. für den dm^2 belastet ist. Die Dauer der Behandlung hängt von der gewünschten Dicke ab. Während dieser Zeit bleibt der Strom konstant, woraus bereits hervorgeht, daß eine amorphe, nicht isolierende Oxydhaut gebildet wird. Die Behandlung erfolgt etwa bei Zimmertemperatur und jedenfalls soll dafür Sorge getragen werden, daß die Temperatur nicht über 40° C steigt. Die amorphe Schicht macht sich durch eine goldgelbe Farbe erkennbar.

Die Sauerstoffausbeute bei dieser Behandlung ist 100%.

Nachdem die Platte in destilliertem Wasser ausgekocht worden ist, wird mit der zweiten Behandlung zum Anbringen der kristallinen Haut unter der Amorphhaut angefangen. Da die Verfahren zur Bildung der beiden Häute an sich bekannt sind, wird das Ausführungsbeispiel nur in großen Zügen erläutert. Zur Bildung eines Dielektrikums verwendet man z. B. ein Bad, das 100 g Borsäure und 5 g Borax in 1 l Wasser enthält. Es wird angefangen mit einem Strom von ½ Amp./dm^2 Elektrodenoberfläche, welcher mittels Steigerung der Spannung konstant gehalten wird, bis die Spannung einen Wert von z. B. 450 V erreicht hat. Dies geht in etwa 2 bis 3 Minuten vor sich. Hiernach wird die Formierung der Oxydhaut während etwa drei Stunden bei gleichbleibender Spannung, also abnehmenden Strom, fortgesetzt. Die Zeit der Behandlung zum Anbringen der kristallinen Schicht hängt von der Beschaffenheit des Aluminiums ab.

Wenn man einen sogenannten trocknen elektrolytischen Kondensator herzustellen wünscht, so kann man zwischen den aufeinanderfolgenden Schichten der Elekrode einen pastenartigen Elektrolyten anbringen, der z. B. die folgende Zusammensetzung hat:

1000 g Glyzerin
1000 g Borsäure
400 cm^3 10 n-NH_4OH

gegebenenfalls mit einem Stärkezusatz.

713763 28. 8. 1936/23. 10. 1941.

Siemens & Halske Akt.-Ges. in Berlin-Siemensstadt.

Verfahren zur Herstellung einer Elektrode mit poröser oder aufgerauhter Oberfläche, insbesondere für Elektrolytkondensatoren.

Patentanspruch:

Verfahren zur Herstellung einer Elektrode mit poröser oder aufgerauhter Oberfläche, insbesondere für Elektrolytkondensatoren, nach Patent 709217, dadurch gekennzeichnet, daß als Füllstoff, der dem auf das Grundmetall aufzubringenden Lackfilm beigemischt wird, anorganische Stoffe, z. B. Aluminiumhydroxyd von der Formel $Al(OH)_3$ und/oder Zinkoxyd von der Formel ZnO, verwendet werden.

714741 21. 6. 1933/13. 11. 1941.

Ruben Condenser Company in New Rochelle, New York, V. St. A.

Trockenelektrolytkondensator mit zwei Elektroden, von denen eine formiert ist, und einer Zwischenschicht aus einer elektrolytisch leitenden, den formierten Film aufrecht erhaltenden Masse von nicht faseriger Beschaffenheit.

Patentansprüche:

1. Trockenelektrolytkondensator mit zwei Elektroden, von denen eine formiert ist, und einer Zwischenschicht aus einer elektrolytisch leitenden, den formierten Film aufrecht erhaltenden Masse von nicht faseriger Beschaffenheit, dadurch gekennzeichnet, daß diese Masse durch einen aus einem Phthalsäureharz, einem Esterharz oder einem anderen synthetischen Harz bestehenden Lack gebildet wird, der mit einem elektrolytisch leitenden Weichbildner versetzt ist.
2. Kondensator nach Anspruch 1, dadurch gekennzeichnet, daß der Weichbildner wenigstens einen der Stoffe Triacetin, Glykoldiacetat und Dibutylphthalat enthält.

3. Kondensator nach Anspruch 2, dadurch gekennzeichnet, daß der Weichbildner ferner eine organische Säure, wie Ameisensäure, Milchsäure oder Essigsäure, enthält.

4. Kondensator nach Anspruch 1 bis 3, dadurch gekennzeichnet, daß die Masse ein fein verteiltes anorganisches Material, z. B. Titaniumoxyd, Chromoxyd oder Zinkoxyd, enthält.

717 299 22. 9. 1939/22. 1. 1942.

C. Lorenz A. G. in Berlin-Tempelhof.
Elektrolytkondensator.

Patentansprüche:

1. Elektrolytkondensator mit normalen bzw. gebräuchlichen Elektrolyten, der unter sehr starken veränderlichen Außentemperaturen betrieben wird, dadurch gekennzeichnet, daß er durch eine in seinem Innern oder an seiner Oberfläche angeordneten Heizeinrichtung auf konstante Temperatur geheizt wird.
2. Elektrolytkondensator nach Anspruch 1, dadurch gekennzeichnet, daß die Heizung durch einen thermisch arbeitenden Selbstschalter reguliert wird.
3. Elektrolytkondensator nach Anspruch 1 und 2, dadurch gekennzeichnet, daß der Kondensator eine thermisch isolierende Hülle besitzt.

Die Kapazität von Elektrolytkondensatoren ist temperaturabhängig. Besonders stark ist dies bei tiefen Temperaturen der Fall. So vermindert sich die Kapazität bei — 50° C um 30 ./. 40%. Die Verluste steigen um 30 ./. 50%. Kondensatoren für tiefe Temperaturen müssen daher, um die Kapazitätsverminderung auszugleichen, entsprechend höhere Ausmaße haben.

Erfindungsgemäß wird vorgeschlagen, einen Elektrolytkondensator, der unter stark veränderlichen Außentemperaturen betrieben wird und mit normalen bzw. gebräuchlichen Elektrolyten versehen ist, mit einer Heizung auszurüsten, entweder dadurch, daß ein Heizkörper eingebaut wird oder daß er mit einem Heizkörper umgeben wird. In der Regel wird man den Heizstrom der Betriebsspannung entnehmen. Ganz besonders vorteilhaft ist es, den Heizkörper, der zweckmäßigerweise aus Aluminium bestehen kann, in den Kondensator einzubauen. Der Becher kann dann sehr leicht mit einer thermisch sehr gut isolierenden Hülle, beispielsweise aus einem geeigneten Kunstharz, wie Preßbakelit, versehen werden, so daß man mit einer sehr geringen Heizleistung auskommt; eine Erhöhung des Wärmewiderstandes der Kondensatorenhülle kann man noch dadurch gewinnen, daß der verwendete Kunstharzstoff künstliche Einschlüsse von thermisch gut isolierenden Stoffen, z. B. Luft und Sägemehl, erhält. Zur selbsttätigen Regelung dieser geringen Heizleistung reicht ein sehr kleiner stabförmiger Schalter aus, wie er als Bimetallschalter in Glasröhren vakuumdicht eingeschmolzen handelsüblich ist. Bei dieser Bauart erübrigt es sich, Kondensatoren für Tieftemperaturen zu bauen, da man sehr leicht die Heizung so gestalten kann, daß die Temperatur beispielsweise nicht unter 10° oder 0° geht. Es genügen dann die ganz normalen Ausführungen für Zimmertemperaturen. Auch braucht die Zusammensetzung des Elektrolyten auf die tiefste Außentemperatur keine Rücksicht zu nehmen. Sie haben den Vorzug, daß sie in den Abmessungen kleiner sind und außerdem für sie die großen Erfahrungen über ihr Verhalten im Dauerbetrieb vorliegen.

717 683 11. 3. 1932/29. 1. 1942.

Philips Patentverwaltung G.m.b.H. in Berlin.

Elektrode für elektrolytische Kondensatoren mit chemisch aufgerauhter Oberfläche.

Patentansprüche:

1. Elektrode für elektrolytische Kondensatoren mit chemisch aufgerauhter Oberfläche, dadurch gekennzeichnet, daß die Elektrode aus technisch reinem Aluminium besteht, dessen Kupfergehalt 0,02% unterschreitet.
2. Elektrode nach Anspruch 1, dadurch gekennzeichnet, daß die Aluminiumelektrode in bekannter Weise mit einer Profilierung versehen ist.

718 089 14. 1. 1939/12. 2. 1942.

NSF. Nürnberger Schraubenfabrik u. Elektrowerk G.m.b.H. in Nürnberg.

Elektrolyt für elektrolytische Kondensatoren.

Patentanspruch:

Elektrolyt für elektrolytische Kondensatoren, dadurch gekennzeichnet, daß er aus den Kondensations- und Polymerisationsprodukten von heterocyclischen Stickstoffverbindungen mit organischen Oxysäuren und anorganischen Säuren des Bor und/oder des Phosphors besteht.

723 645 24. 3. 1939/25. 6. 1942.

NSF. Nürnberger Schraubenfabrik u. Elektrowerk G.m.b.H. in Nürnberg.

Elektrolyt für elektrolytische Kondensatoren.

Patentanspruch:

Elektrolyt für elektrolytische Kondensatoren, bestehend aus einer Mischung eines oder mehrerer Ester mit einer anorganischen und/oder einer organischen Säure, dadurch gekennzeichnet, daß der veresterte Bestandteil des Elektrolyten ganz oder teilweise aus Kohlensäureestern besteht.

724 868 31. 5. 1938/23. 7. 1942.

Philips Patentverwaltung G.m.b.H. in Berlin.

Elektrolytischer Kondensator.

Patentansprüche:

1. Elektrolytischer Kondensator mit einer becherförmigen Anode, die innerhalb eines becherförmigen, als Kathode dienenden Gefäßes angeordnet, und im Boden des Gefäßes befestigt ist, wobei der Gefäßdeckel einen in die Anode hineinragenden becherförmigen oder zylindrischen Teil besitzt, welcher praktisch den ganzen Raum innerhalb der Anode so aus-

füllt, daß der Abstand von der Anode zum Kathodengefäß und zum hineinragenden Teil an jeder Stelle der Anode gleich groß ist, nach Patent 677287, dadurch gekennzeichnet, daß innerhalb der inneren Kathode eine weitere, zur Bildung einer zweiten selbständigen Kapazität dienende, vorzugsweise gleichfalls als Hohlzylinder gestaltete Anode angeordnet ist.

2. Elektrolytischer Kondensator nach Anspruch 1, dadurch gekennzeichnet, daß die Innenanode mit Sägeschnitten versehen ist.
3. Elektrolytischer Kondensator nach Ansprüchen 1 oder 2, dadurch gekennzeichnet, daß der elektrische Anschluß der Innenanode am oberen Ende des Kondensatorgefäßes und isoliert von diesem erfolgt.
4. Elektrolytischer Kondensator nach Anspruch 3, dadurch gekennzeichnet, daß am oberen Ende des Gefäßes ein domförmiger hervorstehender Teil vorhanden ist, der zu gleicher Zeit zur Aufnahme des Gasauslaßventils und der Anodendurchführung dient.

726 796 21. 12. 1935/10. 9. 1942.

Siemens & Halske A. G. in Berlin-Siemensstadt.
Elektrolyt, insbesondere für elektrolytische Kondensatoren.

Patentansprüche:

1. Elektrolyt, insbesondere für elektrolytische Kondensatoren, dessen dissoziierende Bestandteile der vorzugsweise wäßrigen und/oder alkoholischen Lösung ganz oder teilweise aus Stoffen bestehen, welche Zwitterionen bilden, wobei als Zwitterionen bildender Stoff die aliphatische Aminosäure Glykokoll verwendet wird, nach Anspruch 4 des Patents 679014, dadurch gekennzeichnet, daß der Lösung von Glykokoll Formalin und/oder ein Alkohol, wie z. B. Glyzerin, zugesetzt wird.
2. Elektrolyt nach Anspruch 1, dadurch gekennzeichnet, daß an Stelle von Glykokoll Alanin verwendet wird.

Die vorliegende Erfindung betrifft einen Elektrolyten, bei dem als Zwitterionen bildenden Stoff Glykokoll, eine aliphatische Aminosäure verwendet wird. Der Lösung von Glykokoll wird Formalin und/oder ein Alkohol, wie z. B. Glyzerin, zugesetzt.

Beispielsweise werden 100 g Glyzerin (1, 23) auf 50 bis 60° C erwärmt und hiernach etwa 9 g Aminoessigsäure (Glykokoll) zugegeben. Um eine schnellere und beständigere Lösung zu erreichen, ist es zweckmäßig, etwa 12 g Formalin (DAB 6) zuzugeben. Diese Lösung kann direkt als Elektrolyt verwendet werden.

An Stelle von Glyzerin können auch andere Alkohole, vorzugsweise Glykole, an Stelle von Glykokoll andere Aminoessigsäuren, wie Alanin, verwendet werden.

Einen weiteren vorteilhaften Elektrolyten erhält man, wenn 100 g Glyzerin (1, 23) auf 50 bis 60° C erwärmt werden und dann 1 g Glykokoll zugegeben wird, oder aber 100 g Glyzerin werden längere Zeit erwärmt und darin bis etwa 9 g Glykokoll gelöst.

726 922 12. 3. 1940/17. 9. 1942.

Hydrawerk A. G. in Berlin.

Ventil für elektrolytische Kondensatoren.

Patentansprüche:

1. Ventil für elektrolytische Kondensatoren, dadurch gekennzeichnet, daß es durch eine zwischen zwei Scheiben unter Druck eingespannte elastische Platte, z. B. aus Gummi, gebildet wird, die bei normalem Gasdruck eine oder mehrere Öffnungen der nach innen liegenden Druckscheiben verschließt und durch ihr elastisches Nachgeben diese Öffnungen bei Überdruck freigibt, wobei das Gas durch in der äußeren Druckscheibe vorgesehene Löcher entweichen kann.
2. Ventil nach Anspruch 1, dadurch gekennzeichnet, daß die elastische Platte aus Moosgummi besteht, die vorzugsweise auf beiden ebenen Seiten eine glatte Oberfläche besitzt.
3. Ventil nach Anspruch 1 und 2, dadurch gekennzeichnet, daß das Ventil als Deckel ausgebildet ist, der unter Zwischenlage eines Dichtungsringes in die offene Gehäusestirnseite als dessen Abschluß eingerollt ist.
4. Ventil nach Anspruch 1 bis 3, dadurch gekennzeichnet, daß das Deckelventil aus einem innenliegenden Ventilteller mit zentrisch liegendem Ventilloch und einer Ventilkappe mit mehreren außerhalb des Plattenumfanges angeordneten Luftlöchern besteht, die in einem solchen Abstand miteinander verfalzt sind, daß die zwischengelegte elastische Platte unter nachgiebigem Druck steht.
5. Ventil nach Anspruch 1 bis 4, dadurch gekennzeichnet, daß zwischen elastischer Platte und außenliegender Ventilkappe eine saugfähige Zellstoffscheibe angeordnet ist, welche die Luftlöcher gasdurchlässig abdeckt.

727 283 25. 4. 1939/24. 9. 1942.

Hydrawerk A. G. in Berlin.

Elektrolytkondensator mit zwei oder mehreren Kapazitäten in einer Wickeleinheit.

Patentansprüche:

1. Elektrolytkondensator mit zwei oder mehreren Kapazitäten in einer Wickeleinheit und getrennten Minuspolen, zwischen denen eine Spannungsdifferenz vorhanden ist, dadurch gekennzeichnet, daß die im Wickel einander gegenüberliegenden Folienenden der Kathodenfolien eine Isolierung besitzen, die außer den Abstandshaltern zwischen den Belegungen vorgesehen ist.
2. Elektrolytkondensator nach Anspruch 1, dadurch gekennzeichnet, daß um die einander gegenüberliegenden Folienenden der Kathodenfolien nichtsaugfähige Hydratzellulosestreifen herumgelegt sind.
3. Elektrolytkondensator nach Anspruch 1 und 2, dadurch gekennzeichnet, daß als Umhüllung der Folienenden eine nichtsaugfähige Azetylzellulose verwendet ist.

4. Elektrolytkondensator nach Anspruch 1 und/oder folgenden, dadurch gekennzeichnet, daß die einander gegenüberliegenden Folienenden der Kathodenfolien vorteilhaft bipolar etwa auf die Spannung formiert sind, die zwischen den Kathodenfolien im Betrieb herrschen wird.

734 844 8. 1. 1937/1. 4. 1943.

Zusatz zu 695 398.

Allgemeine Elektrizitäts-Gesellschaft in Berlin.
Elektrolyt für elektrolytische Geräte.

Patentanspruch:

Elektrolyt nach Patent 695 398, gekennzeichnet durch einen Wasserzusatz von höchstens 15%.

In dem Patent 695 398 sind Elektrolytmischungen für Kondensatoren beschrieben, die als notwendige Bestandteile ein Amid oder mehrere Ionogene enthalten. Als Ionogene werden bevorzugt von den organischen Säuren Milchsäure und von den anorganischen Borsäure, die in Form ihrer Salze als Ammonium-, Natrium- oder Kaliumsalz in der Mischung vorhanden sein können. Die mit diesen Elektrolyten versehenen Kondensatoren sind von hoher thermischer Beständigkeit.

Es sind bereits Elektrolyte bekannt, zu deren Herstellung Ammoniumsalze mit einem oder mehreren weiteren Salzen in eutektischem Gemisch verwendet werden. Diese Mischungen erfordern immer andere Grundstoffe, wenn eine Änderung der Beschaffenheit, insbesondere der Viskosität des Elektrolyten, beabsichtigt ist, da lediglich durch Änderung der Mengenverhältnisse der Grundstoffe die gewünschte Änderung der Eigenschaften des Elektrolyten nicht erreicht wird. Auch besitzen diese bekannten Elektrolyte nicht einen so hohen elektrischen Widerstand, wie er in manchen Fällen erwünscht ist.

Es wurde nun gefunden, daß die in dem Hauptpatent beschriebenen Elektrolytgemische, deren elektrischer Widerstand gemäß der Erfindung durch Wasserzugabe von vorzugsweise höchstens 15% erniedrigt wird, den bekannten Elektrolytgemischen gegenüber erhebliche Vorteile zeigen.

Behandelt man z. B. Acetamid 61%, Borsäure 34%, Wasser 5% mit Ammoniakgas, bis die Mischung einen p_{H_0}-Wert von 7,0 bis 8 aufweist, so ergibt sich eine Suspension bei 90, während das Produkt bei 25° C dickflüssig ist. Der elektrische Widerstand dieses Elektrolyten liegt bei 90° C in der Größenordnung von 50 bis 100 Ohm/cm³ und 400 bis 600 Ohm/cm³ bei 25° C. Der Gesamtwassergehalt beträgt ungefähr 19%, wobei das Kristallwasser eingerechnet ist.

Es zeigte sich, daß sich bei mit solchen Elektrolyten beschickten Kondensatoren die Kapazität selbst bei — 10° C kaum änderte, während die Verluste bei solchen niedrigen Temperaturen sich nur um wenige Prozent erhöhten. Eine wesentliche Verringerung der Kapazität und ein wesentlich größerer Anstieg der Verluste (bis zu 22%) wurde bei Abwesenheit von Wasser bei solchen niedrigen Temperaturen beobachtet.

736 838 21. 3. 1935/20. 5. 1943.

Siemens & Halske A. G. in Berlin-Siemensstadt.

Elektrolyt, insbesondere für elektrolytische Kondensatoren.

Patentansprüche:

1. Elektrolyt, insbesondere für elektrolytische Kondensatoren, gekennzeichnet durch eine Borverbindung, insbesondere Borsäure und/oder Borat als Ionogen und durch hydroxylhaltige Substanzen, die wenigstens einen gewissen Bruchteil mit einer solchen Orientierung besitzen, daß sich mindestens zwei OH-Gruppen an derselben Seite des Moleküls befinden, ausgenommen mehrwertige aliphatische Alkohole und Kohlehydrate.
2. Elektrolyt nach Anspruch 1, gekennzeichnet durch zyklische Alkohole als hydroxylhaltige Substanzen.
3. Elektrolyt nach Anspruch 1, gekennzeichnet durch o-Di-Phenole als hydroxylhaltige Substanzen.
4. Elektrolyt nach Anspruch 1, gekennzeichnet durch Oxysäuren als hydroxylhaltige Substanzen.
5. Elektrolyt nach Anspruch 1, gekennzeichnet durch Ketosäuren als hydroxylhaltige Substanzen.
6. Elektrolyt, dadurch gekennzeichnet, daß den sonst bekannten hydroxylhaltigen Substanzen, wie Glykol, Zusätze nach den Ansprüchen 1 bis 5 beigegeben sind.

737 229 14. 7. 1936/27. 5. 1943.

Siemens & Halske A. G. in Berlin-Siemensstadt.

Verfahren zum Vergrößern der Oberfläche von Elektroden in Form dünner Metallfolien, insbesondere für elektrolytische Kondensatoren.

Patentansprüche:

1. Verfahren zum Vergrößern der Oberfläche von Elektroden in Form dünner Metallfolien, insbesondere für elektrolytische Kondensatoren, durch Bespritzen mit flüssigem Elektrodenmetall, dadurch gekennzeichnet, daß die aus Metallfolien, z. B. Aluminiumbändern, bestehenden Elektroden in einem fortlaufenden Verfahren über z. B. walzenförmig ausgebildete Fördermittel geführt werden, die während des Bespritzens mit flüssigem Metall als Gegendruckfläche für das bestrahlte Elektrodenband dienen.
2. Verfahren nach Anspruch 1, dadurch gekennzeichnet, daß die Förderwalzen (4 und 5) als Umlenkrollen ausgebildet und derart gegeneinander versetzt sind, daß das Elektrodenband (2) beim Überlaufen der einen Walze (5) von der einen Seite und beim Überlaufen der anderen Walze (4) von der anderen Seite bestrahlt wird.
3. Verfahren nach Anspruch 1 und 2, dadurch gekennzeichnet, daß das Überführen des Elektrodenbandes (2) über die walzenförmigen Fördermittel (4 und 5) unter Zug, vorzugsweise starkem Zug, und mit gleichmäßiger Geschwindigkeit, vorteilhaft 0,5 bis 5 m je Minute, geschieht.

4. Verfahren nach Anspruch 1 bis 3, dadurch gekennzeichnet, daß die Spritzdüsen (7) so angeordnet werden, daß auch bei entsprechender Streuung des einzelnen Metallstrahles ein festes Gegenlager für das Elektrodenband gegeben ist.
5. Verfahren nach Anspruch 1 bis 4 unter Verwendung mehrerer Spritzdüsen, dadurch gekennzeichnet, daß diese Düsen radial versetzt, zweckmäßig auch seitlich versetzt, angeordnet sind.
6. Verfahren nach Anspruch 1 bis 5, dadurch gekennzeichnet, daß die Spritzdüsen (7) nötigenfalls unter sich verschieden große Spritzöffnungen aufweisen.
7. Verfahren nach Anspruch 1 bis 6, dadurch gekennzeichnet, daß für das Bespritzen ein erhöhter Luftdruck, vorzugsweise zwischen 1 bis 10 Atm. Überdruck angewendet wird.
8. Verfahren nach Anspruch 1 bis 7, gekennzeichnet durch ein Spritzgehäuse (6), in dem sich im wesentlichen die walzenförmigen Fördermittel (4,5) und die Metallstrahldüsen (7) befinden.
9. Verfahren nach Anspruch 1 oder folgenden, dadurch gekennzeichnet, daß das Elektrodenband nach Verlassen des Spritzgehäuses (6) einem Glühprozeß, z. B. in einem Durchlaufofen (8), unterzogen wird.
10. Verfahren nach Anspruch 1 oder folgenden, dadurch gekennzeichnet, daß das Elektrodenband (2) nach Verlassen des Spritzgehäuses (6) und gegebenenfalls des Durchlaufofens (8) einem Beiz- und/oder Waschbad ausgesetzt wird.
11. Verfahren nach Anspruch 1 oder folgenden, dadurch gekennzeichnet, daß in dem Waschbad Lösungen verwendet werden, die an der Folie eine Gasentwicklung hervorrufen.
12. Verfahren nach Anspruch 1 oder folgenden, dadurch gekennzeichnet, daß als Beiz- und/oder Waschbad eine 50 bis 60° C heiße, etwa 7,5%ige Sodalösung verwendet wird.
13. Verfahren nach Anspruch 1 oder folgenden, dadurch gekennzeichnet, daß das Elektrodenband nach dem Verlassen des Durchlaufofens (8) einem langsamen Abkühlungsprozeß unterworfen wird, bei dem z. B. ein Heizkanal (9) von etwa 250° C und eine besondere Abkühlstrecke, z. B. bei Zimmertemperatur, verwendet werden.
14. Verfahren nach Anspruch 1 oder folgenden, dadurch gekennzeichnet, daß als Beiz- und/oder Waschbad Lösungen verwendet werden, die Alkalien, beispielsweise Natron- oder Kalilauge, oder Säuren, wie z. B. Salzsäure oder Schwefelsäure, enthalten.
15. Verfahren nach Anspruch 1 oder folgenden, dadurch gekennzeichnet, daß die im Anspruch 14 gekennzeichneten Lösungen in verhältnismäßig schwachen Konzentrationen benutzt werden.
16. Verfahren nach Anspruch 1 oder folgenden, dadurch gekennzeichnet, daß als Beiz- und/oder Waschbad Lösungen von Natriumsuperoxyd oder Wasserstoffsuperoxyd oder anderen bei normaler oder erhöhter Temperatur gasabgebenden Stoffen verwendet werden.

17. Verfahren nach Anspruch 1 oder folgenden, dadurch gekennzeichnet, daß das Elektrodenband (2) nach dem Entstäubungs- und Reinigungsprozeß einem Waschbad, vorzugsweise klares Wasser enthaltend, ausgesetzt wird, dem eine Trocknung des Bandes folgt.

737 314 27. 5. 1939/3. 6. 1943.

Siemens & Halske A. G. in Berlin-Siemensstadt.

Elektrolytischer Kondensator, insbesondere in Wickelform.

Patentansprüche:

1. Elektrolytischer Kondensator, insbesondere in Wickelform, dadurch gekennzeichnet, daß der Kondensatorkörper mittels einer Klebmasse verklebt ist, die im Elektrolyten unlöslich ist, z. B. Polyisobutylen.
2. Elektrolytischer Kondensator nach Anspruch 1, dadurch gekennzeichnet, daß das als Klebmittel verwendete Polyisobutylen einen Härtungszusatz enthält.
3. Elektrolytischer Kondensator nach Anspruch 1 und 2, dadurch gekennzeichnet, daß das im Polyisobutylen befindliche Härtungsmittel aus einer Mischung von Monostyrol mit Divinylbenzol besteht, vorzugsweise aus etwa 99% Monostyrol und etwa 1% Divinylbenzol.
4. Elektrolytischer Kondensator nach Anspruch 3, gekennzeichnet durch Klebmittel vorzugsweise aus 5 Teilen Polyisobutylen und 1 Teil Härtungsmittel, streichfähig mit Benzin verdünnt.
5. Verfahren zur Herstellung einer Klebmasse für elektrolytische Kondensatoren nach Anspruch 1 bis 4, dadurch gekennzeichnet, daß man eine Mischung bestehend aus etwa 99% Monostyrol und etwa 1% Divinylbenzol mit Polyisobutylen im Verhältnis 1:5 vermischt und diese Masse auf etwa 120 bis 130° C erhitzt.

Bei der Herstellung der Wickel für elektrolytische Kondensatoren werden diese häufig, bevor sie in Becher o. dgl. eingesetzt werden, durch Gummiringe o. dgl. zusammengehalten. Dieses Verfahren ist umständlich und zeitraubend. Nach der Erfindung werden diese durch einen im Elektrolyten unlöslichen Klebstoff verklebt.

Das in vorstehenden Patentansprüchen angeführte Polyisobutylen ist ein kautschukartiger Kohlenwasserstoff und ist praktisch nicht vulkanisierbar. Das Polyisobutylen besitzt vor dem reinen Kautschuk als Klebmittel den Vorteil, daß es weder altert, noch praktisch reduzierende Bestandteile enthält.

Ein Weichwerden bzw. Fließen bei erhöhter Temperatur und eine unter Umständen dabei auftretende Löslichkeit des Polyisobutylen im Elektrolyten wird durch Zusatz eines Härtungsmittels vermieden. Als Härtungsmittel ist hierfür eine Mischung aus etwa 99% Monostyrol mit etwa 1% Divinylbenzol.

Vermengt man diese Mischung mit Polyisobutylen, so bewirkt das Divinylbenzol darin beim nachträglichen Erhitzen auf 120 bis 130° C eine Erhöhung des Polymerisationsgrades und der Polymerisationsgeschwindigkeit des Monostyrols zu Polystyrol unter Einlagerung der Polystyrolketten in die Polyisobutylenketten, wodurch die gewünschte Verfestigung erzielt wird.

737499 13. 7. 1935/3. 6. 1943.

Siemens & Halske A. G. in Berlin-Siemensstadt.

Verfahren zur Herstellung eines elektrolytischen Kondensators mit zwischen den Elektroden befindlichem bandförmigen Abstandshalter aus Gelatine.

Patentansprüche:

1. Verfahren zur Herstellung eines elektrolytischen Kondensators mit zwischen den Elektroden befindlichem bandförmigem Abstandshalter aus Gelatine, dadurch gekennzeichnet, daß man den aus Gelatine bestehenden Abstandshalter in dem Elektrolyten des Kondensators quellen läßt.
2. Verfahren nach Anspruch 1, dadurch gekennzeichnet, daß die Quellung der Gelatine in dem Elektrolyten vor oder nach dem Zusammenbau des Kondensators stattfindet.
3. Verfahren nach Anspruch 1 und 2, dadurch gekennzeichnet, daß die Gelatine auf der Metallelektrode ausgegossen wird, bevor man sie in dem Elektrolyten quellen läßt.
4. Verfahren nach Anspruch 1 bis 3, dadurch gekennzeichnet, daß die Gelatine nach einem bei der Gelatineverarbeitung bekannten Härtungsverfahren temperaturunempfindlich gemacht wird.
5. Verfahren nach Anspruch 1 bis 4, dadurch gekennzeichnet, daß der Gelatine, Weichmachungsmittel einverleibt werden, z. B. Türkonöle, Rizinusöl, Bienenwachs, Carnaubawachs, Vaseline, Formalin, Borsäure.
6. Verfahren nach Anspruch 1 bis 5, dadurch gekennzeichnet, daß der Gelatine saure Bestandteile einverleibt werden, z. B. Borsäure oder ein Gemisch von Borsäure und einem Borat.
7. Verfahren nach Anspruch 1 bis 6, dadurch gekennzeichnet, daß der Gelatine Puffergemische einverleibt werden, z. B. Azetatpuffer oder Zitratpuffer.

738 019 16. 2. 1935/1. 7. 1943.

Steatit-Magnesia A. G. in Berlin-Pankow.

Verfahren zur Herstellung trockener Elektrolytkondensatoren.

Patentansprüche:

1. Verfahren zur Herstellung trockener Elektrolytkondensatoren mit abstandhaltenden Zwischenlagen aus nicht leitenden Stoffen zwischen den Elektroden, bei welchem eine Vielzahl fertig zusammengebauter trockener Kondensatorelemente in einem Vakuumgefäß entlüftet und getrocknet wird, dadurch gekennzeichnet, daß zunächst bei Abwesenheit des Elektrolyten entlüftet wird und darauf bei abgestellter Pumpe der unter dem Normaldruck hergestellte Elektrolyt in dem Augenblick, in welchem er sich in tränkungsreifem Zustand befindet, in das Vakuumgefäß eingesaugt wird, derart, daß sich die Durchtränkung der Elemente plötzlich und ohne Veränderung der Elektrolytzusammensetzung vollzieht.
2. Verfahren nach Anspruch 1, dadurch gekennzeichnet, daß die Kondensatorelemente während der Entlüftung derart erwärmt werden, daß eine

ausreichende Viskosität des in das Vakuumgefäß eintretenden Elektrolyten bis zur Volltränkung der Elemente erhalten bleibt.

3. Verfahren nach Anspruch 1, dadurch gekennzeichnet, daß man den in das Vakuumgefäß eintretenden Elektrolyten unter Überdruck setzt.

740 889 14. 2. 1937/9. 9. 1943.

Philips Patentverwaltung G.m.b.H., in Berlin.

Elektrolytischer Kondensator, dessen Anode und Kathode unter Zwischenfügung eines den Elektrolyten absorbierenden Stoffes zusammengerollt, gewickelt oder gefaltet sind.

Patentansprüche:

1. Elektrolytischer Kondensator, dessen Anode und Kathode unter Zwischenfügung eines den Elektrolyten absorbierenden Stoffes zusammengerollt, gewickelt oder gefaltet sind und das auf diese Weise zusammengesetzte Paket in einem umhüllenden Gefäß angeordnet ist, dadurch gekennzeichnet, daß das Paket im Gefäß einen Raum frei läßt, in dem sich ein Elektrolytvorrat in flüssigem Zustand befindet und sowohl die Anode als auch die Kathode durchlöchert sind.
2. Elekrolytischer Kondensator nach Anspruch 1, dadurch gekennzeichnet, daß das Wickelpaket derart lose gewickelt ist, daß der Abstand von der Kathode zu der Anode von ein- bis dreimal die Stärke des Abstandshalters beträgt.
3. Elektrolytischer Kondensator nach Anspruch 1, oder 2, dadurch gekennzeichnet, daß das Wickelpaket als ein Zylinder ausgebildet ist, dessen Durchmesser kleiner als der des zylindrischen Kondensatorgefäßes ist, wobei das Paket mittels eines zentralen Stiftes, der auf einem Boden aus Isolierstoff angeordnet ist und als Anodenanschluß dient, zentral im Gefäß aufgestellt ist, während sich der Elektrolytvorrat rings um das Paket befindet, und der Elektrolytspiegel höher als die obere Seite des Paketes liegt.

741837 9. 4. 1937/7. 10. 1943.

Aluminiumwerk Tscheulin G.m.b.H., in Teningen über Emmendingen.

Anode mit glatter Oberfläche für elektrolytische Zellen, insbesondere für Elektrolytkondensatoren.

Patentanspruch:

Anode mit glatter Oberfläche für elektrolytische Zellen, insbesondere für Elektrolytkondensatoren, dadurch gekennzeichnet, daß sie aus mit Reinstaluminium plattiertem Handelsaluminium geringerer Reinheit hergestellt ist.

Es ist bekannt, in Elektrolytkondensatoren die Anode aus Folien und glattem, gewöhnlichem Hüttenmaterial (99,6%) oder aus Metall mit größerer Reinheit (etwa 99,95%) oder auch aus Reinstaluminium (99,99%) herzustellen. Folien, die vollständig aus Reinstaluminium bestehen, weisen gegenüber solchen aus gewöhnlichen Hüttenmaterial so große Preisunterschiede auf, daß deren praktische Verarbeitung zur Herstellung von Elektrolytkondensatoren unmöglich ist, während die aus sogenanntem Handelsaluminium gefertigten Kondensatoren niemals die Gütewerte derjenigen aus Reinstaluminium aufweisen können.

Erfindungsgemäß werden nunmehr Anoden mit glatter Oberfläche für elektrolytische Kondensatoren aus mit Reinstaluminium plattiertem Handelsaluminium geringerer Reinheit hergestellt. Da die Oxydschicht nur aus den Oberflächenschichten des Anodenmaterials heraus erzeugt wird, kann davon Abstand genommen werden, die Elektrolytfolie in ihrer Gesamtschichtdicke aus Reinstaluminium herzustellen. Eine Anodenfolie aus z. B. $^{40}/_{1000}$ mm Handelsaluminium (99,6%) mit zwei äußeren Deckschichten von je $^{10}/_{1000}$ mm Reinstaluminium liefert Oxydschichten, die nur aus Reinstaluminium gebildet sind. Die Gestehungskosten einer derartigen Elektrolytfolie werden bestimmt durch das gewichtsmäßig den Hauptbestandteil bildende Hüttenmaterial das im Preise natürlich wesentlich niedriger liegt als das Reinstaluminium.

743235 28. 7. 1937/4. 11. 1943.

Scherb & Schwer, Komm.-Ges. in Berlin.

Elektrolyt für elektrische Zellen, insbesondere Elektrolyt-Kondensatoren.

Patentansprüche:

1. Elektrolyt für elektrische Zellen, insbesondere Elektrolyt-Kondensatoren, der aus Verbindungen der Borsäure mit einwertigen Alkoholen besteht, dadurch gekennzeichnet, daß solche einwertigen Alkohole verwendet sind, die auch bei tiefen Temperaturen bis herunter zu —40° C verhältnismäßig dünnflüssige Elektrolyte ergeben.
2. Elektrolyt nach Anspruch 1, dadurch gekennzeichnet, daß Verbindungen der Borsäure mit einwertigen Alkoholen der allgemeinen Formel $C_nH_{2n} + 1\,OH$ benutzt werden, insbesondere mit Äthylalkohol.

Als Elektrolyt für Elektrolytkondensatoren haben sich Verbindungen der Borsäure mit mehrwertigen Alkoholen, wie Glyzerin, Glykol usw. und auch mit Aminoalkoholen als geeignet erwiesen. Sie haben jedoch den Nachteil, daß die elektrische Leitfähigkeit schon bei einer Temperatur von 0° Cels. sehr klein ist, so daß die Verbindungen bei niederen Temperaturen weniger als Elektrolyt, sondern vielmehr als zusätzliches Dielektrikum wirken.

Phosphorsäure- und Oxalsäureverbindungen, sowie Lösungen aus Ätzkali oder Pottasche in Äthylalkohol sind auch bei Temperaturen von 0° C und darunter noch dünnflüssig, eignen sich aber erfahrungsgemäß für Geräte für höhere Spannungen wenig, weil sie die Elektroden, Sperrschichten usw. stark angreifen.

745167 28. 1. 1936/2. 12. 1943.

Radio Patents Corporation in New York, V. St. A.

Schutzschicht für Polfahnen für elektrolytische Kondensatoren.

Patentansprüche:

1. Schutzschicht für Polfahnen für elektrolytische Kondensatoren, dadurch gekennzeichnet, daß die Schutzschicht aus Faserstoff besteht, der mit

einem Isolierstoff bedeckt oder imprägniert ist, der im Elektrolyten unlöslich ist und vorzugsweise auch klebfähig ist.

2. Schutzschicht für Polfahnen nach Anspruch 1, dadurch gekennzeichnet, daß sie über den zu schützenden Teil der Polfahne und gegebenenfalls das anschließende Elektrodenende gefaltet ist.
3. Schutzschicht nach Anspruch 1 und 2, dadurch gekennzeichnet, daß der Faserstoff der Schutzschicht mit Asphalt oder einer Asphaltverbindung, Paraffin usw. getränkt oder bedeckt ist.
4. Verfahren zur Herstellung eines elektrolytischen Kondensators mit durch Schutzschichten nach Anspruch 1 bis 3 geschützten Polfahnen, dadurch gekennzeichnet, daß eine Polfahne an einer Elektrode, die bereits geätzt und formiert sein kann, angebracht, sodann der Kondensatorkörper durch Stapeln oder Wickeln hergestellt und kurz vor Beendigung des Stapelns oder Wickelns die Schutzschicht über einen Teil der Polfahne und gegebenenfalls das benachbarte Elektrodenende gefaltet wird.

745168 10. 6. 1938/2. 12. 1943.

Radio Patents Corporation in New York, V. St. A.
Elektrolytischer Kondensator mit Ventil.

Patentansprüche:

1. Elektrolytischer Kondensator mit Ventil, das aus einer elastischen Membran besteht, die normalerweise geschlossen ist, bei vorbestimmtem innerem Überdruck hingegen den im Innern des Kondensators entwickelten Gasen einen Auslaß öffnet, dadurch gekennzeichnet, daß mindestens ein spitzes Organ im Innern des Kondensatorgehäuses in Nähe der Gasauslaßstelle der Membran an der Außen- oder Innenseite derart angeordnet ist, daß es eine Auslaßöffnung in der Membran erzeugt bzw. einen darin vorhandenen Durchstich freigibt, sei es, daß das spitze Organ die Membran durchsticht, sei es, daß die Membran sich von dem spitzen Organ abhebt und dadurch den Durchstich freigibt, wenn sich die Membran bei innerem Überdruck ausreichend nach außen bewegt hat.
2. Kondensator nach Anspruch 1, dadurch gekennzeichnet, daß das spitze Organ aus nicht korrodierendem oder filmbildendem Material besteht.
3. Kondensator nach Anspruch 1 und 2, dadurch gekennzeichnet, daß das spitze Organ schneiden- oder stichel-(nadel-)artig ausgebildet ist.
4. Kondensator nach Anspruch 1 oder folgenden, gekennzeichnet durch zusätzliche Mittel, z. B. Feder zur Rückführung der Membran in ihre Normallage.

745729 7. 1. 1937/16. 12. 1943.

Firma Josef Neuberger in München.
Elektrolytische Zelle, insbesondere Elektrolytkondensator.

Patentansprüche:

1. Elektrolytische Zelle, insbesondere Elektrolytkondensator, unter Verwendung von Natriumlaktat als Elektrolyt, dadurch gekennzeichnet,

daß der z. B. aus 4 Teilen Natriumlaktat und 3 Teilen Ammoniak-Borsäure-Gemisch bestehende Elektrolyt ohne Verwendung eines besonderen Trägers selbst den Abstandhalter der Elektroden bildet.

2. Verfahren zur Herstellung einer elektrolytischen Zelle nach Anspruch 1, dadurch gekennzeichnet, daß das Gemisch aus Natriumlaktat und Ammoniakborsäure bis zur Konsistenz einer streichbaren Masse gekocht, dann auf den Belag aufgetragen und getrocknet wird.

Die für Trockenelektrolytkondensatoren verwandten Elektrolyte, bestehend aus Glyzerin und bestimmten Chemikalien, wie Borsäure, Ammoniak o. dgl., bedürfen eines Trägers, der sie festhält und der gleichzeitig den Abstandhalter zwischen den einzelnen Kondensatorlagen bildet. Hierzu dienen Nesselstoff, Papier usw. Ferner ist bekannt, den Elektrolyten z. B. mit Nitrozellulose, insbesondere Zelluloid, in geeigneter Form zu vermengen, um dadurch eine homogene Filmbildung zu erreichen, die auch gleichzeitig als Abstandhalter wirkt. Auch stellt man Abstandhalter aus Gelatine mit Beimengungen elektrolytisch leitender Stoffe her, die gleichzeitig den Elektrolyten ersetzen. Die Gelatine ist hierbei nicht elektrolytisch wirksam.

Nach der Erfindung besteht der Elektrolyt aus Natriumlaktat — das an sich bereits elektrolytisch wirksam ist — in dem ein Ammoniak-Borsäure-Gemisch gelöst ist und bei entsprechender Behandlung einen filmartigen, die beiden Folien sicher voneinander trennenden Überzug bildet. Das zweckmäßigste Mischungsverhältnis ist: 4 Teile Natriumlaktat und 3 Teile Ammoniak-Borsäure-Gemisch. Das Gemisch aus Natriumlaktat und den üblichen Chemikalien wird gekocht, dann auf die Folien aufgetragen und getrocknet. Die Folien werden dann in der üblichen Weise aufgewickelt oder geschichtet.

746 367 7. 7. 1935/30. 12. 1943.

NSF. Nürnberger Schraubenfabrik u. Elektrowerk G.m.b.H. in Nürnberg.
Verfahren zur Herstellung von Anoden elektrolytischer Kondensatoren.

Patentansprüche:

1. Verfahren zur Herstellung von Anoden elektrolytischer Kondensatoren, dadurch gekennzeichnet, daß dem als Anode verwendeten Metall, z. B. Aluminium, noch ein oder mehrere Leichtmetalle beilegiert sind, wie Magnesium, Kalzium, Lithium, Beryllium und/o. dgl., und daß dieses System Ätzmitteln ausgesetzt wird, die vorwiegend die beilegierten Bestandteile herauslösen.

2. Verfahren zur Herstellung von Anoden elektrolytischer Kondensatoren nach Anspruch 1, dadurch gekennzeichnet, daß solche Leichtmetalle beilegiert werden, deren nach dem Ätzprozeß noch im filmbildenden Metall verbleibende Reste keine schädliche Wirkung auf die Funktion des Kondensators ausüben können.

748119 7. 11. 1935/23. 3. 1944.

Radio Patents Corporation in New York, V. St. A.

Schutzeinrichtung für die Anschlußkontakte für elektrolytische Kondensatoren.

Patentanspruch:

Schutzeinrichtung für die Anschlußkontakte für elektrolytische Kondensatoren mit zwei Elektroden, von denen mindestens eine **eine** dielektrische Schicht trägt, wobei die Elektroden durch Abstandhalter voneinander getrennt sind, dadurch gekennzeichnet, daß die den Anschluß bewirkende Verbindung einer z. B. aus Aluminium bestehenden, in den Kondensator eingelegten Elektrode mit einer Drahtzuführung, z. B. aus Kupfer, mit einem Material umwickelt ist, welches zur Bildung einer dielektrischen Schicht geeignet ist und beispielsweise aus dem gleichen Material z. B. Aluminium, wie die positive Elektrode besteht.

748705 3. 5. 1933/13. 4. 1944.

Die Angabe des Patentinhabers unterbleibt.

Elektrolyt für elektrolytische Kondensatoren.

Patentansprüche:

1. Elektrolyt für elektrolytische Kondensatoren, welcher aus einem Borsäure und Glyzerin enthaltenden Ansatz in der Wärme gewonnen ist, dadurch gekennzeichnet, daß der Ansatz als elektrolytisch wirksamen Bestandteil außerdem mindestens eine organische, mehrwertige Stickstoffverbindung, welche eine Aminogruppe aufweist, nach Art von Harnstoff bzw. Anilin enthält.
2. Elektrolyt für elektrolytische Kondensatoren, nach Anspruch 1, gekennzeichnet durch einen Alkalizusatz, beispielsweise in Form einer anorganischen Stickstoffverbindung nach Art des Ammoniaks.
3. Elektrolyt für elektrolytische Kondensatoren nach Anspruch 1 und 2, dadurch gekennzeichnet, daß der Elektrolyt aus einem Ansatz gewonnen ist, der aus etwa 48,6% Harnstoff, 42,1% Borsäure, 6,5% Ammoniak und 2,8% Glyzerin besteht.
4. Elektrolyt für elektrolytische Kondensatoren nach Anspruch 1 und 2, dadurch gekennzeichnet, daß der Elektrolyt aus einem Ansatz gewonnen ist, der aus ungefähr 46,14% Harnstoff, 42,1% Borsäure, 9,5% Anilin und 2,66% Glyzerin besteht.
5. Elektrolyt für elektrolytische Kondensatoren nach Anspruch 1 und 2, dadurch gekennzeichnet, daß der Elektrolyt aus einer Mischung gewonnen ist, welche im wesentlichen aus 49,2% Harnstoff, 43,5% Borsäure, 4,26% Kaliumhydroxyd und 3,03% Glyzerin besteht.
6. Elektrolyt für elektrolytische Kondensatoren nach Anspruch 1 und 2, dadurch gekennzeichnet, daß der Elektrolyt aus einer Mischung gewonnen ist, welche aus 31,7% Borsäure, 47,6% Glyzerin und 20,6% Anilin besteht.

803659 2. 10. 1948/8. 2. 1951.

Siemens und Halske, Berlin.

Elektrolytischer Kondensator leichter Bauweise.

Patentansprüche:

1. Elektrolytischer Kondensator leichter Bauweise, dadurch gekennzeichnet, daß der Wickelkörper in einem einseitig geschlossenen, mit Lack, vorzugsweise Kunststofflack bedeckten Papiergehäuse untergebracht ist und daß die Öffnung des Gehäuses durch eine auf dem Wickelkörper aufliegende, feuchtigkeitsundurchlässige Isolierscheibe und durch eine oder mehrere auf dieser aufliegende feuchtigkeitsaufsaugende Isolierscheiben, welche ihrerseits von einem mit dem Gehäuse durch Verkleben verbundenen Deckel aus dem Stoff des Behälters abgedeckt sind, verschlossen ist, während die Stromanschlußstreifen des Wickelkörpers zunächst zwischen den geschlossene Flächen darstellenden Abdeckscheiben und der Gehäuseinnenwand eingeklebt, dann aber ein oder mehrmals abgewinkelt, die weiteren Abdeckscheiben durchdringend in Form von Anschlußdrähten, die innerhalb der Abdeckscheiben mit den Anschlußstreifen verschweißt oder vernietet sind, nach außen geführt sind.
2. Elektrolytischer Kondensator nach Anspruch 1, dadurch gekennzeichnet, daß der Gehäusedeckel mit Hohlnieten versehen ist, welche von den Stromdurchführungen durchdrungen mit diesen verlötet sind.
3. Elektrolytischer Kondensator nach Anspruch 1, dadurch gekennzeichnet, daß die feuchtigkeitsundurchlässigen Abdeckscheiben aus Lackpapier oder Hartpapier bestehen
4. Elektrolytischer Kondensator nach Anspruch 1, dadurch gekennzeichnet, daß die feuchtigkeitsaufsaugenden Abdeckscheiben aus Zellstoff bestehen.
5. Elektrolytischer Kondensator nach Anspruch 1, dadurch gekennzeichnet, daß das Gehäuse und der Gehäusedeckel mit Lack, beispielsweise mit Triazetatlack imprägniert sind
6. Elektrolytischer Kondensator nach Anspruch 1, dadurch gekennzeichnet, daß das Gehäuse an zwei diametral gegenüberliegenden Mantellinien mit vorzugsweise eingeklammerten Blechstreifen, die das Gehäuse an den Stirnseiten überragen und zur Befestigung des Kondensators auf einer Grundplatte dienen, versehen ist.

807414 4. 2. 1950/19. 4. 1951.

Süddeutsche Apparatefabrik G.m.b.H. Nürnberg.

Verfahren zur Entfernung von Wasser aus Elektrolyten für elektrolytische Kondensatoren.

Patentanspruch:

Verfahren zum Entfernen von Wasser aus Elektrolyten für elektrolytische Kondensatoren, das entweder durch Umsetzung in den Ausgangsstoffen entstanden ist oder das in den Ausgangsstoffen enthalten ist oder diesen zugefügt worden ist, dadurch gekennzeichnet, daß durch Elektrolyse, d. h.

durch Zerlegung in Wasserstoff und Sauerstoff mittels Strom aus den Elektrolyten solange Wasser entfernt wird, bis der gewünschte Wassergehalt erreicht ist.

810048 3. 11. 1949/31. 5. 1951.

Dr. Ludwig Kilchling.

Verfahren zum Formieren der Folie im fertigen Elektrolytkondensatorwickel.

Patentansprüche:

1. Verfahren zum Formieren der Folie im fertigen Kondensatorwickel, dadurch gekennzeichnet, daß extreme Reinheit aller Stoffe gewahrt, ein Elektrolyt zum Durchfließen des Wickels gebracht und beim Durchfließen des Elektrolyts die Kondensatorfolie formiert wird.
2. Verfahren nach Anspruch 1, dadurch gekennzeichnet, daß die Anodenfolie im Wickel vorformiert wird und dabei wäßriger Elektrolyt durch den Wickel fließt und daß nachfolgend der Wickel in beheizter Vakuumkammer getrocknet und anschließend nachformiert wird und dabei Nachformierungselektrolyt durch den Wickel fließt.
3. Verfahren nach Anspruch 1 oder 2, dadurch gekennzeichnet, daß der Wickel in eine konische, beiderseits offene Hülse gesteckt wird, welche z. B. durch Einschrauben den dichten Zwischenboden eines Drucksaugkessels abschließt, wodurch mittels einer Pumpe der Durchfluß des Elektrolyts durch den Wickel bewirkt wird.
4. Verfahren nach Anspruch 3, dadurch gekennzeichnet, daß die Hülse in einer Zentrifugentrommel eingeschraubt ist.
5. Verfahren nach den Ansprüchen 1—4, in Anwendung auf die Imprägnierung von Kondensatorwickeln.

815510 9. 2. 1950/21. 12. 1950.

Josef Neuberger, Fabrik elektrischer Meßinstrumente, München.

Elektrolytkondensator mit einer oder mehreren geätzten Elektroden.

Patentansprüche:

1. Elektrolytkondensator mit einer oder mehreren geätzten Elektroden, dadurch gekennzeichnet, daß bei aus der Elektrodenfolie herausgelappter Herausführung bzw. herausgelappten Herausführungen diese zwecks einwandfreier Kontaktgabe mit der Ableitung mechanisch, chemisch oder elektrochemisch geglättet sind.
2. Elektrolytkondensator nach Anspruch 1, dadurch gekennzeichnet, daß die Herausführung von einer eventuell vorhandenen Oxydschicht befreit ist.
3. Elektrolytkondensator nach Anspruch 1 und 2, dadurch gekennzeichnet, daß die Herausführungsfahne an den Kondensatorbecher angeklemmt ist.

816281 1. 10. 1948/21. 12. 1950.

Siemens und Halske, Berlin.

Verfahren zur Herstellung eines Eisenelektrolytkondensators mit einer ungewöhnlich hohen spezifischen Kapazität.

Patentansprüche:

1. Verfahren zur Herstellung eines Eisenelektrolytkondensators mit einer ungewöhnlich hohen spezifischen Kapazität, bei welchem die Eisenelektroden je mit einer in alkalischer Lösung anodisch gebildeten Umsetzungsschicht bedeckt sind, dadurch gekennzeichnet, daß die Umsetzungsschichten nach der Herstellung in geringem Umfange reduziert werden.
2. Verfahren nach Anspruch 1, dadurch gekennzeichnet, daß die mit den Umsetzungsschichten bedeckten Elektroden bis zur Erzielung der gewünschten Reduktion gewässert werden.
3. Verfahren nach Anspruch 1 und 2, dadurch gekennzeichnet, daß die mit den Umsetzungsschichten bedeckten Elektroden bis zur Erzielung der gewünschten Reduktion in Wasser als Elektrolyt als Kathode geschaltet dem Einfluß eines elektrischen Stromes unterworfen werden.
4. Verfahren nach Anspruch 1 und 2, dadurch gekennzeichnet, daß die mit den Umsetzungsschichten bedeckten Elektroden in der zur Bildung der Schichten benutzten Lauge spannungslos bis zur Erzielung der gewünschten Reduktion eingetaucht bleiben.
5. Verfahren nach Anspruch 4, dadurch gekennzeichnet, daß die Elektroden nach der Bildung der Umsetzungsschichten in der Formationslauge eingetaucht bleiben und gleichzeitig kurzgeschlossen werden.
6. Verfahren nach Anspruch 4, dadurch gekennzeichnet, daß die Elektroden nach der Bildung der Umsetzungsschichten in der Formationslauge mit umgepolter Spannung behandelt werden.
7. Verfahren nach Anspruch 4, dadurch gekennzeichnet, daß die Elektroden nach der Bildung der Umsetzungsschichte mit reduzierenden Mitteln bzw. Lösungen behandelt werden.
8. Verfahren nach Anspruch 7, dadurch gekennzeichnet, daß als reduzierende Mittel Substanzen wie Sulfite, Hyposulfite, Pyrosulfite oder organische Verbindungen der aromatischen Reihe mit OH- bzw. NH_2-Gruppen oder deren Derivate benutzt werden.
9. Verfahren nach Anspruch 8, dadurch gekennzeichnet, daß als reduzierende Substanzen Oxalate oder Entwicklersubstanzen, Hydrazin, Paraminophenol, Brenzkatechin, Hydrochinon oder dergl. benutzt werden.
10. Verfahren nach Anspruch 8 und 9, dadurch gekennzeichnet, daß reduzierende Substanzen in den Betriebselektrolyten eingebracht werden.
11. Verfahren nach Anspruch 1—10, gekennzeichnet durch eine kombinierte Anwendung der in den vorhergehenden Ansprüchen angegebenen Reduktionsverfahren, beispielsweise Behandlung der formierten Elektroden vor dem Zusammenbau des Kondensators und Zusatz von Reduktionsmitteln zum Betriebselektrolyten des Kondensators.

VII. Schrifttum.

Die folgende Zusammenstellung aller für die elektrolytische Ventilwirkung im allgemeinen und der Elektrolytkondensatoren im besonderen in Frage kommenden Veröffentlichungen ist von W. J. Gulba-Berlin in der Zeitschrift Aluminium 4, 145, 1936 gegeben worden. Da sie sorgfältig und vollständig aufgestellt ist, haben wir sie übernommen und ergänzt, wobei wir lediglich an Stelle der von Gulba benutzten Abkürzungen der Zeitschriftennamen die folgenden von den Physikalischen Berichten angewendeten Abkürzungen zu Grunde gelegt haben.

I. Abkürzungen.

Es bedeutet:

Ann. d. Phys.	= Annalen der Physik.
Arch. f. Elektrot.	= Archiv für Elektrotechnik.
Atti di Torino	= Atti della Reale Accademia delle Scienze di Torino.
Bell Syst Techn. Journ.	= The Bell System Technical Journal.
Bull. Soc. Franc. El.	= Bulletin de la Société Française des Electriciens.
Bur. Stand Techn. Pap.	= Technical Papers of the Bureau of Standards Washington.
Chem.-Ztg.	= Chemiker-Zeitung.
Cim.	= Il Nuovo Cimento.
C. R.	= Comptes Rendus hebdomadaires des séances de l'académie des sciences, Paris.
Electr. Eng.	= Electrical Engineering.
Electrician	= The Electrician, London.
Electrochem. Ind.	= Electrochemical Industry.
E. u. M.	= Elektrotechnik und Maschinenbau.
E. T. Z.	= Elektrotechnische Zeitschrift.
Funkt. Monatsh.	= Funktechnische Monatshefte.
Hausz. Al.	= Hauszeitschrift Aluminium.
Journ. de phys.	= Journal de physique.
Journ. Ind. Inst. Sci.	= Journ. of the Indian Institute of Science.
Journ. Opt. Soc. chem.	= Journal of the Optical Society of America.
Journ. phys. chem.	= The Journal of Physical Chemistry.
Liebigs Ann.	= Liebigs Annalen der Physik.
Lum. El.	= La Lumière Electrique.
Münchener Ber.	= Sitzungsberichte der mathematisch-naturwissenschaftlichen Abteilung der Bayerischen Akademie der Wissenschaften zu München.
Phil. Mag.	= The London, Edinbourgh, and Dublin Philosophical Magazine, and Journal of Science.
Phys. Rev.	= The Physical Review.
Phys. Z. S.	= Physikalische Zeitschrift.
Poggend. Ann.	= Poggendorfs Annalen der Physik.

Proc. Amsterdam	= Proceedings d. Koninklijke Akademie van Wetenschapen te Amsterdam.
Proc. Inst. Radio Eng.	= Proceedings of the Institute of Radio Engineers.
Proc. Nat. Acad. Amer.	= Proceedings of the National Academy of Sciences of the United States of America.
Proc. Roy. Soc. London	= Proceedings oft the Royal Society Series A, London.
Radio Eng.	= The Radio Engineer.
Rev. gén. d'Electr.	= Revue générale d'Elektricité.
Trans. Amer. electrochem. Soc.	= Transactions of the American electrochemical society.
Trans. Faraday Soc.	= Transactions of the Faraday Society.
Z. S. f. Phys.	= Zeitschrift für Physik.

II. Zusammenstellung.

H. Buff, Liebigs Ann., C II, **102**, 269, 1857.
Wöhler, Liebigs Ann., C III, 261, 1858.
W. Beetz, Poggend. Ann., **127**, 45, 1866.
W. Beetz, Wied. Ann., **127**, 56, 1866.
E. Ducretet, C. R., **80**, 280, 1875.
W. Beetz, Wied. Ann., **2**, 94, 1877.
Straintz, Wied. Ann., **17**, 841, 1882.
A. Overbeck, Wied. Ann., **19**, 625, 1883.
L. Graetz, Münchener Ber., **27**, 223, 1887.
Straintz, Wied. Ann., **32**, 116, 1887.
Neyreneuf, Journ. d. Phys., **11**, 7, 1888.
Straintz, Wied. Ann., **34**, 751, 1888.
S. Sheldon, H. W. Leitshe, A. N. Shaw, Phys. Rev., **2**, 401, 1894.
L. Graetz, Münchener Ber., **27**, 223, 1897.
L. Graetz, Z. S. f. Elektrochem., **4**, 67, 1897.
L. Graetz, Wied. Ann., **62**, 233, 1897.
L. Graetz, E. T. Z., **18**, 423, 1897.
Ch. Pollak, E. T. Z., **18**, 359, 1897.
Ch. Pollak, C. R., **124**, 1443, 1897.
F. Braun, Ann. d. Phys., (2) **65**, 957, 1898.
L. Lechner, Wiener Ber., **107**, IIa, 739, 1898.
E. Wippermann, Wiener Ber., **107**, IIa, 839, 1898.
F. Fichberg, L. Kallir, Wiener Ber., **108**, IIa, 215, 1899.
A. M. Scott, Wied. Ann, **67**, 406, 1899.
T. Tomasina, C. R., **129**, 957, 1899.
E. Wilson, Proc. Roy. Soc. London, **63**, 340, 1899.
K. Norden, Z. S. f. Elektrochem., **6**, 1899/1900, 159, 188.
G. Meyerhofer, E. T. Z., **21**, 913, 1900.
W. Mitkiewitsch, Phys. Z. S., **2**, 746, 1900/1901.
A. Campetti, Atti di Torino, (7a) **36**, 251, 1901.
Franchetti, Cim., **2**, 312, 1901.
Nodon, Electrician, **22**, 17, 1901.
C. F. Burgess, C. Hambuechen, Trans. Am. electrochem. Soc. **1**, 148, 1902.
K. E. Guthe, Phys. Rev., **15**, 329, 1902.
E. König, E. T. Z., **23**, 474, 1902.
C. F. Burgess, C. Hambuechen, Elektrochem. Ind. **1**, 165, 1903.
W. W. Taylor, I. K. Inglis, Phil. Mag. (6) **5**, 301, 1903.
W. D. Bancroft, Trans. Am. electrochem. Soc., **6**, 13, 1904.
C. F. Burgess, Trans. Am electrochem. Soc. **6**, 22, 1904.
S. R. Cook, Phys. Rev., **18**, 23, 1904.
F. Fischer, Z. S. f. Elektrochem., **10**, 869, 1904.
W. R. Mott, Elektrochem. Ind., **2**, 352, 1904.
Zimmermann, Trans. Am. electrochem. Soc. **5**, 147, 1904.

Zimmermann, L'Eclairage électr., **41**, 388, 1904.
S. B. Charters, Journ phys. Chem., **9**, 117, 1905.
Zimmermann, Trans. Am. electrochem. Soc. **7**, 309, 1905.
A. Güntherschulze, Ann. d. Phys., (4) **21**, 929, 1906.
Dr.-Ing. M. Jakob, Technisch-physikalische Untersuchungen von Aluminiumelektrolytzellen, Enke, Stuttgart 1906.
E. Kielhauser, Wiener Ber., **115**, IIa, 1335, 1906.
C. McCheyne Gordon, Phys. Rev., **24**, 60, 1907.
A. Güntherschulze, Ann. d. Phys., (4) **22**, 543, 1907.
A. Güntherschulze, Ann. d. Phys., (4) **23**, 226, 1907.
A. Güntherschulze, Ann. d. Phys., (4) **24**, 43, 1907.
J. Sebor, L. Simek, Z. S. f. Elektrochem. **13**, 113, 1907.
C. Athanasiadis, J. Phys. théor. (4) **7**, 773, 1908.
A. Güntherschulze, Z. S. f. Elektrochem. **14**, 342, 1908.
A. Güntherschulze, Ann. d. Phys., (4) **25**, 775, 1908.
A. Güntherschulze, Ann. d. Phys., (4) **26**, 372, 1908.
H. W. Morse, C. L. B. Shud. Proc. Nat. Acad. Am., **44**, 367, 1908/09.
Le Blanc, H. C. Byers, Z. S. f. phys. Chem. **69**, 19, 1909.
Dr.-Ing. F. Fischer, E. T. Z., **30**, 601, 1909.
A. Güntherschulze, Elektrochem. Ind., **7**, 216, 1909.
A. Güntherschulze, Ann. d. Phys., (4) **28**, 787, 1909.
A. Güntherschulze, Ann. d. Phys., (4) **31**, 1053, 1909.
A. Güntherschulze, E. u. M., **11**, 247, 1909.
A. Güntherschulze, E. u. M., **27**, 247, 1909.
A. H. Taylor, Ann. d. Phys., (4) **30**, 987, 1909.
L. H. Walter, Journ. Inst. El. Eng., **43**, 19, 1909.
Carman und Balzar, Phys. Rev., **30**, 776, 1910.
G. E. Bairsto, R. Mercer, Trans. Far. Soc., **7**, 1, 1911.
A. Güntherschulze, Ann. d. Phys., (4) **34**, 657, 1911.
A. Güntherschulze, Z. S. f. Elektrochem. **17**, 510, 1911.
G. E. Bairsto, R. Mercer, Trans. Faraday Soc., **8**, 232, 1912.
A. Güntherschulze, Z. S. f. Elektrochem., **18**, 332, 1912.
T. D. Jensen, Lum. El., **17**, 304, 1912.
N. Papalexi, Ann. d. Phys., (4) **39**, 976, 1912.
Siegel, E. T. Z., **33**, 889, 1912.
A. Güntherschulze, Ann. d. Phys., (4) **41**, 593, 1913.
Sborgi, Z. **S.** f. Elektrochem., **19**, 115, 1913, **20**, 96, 113.
L. H. Walter, Electrician, **71** 1057, 1913.
W. Winter, Phys. Z. S., **14**, 823, 1913.
J. Zenneck, Phys. Z. S., **14**, 535, 1913.
C. W. Greene, Phys. Rev., (2) **3**, 264, 1914.
A. Güntherschulze, Ann. Phys., (4) **44**, 1117, 1914.
A. Güntherschulze, R. Lindemann, Phys. Z. S., **15**, 255, 1914.
A. Güntherschulze, Z. S. f. Elektrochem., **20**, 307, 1914.
A. Güntherschulze, Z. S. f. Elektrochem., **20**, 593, 1914.
A. Güntherschulze, Arch. f. Elektrot., 3, **43**, 1915.
A. L. Fitsch, Phys. Rev., (2) **9**, 15, 1917.
H. B. Lemon, Science (2) **47**, 170, 1918.
J. Lavaux, C. R., **169**, **180**, 1919.
A. Smits, Proc. Amsterdam, **28**, 930, 1919.
R. Seligman und P. Williams: The action on aluminium of hard industrial waters. J. Int. Met., **23**, 169, 1920.
K. E. Guthe, Phys. Rev., **15**, 327, 1921.
A. Güntherschulze, Z. S. f. Elektrochem., **27**, 293, 1921.
A. Güntherschulze, Helios, **27**, 61, 1921.
A. Güntherschulze, Phys. Z. S., **22**, 146, 1921.
A. Güntherschulze, Ann. d. Phys., (4) **65**, 223, 1921.
A. Smits, Die Theorie der Allotropie Leipzig, 486, 1921.
F. Streintz, F. Fiala, Phys. Z. S., **22**, 141, 1921.
A. Güntherschulze, Phys. Z. S., **23**, 188, 1922.

A. Güntherschulze, Z. S. f. Phys., **9**, 197, 1922.
A. Güntherschulze, Z. S. f. Elektrochem., **28**, 127, 1922.
G. Jander, Beiträge zur quantitativen Bestimmung und Trennung des Aluminiums, Z. angew. Chem., **35**, 244, 1922.
A. Güntherschulze, Z. S. f. Elektrochem., **29**, 88, 1923.
G. Jander, Beiträge zur quantitativen Bestimmung und Trennung des Aluminiums. Z. angew. Chem., **36**, 587, 1923.
N. B. Pilling and R. E. Bedworth, The oxidation of metals at high temperatures J. Ins. Met., **29**, 529, 1923.
Anonym, Met. Ind. London, **25**, 475, 1924.
D. Bruyne, Electrolytical Rectifier, London 1924.
A. Güntherschulze, Z. S. f. Metallkde., **16**, 177, 1924.
A. Güntherschulze, Elektr. Gleichrichter und Ventile, München 1924.
H. D. Holler, I. P. Schrodt, Bur. Stand. Techn. Pap., **18**, 468, 1924.
R. J. C. Wood, Journ. Amer. Inst. Electr. Eng., **43**, 1021, 1924.
E. Liebreich, J. Wiederholt, Die Stromspannungskurven von Nickel und Aluminium. Z. Elektrochem. **31**, 14, 1925.
F. H. Newman, Phil. Mag., (6) **49**, 1032, 1925.
A. Soulier, Bull. Soc. Franc., **5**, 503, 1925.
M. Subramaniam, J. Ind. Inst. Sci., **8**, 11, 1925.
F. Ulrich, Notiz über die Kristallstruktur der Korund-Hämatitgruppe. Norsk Geol. Tideskr. **8**, 113—122, 1925.
B. Aparoff, E. u. M., **44**, 93, 1926.
Nodon, C. R., **182**, 1270, 1926.
V. H. L. Searle, Phil. Mag., (7) **2**, 733, 1926.
A. Soulier, Sci. Abstr., **29** B, 22, 1926.
A. Soulier, Rev. gén. d'Electr., **19**, 175, 1926.
W. H. Withey, H. E. Millar, The determination of aluminium oxide in aluminium metal. J. Soc. chem. Ind. (Transact.) **45**, 170, 1926.
René Audubert, C. R., **185**, 768, 1927.
N. A. de Bruyne and R. W. W. Sanderson, Trans. Faraday. Soc., **23**, 42, 1927.
N. A. de Bruyne, R. W. W. Sanderson, Trans. Faraday Soc., **23**, 51, 1927.
G. Jander, Beiträge zur quantitativen Bestimmung und Trennung des Aluminiums. Z. angew. Chem. **40**, 488, 1927.
C. Hambuechen, Trans. Amer. electrochem. Soc., **51**, 82, 1927.
W. E. Meserve, Phys. Rev., (2) **30**, 215, 1927.
J. W. Shipley, C. F. Goodeve, Trans. Amer. electrochem. Soc., **52**, 383, 1927.
Philipp R. Coursey, Electrical Condensers, London 1927.
Sutton and Wilstrop, Engineering, **124**, 442, 1927.
W. H. J. Vernon, Second experimental report to the atmospheric corrosion research. comittee. Trans. Faraday Soc. **23**, 150, 1927.
R. L. Young, Bell System. Techn. Journ., **6**, 708, 1927.
W. E. Holland, Trans. Amer. electrochem. Soc., **53**, 196, 1928.
G. Jander, Beiträge zur qantitativen Bestimmung und Trennung des Aluminiums, Z. angew. Chem., **41**, 702, 1928.
J. E. Lilienfeld, Phys. Rev., (2) **31**, 1120, 1928.
N. Parravano u. V. Montoro, L'Allumina Blanc. Atti R. Accad. naz. Lincei (6) **7**, 1928, S. 885.
F. Rinne, Morphologische und physikalisch-chemische Untersuchungen an Spinellen als Beispiele unstöchiometrisch zusammengesetzter Stoffe. Neues Jb. Mineral., Geol. Paläont. Beilagebd. A **58**, 43, 1928.
H. O. Siegmund, Trans. Amer. electrochem. Soc., **53**, 205, 1928.
J. Slepian, Trans. Amer. electrochem. Soc., **54**, 214, 1928.
Coursay, Exp. Wirel., Techn. Journ., **6**, 128, 1929.
R. T. Dufford, Journ. Opt. Soc. Amer., **18**, 17, 1929.
E. M. Dunham, Phys. Rev., (2) **33**, 822, 1929.
A. Güntherschulze, Z. S. f. phys. Chem., A. **143**, 62, 1929.
R. E. W. Maddison, Phil. Mg., (7) **8**, 29, 1929.
W. J. Müller, K. Konopicky, Z. S. f. phys. Chem., A **141**, 343, 1929.
W. J. Müller, K. Konopicky, Z. S. f. phys. Chem., A **145**, 253, 1929.

N. Parravano u. V. Montoro, L'Allumina Blanc. Atti R. Accad. naz. Lincei (6) **10**, 475, 1929.
W. B. Pietenpol, A. P. Friesen, Phys. Rev., (2) **33**, 277, 1929.
H. O. Siegmund, Bell. Syst., **8**, 41, 1929.
W. Biltz, A. Lemke und K. Meisel, Über γ-Tonerde und Spinelle, Z. anorg. allg. Chem., **186**, 373, 1930.
A. Dobias, L. Kramp, O. Lebedinskaja, Z. S. f. Phys., **61**, 852, 1930.
A. Dobias, Z. S. f. Phys., **65**, 869, 1930.
Dunsheat, Radio Eng., **10**, 37, 1930.
P. Edelmann, Proc. Inst. Radio Eng., 1366, 1930.
J. S. Forrest, Phil. Mag., (7), **10**, 1003, 1930.
H. Ginsberg, Hausz. Al., **2**, 81, 1930. fi
F. L. Hahn, Zur analytischen Chemie der Aluminiumlegierung. Z. anal. Chem., **80**, 192, 1930.
J. E. Lilienfeld, L. W. Appleton, W. M. Smith, Trans. Amer. electrochem. Soc., **58**, 234, 1930.
E. Malcom and Mac Gregor, Nature, **125**, 128, 1930. Nr. 3413.
M. E. McGregor, Nature, **125**, 128, 1930.
Edgar Newberg, Nature, **126**, 1013, 1930.
Roß, Radio Eng., **10**, 27, 1930.
H. Schmitt, L. Lux, Hausz. Al., **2**, 75, 1930.
Shoyi Seto and Akira Mijata, Scient Pap. Inst. Phys. Chem. Res. Tokyo, **12**, 268, 1930.
K. Werner, Über den elektrischen Widerstand einiger feuerfester Stoffe bei hohen Temperaturen. Diss. Breslau 1930, und Sprechsaal **63**, 537, 1930.
Dun, Radio Eng., **11**, 31, 1931.
U. R. Evans, Thin films in relation to corrosion problems. Metal Ind., London, **39**, 267, 1931.
W. H. van Geel, Z. S. f. Phys., **69**, 765, 1931.
F. W. Godsey Jr., Electronics, 1931, 596, April.
A. Güntherschulze, Hans Betz, Z. S. f. Elektrochem., **37**, 726, 1931.
A. Güntherschulze, Hans Betz, Z. S. f. Phys., **68**, 145, 1931.
A. Güntherschulze, Hans Betz, Z. S. f. Phys., **71**, 106, 1931.
W. Hoesch, E. T. Z., **52**, 928, 1931.
H. Löwenstein, Über den Oxydgehalt des Aluminiums und Methoden zu seiner Bestimmung. Z. anorg. allg. Chem. **199**, 48, 1931.
W. J. Müller, Z. S. f. Phys., **73**, 560, 1931.
Röhrig, Z. S. f. Elektrochem., **37**, 721, 1931.
H. B. Barlett, Occurence and properties of crystalline alumina in silicate melts. J. Amer. Ceram. Soc. **15**, 361, 1932.
L. L. Barnes, Phil. Mag., (7) **13**, 80, 1932.
R. Bauder, K. Janssen, E. u. M., **50**, 581, 1932.
H. Besser, Radio, **10**, 37, 1932.
H. Besser, Radio, **10**, 727, 1932.
W. Ehrenberg, Eine neue Methode zur Bestimmung von Aluminiumoxyd in Aluminiumlegierungen. Z. anal. Chem. **91**, 1, 1932.
W. G. Burgers, A. Claassen, J. Zernicke, Z. S. f. Phys., **74**, 593, 1932.
Frank W. Godsey jr., Trans. Amer. Electrochem. Soc., **61**, 549, 1932.
Frank W. Godsey jr., Trans. Amer. Electrochem. Soc., **61**, 515, 1932.
Godsey jr., Trans. Amer. Electrochem. Soc., **61**, 432, 1932.
G. Gualterotti, L'Ingegneria mod., 356, 1932.
A. Güntherschulze, Hans Betz, Z. S. f. Phys., **73**, 580, 1932.
A. Güntherschulze, Hans Betz, Z. S. f. Phys., **73**, 586, 1932.
A. Güntherschulze, Hans Betz, Z. S. f. Phys., **75**, 143, 1932.
A. Güntherschulze, Hans Betz, Z. S. f. Phys., **78**, 207, 1932.
J. E. Lilienfeld, L. W. Appleton, W. M. Smith, J. K. Nieh, Trans. Amer. Electrochem. Soc., **61**, 531, 1932.
E. Schmid, G. Wassermann, Hausz. Al., **4**, 100, 1932.
H. Schmitt, Hausz. Al., **4**, 79, 1932.
P. O. Schupp, Die Formierung von Tantal in nichtwäßrigen Lösungsmitteln. Z. Elektrochem. **38**, 774, 1932.

Shoyi Seto and Akira Mijata, Scient. Pap. Inst. Phys. Chem. Res. Tokyo, **19**, 189, 1932.
Shoyi Seto and Akira Mijata, Scient. Pap. Inst. Phys. Chem. Res. Tokyo, **19**, 237, 1932.
H. B. Weiser and W. O. Milligan, X-ray studies on the hydrous oxides, J. phys. Chem. **36**, III, 3010, 1932.
H. E. White, Electrical resistivity of specialized refractories, J. Amer. Ceram. Soc. **15**, 598, 1932.
F. Wöhr, Hausz. Al., **4**, 94, 1932.
F. Wöhr, Hausz. Al., **4**, 98, 1932.
Anonym, Helios Export, **39**, 687, 1933.
Pr. Coursey, Wireless World, **32**, 24, 1933.
W. H. van Geel and H. Emmens, Z. S. f. Phys. **87**, 220, 1933.
F. W. Godsey jr., Trans. Amer. Electrochem. Soc., **173**, 223, 1933.
O. Mohr, Z. S. f. Phys., **85**, 679, 1933.
W. J. Müller, Die Bedeckungstheorie der Passivität der Metalle und ihre experimentelle Begründung, Berlin 1933.
Göste Angel, Z. S. f. Elektrochem., **40**, 641, 1934.
M. Chernow, Radio News, 154, 1933/34 Sept.
R. J. Covert, Radio Eng., **14**, 18, 1934.
W. H. van Geel, Physica, **1**, 989, 1934.
W. H. van Geel and H. Emmens, Physica, **1**, 415, 1934.
G. Gualterotti, Aluminio, **2**, 118, 1934.
O. Jauch, R. Bauder, M. Bentele, Z. S. f. techn. Phys., **15**, 136, 1934.
Karl Maier, E. T. Z., **55**, 1171, 1934.
Akira Mijata, Scient. Pap. Inst. Phys. Chem. Res. Tokyo, **13**, 76, 1934.
O. Pip, Z. S. f. Phys., **91**, 329, 1934.
Jusuke Ohkohchi, Mem. Ryojun Coll. Eng. Inouge Commem, 227, 1934.
P. P. Porfirow, A. A. Petrowspy, Isv. elektroprom. slab. toka., **4**, 63, 1934.
H. Schmidt, A. Jenny u. G. Esser, VDI., **78**, 1499, 1934.
A. Steinheil, Struktur und Wachstum dünner Oberflächenschichten auf Metallen bei Oxydation an Luft. Ann. Phys. **19**, 465, 1934.
Takesi Tomituka, Mem. Ryojun Coll. Eng. Inouge Commem, 331, 1934.
K. Ultsch, Funk, 727, 1934.
E. J. W. Verwey, The structure of the electrolytical oxide layer on aluminium., Z. Kristallogr. **91**, 317, 1935.
E. J. W. Verwey, Electrolytic conduction of a solid insulator at high fields, Phy ica **2**, 1059, 1935.
Th. Walcher, E. u. M., **52**, 360, 1934.
S. Wernick, The anod c oxidation of aluminium and its alloys. Metal Ind., London,, **45** **45**, 63, 1934.
Anonym, The Engineer, Nr. **4148**, 47, 1935.
G. J. Babat, Welding Journ., Nr. **8**, 6, 1935.
W. Bär, Z. S. f. Phys., **98**, 267, 1935.
Hans Betz, Z. S. f. Phys., **95**, 189, 1935.
P. M. Deeley, Electronics, 216, 1935.
Jean Duclause, C. R., **200**, 1838, 1935.
Helmut Fischer u. Walter Schwan, Wiss. Veröffentl. Siemens-Konz., 14 (2), **54**, 1935
B. Gudden und W. Schottky, Probleme der Ionen- und Elektronenleitung in nichtmetallischen festen Körpern. Z. techn. Phys. **16**, 323, 1935.
A. Güntherschulze, Hans Betz, Z. S. f. Phys., **96**, 686, 1935.
G. Hägg, Solid solutions with a varying number of atoms in the unit cell., Z. Kristallogr. **91**, 114, 1935.
G. Hägg, Solid solutions with a varying number of atoms in the unit cell., Z. phys. Chem., Abt. B **29**, 88, 1935.
G. Hägg, Solid solutions with a varying number of atoms in the unit cell., Nature Lond. **135**, 874, 1935.
K. Kessel, Z. S. f. techn. Phys., **16**, 506, 1935.
E. Kordes, Kristallchemische Untersuchungen über Aluminiumverbindungen mit spinellartigem Gitterbau. Z. Kristallogr. **91**, 193, 1935.
H. Laporte, Funkt. Monatsh., **54**, 1935.
J. E. Lilienfeld, J. K. Nieh, S. Goldmann, Elektrochem. Soc. Prepient, **68** — **5**, 1935.

J. E. Lilienfeld, L. Chandler jr., S. Goldmann, Physics, **6**, 416, 1935.
E. F. Lomont, F. S. Dunleavey, Electr. Eng., **54**, 1058, 1935.
Akira Mijata, Abstracts (Beilage zu Scient. Pap. Inst. Phys. Chem. Res. Tokyo 27, Nr. 580 bis 583), **14**, **45**, 1935.
V. O. Renne, Elektricestwo, **56**, 33, 1935.
C. F. Samont and P. S. Dunleavey, Electr. Eng., **54**, 1058, 1935.
O. Sdralek, J. Wrona, E. T. Z., **56**, 579, 1935.
A. Simon, O. Jauch, Z. f. Elektrochem., **41**, 739, 1935.
E. J. W. Verwey, Z. Kristallographie, A **91**, 317, 1935.
J. Wrona, E. T. Z., **56**, 991, 1935.
H. Zauscher, Ann. d. Phys., (5) **23**, 597, 1935.
E. Belwe, Untersuchung von Aluminiumoxyden mittels Elektroneninterferenzen. Z. Phys. **100**, 192, 1936.
J. M. Edelmann, Elektricestwo, **57**, 14, 1936.
C. A. Beevers and S. Brohult, The formula of „β-Alumina" Na_2O, 11 Al_2O_3., Z. Kristalogr. A **95**, 472, 1936.
H. Fischer, Moderne elektrochemische Verfahren zum Schutz metallischer Oberflächen, ihre chemischen und physikalisch-chemischen Grundlagen. Z. angew. Chem. **49**, 493, 1936.
W. Hartmann, Elektrische Untersuchungen an oxydischen Halbleitern. Z. Phys. **102**, 709, 1936.
A. Güntherschulze, Hans Betz, Z. S. f. Phys., **100**, 539, 1936.
Holst, Z. S. f. Elektrochem., **42**, 138, 1936.
T. Naka und J. Fukam , Investigations on alumina. J. Soc. chem. Ind. Japan **39**, 236 B, 1936.
G. D. Preston and L. L. Bircumshaw, The oxide film on aluminium. Phil. Mag. **22**, 654, 1936.
R. R. Ridgway, A. A. Klein and WM. L. O'Leary, The preparation and properties of socalled „Beta-Alumina". Trans. electrochem. Soc. **70**, 71, 1936.
Theodor Rummel, Z. S. f. Phys., **99**, 518, 1936.
J. Zlotowsk , Über die Struktur und die Eigenschaften der dielektrischen Schichten, die sich auf Aluminiumelektroden während der anodischen Polarisation bilden. Bull. int. Acad. polon. Sci. Lettres Ser. A. 164, 1936.
G. B. Brook and A. G. Waddington, The determ nation of aluminium in the presence of metallic aluminium J. Inst. Met. **61**, 245, 1937.
H. Fischer, Verfahren zur Prüfung anodisch erzeugter Oxydschichten. Aluminium Berl. **19**, 358, 1937.
R. Fricke, Hydroxyde und Oxydhydrate, S. 57, 1937.
R. Fricke und Mitarbeiter, Über die Primärteilchengröße und Sekundärstruktur sowie den Wärmeinhalt verschieden aktiver γ-Aluminiumoxyde. Ber. dtsch. chem. Ges., **70**, 2318, 1937.
T. P. Hoar and L. E. Price, Elektrochemische Deutung der Wagnerschen Theorie der Anlaufvorgänge. Trans. Faraday Soc., **34**, 867, 1938.
H. Klarmann und J. Mühlenpfordt, Über den Elektronendurchtritt durch dünne Isolatorschichten. Z. Elektrochem. **44**, 603, 1938.
W. Baumann, Entstehung und Struktur elektrolytisch erzeugter Aluminiumoxydschichten. Z. Phys., **111**, 708, 1939.
J. W. Cuthbertson, Die anodische Oxydation des Aluminiums. Angew. Chem. **52**, 660, 1939.
U. R. Evans und E. Pietsch: Korrosion, Passivität und Oberflächenschutz von Metallen, 1939.
R. Fricke und Mitarbeiter, Über die Primärteilchengröße und Sekundärstrucktur sowie den Wärmeinhalt verschieden aktiver γ-Aluminiumoxyde. Ber. dtsch. chem. Ges., **72**, 1568, 1939.
N. F. Mott, A theory of the formation of protective oxyde films in metals., Trans. Faraday Soc., **35**, 1175, 1939.
Ph. R. Coursay and S. N. Ray, Electrolytic condensors. I. Inst. electr. Engrs. **85**, 107—132, 1939.
F. Söchting, Über den Scheinwiderstand von Elektrolytkondensatoren. Elektr. Nachr. Techn. **17**, 71—76, 1940.

Werner Herrmann, Zum Mechanismus der Oxydschichtbildung auf Aluminiumanoden von Elektrolytkondensatoren. Wiss. Veröff. a. d. Siemenswerken, 188—211, 1940.
Werner Herrmann und Willy Prang, Untersuchung über den Einfluß von Halogenen in Elektrolyten auf die elektrolytische Ventilwirkung von Aluminium. Wiss. Veröff. a. d. Siemenswerken, 262—269, 1940.
G. Falk und E. Lange, Über den Widerstand und die Kapazität an Grenzflächen elektrochemischer Elektroden. Z. Naturforschg. **1**, 388—381, 1946.
W. Schmitz, Messung der Kapazität von Elektrolytkondensatoren. Funk und Ton **3**, 311—314, 1949.
M. Jos. Patrie, Oxidation de l'Aluminium et de ses Alliages. Bull. soc. franç. Électr. **10**, 84—94, 1950.
W. Ch. van Geel et A. I. Dekker, Étude sur les condensateurs à courants alternatifs. Philips Res. Rep. **5**, 250—260, 1950.
A. I. Dekker et W. Ch. van Geel, Les propriétés redresseuses du système Al—Al_2O_3-électrolyte soumis à une tension alternative. Philips Res. Rep. **5**, 303—313, 1950.
Volker Aschoff, Die Messung der Scheinkapazität und des Verlustwinkels von Elektrolytkondensatoren mit Hilfe der Dreistrommessermethode. Arch. f. Elektrot. **39**, 414, 1950.
Bauelemente der Nachrichtentechnik. I. Kondensatoren. Von Nottebrok. Schiele und Schön, Berlin SO 36.
Tantalytic Capacitor (Kurzer Bericht ohne Verfasser). Gen. El. Rev. 47, July 1950.
M. Whitehead, New Electrolytic Capacitors. Radio Communication **11**, 26. 1951.

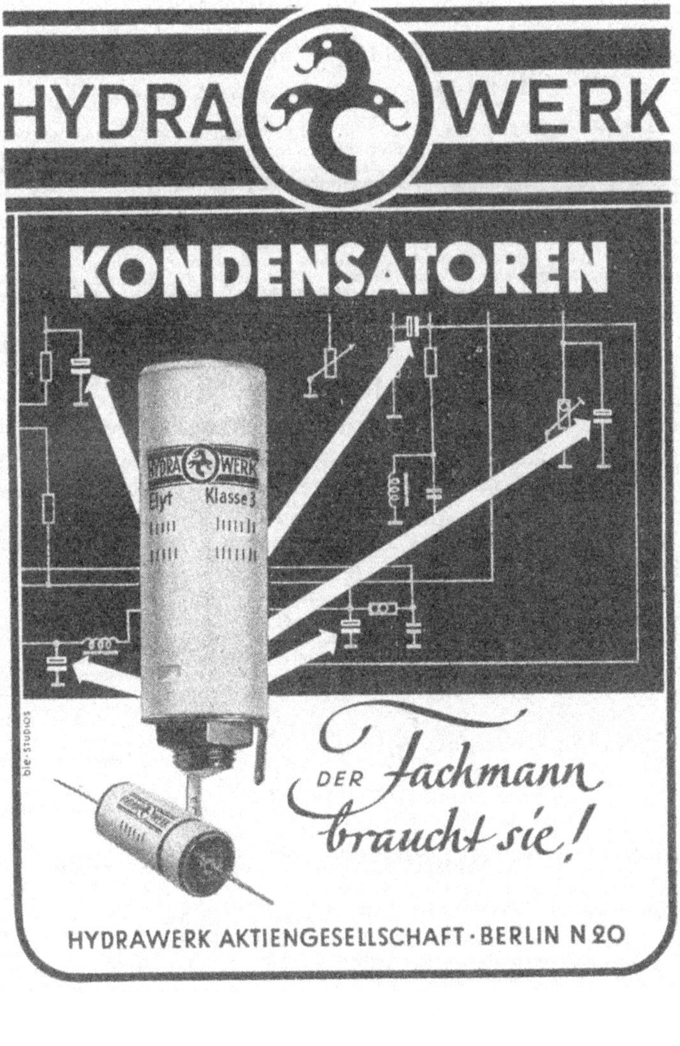
HYDRA WERK
KONDENSATOREN
HYDRA WERK
Elyt Klasse 3
DER Fachmann braucht sie!
HYDRAWERK AKTIENGESELLSCHAFT · BERLIN N 20

www.ingramcontent.com/pod-product-compliance
Lightning Source LLC
LaVergne TN
LVHW060625300926
849162LV00008B/1716